CAMBRIDGE LIBRARY COLLECTION

Books of enduring scholarly value

Mathematical Sciences

From its pre-historic roots in simple counting to the algorithms powering modern desktop computers, from the genius of Archimedes to the genius of Einstein, advances in mathematical understanding and numerical techniques have been directly responsible for creating the modern world as we know it. This series will provide a library of the most influential publications and writers on mathematics in its broadest sense. As such, it will show not only the deep roots from which modern science and technology have grown, but also the astonishing breadth of application of mathematical techniques in the humanities and social sciences, and in everyday life.

Oeuvres complètes

Augustin-Louis, Baron Cauchy (1789-1857) was the pre-eminent French mathematician of the nineteenth century. He began his career as a military engineer during the Napoleonic Wars, but even then was publishing significant mathematical papers, and was persuaded by Lagrange and Laplace to devote himself entirely to mathematics. His greatest contributions are considered to be the Cours d'analyse de l'École Royale Polytechnique (1821), Résumé des leçons sur le calcul infinitésimal (1823) and Leçons sur les applications du calcul infinitésimal à la géométrie (1826-8), and his pioneering work encompassed a huge range of topics, most significantly real analysis, the theory of functions of a complex variable, and theoretical mechanics. Twenty-six volumes of his collected papers were published between 1882 and 1958. The first series (volumes 1–12) consists of papers published by the Académie des Sciences de l'Institut de France; the second series (volumes 13–26) of papers published elsewhere.

Cambridge University Press has long been a pioneer in the reissuing of out-of-print titles from its own backlist, producing digital reprints of books that are still sought after by scholars and students but could not be reprinted economically using traditional technology. The Cambridge Library Collection extends this activity to a wider range of books which are still of importance to researchers and professionals, either for the source material they contain, or as landmarks in the history of their academic discipline.

Drawing from the world-renowned collections in the Cambridge University Library, and guided by the advice of experts in each subject area, Cambridge University Press is using state-of-the-art scanning machines in its own Printing House to capture the content of each book selected for inclusion. The files are processed to give a consistently clear, crisp image, and the books finished to the high quality standard for which the Press is recognised around the world. The latest print-on-demand technology ensures that the books will remain available indefinitely, and that orders for single or multiple copies can quickly be supplied.

The Cambridge Library Collection will bring back to life books of enduring scholarly value across a wide range of disciplines in the humanities and social sciences and in science and technology.

Oeuvres complètes

Series 1

VOLUME 2

AUGUSTIN LOUIS CAUCHY

CAMBRIDGE
UNIVERSITY PRESS

CAMBRIDGE UNIVERSITY PRESS

Cambridge New York Melbourne Madrid Cape Town Singapore São Paolo Delhi

Published in the United States of America by Cambridge University Press, New York

www.cambridge.org
Information on this title: www.cambridge.org/9781108002660

This edition first published 1882
This digitally printed version 2009

ISBN 978-1-108-00266-0

ŒUVRES

COMPLÈTES

D'AUGUSTIN CAUCHY

ŒUVRES

COMPLÈTES

D'AUGUSTIN CAUCHY

PUBLIÉES SOUS LA DIRECTION SCIENTIFIQUE

DE L'ACADÉMIE DES SCIENCES

ET SOUS LES AUSPICES

DE M. LE MINISTRE DE L'INSTRUCTION PUBLIQUE.

I$^{\rm re}$ SÉRIE. — TOME II.

PARIS,

GAUTHIER-VILLARS, IMPRIMEUR-LIBRAIRE

DU BUREAU DES LONGITUDES, DE L'ÉCOLE POLYTECHNIQUE,

Quai des Augustins, 55.

—

MCMVIII.

PREMIÈRE SÉRIE.

MÉMOIRES, NOTES ET ARTICLES

EXTRAITS DES

RECUEILS DE L'ACADÉMIE DES SCIENCES

DE L'INSTITUT DE FRANCE.

II.

MÉMOIRES

EXTRAITS DES

MÉMOIRES DE L'ACADÉMIE DES SCIENCES

DE L'INSTITUT DE FRANCE.

MÉMOIRE SUR L'INTÉGRATION

D'UNE

CLASSE PARTICULIÈRE D'ÉQUATIONS DIFFÉRENTIELLES,

ET

MÉMOIRE SUR L'INTÉGRATION

DES

ÉQUATIONS AUX DIFFÉRENCES PARTIELLES

DU PREMIER ORDRE A UN NOMBRE QUELCONQUE DE VARIABLES (1).

Mémoires de l'Académie des Sciences, t. III, p. XI; 1820 (*Histoire de l'Académie*).

Jusqu'à présent il n'est aucun Traité de Calcul intégral où l'on ait donné les moyens d'intégrer complètement les équations aux différences partielles du premier ordre, quel que soit le nombre des variables indépendantes. M'étant occupé il y a plusieurs mois de cet objet, je fus assez heureux pour obtenir une méthode générale propre à remplir le but désiré. Mais, après avoir terminé mon travail, j'ai appris que M. Pfaff, géomètre allemand, était parvenu, de son côté, aux intégrales des équations ci-dessus mentionnées. Comme il s'agit ici d'une des questions les plus importantes du Calcul intégral, et que la méthode de M. Pfaff est différente de la mienne, j'ai pensé qu'une analyse abrégée de cette dernière pourrait intéresser les géomètres. En conséquence, je l'expose ici, en profitant, pour simplifier l'exposition, de quelques remarques faites par M. Coriolis, ingénieur des

(1) Note rédigée par l'auteur sur le dernier de ces deux Mémoires, 27 janvier 1818.

Ponts et Chaussées, et de quelques autres qui me sont depuis peu venues à l'esprit. Ainsi simplifiée, la méthode dont j'ai fait usage fournit, à ce qu'il me semble, la solution la plus simple que l'on puisse donner de la question proposée. On en jugera par les considérations suivantes.

Supposons, pour fixer les idées, que l'équation aux différences partielles proposée renferme, avec les trois variables indépendantes x, y, z, une fonction inconnue u de ces trois variables, et les dérivées partielles p, q, r de la fonction u, par rapport à ces mêmes variables.

Pour que la valeur de u soit complètement déterminée, il ne suffira pas de savoir qu'elle doit vérifier l'équation donnée aux différences partielles. Il sera, de plus, nécessaire d'ajouter une condition; par exemple, d'assujettir la fonction u à recevoir, pour une valeur donnée x_0 de la variable x, une certaine valeur, fonction des variables y et z. La fonction de y et de z, dont il est ici question, pouvant être choisie à volonté, est la seule fonction arbitraire que doive renfermer l'intégrale générale de l'équation aux différences partielles. Il est d'ailleurs facile, à l'aide des principes déjà connus, de ramener l'intégration de cette équation aux différences partielles, à l'intégration de cinq équations différentielles entre les six quantités

$$x, \quad y, \quad z, \quad u, \quad q, \quad r,$$

considérées comme fonctions d'une seule variable; et toute la difficulté se réduit à savoir ce que l'on doit faire des cinq constantes arbitraires introduites par l'intégration des cinq équations différentielles. Or, la méthode que je propose consiste à éviter l'introduction de ces constantes, ou plutôt à remplacer les constantes arbitraires par des valeurs particulières, attribuées aux inconnues y, z, u, q, r, et à intégrer les cinq équations différentielles, de manière que, pour $x = x_0$, on ait $y = y_0$, $z = z_0$, $u = u_0$, $q = q_0$, $r = r_0$; y_0, z_0 désignant deux nouvelles variables, u_0 une fonction arbitraire de ces mêmes variables, semblable à la fonction arbitraire de y et de z, qui représente la valeur de u pour $x = x_0$, et q_0, r_0 les deux dérivées partielles de u_0 relatives à y_0 et à z_0. Si, entre les cinq équations intégrales ainsi obtenues, on élimine q et r, il ne restera plus que trois formules, dont le système sera propre à représenter l'intégrale générale de l'équation aux différences partielles. Ces trois formules renfermeront les quantités variables x, y, z, u; la quantité constante x_0, les deux nouvelles variables y_0, z_0, et la fonction arbitraire de ces nouvelles variables représentée par u_0, ainsi que ses dérivées du premier ordre relatives à y_0 et à z_0. Ce n'est qu'après avoir fixé la fonction arbitraire dont il s'agit qu'on pourra, en éliminant les nouvelles variables y_0, z_0, obtenir l'équation finie qui détermine u en fonction de x, y, z.

Rien n'empêche de conserver dans le calcul, avec les quantités variables x, y, z, u, q, r, la quantité p; si l'on observe d'ailleurs qu'on peut échanger entre elles, relativement aux rôles qu'elles jouent, les variables indépendantes x, y, z, on obtiendra, pour l'intégration générale d'une équation aux différences partielles à trois variables indépendantes, et même à un nombre quelconque de variables, la règle qui suit :

Substituez, par les moyens ordinaires, à l'équation aux différences partielles donnée, autant d'équations différentielles du premier ordre (moins une) qu'elle renferme de quantités variables, y compris les variables indépendantes, la fonction inconnue et ses dérivées partielles. Les variables indépendantes seront traitées symétriquement dans les équations différentielles dont l'une pourra être remplacée par l'équation aux différences partielles données.

Cela posé, intégrez les équations différentielles dont il s'agit, par rapport à toutes les variables qu'elles renferment, à partir de certaines limites que vous considérerez comme de nouvelles variables, assujetties aux mêmes relations que les premières. Regardez ensuite, dans les équations intégrales obtenues, l'une des nouvelles variables indépendantes, comme réduite à une quantité constante, et les autres comme devant être éliminées. Vous aurez un système de formules propres à représenter l'intégrale générale de l'équation aux différences partielles données. Ces formules ne renferment qu'une seule fonction arbitraire avec ses dérivées partielles du premier ordre, savoir la nouvelle variable qui correspond à la fonction inconnue, et que l'on doit considérer comme une fonction arbitraire de celles des nouvelles variables qui doivent être éliminées.

SUR

LA RÉSOLUTION ANALYTIQUE

DES

ÉQUATIONS DE TOUS LES DEGRÉS

PAR LE MOYEN DES INTÉGRALES DÉFINIES.

Mémoires de l'Académie des Sciences, t. IV, p. XXVI; 1824. (*Histoire de l'Académie.*)

On a fait beaucoup de tentatives pour obtenir la solution des équations littérales d'un degré supérieur au quatrième. Toutes ces tentatives ont été inutiles; et même un géomètre italien, M. Ruffini, a démontré, dans ces derniers temps, qu'il était impossible de trouver, pour la solution de l'équation générale d'un degré supérieur au quatrième, des formules analogues à celles qu'on a découvertes pour les quatre premiers degrés. Il ne reste donc aucun espoir d'exprimer les racines d'une équation de degré quelconque par des fonctions irrationnelles des coefficients de son premier membre. Toutefois, avant de renoncer pour toujours à présenter ces racines sous une forme finie, il convenait d'examiner si l'on ne pourrait pas les réduire à des intégrales définies, qu'on a tant de moyens de réduire en nombres. Telle est la question que s'est proposée M. Cauchy. Déjà, en 1804, M. Parseval avait essayé de la résoudre en suivant, à l'aide d'un artifice très ingénieux, la suite donnée par M. Lagrange pour la résolution d'une équation algébrique ou transcendante.

Les calculs de M. Parseval étant fondés sur la considération de séries dont la convergence n'est pas toujours assurée, les résultats auxquels il parvient ne pourront être considérés comme établis généralement d'une manière rigoureuse. Aussi l'auteur ayant cherché à les vérifier *a posteriori*, dans le cas où l'équation proposée a toutes ses racines réelles, a-t-il reconnu que, dans cette hypothèse même, l'intégrale qu'il substitue à la suite de M. Lagrange ne représente une des racines que sous certaines conditions. La méthode de M. Cauchy, fondée immédiatement sur la propriété d'une classe d'intégrales définies, conduit facilement à la solution du problème dans tous les cas possibles. Nous nous bornerons aux principaux résultats :

1° Lorsqu'une équation a toutes ses racines réelles, chacune de ces racines peut être exprimée par une intégrale définie. Cette intégrale renferme deux constantes arbitraires entre lesquelles on suppose comprise la seule racine dont il est question. Du reste, ces deux constantes peuvent varier comme on voudra, sans que l'intégrale change pour cela de valeur. Si les deux constantes s'écartent l'une de l'autre, de manière que deux, trois ou quatre racines soient comprises entre elles, l'intégrale définie exprimera la somme de ces deux, trois, quatre racines, etc.

2° Lorsqu'une équation a en même temps des racines réelles et des racines imaginaires, on peut encore représenter chaque racine réelle par une intégrale définie qui renferme deux constantes arbitraires, pourvu que l'on suppose comprise entre ces deux constantes la partie réelle de la seule racine que l'on considère. Cette remarque suffit pour montrer en théorie que toute racine d'une équation peut être exprimée par une intégrale. Toutefois, comme, dans le cas où l'on veut obtenir les valeurs numériques des racines, la détermination des deux constantes peut entraîner de longs calculs, il est alors préférable d'employer le moyen qui va être indiqué.

On cherchera d'abord une constante unique, inférieure au plus petit coefficient positif de $\sqrt{-1}$, dans les racines imaginaires. On y parviendra sans peine par la méthode exposée dans la quatrième note de la *Résolution des équations numériques*. Cela posé, il deviendra facile de substituer à l'équation proposée deux autres équations qui aient pour racines respectives : la première, les racines réelles de l'équation proposée, et la seconde, celles des racines imaginaires dans lesquelles le coefficient de $\sqrt{-1}$ est positif. Les coefficients de ces deux équations seront des intégrales définies renfermant la seule constante dont on vient de parler. On doit même observer que, si toutes les racines sont imaginaires, la constante dont il s'agit pourra être supposée nulle. Pour fixer les idées, considérons une équation du sixième ou du huitième degré dont toutes les racines sont imaginaires. On pourra, d'après ce qu'on vient de dire, et sans la recherche préliminaire d'une constante, réduire immédiatement cette équation à deux autres du troisième ou du quatrième degré.

Dans toutes les intégrales employées dans cette méthode, la fonction sous le signe $\int$ est une fonction rationnelle de la variable, qui ne devient jamais infinie, et pour laquelle le degré du dénominateur est supérieur au moins de deux unités à celui du numérateur. Il en résulte que chacune de ces intégrales a une valeur finie et déterminée que l'on peut réduire en nombres. Souvent même il sera aisé de la transformer en une série très convergente dont les termes suivent une loi connue; en sorte que l'on peut immédiatement prolonger cette série autant qu'on voudra. C'est ce qui arrivera, par exemple, si l'on considère une des équations à trois termes, que l'on ne sait pas résoudre dans le cas où toutes les racines sont imaginaires.

MÉMOIRE

SUR

LES DÉVELOPPEMENTS DES FONCTIONS

EN

SÉRIES PÉRIODIQUES [1].

Mémoires de l'Académie des Sciences, t. VI, p. 603; 1827.

La solution d'un grand nombre de problèmes de Physique mathématique exige le développement des fonctions en séries périodiques; par exemple, en séries ordonnées suivant les sinus ou cosinus des multiples d'un même arc. Dans les séries de ce genre, les coefficients des différents termes sont ordinairement des intégrales définies qui renferment des sinus ou des cosinus; et, lorsque les intégrations peuvent s'effectuer, en raison d'une forme particulière attribuée à la fonction qu'il s'agit de développer, on reconnaît aisément que les séries obtenues sont convergentes. Toutefois il était à désirer que cette convergence pût être démontrée d'une manière générale, indépendamment des valeurs des fonctions. Or, on y parvient facilement en faisant usage des formules que j'ai données dans les Mémoires sur les ondes ([2]), et sur les intégrales définies prises entre des limites imaginaires, et remplaçant, à l'aide de ces formules, les sinus ou cosinus renfermés sous

([1]) Lu à l'Académie royale des Sciences, le 27 février 1826.

([2]) *Voir* la page 232 du Mémoire *Sur la Théorie des ondes,* et la page 29 du Mémoire *Sur les intégrales définies prises entre des limites imaginaires.* (*Œuvres de Cauchy,* S. I, T. I, p. 236, 237 et S. II, T. XV.)

le signe $\int$ par des exponentielles dans lesquelles les parties variables des exposants sont négatives. Ajoutons que l'emploi des mêmes formules fournit le moyen de substituer, dans certains cas, à la série qui représente le développement d'une fonction une intégrale définie, et que cette substitution produit de nouvelles équations fort remarquables dont on peut se servir avec avantage dans les questions de Physique mathématique.

Pour montrer une application de ces principes, considérons la série

$$(1)\quad \left\{\begin{aligned}&\int_0^a f(\mu)\,d\mu + 2\int_0^a \cos\frac{2\pi}{a}(x-\mu)f(\mu)\,d\mu\\ &\qquad + 2\int_0^a \cos\frac{4\pi}{a}(x-\mu)f(\mu)\,d\mu + \ldots.\end{aligned}\right.$$

Il est facile de reconnaître : 1° que la fonction représentée par cette séire ne varie pas, quand on fait croître ou diminuer x d'un multiple de a; 2° que cette fonction, entre les limites $x = 0$, $x = a$, est équivalente au produit $af(x)$. En effet, si l'on désigne par ε un nombre infiniment petit, et si l'on pose $\theta = 1 - \varepsilon$, la série (1) pourra être remplacée par la suivante

$$\begin{aligned}&\int_0^a f(\mu)\,d\mu + \int_0^a e^{\frac{2\pi}{a}(x-\mu)\sqrt{-1}} f(\mu)\,d\mu + \theta\int_0^a e^{\frac{4\pi}{a}(x-\mu)\sqrt{-1}} f(\mu)\,d\mu + \ldots\\ &\quad + \int_0^a e^{-\frac{2\pi}{a}(x-\mu)\sqrt{-1}} f(\mu)\,d\mu + \theta\int_0^a e^{-\frac{4\pi}{a}(x-\mu)\sqrt{-1}} f(\mu)\,d\mu + \ldots\\ &= \int_0^a f(\mu)\,d\mu + \int_0^a \frac{e^{\frac{2\pi}{a}(x-\mu)\sqrt{-1}}}{1-\theta e^{\frac{2\pi}{a}(x-\mu)\sqrt{-1}}} f(\mu)\,d\mu + \int_0^a \frac{e^{-\frac{2\pi}{a}(x-\mu)\sqrt{-1}}}{1-\theta e^{-\frac{2\pi}{a}(x-\mu)\sqrt{-1}}} f(\mu)\,d\mu\\ &= \int_0^a f(\mu)\,d\mu + \int_0^a \frac{1}{e^{-\frac{2\pi}{a}(x-\mu)\sqrt{-1}} - \theta} f(\mu)\,d\mu + \int_0^a \frac{1}{e^{\frac{2\pi}{a}(x-\mu)\sqrt{-1}} - \theta} f(\mu)\,d\mu\\ &= \int_0^a \left[1 + \frac{1}{e^{-\frac{2\pi}{a}(x-\mu)\sqrt{-1}} - \theta} + \frac{1}{e^{\frac{2\pi}{a}(x-\mu)\sqrt{-1}} - \theta}\right] f(\mu)\,d\mu.\end{aligned}$$

Or, θ étant très rapproché de l'unité, et x étant compris entre zéro et a, l'expression

$$1+\frac{1}{e^{-\frac{2\pi}{a}(x-\mu)\sqrt{-1}}-\theta}+\frac{1}{e^{\frac{2\pi}{a}(x-\mu)\sqrt{-1}}-\theta}$$

sera sensiblement nulle, excepté quand μ différera très peu de x. Par suite, la dernière des intégrales relatives à μ pourra être prise entre deux limites très rapprochées de x. Or, si l'on fait $\mu = x + \varepsilon\varpi$ et $\theta = 1 - \varepsilon$, cette intégrale sera réduite sensiblement à

$$f(x)\int_{-\frac{x}{\varepsilon}}^{\frac{a-x}{\varepsilon}}\left(\frac{1}{1+\frac{2\pi}{a}\varpi\sqrt{-1}}+\frac{1}{1-\frac{2\pi}{a}\varpi\sqrt{-1}}\right)d\varpi = a\,f(x).$$

On aura donc, entre les limites $x = 0$, $x = a$,

$$(2)\quad \left\{\begin{aligned} f(x) &= \frac{1}{a}\int_0^a f(\mu)\,d\mu + \frac{2}{a}\int_0^a \cos\frac{2\pi}{a}(x-\mu)\,f(\mu)\,d\mu \\ &\qquad + \int_0^a \cos\frac{4\pi}{a}(x-\mu)\,f(\mu)\,d\mu + \ldots. \end{aligned}\right.$$

La série précédente peut être fort utilement employée dans plusieurs circonstances. Mais il importe de montrer sa convergence. Or, pour y parvenir, il suffit de rappeler qu'on a généralement, lorsque la fonction $\varphi(\mu + \nu\sqrt{-1})$ s'évanouit pour $\nu = \infty$,

$$(3)\quad \left\{\begin{aligned} &\int_0^a \varphi(\mu)\,d\mu \\ &= \frac{1}{\sqrt{-1}}\int_0^\infty [\varphi(a+\nu\sqrt{-1}) - \varphi(\nu\sqrt{-1})]\,d\nu + 2\pi\sqrt{-1}\,{}_0^a\mathcal{E}_0^\infty((\varphi(z))); \end{aligned}\right.$$

et, lorsque la fonction $\varphi(\mu + \nu\sqrt{-1})$ s'évanouit pour $\nu = -\infty$,

$$(4)\quad \left\{\begin{aligned} &\int_0^a \varphi(\mu)\,d\mu \\ &= \frac{-1}{\sqrt{-1}}\int_0^\infty [\varphi(a-\nu\sqrt{-1}) - \varphi(-\nu\sqrt{-1})]\,d\nu - 2\pi\sqrt{-1}\,{}_0^a\mathcal{E}_{-\infty}^0((\varphi(z))). \end{aligned}\right.$$

Si, dans la première de ces équations, on pose

$$\varphi(\mu) = e^{b\mu\sqrt{-1}}\,\mathrm{f}(\mu),$$

b étant une quantité positive, et $\mathrm{f}(\mu)$ une fonction qui reste finie pour toutes les valeurs réelles et imaginaires de μ, on aura

$$(5)\qquad \int_0^a e^{b\mu\sqrt{-1}}\,\mathrm{f}(\mu)\,d\mu = \frac{1}{\sqrt{-1}}\int_0^\infty \left(e^{ab\sqrt{-1}}\,\mathrm{f}(a+\nu\sqrt{-1}) - \mathrm{f}(\nu\sqrt{-1})\right)e^{-b\nu}\,d\nu.$$

Si l'on suppose, au contraire,

$$\varphi(\mu) = e^{-b\mu\sqrt{-1}}\,\mathrm{f}(\mu),$$

on aura

$$(6)\qquad \left\{\begin{aligned} &\int_0^a e^{-b\mu\sqrt{-1}}\,\mathrm{f}(\mu)\,d\mu \\ &= -\frac{1}{\sqrt{-1}}\int_0^\infty \left(e^{-ab\sqrt{-1}}\,\mathrm{f}(a-\nu\sqrt{-1}) - \mathrm{f}(-\nu\sqrt{-1})\right)e^{-b\nu}\,d\nu. \end{aligned}\right.$$

Cela posé, revenons à l'équation (2). Cette équation, pouvant s'écrire comme il suit :

$$(7)\qquad \left\{\begin{aligned} f(x) = \frac{1}{a}\int_0^a f(\mu)\,d\mu &+ \frac{1}{a}\int_0^a e^{\frac{2\pi}{a}(x-\mu)\sqrt{-1}} f(\mu)\,d\mu + \ldots \\ &+ \frac{1}{a}\int_0^a e^{-\frac{2\pi}{a}(\mu-x)\sqrt{-1}} f(\mu)\,d\mu + \ldots, \end{aligned}\right.$$

on en déduira, à l'aide des équations (5) et (6),

$$(8)\qquad \left\{\begin{aligned} f(x) &= \frac{1}{a}\int_0^a f(\mu)\,d\mu \\ &\quad + \frac{1}{a\sqrt{-1}}\int_0^\infty \left[e^{-\frac{2\pi}{a}(x-a)\sqrt{-1}} f(a+\nu\sqrt{-1}) - e^{-\frac{2\pi}{a}x\sqrt{-1}} f(\nu\sqrt{-1})\right] e^{-\frac{2\pi}{a}\nu}\,d\nu + \ldots \\ &\quad - \frac{1}{a\sqrt{-1}}\int_0^\infty \left[e^{\frac{2\pi}{a}(x-a)\sqrt{-1}} f(a-\nu\sqrt{-1}) - e^{\frac{2\pi}{a}x\sqrt{-1}} f(-\nu\sqrt{-1})\right] e^{-\frac{2\pi}{a}\nu}\,d\nu + \ldots \\ &= \frac{1}{a}\int_0^a f(\mu)\,d\mu + \frac{1}{a\sqrt{-1}}\int_0^\infty \left(e^{-\frac{2\pi}{a}x\sqrt{-1}}\, e^{-\frac{2\pi}{a}\nu} + \ldots\right)\left[f(a+\nu\sqrt{-1}) - f(\nu\sqrt{-1})\right] d\nu \\ &\quad - \frac{1}{a\sqrt{-1}}\int_0^\infty \left(e^{\frac{2\pi}{a}x\sqrt{-1}}\, e^{-\frac{2\pi}{a}\nu} + \ldots\right)\left[f(a-\nu\sqrt{-1}) - f(-\nu\sqrt{-1})\right] d\nu, \end{aligned}\right.$$

et, par suite,

$$(9)\quad \left\{\begin{aligned} f(x) = {} & \frac{1}{a}\int_0^a f(\mu)\,d\mu \\ & + \frac{1}{a\sqrt{-1}}\int_0^\infty \left[\frac{f(a+\nu\sqrt{-1}) - f(\nu\sqrt{-1})}{e^{\frac{2\pi}{a}x\sqrt{-1}}\,e^{\frac{2\pi}{a}\nu} - 1} - \frac{f(a-\nu\sqrt{-1}) - f(-\nu\sqrt{-1})}{e^{-\frac{2\pi}{a}x\sqrt{-1}}\,e^{\frac{2\pi}{a}\nu} - 1}\right] d\nu. \end{aligned}\right.$$

La série comprise dans le dernier membre de la formule (8) a évidemment pour terme général

$$(10)\quad \left\{\begin{aligned} & \frac{1}{a\sqrt{-1}}\,e^{-\frac{2n\pi}{a}x\sqrt{-1}}\int_0^\infty e^{-\frac{2n\pi}{a}\nu}[f(a+\nu\sqrt{-1}) - f(\nu\sqrt{-1})]\,d\nu \\ & -\frac{1}{a\sqrt{-1}}\,e^{\frac{2n\pi}{a}x\sqrt{-1}}\int_0^\infty e^{-\frac{2n\pi}{a}\nu}[f(a+\nu\sqrt{-1}) - f(-\nu\sqrt{-1})]\,d\nu, \end{aligned}\right.$$

ou, si l'on fait $\frac{2n\pi}{a}\nu = z$,

$$(11)\quad \left\{\begin{aligned} & \frac{1}{2n\pi\sqrt{-1}}\,e^{-\frac{2n\pi}{a}x\sqrt{-1}}\int_0^\infty e^{-z}\left[f\left(a+\frac{az}{2n\pi}\sqrt{-1}\right) - f\left(\frac{az}{2n\pi}\sqrt{-1}\right)\right] dz \\ & -\frac{1}{2n\pi\sqrt{-1}}\,e^{\frac{2n\pi}{a}x\sqrt{-1}}\int_0^\infty e^{-z}\left[f\left(a-\frac{az}{2n\pi}\sqrt{-1}\right) - f\left(-\frac{az}{2n\pi}\sqrt{-1}\right)\right] dz. \end{aligned}\right.$$

Or, pour des valeurs très grandes de n, chacune des intégrales comprises dans l'expression (11) se réduira sensiblement à

$$f(a) - f(0),$$

et cette expression elle-même à

$$(12)\qquad -\frac{1}{2n\pi}[f(a) - f(0)]\sin\frac{2n\pi}{a}.$$

Or, il est clair que la série qui aura pour terme général l'expression (12) sera une série convergente.

Il est essentiel de remarquer que la formule (9) peut se déduire immédiatement des équations (3) et (4). En effet, on a, en vertu de ces équations, en supposant x renfermé entre les limites o et a,

$$(13)\quad \begin{cases} \displaystyle\int_0^a \frac{f(\mu)\,d\mu}{e^{-\frac{2\pi}{a}(\mu-x)\sqrt{-1}}-1} = \frac{1}{\sqrt{-1}}\int_0^\infty \frac{f(a+\nu\sqrt{-1})-f(\nu\sqrt{-1})}{e^{\frac{2\pi}{a}x\sqrt{-1}}e^{\frac{2\pi}{a}\nu}-1}\,d\nu - \frac{a}{2}f(x), \\ \displaystyle\int_0^a \frac{f(\mu)\,d\mu}{e^{\frac{2\pi}{a}(\mu-x)\sqrt{-1}}-1} = -\frac{1}{\sqrt{-1}}\int_0^\infty \frac{f(a-\nu\sqrt{-1})-f(-\nu\sqrt{-1})}{e^{-\frac{2\pi}{a}x\sqrt{-1}}e^{\frac{2\pi}{a}\nu}-1}\,d\nu - \frac{a}{2}f(x). \end{cases}$$

Or, il suffit d'ajouter ces dernières équations pour retrouver la formule (10).

Si l'on remplace x par a, dans les intégrales relatives à μ que renferment les équations (13), on tirera des formules (3) et (4)

$$(14)\quad \begin{cases} \displaystyle\int_0^a \frac{f(\mu)\,d\mu}{e^{-\frac{2\pi}{a}\mu\sqrt{-1}}-1} = \frac{1}{\sqrt{-1}}\int_0^\infty \frac{f(a+\nu\sqrt{-1})-f(\nu\sqrt{-1})}{e^{\frac{2\pi}{a}\nu}-1}\,d\nu - \frac{a}{4}[f(a)+f(0)], \\ \displaystyle\int_0^a \frac{f(\mu)\,d\mu}{e^{\frac{2\pi}{a}\mu\sqrt{-1}}-1} = -\frac{1}{\sqrt{-1}}\int_0^\infty \frac{f(a-\nu\sqrt{-1})-f(-\nu\sqrt{-1})}{e^{\frac{2\pi}{a}\nu}-1}\,d\nu - \frac{a}{4}[f(a)+f(0)], \end{cases}$$

puis, en ajoutant,

$$(15)\quad \begin{cases} \displaystyle -\int_0^a f(\mu)\,d\mu = \frac{1}{\sqrt{-1}}\int_0^\infty \frac{f(a+\nu\sqrt{-1})-f(\nu\sqrt{-1})-f(a-\nu\sqrt{-1})+f(-\nu\sqrt{-1})}{e^{\frac{2\pi}{a}\nu}-1}\,d\nu \\ \displaystyle\qquad - \frac{a}{2}[f(a)+f(0)]. \end{cases}$$

On aura donc

$$(16)\quad \begin{cases} \displaystyle\int_0^\infty \frac{f(a+\nu\sqrt{-1})-f(a-\nu\sqrt{-1})-f(\nu\sqrt{-1})+f(-\nu\sqrt{-1})}{\sqrt{-1}}\,\frac{d\nu}{e^{\frac{2\pi}{a}\nu}-1} \\ \displaystyle\qquad = \frac{a}{2}[f(a)+f(0)]-\int_0^a f(\mu)\,d\mu. \end{cases}$$

La formule (16) paraît mériter l'attention des géomètres. Elle comprend, comme cas particuliers, des formules connues. Si l'on fait, par exemple, $f(x) = x^2$, elle donnera

$$\int_0^\infty \frac{\nu\, d\nu}{e^{\frac{2\pi}{a}\nu} - 1} = \frac{a^2}{24};$$

puis, en prenant $a = 2\pi$,

$$\int_0^\infty \frac{\nu\, d\nu}{e^\nu - 1} = \frac{\pi^2}{6}.$$

Nous terminerons en observant que la théorie des intégrales singulières suffit pour déduire la formule (16) de la formule (9), quoique au premier abord ces deux formules ne paraissent pas d'accord entre elles.

Post-scriptum. — Dans les formules (3) et (4), le signe $\mathcal{E}$, placé devant la fonction $\varphi(z)$, indique, conformément aux notations adoptées pour le calcul des résidus des fonctions, la somme de plusieurs résidus de la fonction $\varphi(z)$, c'est-à-dire, en général, la somme de plusieurs des valeurs du produit $\varepsilon\varphi(z+\varepsilon)$ correspondant à des valeurs infiniment petites de ε, et à des valeurs finies, réelles ou imaginaires de z, qui vérifient l'équation

$$\frac{1}{\varphi(z)} = 0. \tag{17}$$

Les limites placées à droite et à gauche du signe $\mathcal{E}$ sont les quantités entre lesquelles doivent rester comprises : 1° les parties réelles ; 2° les coefficients de $\sqrt{-1}$ dans les diverses valeurs de z tirées de l'équation (17). Ajoutons que la démonstration donnée ci-dessus de la convergence de la série (1) suppose évidemment : 1° que l'équation (2) peut être remplacée par l'équation (8), ce qui a effectivement lieu quand la fonction $f(\mu)$ conserve une valeur finie pour toutes les valeurs finies réelles ou imaginaires de μ ; 2° que l'expression (11) ne devient pas indéterminée pour des valeurs infinies de x, ce qui arriverait, par exemple, si l'on prenait $f(z) = e^{z^2}$. Si ces conditions n'étaient pas remplies, la série (1) pourrait devenir divergente. C'est, en particulier, ce qui aurait lieu, si l'on prenait

$$f(x) = \frac{1}{(a-2x)^2},$$

puisque alors le terme général de la série (1), ou l'intégrale

$$2\int_0^a \cos\frac{2\pi}{a}(x-\mu)\frac{d\mu}{(a-2\mu)^2},$$

aurait une valeur infinie.

Observons encore que, si l'on veut obtenir sous forme finie le reste de la série comprise dans l'équation (2), il suffira de remplacer, dans la ormule (10), les produits

$$e^{-\frac{2n\pi}{a}x\sqrt{-1}}e^{-\frac{2n\pi}{a}\nu},\quad e^{\frac{2n\pi}{a}x\sqrt{-1}}e^{-\frac{2n\pi}{a}\nu}$$

par les fractions

$$\frac{e^{-\frac{2n\pi}{a}x\sqrt{-1}}e^{-\frac{2n\pi}{a}\nu}}{1-e^{-\frac{2\pi}{a}x\sqrt{-1}}e^{-\frac{2\pi}{a}\nu}},\quad \frac{e^{\frac{2n\pi}{a}x\sqrt{-1}}e^{-\frac{2n\pi}{a}\nu}}{1-e^{\frac{2\pi}{a}x\sqrt{-1}}e^{-\frac{2\pi}{a}\nu}}.$$

Après ce remplacement il deviendra facile, quand la série (1) sera convergente, d'assigner des limites entre lesquelles soit renfermé le reste dont il s'agit.

SECOND MÉMOIRE

SUR

L'APPLICATION DU CALCUL DES RÉSIDUS

AUX QUESTIONS DE PHYSIQUE MATHÉMATIQUE (1).

Mémoires de l'Académie des Sciences, t. VII, p. 463; 1827.

J'ai montré dans divers Mémoires comment on peut déterminer par le calcul des résidus les constantes arbitraires et les fonctions arbitraires que comportent les intégrales générales des équations linéaires différentielles ou aux différences partielles, et dans l'un de ces Mémoires j'ai indiqué un moyen général de développer une fonction de x en une série d'exponentielles dont les exposants soient respectivement proportionnels aux diverses racines d'une équation transcendante. Cette dernière question, qui se présente sans cesse dans la Physique mathématique, avait été résolue dans des cas particuliers, à l'aide d'intégrations par parties. J'ai fait voir comment on pouvait étendre à un plus grand nombre de cas la méthode déjà employée par les géomètres et en même temps j'ai déduit du calcul des résidus une solution générale et rigoureuse de la même question, dans un Mémoire publié en février 1827. Cette solution exige seulement : 1° que la fonction qui forme le premier membre de l'équation transcendante puisse se partager en deux parties, dont le rapport soit nul pour des valeurs infinies

(1) Lu à l'Académie des Sciences, le 17 septembre 1827. Un premier Mémoire sur le même sujet a été imprimé séparément et publié en février 1827. (*OEuvres de Cauchy*, S. II, T. XV.)

positives de la variable r comprise dans cette fonction, et infini pour des valeurs infinies négatives de la même variable; 2° que le rapport de la première ou de la seconde partie à la fonction totale, étant multiplié par une certaine exponentielle, il en résulte un produit qui s'évanouisse pour des valeurs infinies mais réelles de r, et dont le quotient par r s'évanouisse encore pour des valeurs infinies réelles ou imaginaires de la même variable. Comme ces conditions, lorsqu'il est possible d'y satisfaire, peuvent être remplies d'une infinité de manières, la question admet une infinité de solutions diverses; ce qu'il était facile de prévoir, attendu qu'il existe une multitude de séries d'exponentielles dont la somme est égale à zéro. Au reste, on peut encore résoudre la question que je viens de rappeler, à l'aide de plusieurs autres méthodes. L'une de ces méthodes est celle que M. Brisson vient d'exposer dans un Mémoire, présenté le 27 août dernier, mais auquel il travaillait depuis longtemps. Elle consiste à généraliser la formule qui fournit l'intégrale d'une équation différentielle linéaire à coefficients constants et de l'ordre n, entre x et y, quand on connaît les valeurs de $y, y', y'', \ldots, y^{(n-1)}$ correspondant à une valeur particulière x_0 de la variable x. Cette formule, qui se déduit aisément de l'analyse employée par Lagrange dans les *Mémoires de l'Académie de Berlin* pour l'année 1775, peut subir diverses métamorphoses, après lesquelles elle devient, quand on suppose $x = \infty$, éminemment propre au développement d'une fonction en série d'exponentielles. Alors, en effet, la variable principale y se trouve représentée par une semblable série; et, si la généralisation de la formule dont il s'agit est légitime, y doit se réduire à une fonction qui reçoive, avec ses dérivées successives, les valeurs particulières données pour $x = x_0$. Toutefois, il importe d'observer : 1° qu'il existe une infinité de fonctions propres à remplir cette dernière condition; 2° que la formule, établie pour des valeurs finies de x, peut devenir inexacte dans le passage du fini à l'infini. Ces difficultés disparaissent devant une quatrième méthode qui a toute la rigueur des deux premières et s'applique non seulement au développement des fonctions en exponentielles, mais encore à une multitude de questions du même genre. Cette dernière méthode, qui se déduit immédiatement du calcul des résidus, est fondée sur le principe dont j'ai déjà fait usage pour déterminer les constantes arbitraires comprises dans les intégrales des équations différentielles. Pour la faire mieux saisir je commencerai par résoudre la question suivante :

Problème I. — *Soient*

$F(r)$ *et* $f(x, y, \ldots, r)$ *deux fonctions de* r *et de* x, y, ... *qui restent finies l'une et l'autre pour des valeurs finies de* r;

ρ *une constante déterminée;*

$r_1, r_2, \ldots$ *les racines de l'équation algébrique ou transcendante*

$$F(r) = 0. \tag{1}$$

On propose de développer la fonction $f(x, y, \ldots, \rho)$ *en une série de la forme*

$$f(x, y, \ldots, \rho) = R_1 f(x, y, \ldots, r_1) + R_2 f(x, y, \ldots, r_2) + \ldots, \tag{2}$$

$R_1, R_2, \ldots$ *étant des fonctions semblables des racines* $r_1, r_2, \ldots$.

Solution. — Pour résoudre le problème qu'on vient d'énoncer il suffira évidemment de trouver une fonction $\varphi(r)$ qui demeure finie elle-même pour des valeurs finies de r, et qui soit propre à vérifier l'équation

$$f(x, y, \ldots, \rho) = \mathcal{E} \frac{\varphi(r) f(x, y, \ldots, r)}{((F(r)))}. \tag{3}$$

Or, on a identiquement

$$f(x, y, \ldots, \rho) = \mathcal{E} \frac{f(x, y, \ldots, r)}{((r - \rho))}, \tag{4}$$

et, par suite, l'équation (3) pourra être réduite à

$$\mathcal{E} \frac{f(x, y, \ldots, r)}{((r - \rho))} = \mathcal{E} \frac{\varphi(r) f(x, y, \ldots, r)}{((F(r)))}, \tag{5}$$

ou, ce qui revient au même, à

$$\mathcal{E}\frac{(r-\rho)\varphi(r)-F(r)}{(((r-\rho)F(r)))}f(x, y \ldots, r)=0. \tag{6}$$

Or, si l'on pose

$$(r-\rho)\varphi(r)-F(r)=\chi(r), \tag{7}$$

on en tirera

$$\varphi(r)=\frac{F(r)+\chi(r)}{r-\rho}, \tag{8}$$

et, pour que la fonction $\varphi(r)$ reste finie tant que la variable r l'est elle-même, il faudra que l'on ait

$$F(\rho)+\chi(\rho)=0 \tag{9}$$

et, par suite,

$$\varphi(r)=\frac{F(r)-F(\rho)}{r-\rho}+\frac{\chi(r)-\chi(\rho)}{r-\rho},$$

ou, ce qui revient au même,

$$\varphi(r)=\frac{F(r)-F(\rho)}{r-\rho}+\psi(r), \tag{10}$$

$\psi(r)$ désignant une fonction qui ne devienne pas infinie pour des valeurs finies de la variable. Si l'on adopte la valeur précédente de r, la formule (6) deviendra

$$\mathcal{E}\frac{F(\rho)-(r-\rho)\psi(r)}{(((r-\rho)F(r)))}f(x, y, \ldots, r)=0, \tag{11}$$

et, si l'on suppose, en particulier, $\psi(r)=0$,

$$\varphi(r)=\frac{F(r)-F(\rho)}{r-\rho}, \tag{12}$$

elle se trouvera réduite à

$$F(\rho)\,\mathcal{E}\frac{f(x, y, \ldots, r)}{(((r-\rho)F(r)))}=0. \tag{13}$$

Or, cette dernière se trouvera vérifiée, pour les systèmes de valeurs des variables x, y, ... compris entre certaines limites, si entre ces limites le rapport

$$\frac{f(x, y, \ldots, r+s\sqrt{-1})}{F(r+s\sqrt{-1})} \tag{14}$$

s'évanouit pour des valeurs infinies, positives ou négatives, de l'une des variables r, s, et si le quotient de ce rapport par $r+s\sqrt{-1}$ s'évanouit lui-même pour des valeurs infinies et réelles de r et de s. Donc, alors l'équation (3) sera vérifiée par la valeur de $\varphi(r)$ que détermine la formule (12), et l'on aura, en supposant les variables $x, y, \ldots$ renfermées entre les limites dont il s'agit,

$$f(x, y, \ldots, \rho) = \mathcal{E}\frac{F(r)-F(\rho)}{r-\rho}\frac{f(x, y, \ldots, r)}{((F(r)))}. \tag{15}$$

Corollaire I. — Si l'on pose, en particulier,

$$f(x, y, \ldots, r) = e^{rx},$$

la formule (15) donnera

$$e^{\rho x} = \mathcal{E}\frac{F(r)-F(\rho)}{r-\rho}\frac{e^{rx}}{((F(r)))}. \tag{16}$$

Cette dernière équation suppose que le rapport

$$\frac{e^{(r+s\sqrt{-1})x}}{F(r+s\sqrt{-1})} \tag{17}$$

s'évanouit pour des valeurs infinies et réelles, positives ou négatives, de l'une des variables r, s, et que le quotient du même rapport par $r+s\sqrt{-1}$ s'évanouit pour des valeurs infinies et réelles de r et de s. La première condition sera remplie, en particulier, si le rapport

$$\frac{e^{rx}}{F(r)} \tag{18}$$

s'évanouit pour des valeurs infinies et réelles, positives ou négatives, de la variable r.

Corollaire II. — L'équation (15) peut être présentée sous différentes formes, entre lesquelles on doit distinguer la suivante :

$$(19)\qquad \mathrm{f}(x, y, \ldots, \rho) = \mathcal{E}\frac{\mathrm{f}(x, y, \ldots, r)\int_0^1 \mathrm{F}'[r + \lambda(\rho - r)]\,d\lambda}{((\mathrm{F}(r)))}.$$

En posant $\mathrm{f}(x, y, \ldots, r) = e^{rx}$, on aura

$$(20)\qquad e^{\rho x} = \mathcal{E}\frac{e^{rx}\int_0^1 \mathrm{F}'[r + \lambda(\rho - r)]\,d\lambda}{((\mathrm{F}(r)))}.$$

Je passe maintenant à la solution d'un second problème dont voici l'énoncé :

Problème II. — *Les mêmes choses étant posées que dans le problème I, et $u = f(x, y, z, \ldots)$ désignant une fonction quelconque des variables $x, y, z, \ldots$, on propose de développer cette fonction en une série semblable à celle que renferme l'équation* (2).

Solution. — Pour ramener ce problème au précédent il suffit de transformer la fonction u en une intégrale de la forme

$$(21)\qquad u = \sum \varphi(\rho)\,\mathrm{f}(x, y, \ldots, \rho),$$

ou

$$(22)\qquad u = \int_{\rho_0}^{\rho_1} \varphi(\rho)\,\mathrm{f}(x, y, \ldots, \rho)\,d\rho.$$

En effet, après avoir effectué cette transformation, on tirera immédiatement, des formules (19) et (21) ou (22),

$$(23)\qquad u = \mathcal{E}\,\mathrm{f}(x, y, \ldots, r)\frac{\sum \varphi(\rho)\int_0^1 \mathrm{F}'[r + \lambda(\rho - r)]\,d\lambda}{((\mathrm{F}(r)))},$$

ou bien

$$(24)\qquad u = \mathcal{E}\,\mathrm{f}(x, y, \ldots, r)\frac{\int_{\rho_0}^{\rho_1}\int_0^1 \varphi(\rho)\,\mathrm{F}'[r + \lambda(\rho - r)]\,d\lambda\,d\rho}{((\mathrm{F}(r)))}.$$

Concevons, en particulier, qu'il s'agisse de transformer la fonction

$$u = f(x)$$

en une série de la forme

$$R_1 e^{r_1 x} + R_2 e^{r_2 x} + \ldots,$$

$r_1, r_2, \ldots$ étant les racines de $F(r) = 0$. On observera d'abord qu'on a généralement

$$f(x) = \frac{1}{2\pi}\int_{-\infty}^{\infty}\int_{-\infty}^{\infty} e^{\alpha(x-\mu)\sqrt{-1}} f(\mu)\, d\alpha\, d\mu. \tag{25}$$

De plus, on tirera de l'équation (20)

$$e^{\alpha x\sqrt{-1}} = \mathcal{E}\,\frac{\displaystyle\int_0^1 F'[r + \lambda(\alpha\sqrt{-1} - r)]\, d\lambda}{((F(r)))}\, e^{rx}. \tag{26}$$

On aura donc, par suite,

$$f(x) = \frac{1}{2\pi}\mathcal{E}\,\frac{\displaystyle\int_0^1\int_{-\infty}^{\infty}\int_{-\infty}^{\infty} e^{-\alpha\mu\sqrt{-1}}\, F'[r + \lambda(\alpha\sqrt{-1} - r)] f(\mu)\, d\lambda\, d\alpha\, d\mu}{((F(r)))}\, e^{rx}, \tag{27}$$

ou, ce qui revient au même (¹),

$$f(x) = \mathcal{E}\, e^{rx}\,\frac{\displaystyle\int_0^1 F'[r + \lambda(\alpha\sqrt{-1} - r)] f(\xi)\, d\lambda}{((F(r)))}; \tag{28}$$

le signe $\mathcal{E}$ se rapportant à la lettre r, le signe α à la lettre ξ, et la variable ξ devant être réduite à zéro après les opérations qu'indique le signe α.

(¹) Je suppose ici, comme je l'ai déjà fait dans les *Exercices de Mathématiques*, que l'on désigne par la notation

$$\varphi(\alpha) f(\xi)$$

l'intégrale double

$$\frac{1}{2\pi}\int_{-\infty}^{\infty}\int_{-\infty}^{\infty} e^{\alpha(\xi-\mu)\sqrt{-1}} f(\mu)\,\varphi(\alpha)\, d\alpha\, d\mu.$$

Exemple. — Si l'on pose

$$F(r) = e^{ar} - 1, \tag{29}$$

on trouvera

$$F'(r) = ae^{ar}, \qquad F'[r + \lambda(\alpha\sqrt{-1} - r)] = ae^{ar(1-\lambda)}e^{a\lambda\alpha\sqrt{-1}}.$$

Et comme on a d'ailleurs en posant $\xi = 0$, après les opérations indiquées par α,

$$e^{a\lambda\alpha\sqrt{-1}} f(\xi) = f(\xi + a\lambda) = f(a\lambda),$$

la formule (28) donnera

$$f(x) = \mathcal{E} \frac{a\int_0^1 e^{ar(1-\lambda)} f(a\lambda)\, d\lambda}{((e^{ar} - 1))} e^{rx}, \tag{30}$$

puis, en faisant pour abréger $a\lambda = \mu$,

$$f(x) = \mathcal{E} \frac{e^{ar}\int_0^a e^{r(x-\mu)} f(\mu)\, d\mu}{((e^{ar} - 1))}, \tag{31}$$

ce qui est exact.

D'après ce qu'on a dit, la formule (28) suppose que le rapport

$$\frac{e^{rx}}{F(r)}$$

s'évanouit pour des valeurs infinies et réelles, positives ou négatives, de r, ou du moins que le rapport

$$\frac{e^{(r+s\sqrt{-1})x}}{F(r + s\sqrt{-1})}$$

s'évanouit pour des valeurs infinies et réelles, positives ou négatives, de l'une des variables r, s. La première condition sera remplie, si l'on pose $F(r) = e^{ar} - 1$, quand la valeur numérique de x sera inférieure à celle de a. Donc la formule (31) suppose $x^2 < a^2$.

Concevons encore que l'on propose de transformer la fonction $f(x)$ en une série de la forme

$$R_1 \cos r_1 x + R_2 \cos r_2 x + \ldots,$$

$r_1, r_2, \ldots$ étant les racines de

$$F(r) = 0.$$

On observera d'abord qu'on a, pour des valeurs positives de x,

$$f(x) = \frac{2}{\pi}\int_0^\infty \int_0^\infty \cos\alpha\mu \cos\alpha x\, f(\mu)\, d\alpha\, d\mu. \tag{32}$$

De plus, la formule (19) donnera

$$\cos\alpha x = \mathcal{E} \frac{\cos rx \int_0^1 F'[r + \lambda(\alpha - r)]\, d\lambda}{((F(r)))}. \tag{33}$$

On aura donc, par suite,

$$f(x) = \frac{2}{\pi} \mathcal{E} \frac{\cos rx \int_0^1 \int_0^\infty \int_0^\infty \cos\alpha\mu\, F'[r + \lambda(\alpha - r)]\, f(\mu)\, d\lambda\, d\alpha\, d\mu}{((F(r)))}. \tag{34}$$

MÉMOIRE

SUR

DIVERS POINTS D'ANALYSE [1].

Mémoires de l'Académie des Sciences, t. VIII, p. 97; 1829.

On peut, à l'aide d'une formule donnée par Lagrange et de plusieurs autres formules du même genre, développer en séries les racines des équations, ou les fonctions de ces racines. C'est ainsi que, dans l'Astronomie, on développe le rayon vecteur de l'orbite d'une planète et l'anomalie vraie en séries ordonnées suivant les puissances ascendantes de l'excentricité. Mais, comme les séries de ce genre ne peuvent être utiles que dans le cas où elles sont convergentes, il importait beaucoup de fixer les conditions de leur convergence. On n'y était parvenu jusqu'à présent que dans quelques cas particuliers, par exemple dans le cas où il s'agit de développer le rayon vecteur ou l'anomalie vraie d'une orbite planétaire. Ce cas est celui que M. Laplace a traité par une analyse fort délicate dans deux Mémoires, dont l'un a été inséré dans la *Connaissance des Temps* de 1828, et dont l'autre vient d'être publié tout nouvellement. Il a supposé, pour plus de simplicité, que l'anomalie moyenne était réduite à un angle droit, et alors il a trouvé que la valeur de l'excentricité, pour laquelle chaque série cessait d'être convergente, dépendait de la résolution d'une équation transcendante dans laquelle entrait le nombre e. Frappé d'un résultat si digne de

(1) Lu à l'Académie royale des Sciences, le 3 septembre 1827.

remarque, je me suis demandé s'il ne serait pas possible de fixer généralement les conditions de convergence de la série de Lagrange, et des formules du même genre que j'avais obtenues à l'aide du calcul des résidus. Mes recherches sur cet objet m'ont conduit à reconnaître que ces conditions peuvent toujours être déduites de la résolution d'une équation transcendante qui renferme, comme cas particulier, l'équation trouvée par M. Laplace. Mais, pour arriver à ce dernier résultat, j'ai été obligé de recourir à une méthode très différente de celle qui a été employée, dans la théorie du mouvement elliptique, par l'illustre géomètre que je viens de citer. Pour donner une idée de cette méthode il est nécessaire d'entrer ici dans quelques détails.

Je considère d'abord une intégrale définie dans laquelle la fonction sous le signe $\int$ est imaginaire et composée de deux facteurs, dont le premier est une puissance fort élevée et du degré n, par exemple u^n, u désignant une fonction réelle ou imaginaire de la variable x par rapport à laquelle on intègre. Le second facteur v peut être pareillement une fonction réelle ou imaginaire. Cela posé, je prouve que, dans le cas où le plus grand des modules de u correspond à une valeur X de x, qui fait évanouir la dérivée $\frac{du}{dx}$, l'intégrale proposée est le produit de la valeur de $u^n v$ correspondant à $x = X$, par la racine carrée du quotient qu'on obtient en divisant la circonférence décrite avec le rayon 1 par le nombre n et par une quantité très peu différente de la dérivée du second ordre de $l\left(\frac{1}{u}\right)$ (¹). Lorsque l'intégrale renferme une certaine constante r et a néanmoins une valeur indépendante de r, on peut disposer de cette constante de manière que le plus grand module de u réponde à une valeur nulle de $\frac{du}{dx}$, et, par conséquent, de manière à obtenir la valeur très approchée de l'intégrale que l'on considère. Pour y parvenir il suffit de chercher les valeurs de r et de x qui vérifient simultanément les deux équations réelles comprises dans

(¹) Dans le cas particulier où les fonctions u, v se réduisent à des quantités réelles, le résultat que nous indiquons ici s'accorde avec une formule donnée par M. Laplace.

l'équation imaginaire

$$\frac{du}{dx} = 0.$$

Parmi ces valeurs se trouvera nécessairement la valeur demandée de la constante r. Donc, cette valeur sera une racine de l'équation transcendante que fournira l'élimination de x entre les équations réelles dont je viens de parler.

Je recherche ensuite les valeurs approchées des différentielles dont l'ordre est très considérable, quand la fonction sous le signe $\int$ renferme des fonctions élevées à de très hautes puissances. J'y parviens en transformant ces différentielles en intégrales définies qui renferment une constante arbitraire dont leurs valeurs sont indépendantes. La détermination approximative des différentielles dont il s'agit dépend encore de la résolution d'une équation transcendante qui fixe la valeur de la constante arbitraire.

En partant de ce principe, on détermine aisément les conditions de convergence de la série de Lagrange et des autres séries du même genre, et l'on établit, par exemple, relativement à la série de Lagrange, une règle de convergence que je vais indiquer.

Z étant une fonction quelconque de la variable z, on peut attribuer à cette variable une infinité de valeurs imaginaires qui aient le même module r, et parmi ces valeurs il y en aura une pour laquelle le module de la fonction Z deviendra un *maximum maximorum*. Soit R le module maximum maximorum de Z, correspondant au module r de la variable z. R variera avec r, et l'on pourra choisir r de manière que R soit une valeur de Z correspondant à une valeur de r qui vérifie l'équation $\frac{dZ}{dz} = 0$. Dans ce cas, R deviendra ce que nous nommerons le *module principal* de la fonction Z. Cela posé, concevons que, par la formule de Lagrange, on développe en série la racine z de l'équation

$$z = t + f(z),$$

ou une fonction quelconque de cette racine. On prouvera, par les principes ci-dessus établis, que la série obtenue sera convergente ou divergente suivant que le module principal de la fonction

$$\frac{f(z)}{z}$$

sera inférieur ou supérieur à l'unité.

Au Mémoire dont je viens de donner un extrait j'en ai joint un second, dans lequel je détermine le reste de la série de Lagrange, en l'exprimant par une intégrale définie.

MÉMOIRE

SUR

DIVERS POINTS D'ANALYSE.

Mémoires de l'Académie des Sciences, t. VIII, p. 101; 1829.

§ Ier. — *Détermination approximative de l'intégrale*

(1)
$$S = \int_{x_0}^{x_1} u^n v\,dx,$$

u et v désignant deux fonctions réelles ou imaginaires de la variable x, et n un nombre très considérable.

Soient X une valeur particulière de x; U, V, U', V', U'', V'', ... les valeurs correspondantes de u, v, u', v', u'', v'', ... et cherchons la partie de l'intégrale S comprise entre les limites très voisines

(2)
$$x = X - \frac{a}{\sqrt{n}}, \qquad x = X + \frac{a}{\sqrt{n}}.$$

On aura, entre ces limites,

(3)
$$u = U + \frac{U'}{1}(x - X) + \frac{U''}{1.2}(x - X)^2 + \ldots,$$

puis, en posant

(4)
$$x = X + \frac{t}{\sqrt{n}},$$

on trouvera

$$(5)\qquad u = \mathrm{U} + \frac{\mathrm{U}'}{1}\frac{t}{\sqrt{n}} + \frac{\mathrm{U}''}{1.2}\frac{t^2}{n} + \ldots,$$

$$(6)\qquad \begin{cases} \mathrm{l}(u) = \mathrm{l}(\mathrm{U}) + \mathrm{l}\left(1 + \dfrac{\mathrm{U}'}{\mathrm{U}}\dfrac{t}{\sqrt{n}} + \dfrac{\mathrm{U}''}{2\mathrm{U}}\dfrac{t^2}{n} + \ldots\right) \\ \quad = \mathrm{l}(\mathrm{U}) + \dfrac{\mathrm{U}'}{\mathrm{U}}\dfrac{t}{\sqrt{n}} - \dfrac{\mathrm{U}'^2 - \mathrm{U}\mathrm{U}''}{2\mathrm{U}^2}\dfrac{t^2}{n} + \ldots. \end{cases}$$

On aura donc à très peu près, lorsque n sera très grand,

$$(7)\qquad u = \mathrm{U}e^{\frac{\mathrm{U}'}{\mathrm{U}}\frac{t}{\sqrt{n}} - \frac{\mathrm{U}'^2 - \mathrm{U}\mathrm{U}''}{2\mathrm{U}^2}\frac{t^2}{n}},$$

et, par suite,

$$(8)\qquad u^n = \mathrm{U}^n e^{\frac{\mathrm{U}'}{\mathrm{U}}t\sqrt{n} - \frac{\mathrm{U}'^2 - \mathrm{U}\mathrm{U}''}{2\mathrm{U}^2}t^2},$$

ou, ce qui revient au même,

$$(9)\qquad u^n = \mathrm{U}^n e^{\frac{n}{2}\frac{\mathrm{U}'^2}{\mathrm{U}'^2 - \mathrm{U}\mathrm{U}''}} e^{-\frac{\mathrm{U}'^2 - \mathrm{U}\mathrm{U}''}{2\mathrm{U}^2}\left(t - \frac{\mathrm{U}\mathrm{U}'}{\mathrm{U}'^2 - \mathrm{U}\mathrm{U}''}\sqrt{n}\right)^2}.$$

On en conclura, à très peu près,

$$(10)\qquad \int_{\mathrm{X} - \frac{a}{\sqrt{n}}}^{\mathrm{X} + \frac{a}{\sqrt{n}}} u^n v\,dx = \frac{1}{\sqrt{n}}\int_{-a}^{+a} \mathrm{U}^n e^{\frac{n}{2}\frac{\mathrm{U}'^2}{\mathrm{U}'^2 - \mathrm{U}\mathrm{U}''}} e^{-\frac{\mathrm{U}'^2 - \mathrm{U}\mathrm{U}''}{2\mathrm{U}^2}(t-c)^2}\mathrm{V}\,dt,$$

c désignant pour abréger la constante $\dfrac{\mathrm{U}\mathrm{U}'}{\mathrm{U}'^2 - \mathrm{U}\mathrm{U}''}\sqrt{n}$.

Si, pour plus de commodité, on posait

$$(11)\qquad u = e^w, \quad \text{et} \quad \mathrm{U} = e^{\mathrm{W}} \quad \text{ou} \quad \mathrm{W} = \mathrm{l}(\mathrm{U}),$$

on trouverait sensiblement

$$(12)\qquad \frac{\mathrm{U}'}{\mathrm{U}} = \mathrm{W}', \qquad \frac{-\mathrm{U}'^2 + \mathrm{U}\mathrm{U}''}{\mathrm{U}^2} = \mathrm{W}'',$$

$$(13)\qquad u = e^{\mathrm{W} + \mathrm{W}'\frac{t}{\sqrt{n}} + \mathrm{W}''\frac{t^2}{2n} + \cdots},$$

$$(14)\qquad u^n = e^{n\mathrm{W} + \mathrm{W}'t\sqrt{n} + \frac{\mathrm{W}''}{2}t^2 + \ldots} = e^{n\left(\mathrm{W} - \frac{\mathrm{W}'^2}{2\mathrm{W}''}\right)} e^{\frac{\mathrm{W}''}{2}\left(t + \frac{\mathrm{W}'}{\mathrm{W}''}\sqrt{n}\right)^2},$$

$$(15)\qquad \int_{\mathrm{X} - \frac{a}{\sqrt{n}}}^{\mathrm{X} + \frac{a}{\sqrt{n}}} u^n v\,dx = \frac{e^{n\left(\mathrm{W} - \frac{\mathrm{W}'^2}{2\mathrm{W}''}\right)}}{\sqrt{n}}\int_{-a}^{a} e^{\frac{\mathrm{W}''}{2}\left(t + \frac{\mathrm{W}'}{\mathrm{W}''}\sqrt{n}\right)^2}\mathrm{V}\,dt.$$

L'équation (15) suppose que $\frac{a}{\sqrt{n}}$ est très petit, ce qui peut avoir lieu, même lorsque a prend une valeur considérable, par exemple lorsqu'on fait $a=\sqrt[3]{n}$, $a=\sqrt[4]{n}$, ... Alors on a sensiblement, pourvu que la partie réelle de W″ soit négative,

$$(16)\qquad \int_{-a}^{a} e^{\frac{W''}{2}t^2}\,V\,dt = \int_{-\infty}^{\infty} e^{-\left(-\frac{W''}{2}\right)t^2}\,V\,dt = V\sqrt{\frac{2\pi}{-W''}}.$$

Par suite, si, la partie réelle de W″ étant négative, la condition

$$(17)\qquad W' = 0$$

se trouve remplie, l'équation (15) donnera sensiblement

$$(18)\qquad \int_{X-\frac{a}{\sqrt{n}}}^{X+\frac{a}{\sqrt{n}}} u^n v\,dx = \frac{V e^{nW}}{\sqrt{n}}\sqrt{\frac{2\pi}{-W''}}.$$

Si W′ n'était pas nul, il ne serait pas possible de remplacer l'intégrale

$$\int_{-a}^{a} e^{\frac{W''}{2}\left(t+\frac{W'}{W''}\sqrt{n}\right)^2} dt$$

par

$$\int_{-\infty}^{\infty} e^{\frac{W''}{2}\left(t+\frac{W'}{W''}\sqrt{n}\right)^2} dt = \int_{-\infty}^{\infty} e^{\frac{W''}{2}t^2}\,dt.$$

Car on aurait évidemment

$$(19)\qquad \int_{-a}^{a} e^{\frac{W''}{2}\left(t+\frac{W'}{W''}\sqrt{n}\right)^2} dt = \int_{-a-\frac{W'}{W''}\sqrt{n}}^{a-\frac{W'}{W''}\sqrt{n}} e^{\frac{W''}{2}t^2}\,dt,$$

et, a étant très petit par rapport à $\sqrt{n}$, les limites de l'intégrale comprise dans le second membre de la formule (19) seraient des infinis de même signe. Donc cette intégrale serait sensiblement nulle si la partie réelle de W″ était négative. Au contraire, si la partie réelle de W″ était positive, l'intégrale comprise dans le second membre de la formule (19) deviendrait infinie.

Soient maintenant

$$(20)\qquad w = p + q\sqrt{-1},$$

et P, P', P'', Q, Q', Q'' ce que deviennent p, p', p'', q, q', q'' quand on pose $x = X$. On aura

$$(21)\qquad u = e^w = e^p(\cos q + \sqrt{-1}\sin q).$$

Donc e^p sera le module de u. De plus, on trouvera

$$(22)\qquad W = P + Q\sqrt{-1},\qquad W' = P' + Q'\sqrt{-1},\qquad W'' = P'' + Q''\sqrt{-1}.$$

Donc, si W' est nul, on aura

$$(23)\qquad P' = 0,\qquad Q' = 0,$$

et, si la partie réelle de W'' est négative, on aura

$$(24)\qquad P'' < 0.$$

Cela posé, soit

$$(25)\qquad P'' = -B^2,\qquad \theta = \operatorname{arc\,tang}\frac{Q''}{P''},$$

B étant une quantité positive; l'équation (18) donnera

$$(26)\qquad \left\{\begin{aligned} \int_{X-\frac{a}{\sqrt{n}}}^{X+\frac{a}{\sqrt{n}}} u^n v\,dx &= \frac{V e^{n(P+Q\sqrt{-1})}}{B\sqrt{n}}\sqrt{\frac{2\pi}{1+\operatorname{tang}\theta\sqrt{-1}}}\\ &= \frac{V e^{n(P+Q\sqrt{-1})}}{B\sqrt{n}}\cos^{\frac{1}{2}}\theta\sqrt{2\pi}\left(\cos\frac{\theta}{2} - \sqrt{-1}\sin\frac{\theta}{2}\right), \end{aligned}\right.$$

ou, ce qui revient au même,

$$(27)\qquad \int_{X-\frac{a}{\sqrt{n}}}^{X+\frac{a}{\sqrt{n}}} u^n v\,dx = \frac{V}{B}\,\frac{e^{nP}\sqrt{2\pi}}{\sqrt{n}}\cos^{\frac{1}{2}}\theta\, e^{\left(nQ-\frac{\theta}{2}\right)\sqrt{-1}}.$$

Il est essentiel d'observer que, en vertu des conditions (23) et (24),

P sera nécessairement un maximum de p, et $e^{\mathrm{P}} = \mathrm{U}$ un maximum de $e^p = u$.

Lorsque P est non seulement un maximum de p, mais encore la plus grande des valeurs de p, correspondant à des valeurs de x comprises entre les limites $x = x_0$, $x = x_1$, c'est-à-dire, en d'autres termes, lorsque P est le *maximum maximorum* de p, alors il est facile de reconnaître que l'on a

$$(28) \qquad \mathrm{S} = \int_{x_0}^{x_1} u^n v\, dx = (1 \pm \varepsilon) \int_{\mathrm{X} - \frac{a}{\sqrt{n}}}^{\mathrm{X} + \frac{a}{\sqrt{n}}} u^n v\, dx,$$

ε désignant un nombre très petit et qui s'évanouisse avec $\frac{1}{n}$. Donc, par suite, on trouvera

$$(29) \qquad \mathrm{S} = (1 \pm \varepsilon) \frac{\mathrm{V}}{\mathrm{B}} \frac{e^{n\mathrm{P}} \sqrt{2\pi}}{\sqrt{n}} \cos^{\frac{1}{2}} \theta\, e^{\left(n\mathrm{Q} - \frac{\theta}{2}\right)\sqrt{-1}}.$$

Si l'on fait, pour plus de commodité,

$$(30) \qquad \mathrm{V} = \mathrm{A}(\cos\Theta + \sqrt{-1}\sin\Theta),$$

on aura

$$(31) \qquad \mathrm{S} = (1 \pm \varepsilon) \frac{\mathrm{A}}{\mathrm{B}} \frac{e^{n\mathrm{P}} \sqrt{2\pi}}{\sqrt{n}} \cos^{\frac{1}{2}} \theta\, e^{\left(n\mathrm{Q} + \Theta - \frac{\theta}{2}\right)\sqrt{-1}}.$$

Si l'intégrale S a une valeur réelle, on aura nécessairement $n\mathrm{Q} + \Theta - \frac{\theta}{2} = 0$,

$$(32) \qquad \mathrm{S} = (1 \pm \varepsilon) \frac{\mathrm{A}}{\mathrm{B}} \frac{e^{n\mathrm{P}} \sqrt{2\pi}}{\sqrt{n}} \cos^{\frac{1}{2}} \theta.$$

On doit toutefois excepter le cas où deux valeurs de x correspondraient au maximum maximorum de p. Admettons cette dernière hypothèse, et supposons que, dans le passage de la première valeur de x à la seconde, A, B, P ne varient pas, et que Q, Θ, θ changent seulement de signe. L'intégrale S sera évidemment déterminée par une équation de la forme

$$(33)\quad \begin{cases} S = (1 \pm \varepsilon_1)\dfrac{A}{B}\dfrac{e^{nP}\sqrt{2\pi}}{\sqrt{n}}\cos^{\frac{1}{2}}\theta\, e^{\left(nQ+\Theta-\frac{\theta}{2}\right)\sqrt{-1}} \\ \quad + (1 \pm \varepsilon_2)\dfrac{A}{B}\dfrac{e^{nP}\sqrt{2\pi}}{\sqrt{n}}\cos^{\frac{1}{2}}\theta\, e^{-\left(nQ+\Theta-\frac{\theta}{2}\right)\sqrt{-1}}, \end{cases}$$

que l'on pourra réduire à la forme

$$(34)\quad S = (1 \pm \varepsilon)\frac{2A}{B}\frac{e^{nP}\sqrt{2\pi}}{\sqrt{n}}\cos^{\frac{1}{2}}\theta\cos\left(nQ + \Theta - \frac{\theta}{2}\right).$$

Si l'on fait, pour abréger,

$$(35)\quad e^{P} = R,$$

R sera le module maximum maximorum de la fonction u, et les formules (32), (34) donneront

$$(36)\quad S = (1 \pm \varepsilon)\frac{A}{B}\frac{R^n\sqrt{2\pi}}{\sqrt{n}}\cos^{\frac{1}{2}}\theta,$$

$$(37)\quad S = (1 \pm \varepsilon)\frac{2A}{B}\frac{R^n\sqrt{2\pi}}{\sqrt{n}}\cos^{\frac{1}{2}}\theta\cos\left(nQ + \Theta - \frac{\theta}{2}\right).$$

Il est bon d'observer que la série, dans laquelle S représenterait le terme général correspondant à l'indice n, sera convergente quand on aura $R < 1$, et divergente quand on aura $R > 1$.

Ajoutons que, si l'intégrale S rencontre une constante arbitraire r, on pourra disposer de cette constante de manière que la valeur $x = X$, correspondant au module maximum maximorum de la fonction u, vérifie non seulement la première des formules (23), mais encore la seconde, c'est-à-dire l'équation de condition

$$(38)\quad q' = 0.$$

§ II. — *Sur la détermination approximative de la quantité*

$$(1)\qquad S_n = \frac{1}{1.2.3.....m}\,\frac{d^m\{\varphi(t)[\varpi(t)]^n\}}{dt^m},$$

m et n étant de très grands nombres.

On aura évidemment, quelle que soit la constante r,

$$(2)\qquad S_n = \frac{1}{2\pi}\int_{-\pi}^{\pi} r^{-m}e^{-ms\sqrt{-1}}\,\varphi(t+re^{s\sqrt{-1}})[\varpi(t+re^{s\sqrt{-1}})]^n\,ds,$$

puis, en posant $m = n\mu$,

$$(3)\qquad S_n = \frac{1}{2\pi}\int_{-\pi}^{\pi}\varphi(t+re^{s\sqrt{-1}})\left[\frac{\varpi(t+re^{s\sqrt{-1}})}{(re^{s\sqrt{-1}})^{\mu}}\right]^n ds.$$

Cette valeur de S_n coïncidera avec l'intégrale (1) du paragraphe Ier, si l'on pose $x = s$,

$$(4)\qquad u = \frac{\varpi(t+re^{s\sqrt{-1}})}{r^{\mu}e^{s\mu\sqrt{-1}}},\qquad v = \frac{1}{2\pi}\varphi(t+re^{s\sqrt{-1}}),$$

$$(5)\qquad w = \mathrm{l}[\varpi(t+re^{s\sqrt{-1}})] - \mu\,\mathrm{l}(r) - s\mu\sqrt{-1},$$

$$(6)\qquad \frac{dw}{ds} = w' = p' + q'\sqrt{-1} = \left[\frac{re^{s\sqrt{-1}}\,\varpi'(t+re^{s\sqrt{-1}})}{\varpi(t+re^{s\sqrt{-1}})} - \mu\right]\sqrt{-1};$$

et la série qui aura pour terme général S_n sera convergente, si le module maximum maximorum de la fonction

$$(7)\qquad u = \frac{\varpi(t+re^{s\sqrt{-1}})}{(re^{s\sqrt{-1}})^{\mu}}$$

est plus petit que l'unité, quand la constante r est choisie de manière que la valeur de s correspondant à ce module vérifie l'équation imaginaire $w' = 0$, ou

$$(8)\qquad \frac{re^{s\sqrt{-1}}\,\varpi'(t+re^{s\sqrt{-1}})}{\varpi(t+re^{s\sqrt{-1}})} = \mu.$$

Soit R ce module et posons, pour plus de commodité,

$$(9) \qquad \psi(x) = \frac{\varpi(t+x)}{x^r}.$$

Pour obtenir la quantité R il suffira de chercher les valeurs réelles ou imaginaires de x qui rendent nulle la fonction dérivée $\psi'(x)$, c'est-à-dire les racines de l'équation

$$(10) \qquad \psi'(x) = 0.$$

Soit $x = \rho e^{s\sqrt{-1}}$ une de ces racines. Le module correspondant de $\psi(x)$, savoir

$$(11) \qquad \psi(\rho e^{s\sqrt{-1}}),$$

sera précisément la quantité R, si ce module est la valeur maximum maximorum de la fonction $\psi(\rho e^{s\sqrt{-1}})$. Or, il y aura, en général, une racine de l'équation (10) qui vérifiera la condition précédente. Car, pour chaque valeur particulière de la constante r, la fonction

$$\psi(re^{s\sqrt{-1}})$$

aura un module maximum maximorum, correspondant à une valeur de s qui vérifiera l'équation

$$p' = 0;$$

et, si l'on attribue successivement à r une infinité de valeurs distinctes, la quantité q' recevra une infinité de valeurs correspondantes, parmi lesquelles on en trouvera généralement une égale à zéro.

La quantité R dont il est ici question, et qui représente toujours l'un des modules de $\psi(x)$ correspondant à une racine de l'équation

$$\psi'(x) = 0,$$

est ce que nous nommerons *le module principal* de la fonction $\psi(x)$. Cela posé, on pourra énoncer la proposition suivante :

THÉORÈME I. — *La série qui a pour terme général*

$$S_n = \frac{1}{1.2.3\ldots.m} \frac{d^n\{\varphi(t)[\varpi(t)]^n\}}{dt^n}, \tag{12}$$

m désignant un très grand nombre qui croît avec n de manière que $\frac{m}{n} = \mu$ *conserve une valeur finie, sera convergente ou divergente, suivant que le module principal de la fonction*

$$\frac{\varpi(t+x)}{x^\mu} \tag{13}$$

sera inférieur ou supérieur à l'unité.

En posant $m = n - 1$, on trouvera

$$\mu = 1 - \frac{1}{n},$$

ou à très peu près, pour de très grandes valeurs de n,

$$\mu = 1.$$

Par suite, on déduira immédiatement du théorème I cette autre proposition :

THÉORÈME II. — *La série qui a pour terme général*

$$S_n = \frac{1}{1.2.3\ldots.(n-1)} \frac{d^{n-1}\{\varphi(t)[\varpi(t)]^n\}}{dt^{n-1}} \tag{14}$$

sera convergente ou divergente, suivant que le module principal de la fonction

$$\frac{\varpi(t+x)}{x} \tag{15}$$

sera inférieur ou supérieur à l'unité.

Il est bon d'observer que l'expression (14), divisée par n, deviendra le terme général de la série trouvée par Lagrange, et qui représente la valeur de $\int \varphi(z)\,dz$, z étant une racine de l'équation

$$z = t + \varpi(z). \tag{16}$$

Exemple I. — Considérons l'équation

$$z = t + c\sin z. \tag{17}$$

On aura, dans ce cas,

$$\left\{\begin{aligned} \varpi(z) &= c\sin z, \\ \frac{\varpi(t+x)}{x} &= c\,\frac{\sin(t+x)}{x}. \end{aligned}\right. \tag{18}$$

Il reste à trouver le module principal de la fonction

$$c\,\frac{\sin(t+x)}{x} = c\,\frac{\sin\left(t + re^{s\sqrt{-1}}\right)}{re^{s\sqrt{-1}}}. \tag{19}$$

Or ce module répond nécessairement à une racine de l'équation

$$\frac{d\left[\dfrac{\sin(t+x)}{x}\right]}{dx} = 0, \tag{20}$$

ou

$$d\,\mathrm{l}\sin(t+x) - d\,\mathrm{l}(x) = 0, \tag{21}$$

que l'on peut réduire à

$$\operatorname{tang}(t+x) = x. \tag{22}$$

Cela posé, soit d'abord $t = \frac{\pi}{2}\cdot$ L'équation (22) deviendra $-\cot x = x$, ou

$$\operatorname{tang} x = -\frac{1}{x}\cdot \tag{23}$$

On satisfait à cette dernière en prenant

$$x = re^{s\sqrt{-1}}\,r\sqrt{-1}, \qquad \frac{e^r - e^{-r}}{e^r + e^r} = \frac{1}{r}, \qquad s = \frac{\pi}{2}. \tag{24}$$

De plus, le module de la fonction (19) est généralement

$$(25)\qquad \frac{c}{2r}\sqrt{e^{2r\sin s}+e^{-2r\sin s}-2\cos(2t+2r\cos s)}.$$

Donc il se réduit, pour $t=\frac{\pi}{2}$, à

$$(26)\qquad \frac{c}{2r}\sqrt{e^{2r\sin s}+e^{-2r\sin s}+2\cos(2r\cos s)}.$$

Or, la valeur maximum maximorum de cette dernière quantité est évidemment celle qui répond à $s=\frac{\pi}{2}$, savoir

$$(27)\qquad c\,\frac{e^{r}+e^{-r}}{2r}.$$

Donc la quantité (27), dans laquelle on doit supposer r déterminé par la formule

$$(28)\qquad \frac{e^{r}-e^{-r}}{e^{r}+e^{-r}}=\frac{1}{r},$$

est le module principal de la fonction

$$(29)\qquad \frac{\sin\left(\frac{\pi}{2}+x\right)}{x}=\frac{\cos x}{x}.$$

Donc la racine z de l'équation

$$(30)\qquad z=\frac{\pi}{2}+c\sin z$$

et les fonctions de cette même racine seront développables en séries convergentes par la formule de Lagrange, lorsqu'on aura

$$(31)\qquad c\,\frac{e^{r}+e^{-r}}{2r}<1,\qquad \text{ou}\qquad c<\frac{2r}{e^{r}+e^{-r}}.$$

D'ailleurs, on tire de l'équation (8)

$$(32)\qquad \frac{e^{r}+e^{-r}}{r}=\frac{e^{r}-e^{-r}}{1}=\frac{2}{\sqrt{r^{2}-1}},$$

$$(33)\qquad \frac{2r}{e^{r}+e^{-r}}=\sqrt{r^{2}-1}.$$

Donc, les séries en question seront convergentes, quand on aura

$$(34) \qquad c < \sqrt{r^2 - 1}.$$

Il reste à calculer approximativement dans la même hypothèse le terme général d'une semblable série, par exemple de celle qui fournira le développement de $\Phi(z)$. Or ce terme sera

$$(35) \qquad S_n = \frac{1}{1.2.3\ldots\ldots(n-1)} \frac{d^{n-1}[\Phi'(t)(c\sin t)^n]}{dt^{n-1}},$$

pourvu que l'on fasse $t = \frac{\pi}{2}$ après les différentiations, ou, ce qui revient au même,

$$(36) \qquad S_n = \frac{1}{2\pi} \int_{-\pi}^{\pi} \Phi'\left(\frac{\pi}{2} + re^{s\sqrt{-1}}\right) \left[\frac{c\cos\left(re^{s\sqrt{-1}}\right)}{\left(re^{s\sqrt{-1}}\right)^{1-\frac{1}{n}}}\right]^n ds.$$

Pour comparer cette dernière intégrale à l'intégrale (1) du paragraphe Ier, il faudra faire

$$(37) \qquad \begin{cases} v = \Phi'\left(\frac{\pi}{2} + re^{s\sqrt{-1}}\right) re^{s\sqrt{-1}}, \\ u = c\,\dfrac{\cos\left(re^{s\sqrt{-1}}\right)}{re^{s\sqrt{-1}}}, \\ \varpi = p + q\sqrt{-1} = \mathrm{l}\left[\cos\left(re^{s\sqrt{-1}}\right)\right] - \left[\mathrm{l}(r) + s\sqrt{-1}\right] + \mathrm{l}(c). \end{cases}$$

Cela posé, on trouvera

$$(38) \qquad \begin{cases} \varpi' = p' + q'\sqrt{-1} = -\sqrt{-1}\left[re^{s\sqrt{-1}} \operatorname{tang}\left(re^{s\sqrt{-1}}\right) + 1\right] = \dfrac{d\left(p + q\sqrt{-1}\right)}{ds}, \\ \varpi'' = p'' + q''\sqrt{-1} = \left[re^{s\sqrt{-1}} \operatorname{tang}\left(re^{s\sqrt{-1}}\right) + \dfrac{r^2 e^{2s\sqrt{-1}}}{\cos^2\left(re^{s\sqrt{-1}}\right)}\right]. \end{cases}$$

Par suite, l'équation $\varpi' = 0$ donnera

$$(39) \qquad re^{s\sqrt{-1}} \operatorname{tang}\left(re^{s\sqrt{-1}}\right) + 1 = 0$$

et se réduira ainsi à la formule (23). De plus, r et s étant déterminés par la formule (39), ou, ce qui revient au même, par les équations

$$(40) \qquad s = \frac{\pi}{2}, \qquad \frac{e^r - e^{-r}}{e^r + e^{-r}} = \frac{1}{r},$$

la seconde des formules (38) donnera

$$(41)\qquad W'' = P'' + Q''\sqrt{-1} = -\left[1 + \frac{4r^2}{(e^r + e^{-r})^2}\right] = -(1 + r^2 - 1) = -r^2.$$

On aura donc

$$(42)\qquad B^2 = -P'' = r^2, \qquad Q'' = 0, \qquad \theta = 0, \qquad B = r.$$

On trouvera de même

$$(43)\qquad U = e^{P+Q\sqrt{-1}} = c\frac{\cos(r\sqrt{-1})}{r\sqrt{-1}} = -\frac{e^r + e^{-r}}{2r}\sqrt{-1},$$

et, par suite,

$$(44)\qquad R = e^P = \frac{e^r + e^{-r}}{2r} = \frac{1}{\sqrt{r^2 - 1}}, \qquad Q = -\frac{\pi}{2}.$$

Si l'on fait d'ailleurs

$$(45)\qquad V = r\sqrt{-1}\,\Phi'\left(\frac{\pi}{2} + r\sqrt{-1}\right) = A(\cos\Theta + \sqrt{-1}\sin\Theta),$$

la formule (37) du paragraphe Ier donnera

$$(46)\qquad S_n = \frac{(1 \pm \varepsilon)}{2\pi}\,\frac{2A}{r}\left(c\frac{e^r + e^{-r}}{2r}\right)^n \frac{\sqrt{2\pi}}{\sqrt{n}}\cos\left(\Theta - \frac{n\pi}{2}\right).$$

Soit, en particulier,

$$(47)\qquad \Phi(z) = 1 - c\cos z.$$

On trouvera

$$(48)\qquad \Phi'(z) = c\sin z,$$

$$(49)\qquad \begin{cases} V = cr\sqrt{-1}\cos(r\sqrt{-1}) = cr\left(\dfrac{e^r + e^{-r}}{2}\right)\sqrt{-1}, \\ A = cr\left(\dfrac{e^r + e^{-r}}{2}\right), \qquad \Theta = \dfrac{\pi}{2}, \end{cases}$$

$$(50)\qquad S_n = \frac{(1 \pm \varepsilon)}{2\pi}\,2r\left(c\frac{e^r + e^{-r}}{2r}\right)^{n+1} \frac{\sqrt{2\pi}}{\sqrt{n}}\cos(n-1)\frac{\pi}{2},$$

$$(51)\qquad \begin{cases} \dfrac{S_n}{n} = \dfrac{(1 \pm \varepsilon)}{2\pi}\,\dfrac{2r\sqrt{2\pi}}{n\sqrt{n}}\left(c\dfrac{e^r + e^{-r}}{2r}\right)^{n+1}\cos(n-1)\dfrac{\pi}{2} \\ \quad = \dfrac{(1 \pm \varepsilon)}{\sqrt{2\pi}}\,\dfrac{2r}{n\sqrt{n}}\left(\dfrac{c}{\sqrt{r^2 - 1}}\right)^{n+1}\cos(n-1)\dfrac{\pi}{2}. \end{cases}$$

La formule (51) s'accorde avec celle qu'a donnée M. Laplace.

Revenons au cas où t a une valeur quelconque. Alors, en faisant, pour abréger,

$$x = re^{s\sqrt{-1}}, \tag{52}$$

on aura

$$u = c\,\frac{\sin(t+x)}{x}, \tag{53}$$

$$(54)\quad \left\{ \begin{aligned} \varpi &= p + q\sqrt{-1} = \mathrm{l}(c) + \mathrm{l}\sin(t+x) - \mathrm{l}(x), \qquad \frac{dx}{ds} = x\sqrt{-1}, \\ \varpi' &= \frac{d\varpi}{ds} = p' + q'\sqrt{-1} = \left[\frac{\cos(t+x)}{\sin(t+x)} - \frac{1}{x}\right]\frac{dx}{ds} = \sqrt{-1}\left[\frac{x}{\mathrm{tang}(t+x)} - 1\right], \\ \varpi'' &= \frac{d^2\varpi}{ds^2} = p'' + q''\sqrt{-1} = \left[\frac{1}{\mathrm{tang}(t+x)} - \frac{x}{\sin^2(t+x)}\right]\frac{dx}{ds}\sqrt{-1} \\ &= -\left[\frac{x}{\mathrm{tang}(t+x)} - \frac{x^2}{\sin^2(t+x)}\right]. \end{aligned} \right.$$

Cela posé, l'équation $\varpi' = 0$ donnera

$$\frac{\mathrm{tang}(t+x)}{x} = 1 \quad \text{ou} \quad \mathrm{tang}(t+x) = x, \tag{55}$$

et l'on en tirera

$$(56)\quad \left\{ \begin{aligned} &\frac{\sin(t+x)}{x} = \frac{\cos(t+x)}{1}, \\ &\frac{\sin^2(t+x)}{x^2} = \frac{\cos^2(t+x)}{1} = \frac{1}{1+x^2}, \end{aligned} \right.$$

$$\mathrm{W}'' = \mathrm{P}'' + \mathrm{Q}''\sqrt{-1} = -[1 - (1+x^2)] = x^2. \tag{57}$$

Donc, le module principal de l'expression (53) correspondra nécessairement à une racine de l'équation (55) qui rendra négative la partie réelle de x^2. Il est clair que cette racine ne peut être réelle. Car, dans ce cas, x^2 serait réelle et positive. Donc, il faut exclure toutes les racines réelles de l'équation (55), et même les racines imaginaires dans lesquelles la partie réelle surpasserait (abstraction faite du signe) le coefficient de $\sqrt{-1}$. Car, si l'on pose

$$x = \alpha + 6\sqrt{-1}, \tag{58}$$

on aura

$$(59)\qquad x^2 = \alpha^2 - 6^2 + 2\alpha 6\sqrt{-1};$$

et la partie réelle de x^2 ne pourra être négative, si l'on a $\alpha^2 > 6^2$. Ajoutons que la valeur $x = \alpha + 6\sqrt{-1}$, substituée dans l'équation (55), donnera

$$(60)\quad \left\{\begin{aligned} \alpha + 6\sqrt{-1} &= \frac{\sin(t+\alpha+6\sqrt{-1})}{\cos(t+\alpha+6\sqrt{-1})} = \frac{2\sin(t+\alpha+6\sqrt{-1})\cos(t+\alpha-6\sqrt{-1})}{2\cos(t+\alpha+6\sqrt{-1})\cos(t+\alpha-6\sqrt{-1})} \\ &= \frac{\sin(2t+2\alpha)+\frac{1}{2}(e^{26}-e^{-26})\sqrt{-1}}{\cos(2t+2\alpha)+\frac{1}{2}(e^{26}+e^{-26})}, \end{aligned}\right.$$

$$(61)\quad \alpha = \frac{\sin(2t+2\alpha)}{\cos(2t+2\alpha)+\frac{1}{2}(e^{26}+e^{-26})},\qquad 6 = \frac{\frac{1}{2}(e^{26}-e^{-26})}{\cos(2t+2\alpha)+\frac{1}{2}(e^{26}+e^{-26})}.$$

Donc, par suite, si α et 6 diffèrent de zéro, l'on aura

$$(62)\qquad \frac{\sin(2t+2\alpha)}{2\alpha} = \frac{e^{26}-e^{-26}}{46} > 1.$$

Or, l'équation (62) ne peut subsister, ni pour $t = 0$, ni pour $t = \frac{\pi}{2}$, ou $2t = \pi$, puisque alors le premier membre se réduit à $\pm\frac{\sin 2\alpha}{2\alpha}$ dont la valeur numérique est inférieure à l'unité. Donc, dans l'un et l'autre cas, il faut supposer $\alpha = 0$; ce qui réduit la seconde des équations (61), pour $t = 0$, à

$$(63)\qquad 6 = \frac{e^{26}-e^{-26}}{(e^{6}+e^{-6})^2} = \frac{e^{6}-e^{-6}}{e^{6}+e^{-6}} \qquad \text{ou} \qquad 6 = 0,$$

et, pour $t = \frac{\pi}{2}$, à

$$(64)\qquad 6 = \frac{e^{26}-e^{-26}}{(e^{6}-e^{-6})^2} = \frac{e^{6}+e^{-6}}{e^{6}-e^{-6}}.$$

La formule (64) s'accorde avec la seconde des équations (40). Quant au cas où l'on suppose $t = 0$, il donne à la fois $\alpha = 0$, $6 = 0$, et, par conséquent, $x = 0$. Donc alors le module principal de l'expression (53) correspond à $x = 0$ et se réduit à

$$c\frac{\sin x}{x} = c. \tag{65}$$

Donc, dans le même cas, la série de Lagrange sera convergente, si l'on a

$$c < 1. \tag{66}$$

Exemple II. — Considérons l'équation

$$z = \cos\theta + \frac{\alpha}{2}(z^2 - 1). \tag{67}$$

La série de Lagrange appliquée à cette équation du second degré fournira le développement en série de l'une de ses racines, savoir :

$$z = \frac{1 - (1 - 2\alpha\cos\theta + \alpha^2)^{\frac{1}{2}}}{\alpha}, \tag{68}$$

et, si l'on pose, pour abréger, $\cos\theta = t$, ce développement sera

$$z = t + \frac{\alpha}{2}(t^2 - 1) + \frac{\left(\frac{\alpha}{2}\right)^2}{1.2}\frac{d(t^2-1)^2}{dt} + \ldots + \frac{\left(\frac{\alpha}{2}\right)^n}{1.2.3\ldots..n}\frac{d^{n-1}(t^2-1)^n}{dt^{n-1}} + \ldots. \tag{69}$$

Ici, la fonction $\varpi(z)$ étant donnée par l'équation

$$\varpi(z) = \frac{\alpha}{2}(z^2 - 1), \tag{70}$$

la série de Lagrange sera convergente lorsque le module principal de la fonction

$$\frac{\varpi(t + x)}{x} = \frac{\alpha}{2}\frac{(t + x)^2 - 1}{x} \tag{71}$$

sera inférieur à l'unité. D'ailleurs, si l'on pose

$$u = \frac{\alpha}{2}\frac{(t + x)^2 - 1}{x}, \qquad x = re^{s\sqrt{-1}}, \qquad \frac{dx}{ds} = x\sqrt{-1}, \tag{72}$$

on aura

$$w = \mathrm{l}(u) = \mathrm{l}\left(\frac{\alpha}{2}\right) + \mathrm{l}[(t+x)^2 - 1] - \mathrm{l}(x), \tag{73}$$

$$\left\{\begin{aligned} w' &= \frac{dw}{ds} = \left[\frac{2(t+x)}{(t+x)^2-1} - \frac{1}{x}\right] x\sqrt{-1} = \sqrt{-1}\left[\frac{2tx+2x^2}{(t+x)^2-1} - 1\right], \\ w'' &= \frac{d^2 w}{ds^2} = p'' + q''\sqrt{-1} = -\left\{\frac{2(t+2x)x}{(t+x)^2-1} - \left[\frac{2tx+2x^2}{(t+x)^2-1}\right]^2\right\}. \end{aligned}\right. \tag{74}$$

Par suite, l'équation $w' = 0$ donnera

$$\left\{\begin{aligned} &\frac{2tx+2x^2}{(t+x)^2-1} - 1 = 0, \\ &x^2 = t^2 - 1 = -\sin^2\theta, \\ &x = \pm \sin\theta\sqrt{-1}; \end{aligned}\right. \tag{75}$$

et l'on en conclura, en plaçant le signe + devant $\sin\theta\sqrt{-1}$,

$$\left\{\begin{aligned} \mathrm{W}'' &= \mathrm{P}'' + \mathrm{Q}''\sqrt{-1} = -\left[\frac{2(t+2x)x}{(t+x)^2-1} - 1\right] = \frac{3x^2+1-t^2}{1-t^2-x^2-2tx} \\ &= \frac{1}{\sqrt{-1}}\,\frac{\sin\theta}{\cos\theta + \sqrt{-1}\sin\theta} = \frac{\sin\theta(\cos\theta - \sqrt{-1}\sin\theta)}{\sqrt{-1}}; \end{aligned}\right. \tag{76}$$

$$\mathrm{P}'' = -\sin^2\theta, \quad \mathrm{B} = \sin\theta, \quad \mathrm{Q}'' = -\sin\theta\cos\theta, \quad \frac{\mathrm{Q}''}{\mathrm{P}''} = \cot\theta = \operatorname{tang}\left(\frac{\pi}{2} - \theta\right), \tag{77}$$

$$\mathrm{U} = \frac{\alpha}{2}\,\frac{(t+x)^2-1}{x} = \frac{\alpha}{2}\,\frac{\cos 2\theta - 1 + \sin 2\theta\sqrt{-1}}{\sin\theta\sqrt{-1}} = \alpha(\cos\theta + \sin\theta\sqrt{-1}), \tag{78}$$

$$\mathrm{R} = \alpha, \qquad \mathrm{Q} = \theta. \tag{79}$$

Donc, le module principal de la fonction (71) sera $\mathrm{R} = \alpha$, et la série (69) sera toujours convergente pour $\alpha < 1$. On peut en dire autant de toute série qui représentera le développement de

$$\Phi(z),$$

Φ étant une fonction quelconque, et z étant déterminée par la formule (68).

Si l'on voulait développer, en série ordonnée suivant les puissances de α, le radical

$$(1 - 2\alpha\cos\theta + \alpha^2)^{-\frac{1}{2}}, \tag{80}$$

on observerait que ce radical est équivalent à

$$(81)\qquad \frac{1}{1-\alpha z},$$

z désignant la racine de l'équation (67) ou

$$(82)\qquad z-\cos\theta-\frac{\alpha}{2}(z^2-1)=0,$$

qui se développe par la formule de Lagrange. On aurait par suite, en observant que la dérivée du premier membre de l'équation (82) est précisément $1-\alpha z$,

$$(83)\qquad \begin{cases} (1-2\alpha\cos\theta+\alpha^2)^{-\frac{1}{2}} = \mathcal{E}\dfrac{1}{\left(\left(z-\cos\theta-\dfrac{\alpha}{2}(z^2-1)\right)\right)} \\ \qquad = \mathcal{E}\dfrac{1}{\left(\left(z-t-\dfrac{\alpha}{2}(z^2-1)\right)\right)}, \end{cases}$$

ou, ce qui revient au même,

$$(84)\qquad \frac{1}{1-\alpha z} = \mathcal{E}\frac{1}{((z-t))} + \frac{\alpha}{2}\mathcal{E}\frac{z^2-1}{(((z-t)^2))} + \frac{\alpha^2}{2^2}\mathcal{E}\frac{(z^2-1)^2}{(((z-t)^3))} + \ldots,$$

ou bien encore

$$(85)\qquad \begin{cases} \dfrac{1}{1-\alpha z} = 1 + \dfrac{\alpha}{2}\dfrac{d(t^2-1)}{dt} + \dfrac{\left(\dfrac{\alpha}{2}\right)^2}{1.2}\dfrac{d^2(t^2-1)^2}{dt^2} + \ldots \\ \qquad + \dfrac{\left(\dfrac{\alpha}{2}\right)^n}{1.2.3\ldots\ldots n}\dfrac{d^n(t^2-1)^n}{dt^n} + \ldots. \end{cases}$$

Ainsi, l'on trouvera, en posant $\cos\theta = t$,

$$(86)\qquad \begin{cases} (1-2\alpha\cos\theta+\alpha^2)^{-\frac{1}{2}} = 1 + \dfrac{\alpha}{2}\dfrac{d(t^2-1)}{dt} + \dfrac{\left(\dfrac{\alpha}{2}\right)^n}{1.2}\dfrac{d^2(t^2-1)^2}{dt^2} + \ldots \\ \qquad + \dfrac{\left(\dfrac{\alpha}{2}\right)^n}{1.2.3\ldots\ldots n}\dfrac{d^n(t^2-1)^n}{dt^n} + \ldots. \end{cases}$$

Or, cette dernière série sera convergente, lorsque le module principal de la fonction

$$\frac{\alpha}{2}\frac{(t+x)^2-1}{x},$$

c'est-à-dire la quantité α, sera inférieur à l'unité.

Soit maintenant

$$(87)\qquad S_n = \frac{\left(\frac{\alpha}{2}\right)^n}{1.2.3\ldots\ldots n}\frac{d^n(t^2-1)^n}{dt^n}$$

le terme général de la série (86). On aura

$$(88)\qquad S_n = \frac{1}{2\pi}\int_{-\pi}^{\pi}\left[\frac{\alpha}{2}\frac{(t+re^{s\sqrt{-1}})^2-1}{re^{s\sqrt{-1}}}\right]^n ds.$$

En comparant cette valeur de S_n à l'intégrale (1) du paragraphe Ier, on trouvera

$$s = x,$$

$$(89)\qquad u = \frac{\alpha}{2}\frac{(t+re^{s\sqrt{-1}})^2-1}{re^{s\sqrt{-1}}}, \qquad v = \frac{1}{2\pi}.$$

On aura, par suite,

$$(90)\qquad \left\{\begin{array}{lll} R=\alpha, & B=\sin\theta, & \text{arc tang}\,\frac{Q''}{P''}=\frac{\pi}{2}-\theta, \\ A=\frac{1}{2\pi}, & \Theta=0, & Q=\theta, \end{array}\right.$$

et l'on tirera de la formule (37) du paragraphe Ier, après y avoir remplacé θ par $\frac{\pi}{2}-\theta$,

$$(91)\qquad S_n = (1\pm\varepsilon)\frac{\alpha^n}{\sqrt{\frac{1}{2}n\pi\sin\theta}}\cos\left[\left(n+\frac{1}{2}\right)\theta-\frac{1}{4}\pi\right].$$

Ce résultat s'accorde avec celui qu'a obtenu M. Laplace. (*Voir* aussi une Note de M. Plana, insérée dans le quatorzième Volume de la *Correspondance astronomique de M. le baron de Zach.*)

§ III.

Cherchons généralement la valeur de l'intégrale

$$(1)\quad S_n = \frac{1}{2\pi}\int_{-\pi}^{\pi}\varphi\left(re^{s\sqrt{-1}}\right)\left[\frac{\psi\left(re^{s\sqrt{-1}}\right)}{re^{s\sqrt{-1}}}\right]^n ds = \frac{1}{1.2.3.\ldots.n}\,\frac{d^n\{\varphi(i)[\psi(i)]^n\}}{di^n},$$

i devant être supposé nul après les différentiations. On déterminera la valeur de x à laquelle correspond le module principal de la fonction

$$(2)\qquad \frac{\psi(x)}{x}.$$

Soit $x=\omega$ cette valeur qui pourra être réelle ou imaginaire. Si l'on fait

$$(3)\qquad \left\{\begin{array}{l} v=\varphi\left(re^{s\sqrt{-1}}\right), \qquad u=\dfrac{\psi\left(re^{s\sqrt{-1}}\right)}{re^{s\sqrt{-1}}}, \qquad x=re^{s\sqrt{-1}}, \\ w=\mathrm{l}(u)=\mathrm{l}\left[\psi\left(re^{s\sqrt{-1}}\right)\right]-\mathrm{l}(r)-s\sqrt{-1}, \end{array}\right.$$

et, par conséquent,

$$v=\varphi(x), \qquad w=\mathrm{l}[\psi(x)]-\mathrm{l}(x),$$

on trouvera

$$\frac{dx}{ds}=x\sqrt{-1},$$

$$(4)\qquad \frac{dw}{ds}=\left[\frac{\psi'(x)}{\psi(x)}-\frac{1}{x}\right]\frac{dx}{ds}=\left[\frac{\psi'(x)}{\psi(x)}x-1\right]\sqrt{-1},$$

$$(5)\qquad \left\{\begin{array}{l} \dfrac{d^2w}{ds^2}=\sqrt{-1}\left\{\dfrac{\psi'(x)}{\psi(x)}+\dfrac{\psi''(x)}{\psi(x)}x-x\left[\dfrac{\psi'(x)}{\psi(x)}\right]^2\right\}\dfrac{dx}{ds} \\ \qquad =-\left\{\dfrac{x^2\psi''(x)}{\psi(x)}+\dfrac{x\psi'(x)}{\psi(x)}-\left[\dfrac{x\psi'(x)}{\psi(x)}\right]^2\right\}. \end{array}\right.$$

Donc, la valeur ω de x vérifiera l'équation $\frac{dw}{ds}=0$, ou

$$(6)\qquad \omega\frac{\psi'(\omega)}{\psi(\omega)}-1=0,$$

et la valeur correspondante de $\frac{d^2 w}{ds^2} = p'' + q'' \sqrt{-1}$ sera (*voir* le § Ier)

$$(7) \qquad W'' = P'' + Q'' \sqrt{-1} = -\frac{\omega^2 \psi''(\omega)}{\psi(\omega)}.$$

Quant à la valeur de

$$U = e^W,$$

elle sera

$$(8) \qquad e^W = \frac{\psi(\omega)}{\omega}.$$

Enfin, on aura

$$(9) \qquad V = \varphi(\omega).$$

Cela posé, le second membre de la formule (18) du paragraphe Ier deviendra

$$(10) \qquad \frac{\varphi(\omega)\left[\frac{\psi(\omega)}{\omega}\right]^n}{\sqrt{n}} \frac{\sqrt{2\pi}}{\sqrt{\left[\frac{\omega^2 \psi''(\omega)}{\psi(\omega)}\right]}}.$$

Par suite, si le module principal de la fonction

$$\frac{\psi(x)}{x}$$

est réel et correspond à une seule valeur de x, on aura, pour de grandes valeurs de n,

$$(11) \qquad S_n = (1 \pm \varepsilon)\left(\frac{1}{2\pi n}\right)^{\frac{1}{2}} \varphi(\omega)\left[\frac{\psi(\omega)}{\omega}\right]^n \left[\frac{\psi(\omega)}{\omega^2 \psi''(\omega)}\right]^{\frac{1}{2}},$$

ε désignant un nombre très petit. Mais, si le module principal de $\frac{\psi(x)}{x}$ correspond à deux valeurs imaginaires et conjuguées de la variable x, alors, en posant

$$(12) \qquad \varphi(\omega)\left[\frac{\psi(\omega)}{\omega}\right]^n \left[\frac{\psi(\omega)}{\omega^2 \psi''(\omega)}\right]^{\frac{1}{2}} = \Omega + \Omega_1 \sqrt{-1},$$

on aura

$$(13) \qquad S_n = (1 \pm \varepsilon)\frac{1}{\sqrt{\frac{1}{2}\pi n}} \Omega.$$

Exemple. — Soient

$$(14)\qquad \varphi(x)=1,\qquad \psi(x)=\frac{(t+x)^2-1}{2}\alpha,\qquad t=\cos\theta;$$

on trouvera,

$$(15)\qquad \omega=\pm\sin\theta\sqrt{-1},\qquad \psi(\omega)=\frac{(\omega+t)^2-1}{2}\alpha,\qquad \psi''(\omega)=\alpha.$$

Cela posé, si l'on prend

$$(16)\qquad \omega=\sin\theta\sqrt{-1},$$

on aura

$$\psi(\omega)=\frac{(\cos\theta+\sqrt{-1}\sin\theta)^2-1}{2}\alpha=\frac{-2\sin^2\theta+2\sin\theta\cos\theta\sqrt{-1}}{2}\alpha,$$

$$\frac{\psi(\omega)}{\omega^2\psi''(\omega)}=1-\frac{\cos\theta}{\sin\theta}\sqrt{-1}=\frac{\cos\left(\frac{\pi}{2}-\theta\right)-\sin\left(\frac{\pi}{2}-\theta\right)\sqrt{-1}}{\sin\theta},$$

$$\frac{\psi(\omega)}{\omega}=\alpha(\cos\theta+\sqrt{-1}\sin\theta),$$

$$\left[\frac{\psi(\omega)}{\omega}\right]^n=\alpha^n(\cos n\theta+\sqrt{-1}\sin n\theta),$$

$$\left[\frac{\psi(\omega)}{\omega^2\psi''(\omega)}\right]^{\frac{1}{2}}=\frac{\cos\left(\frac{\theta}{2}-\frac{\pi}{4}\right)+\sqrt{-1}\sin\left(\frac{\theta}{2}-\frac{\pi}{4}\right)}{(\sin\theta)^{\frac{1}{2}}},\qquad \varphi(\omega)=1,$$

et, par suite,

$$(17)\qquad \Omega+\Omega_1\sqrt{-1}=\frac{\alpha^n}{(\sin\theta)^{\frac{1}{2}}}\left[\cos\left(n\theta+\frac{\theta}{2}-\frac{\pi}{4}\right)+\sqrt{-1}\sin\left(n\theta+\frac{\theta}{2}-\frac{\pi}{4}\right)\right],$$

$$(18)\qquad \Omega=\frac{\alpha^n}{(\sin\theta)^{\frac{1}{2}}}\cos\left(n\theta+\frac{\theta}{2}-\frac{\pi}{4}\right).$$

Donc, la formule (13) donnera

$$(19)\qquad S_n=(1\pm\varepsilon)\frac{\alpha^n\cos\left(n\theta+\frac{\theta}{2}-\frac{\pi}{4}\right)}{\sqrt{\frac{1}{2}\pi n\sin\theta}},$$

ce que l'on savait déjà.

Supposons maintenant qu'il s'agisse de calculer

$$(20)\qquad S_n = \frac{1}{1.2.3\ldots\ldots(n-1)}\,\frac{d^{n-1}\{\Phi'(t)[\varpi(t)]^n\}}{dt^{n-1}}.$$

On aura évidemment, pourvu que l'on pose après les différentiations $i=0$,

$$(21)\qquad S_n = \frac{1}{1.2.3\ldots\ldots n}\,\frac{\partial^n\{i\,\Phi'(t+i)[\varpi(t+i)]^n\}}{\partial i^n}.$$

Donc, pour déduire la valeur de S_n des formules (12) et (13), il suffira de prendre

$$(22)\qquad \varphi(x) = x\,\Phi'(t+x), \qquad \psi(x) = \varpi(t+x).$$

On aura donc

$$(23)\qquad S_n = \frac{1\pm\varepsilon}{\sqrt{\frac{1}{2}\pi n}}\,\Omega,$$

la valeur de Ω étant donnée par l'équation

$$(24)\qquad \omega\,\Phi'(t+\omega)\left[\frac{\varpi(t+\omega)}{\omega}\right]^n\left[\frac{\varpi(t+\omega)}{\omega^2\,\varpi''(t+\omega)}\right]^{\frac{1}{2}} = \Omega + \Omega_1\sqrt{-1}.$$

Si le module principal de la fonction $\dfrac{\varpi(t+x)}{x}$ correspondait à une valeur unique de x, on aurait simplement

$$(25)\qquad S_n = \frac{1\pm\varepsilon}{\sqrt{2\pi n}}\,\omega\,\Phi'(t+\omega)\left[\frac{\varpi(t+\omega)}{\omega}\right]^n\left[\frac{\varpi(t+\omega)}{\omega^2\,\varpi''(t+\omega)}\right]^{\frac{1}{2}}.$$

Dans le cas particulier où l'on suppose

$$(26)\qquad \Phi'(t) = \varpi(t),$$

l'équation (24) se réduit à

$$(27)\qquad \omega^2\left[\frac{\varpi(t+\omega)}{\omega}\right]^{n+1}\left[\frac{\varpi(t+\omega)}{\omega^2\,\varpi''(t+\omega)}\right]^{\frac{1}{2}} = \Omega + \Omega_1\sqrt{-1}.$$

Exemple. — Appliquons les formules (23) et (27) au cas où l'on a

$$(28)\qquad \varpi(t) = c\sin t.$$

Dans ce cas, on tire de la formule (6), en y remplaçant $\psi(x)$ par $\varpi(t+x)$,

$$(29)\qquad \frac{\omega\cos(t+\omega)}{\sin(t+\omega)}=1.$$

On trouve, de plus,

$$(30)\qquad \frac{\varpi(t+\omega)}{\omega}=c\,\frac{\sin(t+\omega)}{\omega},$$

$$(31)\qquad \frac{\varpi(t+\omega)}{\omega^2\varpi''(t+\omega)}=-\frac{1}{\omega^2}.$$

Le second membre de la formule (31) devant avoir une partie réelle positive, la valeur de ω, tirée de l'équation (29), doit nécessairement être imaginaire. Cela posé, la formule (27) donnera

$$(32)\qquad \frac{[c\sin(t+\omega)]^{n+1}}{\omega^{n-1}}\left(-\frac{1}{\omega^2}\right)^{\frac{1}{2}}=\Omega+\Omega_1\sqrt{-1}.$$

Si l'on fait, en particulier, $t=\frac{\pi}{2}$, on vérifiera l'équation (29) en prenant

$$(33)\qquad \omega=r\sqrt{-1},\qquad \frac{e^r-e^{-r}}{e^r+e^{-r}}=\frac{1}{r},$$

et l'on tirera de la formule (32)

$$(34)\qquad \left\{\begin{aligned}\Omega+\Omega_1\sqrt{-1}&=\left(c\,\frac{e^r+e^{-r}}{2r}\right)^{n+1}r(-\sqrt{-1})^{n-1}\\&=\left(c\,\frac{e^r+e^{-r}}{2r}\right)^{n+1}r\left(\cos\frac{n-1}{2}\pi-\sqrt{-1}\sin\frac{n-1}{2}\pi\right).\end{aligned}\right.$$

Donc, par suite,

$$(35)\qquad \Omega=r\left(c\,\frac{e^r+e^{-r}}{2r}\right)^{n+1}\cos\frac{n-1}{2}\pi;$$

et la formule (23) donnera

$$(36)\qquad S_n=\frac{(1\pm\varepsilon)2r}{\sqrt{2\pi n}}\left(c\,\frac{e^r+e^{-r}}{2r}\right)^{n+1}\cos\left(\frac{n-1}{2}\right)\pi,$$

ce que l'on savait déjà.

Post-Scriptum. — On peut aisément calculer à l'aide des formules précédentes la valeur approchée de la différence finie $\Delta^m s^n$, lorsque m et n sont des nombres entiers, et que, les valeurs de m, n, s étant très considérables, les deux rapports $\frac{m}{n} = \mu$, $\frac{s}{n} = \varsigma$ conservent des valeurs finies. En effet, on a identiquement, en posant $i = 0$ après les différentiations,

$$(1) \qquad \Delta^m s^n = \frac{\partial^n \left(e^{(m+s)i} - \frac{m}{1} e^{(m+s-1)i} + \ldots \right)}{\partial i^n} = \frac{\partial^n [e^{si}(e^i - 1)^m]}{\partial i^n},$$

ou, ce qui revient au même,

$$(2) \qquad \Delta^m s^n = 1.2.3\ldots\ldots n \, S_n,$$

la valeur de S_n étant donnée par l'équation

$$(3) \qquad S_n = \frac{1}{1.2.3\ldots\ldots n} \frac{\partial^n [e^{\varsigma i}(e^i - 1)^\mu]^n}{\partial i^n}.$$

D'ailleurs, pour faire coïncider cette valeur de S_n avec celle que fournit l'équation (1) du paragraphe III, il suffit de poser

$$(4) \qquad \varphi(x) = 1, \qquad \psi(x) = e^{\varsigma x}(e^x - 1)^\mu = e^{\frac{sx}{n}}(e^x - 1)^{\frac{m}{n}}.$$

Alors l'équation (6) du paragraphe III se réduit à

$$(5) \qquad \frac{s}{n} + \frac{m}{n} \frac{1}{1 - e^{-\omega}} - \frac{1}{\omega} = 0,$$

et la formule (11) du même paragraphe donne

$$(6) \qquad S_n = \frac{1 \pm \varepsilon}{\sqrt{2\pi}} \frac{e^{s\omega}(e^\omega - 1)^m}{\omega^{n+1}} \left[\frac{n}{\omega^2} - \frac{m}{\left(e^{\frac{\omega}{2}} - e^{-\frac{\omega}{2}}\right)^2} \right]^{-\frac{1}{2}},$$

ω étant la racine réelle de l'équation (5). Comme on a d'ailleurs sensiblement, pour de très grandes valeurs de n,

$$(7) \qquad \frac{1.2.3\ldots\ldots n}{n^{n+\frac{1}{2}} e^{-n}} = \sqrt{2\pi},$$

on tirera de la formule (2) combinée avec les équations (6) et (7)

$$(8)\qquad \Delta^m s^n = (1 \pm \varepsilon)\left(\frac{n}{\omega}\right)^{n+1} e^{s\omega - n}(e^\omega - 1)^m \left[\frac{n^2}{\omega^2} - \frac{mn}{\left(e^{\frac{\omega}{2}} - e^{-\frac{\omega}{2}}\right)^2}\right]^{-\frac{1}{2}}.$$

L'équation (8) coïncide avec une formule donnée par M. Laplace, et dont j'ai présenté une démonstration nouvelle dans le Mémoire sur la conversion des différences finies des puissances en intégrales définies. Il est d'ailleurs facile de s'assurer : 1° que cette formule subsiste dans le cas même où n cesse d'être un nombre entier; 2° que, dans le cas où s devient négatif, elle fournit, non plus la valeur de la différence finie

$$(9)\qquad \Delta^m s^n = (m+s)^n - \frac{m}{1}(m+s-1)^n + \frac{m(m-1)}{1.2}(m+s-2)^n + \ldots,$$

mais seulement la partie de cette différence qui renferme des puissances $n^{\text{ièmes}}$ de quantités positives.

MÉMOIRE

SUR LE

DÉVELOPPEMENT DE $f(\zeta)$ SUIVANT LES PUISSANCES ASCENDANTES DE h,

ζ ÉTANT UNE RACINE DE L'ÉQUATION

$$z - x - h\varpi(z) = 0. \tag{1}$$

Mémoires de l'Académie des Sciences, t. VIII, p. 130; 1829.

§ Ier.

Si l'on désigne par ζ une racine de l'équation (1), on aura

$$f(\zeta) = \mathcal{E}\frac{1 - h\varpi'(z)}{((z - x - h\varpi(z)))} f(z), \tag{2}$$

le signe $\mathcal{E}$ se rapportant à la seule racine que l'on considère. D'ailleurs

$$\frac{1 - h\varpi'(z)}{z - x - h\varpi(z)} = \frac{\partial\, \mathrm{l}[z - x - h\varpi(z)]}{\partial z}. \tag{3}$$

De plus, si l'on pose

$$\mathrm{l}[z - x - h\varpi(z)] = \mathrm{l}(z - x) - \frac{h\varpi(z)}{z - x} - \frac{1}{2}\frac{h^2[\varpi(z)]^2}{(z - x)^2} - \ldots - \frac{1}{n}\frac{h^n[\varpi(z)]^n}{(z - x)^n} + \varphi(z), \tag{4}$$

on trouvera, en différentiant par rapport à z,

$$\left\{\begin{aligned} \frac{1 - h\varpi'(z)}{z - x - h\varpi(z)} &= \frac{1}{z - x} - h\frac{\partial\left[\frac{\varpi(z)}{z - x}\right]}{\partial z} - \frac{h^2}{2}\frac{\partial\left[\frac{\varpi(z)}{z - x}\right]^2}{\partial z} - \ldots - \frac{h^n}{n}\frac{\partial\left[\frac{\varpi(z)}{z - x}\right]^n}{\partial z} + \varphi'(z) \\ &= \frac{1}{(z - x)}\left\{1 + \frac{h\varpi(z)}{z - x} + \ldots + \left[\frac{h\varpi(z)}{z - x}\right]^n\right\} \\ &\quad - \frac{h\varpi'(z)}{z - x}\left\{1 + \ldots + \left[\frac{h\varpi(z)}{z - x}\right]^{n-1}\right\} + \varphi'(z), \end{aligned}\right. \tag{5}$$

ou

$$1 - h\varpi'(z) = 1 - \left[\frac{h\varpi(z)}{z-x}\right]^{n+1}$$
$$- h\varpi'(z)\left\{1 - \left[\frac{h\varpi(z)}{z-x}\right]^{n}\right\} + \varphi'(z)[z - x - h\varpi(z)].$$

Donc

$$[z - x - h\varpi(z)]\,\varphi'(z) = \left[\frac{h\varpi(z)}{z-x}\right]^{n+1} - h\varpi'(z)\left[\frac{h\varpi(z)}{z-x}\right]^{n}$$
$$= \frac{h^{n+1}}{(z-x)^{n+1}}[\varpi(z) - (z-x)\varpi'(z)][\varpi(z)]^n,$$

$$(6)\qquad \varphi'(z) = \frac{h^{n+1}[\varpi(z)]^n[\varpi(z) - (z-x)\varpi'(z)]}{(z-x)^{n+1}[z - x - h\varpi(z)]};$$

et, par suite, si l'on fait pour abréger

$$(7)\qquad \frac{[\varpi(z)]^n[\varpi(z) - (z-x)\varpi'(z)]}{z - x - h\varpi(z)} f(z) = \frac{\chi(z)}{z-\zeta},$$

on aura

$$(8)\quad \left\{\begin{aligned} \frac{1 - h\varpi'(z)}{z - x - h\varpi(z)} f(z) = \frac{f(z)}{z-x} - \frac{h}{1} f(z)\frac{\partial\left[\frac{\varpi(z)}{z-x}\right]}{\partial z} - \frac{h^2}{2} f(z)\frac{\partial\left[\frac{\varpi(z)}{z-x}\right]^2}{\partial z} - \ldots \\ - \frac{h^n}{n} f(z)\frac{\partial\left[\frac{\varpi(z)}{z-x}\right]^n}{\partial z} + \frac{h^{n+1}\chi(z)}{z-\zeta}\,\frac{1}{(z-x)^{n+1}}. \end{aligned}\right.$$

Concevons maintenant que l'on prenne les résidus des deux membres de l'équation (8) par rapport aux seules valeurs de z

$$z = x, \qquad z = \zeta.$$

Alors, en ayant égard à la formule

$$(9)\quad \left\{\begin{aligned} \mathcal{E} f(z)\frac{\partial\left[\frac{\varpi(z)}{((z-x))}\right]^m}{\partial z} &= -\mathcal{E} f'(z)\frac{[\varpi(z)]^m}{(((z-x)^m))} \\ &= -\frac{1}{1.2.3\ldots\ldots(m-1)}\frac{d^{m-1}\{f'(x)[\varpi(x)]^m\}}{dx^{m-1}}, \end{aligned}\right.$$

on trouvera

$$(10)\quad \left\{\begin{aligned} f(\zeta) &= f(x) + \frac{h}{1} f(x)\varpi(x) + \frac{h^2}{1.2}\frac{d\{f'(x)[\varpi(x)]^2\}}{dx} + \dots \\ &+ \frac{h^n}{1.2.3\ldots\ldots n}\frac{d^{n-1}\{f'(x)[\varpi(x)]^n\}}{dx^{n-1}} + \mathcal{E}\frac{h^{n+1}\chi(z)}{(((z-\zeta)(z-x)^{n+1}))}. \end{aligned}\right.$$

La série comprise dans le second membre de la formule (10) est la série de Lagrange. Si l'on nomme r_{n+1} le reste qui complète cette série prolongée jusqu'au terme qui renferme h^n, on aura

$$(11)\qquad r_{n+1} = \mathcal{E}\frac{\chi(z)}{(((z-\zeta)(z-x)^{n+1}))} h^{n+1},$$

la valeur de $\chi(z)$ étant donnée par la formule (7); et, par conséquent,

$$(12)\qquad r_n = \mathcal{E}\frac{\psi(z)}{(((z-x)^n(z-\zeta)))} h^n,$$

la valeur de $\psi(z)$ étant donnée par l'équation

$$(13)\qquad \frac{\psi(z)}{z-\zeta} = \frac{[\varpi(z)]^{n-1}[\varpi(z)-(z-x)\varpi'(z)]}{z-x-h\varpi(z)} f(z).$$

§ II.

Pour obtenir, sous forme d'intégrale définie, la valeur de r_n, il suffit de remarquer qu'on a généralement

$$(14)\quad \left\{\begin{aligned} \psi(z) &= \psi(x) + \frac{z-x}{1}\psi'(x) + \dots + \frac{(z-x)^{n-1}}{1.2.3\ldots\ldots(n-1)}\psi^{(n-1)}(x) \\ &+ \frac{(z-x)^n}{1.2.3\ldots\ldots(n-1)}\int_0^1 u^{n-1}\psi^{(n)}[z-u(z-x)]\,du. \end{aligned}\right.$$

Or, si l'on substitue la valeur précédente de $\psi(z)$ dans l'équation (12), en observant que l'on a, pour toutes les valeurs entières et positives de m,

$$\mathcal{E}\frac{1}{(((z-x)^m(z-\zeta)))} = 0,$$

on trouvera

$$(15)\qquad r_n = \frac{h^n}{1.2.3\ldots\ldots(n-1)}\,\mathcal{E}\,\frac{\displaystyle\int_0^1 u^{n-1}\psi^{(n)}[z-u(z-x)]\,du}{((z-\zeta))},$$

ou, ce qui revient au même,

$$(16)\qquad r_n = \frac{h^n}{1.2.3\ldots\ldots(n-1)}\int_0^1 u^{n-1}\,\psi^{(n)}[\zeta-u(\zeta-x)]\,du.$$

Ainsi, pour obtenir le reste r_n de la série de Lagrange, il suffit de multiplier le rapport

$$(17)\qquad \frac{h^n}{(\zeta-x)^n}$$

par l'expression

$$(18)\qquad \frac{(\zeta-x)^n}{1.2.3\ldots\ldots(n-1)}\int_0^1 u^{n-1}\,\psi^{(n)}[\zeta-u(\zeta-x)]\,du,$$

qui représente le reste de la série à laquelle on parvient quand on développe $\psi(\zeta)=\psi(x+\zeta-x)$ suivant les puissances ascendantes de $\zeta-x$. Effectivement $f(\zeta)$ est ce que devient le produit

$$(19)\qquad \frac{h^n}{(\zeta-x)^n}\psi(z) = \frac{h}{\zeta-x}\left[\frac{\varpi(z)}{\varpi(\zeta)}\right]^{n-1}\frac{z-\zeta}{z-x-h\,\varpi(z)}[\varpi(z)-(z-x)\,\varpi'(z)]\,f(z),$$

quand on y pose $z=\zeta$, puisque alors ce même produit se réduit à

$$(20)\qquad \frac{h}{\zeta-x}\,\frac{1}{1-h\,\varpi'(\zeta)}[\varpi(\zeta)-(\zeta-x)\,\varpi'(\zeta)]\,f(\zeta)=f(\zeta).$$

De plus, il est facile de s'assurer que

$$(21)\qquad \left\{\begin{aligned} &\frac{h^n}{(\zeta-x)^n}\left[\psi(x)+\frac{\zeta-x}{1}\psi'(x)+\ldots+\frac{(\zeta-x)^{n-1}}{1.2.3\ldots\ldots(n-1)}\psi^{(n-1)}(x)\right]\\ &\quad=f(x)+\frac{h}{1}f'(x)\,\varpi(x)+\ldots+\frac{h^{n-1}}{1.2.3\ldots(n-1)}\,\frac{d^{n-2}\{f'(x)[\varpi(x)]^{n-1}\}}{dx^{n-2}}.\end{aligned}\right.$$

Ainsi, par exemple, si l'on pose $n=1$, on aura

$$\frac{h}{\zeta-x}\psi(x)=\frac{h}{\zeta-x}\cdot\frac{x-\zeta}{-h\,\varpi(x)}\varpi(x)\,f(x)=f(x).$$

Si l'on pose $n = 2$, on trouvera

$$\frac{h^2}{(\zeta - x)^2}\left[\psi(x) + \frac{\zeta - x}{1}\psi'(x)\right] = f(x) + \frac{h}{1}f'(x)\varpi(x) + \ldots.$$

Ajoutons que la valeur de r_n, donnée par l'équation (16), peut être présentée sous la forme

$$r_n = \frac{h^n}{1.2.3\ldots n}\psi^{(n)}(s), \tag{22}$$

s désignant une quantité comprise entre les limites x et ζ.

Il est encore essentiel de remarquer que l'on a généralement

$$\left\{\begin{aligned} \frac{\varpi(z) - (z - x)\varpi'(z)}{z - x - h\varpi(z)} &= \frac{1}{h}\,\frac{h\varpi(z) - h(z - x)\varpi'(z)}{z - x - h\varpi(z)} \\ &= \frac{1}{h}\left[(z - x)\frac{1 - h\varpi'(z)}{z - x - h\varpi(z)} - 1\right]; \end{aligned}\right. \tag{23}$$

puis, en nommant

$$\zeta,\quad \zeta_1,\quad \zeta_2,\quad \ldots$$

les diverses racines de l'équation $z - x - h\varpi(z) = 0$, et supposant cette équation algébrique,

$$\frac{1 - h\varpi'(z)}{z - x - h\varpi(z)} = \frac{1}{z - \zeta} + \frac{1}{z - \zeta_1} + \frac{1}{z - \zeta_2} + \ldots. \tag{24}$$

Cela posé, en ayant égard à l'équation (23), on tirera de la formule (13)

$$\psi(z) = \frac{z - \zeta}{h}\left[(z - x)\frac{1 - h\varpi'(z)}{z - x - h\varpi(z)} - 1\right][\varpi(z)]^{n-1}f(z); \tag{25}$$

et l'on trouvera encore, en ayant égard à la formule (24),

$$\left\{\begin{aligned} \psi(z) &= \frac{1}{h}\left[\zeta - x + (z - x)\left(\frac{z - \zeta}{z - \zeta_1} + \frac{z - \zeta}{z - \zeta_2} + \ldots\right)\right][\varpi(z)]^{n-1}f(z) \\ &= [\varpi(\zeta)][\varpi(z)]^{n-1}f(z) \\ &\quad + \frac{z - x}{h}\left(\frac{z - \zeta}{z - \zeta_1} + \frac{z - \zeta}{z - \zeta_2} + \ldots\right)[\varpi(z)]^{n-1}f(z). \end{aligned}\right. \tag{26}$$

§ III.

Il est facile de calculer directement la somme

$$(27)\qquad f(x)+\frac{h}{1}f'(x)\varpi(x)+\frac{h^2}{1.2}\frac{d\{f'(x)[\varpi(x)]^2\}}{dx}+\ldots$$

dans le cas où, la série

$$(28)\qquad f(x),\quad \frac{h}{1}f'(x)\varpi(x),\quad \frac{h^2}{1.2}\frac{d\{f'(x)[\varpi(x)]^2\}}{dx},\quad \ldots,$$

étant convergente, les fonctions $f(x)$, $\varpi(x)$ sont elles-mêmes développables en séries convergentes ordonnées suivant les puissances ascendantes de x. Pour y parvenir, supposons d'abord $f(x)=x$, et faisons

$$(29)\qquad X=x+\frac{h}{1}\varpi(x)+\frac{h^2}{1.2}\frac{d[\varpi(x)]^2}{dx}+\ldots.$$

On tirera de l'équation (29) multipliée plusieurs fois de suite par elle-même, en ayant égard à une formule établie dans le premier Volume des *Exercices de Mathématiques* (p. 52) (1),

$$(30)\qquad \begin{cases} X^2=x^2+\frac{h}{1}[2x\varpi(x)]+\frac{h^2}{1.2}\frac{d\{2x[\varpi(x)]^2\}}{dx}+\ldots,\\ X^3=x^3+\frac{h}{1}[3x^2\varpi(x)]+\frac{h^2}{1.2}\frac{d\{3x^2[\varpi(x)]^2\}}{dx}+\ldots,\\ \ldots\ldots\ldots\ldots\ldots\ldots\ldots\ldots\ldots,\\ X^n=x^n+\frac{h}{1}[nx^{n-1}\varpi(x)]+\frac{h^2}{1.2}\frac{d\{nx^{n-1}[\varpi(x)]^2\}}{dx}+\ldots, \end{cases}$$

n étant un nombre entier quelconque; puis, en supposant

$$\varpi(x)=a_0+a_1x+a_2x^2+\ldots$$

et ajoutant les équations (29) et (30) respectivement multipliées par a_1,

(1) *Œuvres de Cauchy*, S. II, T. VI, p. 71, 72.

a_2, a_3, ..., on trouvera

$$(31)\quad \begin{cases} \varpi(\mathrm{X}) = \varpi(x) + \dfrac{h}{1}\varpi'(x)\varpi(x) + \dfrac{h^2}{1.2}\dfrac{d\{\varpi'(x)[\varpi(x)]^2\}}{dx} + \ldots \\ \quad = \varpi(x) + \dfrac{h}{1.2}\dfrac{\partial[\varpi(x)]^2}{\partial x} + \dfrac{h^2}{1.2.3}\dfrac{d^2[\varpi(x)]^3}{dx^2} + \ldots = \dfrac{1}{h}(\mathrm{X} - x), \end{cases}$$

et, par suite, X sera une racine de l'équation

$$(1)\qquad z - x - h\varpi(z) = 0,$$

puisqu'on aura

$$(32)\qquad \mathrm{X} - x - h\varpi(\mathrm{X}) = 0.$$

La valeur de X étant déterminée comme on vient de le dire, si l'on suppose maintenant

$$(33)\qquad f(x) = b_0 + b_1 x + b_2 x^2 + \ldots,$$

on tirera des formules (29) et (30) respectivement multipliées par b_0, b_1, b_2, ...

$$(34)\qquad f(\mathrm{X}) = f(x) + \frac{h}{1}f'(x)\varpi(x) + \frac{h^2}{1.2}\frac{d\{f'(x)[\varpi(x)]^2\}}{dx} + \ldots.$$

§ IV.

Si l'on pose, dans l'équation (10), $f(z) = z$, et si l'on admet que le reste r_n déterminé par la formule (22) décroisse indéfiniment avec $\frac{1}{n}$, on aura

$$(35)\qquad \zeta = x + \frac{h}{1}\varpi(x) + \frac{h^2}{1.2}\frac{d[\varpi(x)]^2}{dx} + \ldots.$$

Si l'on suppose, en particulier,

$$\varpi(x) = x^m,$$

m étant un nombre quelconque, l'équation (1) deviendra

$$(36)\qquad z - x - hz^m = 0,$$

et la formule (35) donnera

$$(37)\quad \left\{\begin{aligned} \zeta &= x + \frac{h}{1}x^m + \frac{h^2}{1.2}\frac{dx^{2m}}{dx} + \frac{h^3}{1.2.3}\frac{d^2x^{3m}}{dx^2} + \ldots \\ &= x + \frac{1}{1}hx^m + \frac{2m}{1.2}h^2x^{2m-1} + \frac{3m(3m-1)}{1.2.3}h^3x^{3m-2} + \ldots . \end{aligned}\right.$$

Or, la série, comprise dans le second membre de l'équation (37), aura pour terme général

$$(38)\qquad \frac{nm(nm-1)\ldots(nm-n+2)}{1.2.3\,\ldots n}h^n x^{nm-n+1},$$

et, si l'on nomme u_n ce terme général, on trouvera, pour de grandes valeurs de n,

$$(39)\qquad \frac{u_{n+1}}{u_n} = \frac{1}{n+1}\,\frac{(nm+m)(nm+m-1)\ldots(nm+1)}{(nm-n+2)\ldots(nm-n+m)}hx^{m-1},$$

ou, à très peu près,

$$(40)\qquad \frac{u_{n+1}}{u_n} = \frac{m^m}{(m-1)^{m-1}}hx^{m-1}.$$

Il est aisé d'en conclure que, si m est un nombre entier, la série, comprise dans le second membre de la formule (37), sera convergente toutes les fois que la valeur numérique du produit

$$\frac{m^m}{(m-1)^{m-1}}hx^{m-1}$$

sera inférieure à l'unité. Alors, la somme de la série sera très certainement une racine réelle de l'équation trinome $z - x - hz^m = 0$.

EXTRAIT DU MÉMOIRE SUR L'INTÉGRATION

DES

ÉQUATIONS AUX DIFFÉRENCES PARTIELLES (1).

Mémoires de l'Académie des Sciences, t. IX, p. 97; 1830.

J'ai montré, dans ce Mémoire, comment les formules que j'avais déduites de la théorie des intégrales singulières pouvaient être appliquées à l'intégration des équations différentielles linéaires, des équations aux différences finies et des équations aux différences partielles. Les formules que j'ai présentées dans les trois premiers paragraphes du Mémoire ont été insérées dans le XIXe Cahier du *Journal de l'École Polytechnique*. Je vais transcrire ici celles auxquelles j'étais parvenu dans le quatrième paragraphe, et qui sont relatives à l'intégration des équations aux différences partielles, linéaires, mais à coefficients variables.

J'ai donné dans le XIXe Cahier du *Journal de l'École Polytechnique* (2) une formule que l'on peut écrire comme il suit :

$$(1)\quad \left\{\begin{aligned} &f(\mu_0, \nu_0, \varpi_0, \ldots) + f(\mu_1, \nu_1, \varpi_1, \ldots) + \ldots \\ &= \left(\frac{1}{2\pi}\right)^n \int_{-\infty}^{\infty}\int_{\mu'}^{\mu''}\int_{-\infty}^{\infty}\int_{\nu'}^{\nu''} \ldots e^{\alpha M\sqrt{-1}} e^{6N\sqrt{-1}} \ldots \sqrt{L^2} f(\mu, \nu, \varpi, \ldots)\, d\alpha\, d\mu\, d6\, d\nu\, d\gamma\, d\varpi \ldots \end{aligned}\right.$$

Dans cette formule M, N, ... sont des fonctions quelconques des variables μ, ν, ϖ, ...; n désigne le nombre de ces mêmes variables

(1) Présenté à l'Académie royale des Sciences, le 26 mai 1823.
(2) *Œuvres de Cauchy*, S. II, T. I, p. 302.

et L le dénominateur commun des fractions qui représentent les valeurs de p, q, r, ... tirées des équations

$$(2)\quad \begin{cases} p\dfrac{\partial \mathrm{M}}{\partial\mu} + q\dfrac{\partial \mathrm{M}}{\partial\nu} + r\dfrac{\partial \mathrm{M}}{\partial\varpi} + \ldots = 1, \\ p\dfrac{\partial \mathrm{N}}{\partial\mu} + q\dfrac{\partial \mathrm{N}}{\partial\nu} + r\dfrac{\partial \mathrm{N}}{\partial\varpi} + \ldots = 1, \\ \ldots\ldots\ldots\ldots\ldots\ldots\ldots\ldots \end{cases}$$

Enfin, $\mu_0, \nu_0, \varpi_0, \ldots; \mu_1, \nu_1, \varpi_1, \ldots$ désignent les divers systèmes de valeurs de $\mu, \nu, \varpi, \ldots$ propres à résoudre les équations simultanées

$$(3)\qquad \mathrm{M} = 0, \qquad \mathrm{N} = 0, \qquad \ldots,$$

et composés de valeurs de μ renfermées entre les limites μ', μ''; de valeurs de ν renfermées entre les limites ν', ν'', ... Dans le cas particulier où l'on suppose

$$(4)\qquad \mathrm{M} = x - u, \qquad \mathrm{N} = y - v, \qquad \ldots,$$

le nombre des variables $x, y, z, \ldots$ étant égal à n, et $u, v, \ldots$ représentant des fonctions des variables $\mu, \nu, \varpi, \ldots$, on tire de la formule (1)

$$(5)\quad \begin{cases} \mathrm{F}(x, y, z, \ldots) \\ = \left(\dfrac{1}{2\pi}\right)^n \displaystyle\int_{-\infty}^{\infty}\int_{\mu'}^{\mu''}\int_{-\infty}^{\infty}\int_{\nu'}^{\nu''} \ldots e^{(x-u)\alpha\sqrt{-1}} e^{(y-v)6\sqrt{-1}} \ldots \sqrt{\mathrm{L}^2}\, \mathrm{F}(u, v, \ldots)\, d\alpha\, d\mu\, d6\, d\nu \ldots \end{cases}$$

Dans cette dernière formule, la fonction $\mathrm{F}(u, v, \ldots)$ remplace la fonction $f(\mu, \nu, \varpi, \ldots)$; μ', μ'', ...; ν', ν'', ..., sont choisies de manière que les valeurs correspondantes de $u, v, \ldots$ puissent être considérées comme des limites inférieures et supérieures des valeurs attribuées aux variables $x, y, z, \ldots$ et L désigne le dénominateur commun des valeurs de $p, q, r, \ldots$, tirées des équations

$$(6)\quad \begin{cases} p\dfrac{\partial u}{\partial\mu} + q\dfrac{\partial u}{\partial\nu} + r\dfrac{\partial u}{\partial\varpi} + \ldots = 0, \\ p\dfrac{\partial v}{\partial\mu} + q\dfrac{\partial v}{\partial\nu} + r\dfrac{\partial v}{\partial\varpi} + \ldots = 0, \\ \ldots\ldots\ldots\ldots\ldots\ldots\ldots\ldots \end{cases}$$

Ajoutons que, dans les formules (1) et (5), on pourrait, au lieu de $\alpha\sqrt{-1}$, $6\sqrt{-1}$, écrire partout $a+\alpha\sqrt{-1}$, $b+6\sqrt{-1}$, ..., a, b désignant des constantes choisies arbitrairement.

Concevons maintenant que,

$$K,\quad X,\quad Y,\quad \ldots,\quad T$$

étant des fonctions quelconques des variables x, y, z, ..., t, il s'agisse d'intégrer l'équation aux différences partielles

$$(7)\qquad K\varphi + X\frac{\partial\varphi}{\partial x} + Y\frac{\partial\varphi}{\partial y} + \ldots + T\frac{\partial\varphi}{\partial t} = f(x, y, z, \ldots, t),$$

de manière que la variable principale φ se réduise à

$$(8)\qquad f_0(x, y, z, \ldots),$$

pour $t = t_0$. On présentera l'équation (7) sous la forme

$$(9)\qquad \left\{\begin{aligned} K\varphi + \Big[& \frac{\partial(X\varphi)}{\partial x} + \frac{\partial(Y\varphi)}{\partial y} + \ldots + \frac{\partial(T\varphi)}{\partial t} \\ & - \varphi\frac{\partial X}{\partial x} - \varphi\frac{\partial Y}{\partial y} - \ldots - \varphi\frac{\partial T}{\partial t}\Big] = f(x, y, z, \ldots, t), \end{aligned}\right.$$

et la valeur inconnue de φ sous la forme

$$(10)\qquad \varphi = \left(\frac{1}{2\pi}\right)^n \int_{-\infty}^{\infty}\int_{\mu'}^{\mu''}\int_{-\infty}^{\infty}\int_{\nu'}^{\nu''} \ldots e^{\alpha(x-u)\sqrt{-1}} e^{6(y-v)\sqrt{-1}} \ldots \psi\, d\alpha\, d\mu\, d6\, d\nu \ldots,$$

u, v, ..., ψ étant des quantités que l'on supposera fonctions des variables μ, ν, ... et t. Soient d'ailleurs

$$S,\quad U,\quad V,\quad \ldots,\quad W$$

ce que deviennent

$$K,\quad X,\quad Y,\quad \ldots,\quad T,$$

quand on y remplace x par u, y par v, ... On tirera des équations (5) et (10)

$$(11)\quad \begin{cases} K\varphi = \left(\frac{1}{2\pi}\right)^n \int_{-\infty}^{\infty}\int_{\mu'}^{\mu''}\int_{-\infty}^{\infty}\int_{\nu'}^{\nu''} \cdots e^{\alpha(x-u)\sqrt{-1}}e^{6(y-v)\sqrt{-1}}\cdots\ S\psi\, d\alpha\, d\mu\, d6\, d\nu\ldots,\\ X\varphi = \left(\frac{1}{2\pi}\right)^n \int_{-\infty}^{\infty}\int_{\mu'}^{\mu''}\int_{-\infty}^{\infty}\int_{\nu'}^{\nu''} \cdots e^{\alpha(x-u)\sqrt{-1}}e^{6(y-v)\sqrt{-1}}\cdots\ U\psi\, d\alpha\, d\mu\, d6\, d\nu\ldots,\\ Y\varphi = \left(\frac{1}{2\pi}\right)^n \int_{-\infty}^{\infty}\int_{\mu'}^{\mu''}\int_{-\infty}^{\infty}\int_{\nu'}^{\nu''} \cdots e^{\alpha(x-u)\sqrt{-1}}e^{6(y-v)\sqrt{-1}}\cdots\ V\psi\, d\alpha\, d\mu\, d6\, d\nu\ldots,\\ \ldots\ldots\ldots\ldots\ldots\ldots\ldots\ldots\ldots\ldots\ldots,\\ T\varphi = \left(\frac{1}{2\pi}\right)^n \int_{-\infty}^{\infty}\int_{\mu'}^{\mu''}\int_{-\infty}^{\infty}\int_{\nu'}^{\nu''} \cdots e^{\alpha(x-u)\sqrt{-1}}e^{6(y-v)\sqrt{-1}}\cdots\ W\psi\, d\alpha\, d\mu\, d6\, d\nu\ldots, \end{cases}$$

et

$$(12)\quad \begin{cases} \varphi\frac{\partial X}{\partial x} = \left(\frac{1}{2\pi}\right)^n \int_{-\infty}^{\infty}\int_{\mu'}^{\mu''}\int_{-\infty}^{\infty}\int_{\nu'}^{\nu''} \cdots e^{\alpha(x-u)\sqrt{-1}}e^{6(y-v)\sqrt{-1}}\cdots\psi\frac{\partial U}{\partial u}\, d\alpha\, d\mu\, d6\, d\nu\ldots,\\ \varphi\frac{\partial Y}{\partial y} = \left(\frac{1}{2\pi}\right)^n \int_{-\infty}^{\infty}\int_{\mu'}^{\mu''}\int_{-\infty}^{\infty}\int_{\nu'}^{\nu''} \cdots e^{\alpha(x-u)\sqrt{-1}}e^{6(y-v)\sqrt{-1}}\cdots\psi\frac{\partial V}{\partial t}\, d\alpha\, d\mu\, d6\, d\nu\ldots,\\ \ldots\ldots\ldots\ldots\ldots\ldots\ldots\ldots\ldots\ldots\ldots,\\ \varphi\frac{\partial T}{\partial t} = \left(\frac{1}{2\pi}\right)^n \int_{-\infty}^{\infty}\int_{\mu'}^{\mu''}\int_{-\infty}^{\infty}\int_{\nu'}^{\nu''} \cdots e^{\alpha(x-u)\sqrt{-1}}e^{6(y-v)\sqrt{-1}}\cdots\psi\frac{\partial W}{\partial t}\, d\alpha\, d\mu\, d6\, d\nu\ldots. \end{cases}$$

Enfin, on aura

$$(13)\quad \begin{cases} f(x, y, z, \ldots, t)\\ = \left(\frac{1}{2\pi}\right)^n \int_{-\infty}^{\infty}\int_{\mu'}^{\mu''}\int_{-\infty}^{\infty}\int_{\nu'}^{\nu''} \cdots e^{\alpha(x-u)\sqrt{-1}}e^{6(y-v)\sqrt{-1}}\cdots\sqrt{L^2}f(u, v, \ldots, t)\, d\alpha\, d\mu\, d6\, d\nu\ldots. \end{cases}$$

Cela posé, on satisfera évidemment à l'équation (7), en posant

$$(14)\quad \begin{cases} \left[\left(U - W\frac{\partial u}{\partial t}\right)\alpha\sqrt{-1} + \left(V - W\frac{\partial v}{\partial t}\right)6\sqrt{-1} + \ldots\right.\\ \qquad\left. + S - \frac{\partial U}{\partial u} - \frac{\partial V}{\partial v} - \ldots\right]\psi + W\frac{\partial\psi}{\partial t} = \sqrt{L^2}f(u, v, \ldots, t). \end{cases}$$

Pour que cette dernière équation se vérifie, sans que u, v, ... deviennent fonctions de α, 6, ..., il est nécessaire que l'on ait

$$(15)\qquad U - W\frac{\partial u}{\partial t} = 0, \qquad V - W\frac{\partial v}{\partial t} = 0, \qquad \ldots,$$

et

$$(16) \qquad \left(S - \frac{\partial U}{\partial u} - \frac{\partial V}{\partial v} - \dots \right) \psi + W \frac{\partial \psi}{\partial t} = f(u, v, \dots, t) \sqrt{L^2}.$$

Si l'on veut, en outre, que φ se réduise à

$$(17) \quad f_0(x, y, \dots) = \left(\frac{1}{2\pi} \right)^n \int_{-\infty}^{\infty} \int_{\mu'}^{\mu''} \int_{-\infty}^{\infty} \int_{\nu'}^{\nu''} \dots e^{\alpha(x-\mu)\sqrt{-1}} e^{\beta(y-\nu)\sqrt{-1}} \dots f_0(\mu, \nu, \dots) \, d\alpha \, d\mu \, d\beta \, d\nu \dots,$$

pour $t = t_0$, il suffira d'admettre que cette supposition réduit les valeurs de $u, v, \dots, \psi$ à celles que déterminent les formules

$$(18) \qquad u = \mu, \qquad v = \nu, \qquad \psi = f_0(\mu, \nu, \varpi, \dots).$$

On devra donc alors intégrer les équations simultanées (15) et (16), de manière que les conditions (18) soient remplies pour $t = t_0$.

Pour appliquer à un exemple fort simple les principes que nous venons d'établir, supposons qu'il s'agisse d'intégrer l'équation

$$x \frac{\partial \varphi}{\partial x} + y \frac{\partial \varphi}{\partial y} + \dots + t \frac{\partial \varphi}{\partial t} - a\varphi = 0,$$

de manière que l'on ait $\varphi = f_0(x, y, z, \dots)$ pour $t = 0$. Dans ce cas particulier on trouvera

$$\begin{aligned} X &= x, & Y &= y, & \dots, & \quad T &= t, & K &= -a, & \quad f(x, y, \dots, t) &= 0, \\ U &= u, & V &= v, & \dots, & \quad W &= t, & S &= -a, & \quad f(u, v, \dots, t) &= 0, \end{aligned}$$

et, par suite, les équations (15) et (16) deviendront

$$u - t \frac{\partial u}{\partial t} = 0, \qquad v - t \frac{\partial v}{\partial t} = 0, \qquad \dots$$

$$-(a + n)\psi + t \frac{\partial \psi}{\partial t} = 0.$$

En intégrant celles-ci de manière que les conditions (18) soient vérifiées pour $t = 1$, on trouvera

$$u = \mu t, \qquad v = \nu t, \qquad \dots, \qquad \psi = t^{a+n} f_0(\mu, \nu, \dots).$$

Cela posé, la formule (10) donnera

$$\varphi = \left(\frac{1}{2\pi}\right)^n t^{a+n} \int_{-\infty}^{\infty}\int_{\mu'}^{\mu''}\int_{-\infty}^{\infty}\int_{\nu'}^{\nu''} \cdots e^{\alpha(x-\mu t)\sqrt{-1}} e^{6(y-\nu t)\sqrt{-1}} \cdots f_0(\mu, \nu, \ldots)\, d\alpha\, d\mu\, d6\, d\nu \ldots$$

$$= t^a \left(\frac{1}{2\pi}\right)^n \int_{-\infty}^{\infty}\int_{\mu'}^{\mu''}\int_{-\infty}^{\infty}\int_{\nu'}^{\nu''} \cdots e^{\alpha(x-\mu)\sqrt{-1}} e^{6(y-\nu)\sqrt{-1}} \cdots f_0\left(\frac{\mu}{t}, \frac{\nu}{t}, \cdots\right) d\alpha\, d\mu\, d6\, d\nu \ldots = t^a f_0\left(\frac{x}{t}, \frac{y}{t}, \ldots\right),$$

ce qui est exact.

Comme toute équation aux différences partielles du premier ordre peut être remplacée par une équation linéaire du même ordre qui renferme un plus grand nombre de variables, il est clair que la méthode précédente peut être appliquée à l'intégration de toutes les équations aux différences partielles du premier ordre.

En appliquant la même méthode à l'équation linéaire la plus générale du second ordre et à coefficients variables, et présentant cette équation sous la forme

$$K\varphi + \frac{\partial^2(P\varphi)}{\partial x^2} + \frac{\partial^2(Q\varphi)}{\partial x\,\partial t} + \frac{\partial^2(R\varphi)}{\partial t^2} + \frac{\partial(X\varphi)}{\partial x} + \frac{\partial(T\varphi)}{\partial t} = f(x, t),$$

on reconnaît qu'on peut toujours disposer de la fonction $f(x, t)$, de manière à la rendre intégrable.

Exemple. — On intègre par cette méthode l'équation

$$2\frac{\partial^2(x^2\varphi)}{\partial x^2} + 3\frac{\partial^2(xt\varphi)}{\partial x\,\partial t} + \frac{\partial^2(t^2\varphi)}{\partial t^2} = 0,$$

et l'on trouve pour son intégrale

$$\varphi = \frac{1}{t^3}\left[f_0\left(\frac{x}{t}\right) + f_1\left(\frac{x}{t^2}\right)\right].$$

EXTRAIT DU MÉMOIRE

SUR QUELQUES

SÉRIES ANALOGUES A LA SÉRIE DE LAGRANGE,

SUR

LES FONCTIONS SYMÉTRIQUES

ET SUR

LA FORMATION DIRECTE DES ÉQUATIONS

QUE PRODUIT L'ÉLIMINATION DES INCONNUES ENTRE DES ÉQUATIONS ALGÉBRIQUES DONNÉES (1).

Mémoires de l'Académie des Sciences, t. IX, p. 104; 1830.

Dans ce Mémoire, après avoir rappelé les formules que j'ai données dans le XIXe Cahier du *Journal de l'École royale Polytechnique* (2), et qui servent à convertir en intégrales définies les sommes des fonctions semblables des racines d'une équation quelconque, j'ai fait voir que le développement de ces intégrales en séries conduisait à plusieurs formules remarquables qui comprennent, comme cas particulier, la formule de Taylor et la série de Lagrange. Quelquefois les séries obtenues se composent d'un nombre fini de termes. Ainsi, par exemple, si l'on désigne par a une quantité constante, par m un nombre entier, par $\varphi(x)$, $\mathrm{f}(x)$ deux fonctions entières de x, dont la seconde soit d'un degré inférieur à m et par $x_1, x_2, \ldots, x_m$ les racines de l'équation

$$(x-a)^m - \mathrm{f}(x) = 0, \tag{1}$$

(1) Lu à l'Académie royale des Sciences, le 9 août 1824.

(2) *OEuvres de Cauchy,* S. II, T. I, p. 304.

on trouvera

$$(2)\quad \left\{\begin{aligned} &\varphi(x_1)+\varphi(x_2)+\ldots+\varphi(x_m)\\ &= m\varphi(a)+\frac{1}{1.2.3\ldots..(m-1)}\frac{d^{m-1}[\varphi'(a)\,\mathrm{f}(a)]}{da^{m-1}}+\frac{1}{2}\frac{1}{1.2.3\ldots..(2m-1)}\frac{d^{2m-1}\{\varphi'(a)[\mathrm{f}(a)]^2\}}{da^{2m-1}}\\ &+\frac{1}{3}\frac{1}{1.2.3\ldots..(3m-1)}\frac{d^{3m-1}\{\varphi'(a)[\mathrm{f}(a)]^3\}}{da^{2m-1}}+\ldots,\end{aligned}\right.$$

et il est clair que le terme général de la série comprise dans le second membre de l'équation (2), savoir

$$(3)\qquad \frac{1}{n}\frac{1}{1.2.3\ldots..(nm-1)}\frac{d^{nm-1}\{\varphi'(a)[\mathrm{f}(a)]^n\}}{da^{nm-1}},$$

s'évanouira, dès que le nombre $nm-1$ deviendra supérieur au degré de la fonction $\varphi'(x)[\mathrm{f}(x)]^n$.

Si l'on pose, en particulier,

$$(4)\quad \left\{\begin{aligned} (x-a)^m-\mathrm{f}(x) &= x^2-2rx\cos 2z+r^2\\ &= (x-r)^2+4rx\sin^2 z=(x+r)^2-4rx\cos^2 z,\end{aligned}\right.$$

l'équation (2) donnera

$$(5)\quad \left\{\begin{aligned} &\varphi[r(\cos 2z+\sqrt{-1}\sin 2z)]+\varphi[r(\cos 2z-\sqrt{-1}\sin 2z)]\\ &=2\varphi(r)-\frac{4r}{1}\frac{d[r\varphi'(r)]}{dr}\sin^2 z+\frac{\frac{1}{2}(4r)^2}{1.2.3}\frac{d^3[r^2\varphi'(r)]}{dr^3}\sin^4 z\\ &\qquad -\frac{\frac{1}{3}(4r)^3}{1.2.3.4.5}\frac{d^5[r^3\varphi'(r)]}{dr^5}\sin^6 z+\ldots\\ &=2\varphi(-r)+\frac{4r}{1}\frac{d[r\varphi'(-r)]}{dr}\cos^2 z-\frac{\frac{1}{2}(4r)^2}{1.2.3}\frac{d^3[r^2\varphi'(-r)]}{dr^3}\cos^4 z\\ &\qquad +\frac{\frac{1}{3}(4r)^2}{1.2.3.4.5}\frac{d^5[r^3\varphi'(-r)]}{dr^5}\cos^6 z-\ldots.\end{aligned}\right.$$

En terminant le Mémoire j'ai indiqué les moyens de composer directement l'équation qui résulte de l'élimination de plusieurs inconnues entre des équations algébriques. Pour y parvenir, dans le cas où l'on considère seulement deux inconnues, il suffit de résoudre les deux problèmes que nous allons énoncer.

PROBLÈME I. — *$F(x)$ désignant une fonction entière du degré m, et $x_1, x_2, \ldots, x_m$ les racines de l'équation*

$$(6) \qquad F(x) = 0,$$

on demande la somme S_n déterminée par la formule

$$(7) \qquad S_n = x_1^n + x_2^n + \ldots + x_m^n.$$

Solution. — Concevons que le coefficient de x^m dans $F(x)$ ait été réduit à l'unité; posons, pour abréger,

$$(8) \qquad F(x) = x^m - f(x),$$

et désignons par k un nombre entier quelconque. Les deux expressions

$$\frac{F'(x)}{F(x)} \{x^{mk} - [f(x)]^k\} = F'(x) \frac{x^{mk} - [f(x)]^k}{x^m - f(x)}$$

seront des fonctions entières de x, la première d'un degré inférieur à m, la seconde du degré $mk - 1$. De plus, on aura évidemment

$$(9) \qquad \left\{ \begin{aligned} \frac{F'(x)}{F(x)} &= \frac{1}{x - x_1} + \frac{1}{x - x_2} + \ldots + \frac{1}{x - x_m} \\ &= \frac{m}{x} + \frac{S_1}{x^2} + \frac{S_2}{x^3} + \ldots + \frac{S_n}{x^{n+1}} + \frac{1}{x^{n+1}} \left(\frac{x_1^{n+1}}{x - x_1} + \ldots + \frac{x_m^{n+1}}{x - x_m} \right), \end{aligned} \right.$$

et l'on en conclura

$$(10) \qquad \frac{F'(x)}{F(x)} \{x^{mk} - [f(x)]^k\} = x^{mk-n-1}(m x^n + S_1 x^{n-1} + \ldots + S_{n-1} x + S_n) + \varpi(x),$$

$\varpi(x)$ étant un polynome déterminé par la formule

$$(11) \qquad \varpi(x) = x^{mk-n-1} \left(\frac{x_1^{n+1}}{x - x_1} + \ldots + \frac{x_m^{n+1}}{x - x_m} \right) - \frac{F'(x)}{F(x)} [f(x)]^k,$$

et, par conséquent, un polynome dont le degré ne pourra surpasser le plus grand des deux nombres $mk - n - 2$, $(m - 1)k - 1$. Ce degré sera donc inférieur à $mk - n - 1$, si l'on suppose $k =$ ou $> n + 1$; et alors il suffira, pour obtenir S_n, de chercher dans le développement de l'expression (10) le coefficient de x^{mk-n-1}. Donc, si l'on désigne par ε une quantité infiniment petite, on trouvera

$$(12) \qquad S_n = \frac{1}{1.2.3\ldots\ldots(mk-n-1)} \frac{d^{mk-n-1}}{d\varepsilon^{mk-n-1}} \left\{ F'(\varepsilon) \frac{\varepsilon^{mk} - [f(\varepsilon)]^k}{\varepsilon^m - f(\varepsilon)} \right\},$$

ε devant être réduit à zéro, après que l'on aura effectué les différentiations.

Corollaire I. — Comme le coefficient de x^{mk-n-1}, dans l'expression (10), est égal au coefficient de x^{mk-1} dans le produit qu'on obtient en multipliant cette expression par x^n, il en résulte que la formule (12) peut être remplacée par la suivante

$$(13) \qquad S_n = \frac{1}{1.2.3\ldots\ldots(mk-1)} \frac{d^{mk-1}}{d\varepsilon^{mk-1}} \left\{ \varepsilon^n F'(\varepsilon) \frac{\varepsilon^{mk} - [f(\varepsilon)]^k}{\varepsilon^m - f(\varepsilon)} \right\}.$$

Corollaire II. — Soit $\varphi(x)$ une fonction entière du degré n. Comme la formule (13) subsiste dans le cas où l'on y remplace le nombre entier n par un nombre entier plus petit, on en tirera, en ayant égard à l'équation identique $F'(x) = mx^{m-1} - f'(x)$,

$$(14) \qquad \begin{cases} \varphi(x_1) + \varphi(x_2) + \ldots + \varphi(x_m) \\ \quad = \dfrac{1}{1.2.3\ldots\ldots(mk-1)} \dfrac{d^{mk-1}}{d\varepsilon^{mk-1}} \left\{ \varphi(\varepsilon)[m\varepsilon^{m-1} - f'(\varepsilon)] \dfrac{\varepsilon^{mk} - [f(\varepsilon)]^k}{\varepsilon^m - f(\varepsilon)} \right\}, \end{cases}$$

k désignant toujours un nombre entier égal ou supérieur à $n+1$. En développant le second membre de la formule (14) et supprimant les termes qui se détruisent mutuellement, on en conclura

$$(15) \qquad \begin{cases} \varphi(x_1) + \ldots + \varphi(x_m) \\ \quad = m\,\varphi(0) + \dfrac{1}{1.2.3\ldots\ldots(m-1)} \dfrac{d^{m-1}[\varphi'(\varepsilon)f(\varepsilon)]}{d\varepsilon^{m-1}} \\ \qquad + \dfrac{1}{2} \dfrac{1}{1.2.3\ldots\ldots(2m-1)} \dfrac{d^{2m-1}\{\varphi'(\varepsilon)[f(\varepsilon)]^2\}}{d\varepsilon^{2m-1}} \\ \qquad + \dfrac{1}{3} \dfrac{1}{1.2.3\ldots\ldots(3m-1)} \dfrac{d^{3m-1}\{\varphi'(\varepsilon)[f(\varepsilon)]^3\}}{d\varepsilon^{3m-1}} + \ldots. \end{cases}$$

Corollaire III. — Si l'on supposait la fonction $F(x)$ déterminée, non par l'équation (8), mais par la suivante

$$(16)\qquad F(x)=(x-a)^m-f(x),$$

alors il faudrait à la formule (14) substituer celle-ci

$$(17)\quad \begin{cases} \varphi(x_1)+\ldots+\varphi(x_m) \\ =\dfrac{1}{1.2.3\ldots\ldots(mk-1)}\dfrac{d^{mk-1}}{d\varepsilon^{mk-1}}\left\{\varphi(a+\varepsilon)[m\varepsilon^{m-1}-f'(a+\varepsilon)]\dfrac{\varepsilon^{mk}-[f(a+\varepsilon)]^k}{\varepsilon^m-f(\varepsilon)}\right\}. \end{cases}$$

En développant le second membre de cette dernière on retrouvera l'équation (2).

Problème II. — *Étant données les sommes*

$$(18)\quad \begin{cases} S_1=x_1+x_2+\ldots+x_m, \qquad S_2=x_1^2+x_2^2+\ldots+x_m^2, \qquad \ldots, \\ S_m=x_1^m+x_2^m+\ldots+x_m^m, \end{cases}$$

on demande la valeur du produit $x_1x_2\ldots x_m$.

Soit toujours ε une quantité infiniment petite, et posons

$$(19)\qquad E=S_1-\frac{\varepsilon}{2}S_2+\frac{\varepsilon^2}{3}S_3-\ldots\pm\frac{\varepsilon^{m-1}}{m}S_m.$$

On aura évidemment

$$\begin{aligned} l[(1+\varepsilon x_1)(1+\varepsilon x_2)\ldots(1+\varepsilon x_m)] &= l(1+\varepsilon x_1)+\ldots+l(1+\varepsilon x_m) \\ &= \varepsilon E\mp\frac{\varepsilon^{m+1}}{m+1}(S_{m+1}+\alpha), \end{aligned}$$

et, par suite,

$$(20)\qquad (1+\varepsilon x_1)(1+\varepsilon x_2)\ldots(1+\varepsilon x_m)=e^{\varepsilon E\mp\frac{\varepsilon^{m+1}}{m+1}(S_{m+1}+\alpha)},$$

α devant s'évanouir avec ε. Si, maintenant, on développe les deux membres de la formule (20) suivant les puissances ascendantes de ε, on trouvera, en négligeant les infiniment petits d'un ordre supérieur à m,

$$(21)\quad (1+\varepsilon x_1)(1+\varepsilon x_2)\ldots(1+\varepsilon x_m)=e^{\varepsilon E}=1+\frac{\varepsilon E}{1}+\frac{\varepsilon E^2}{1.2}+\ldots+\frac{\varepsilon^m E^m}{1.2.3\ldots\ldots m},$$

puis, en égalant de part et d'autre les coefficients de ε^m, on aura définitivement

$$(22)\quad \left\{ \begin{aligned} x_1 x_2 \ldots x_m &= \frac{1}{1.2.3.\ldots.m} \frac{d^m(e^{\varepsilon \mathrm{E}})}{d\varepsilon^m} \\ &= \frac{1}{1.2.3.\ldots.m} \left[\mathrm{E}^m + \frac{m}{1} \frac{d\mathrm{E}^{m-1}}{d\varepsilon} + \frac{m(m-1)}{1.2} \frac{d^2 \mathrm{E}^{m-2}}{d\varepsilon^2} + \ldots \right], \end{aligned} \right.$$

ε devant être réduit à zéro après les différentiations.

Corollaire. — Si, dans les formules (18) et (22), l'on remplace x_1, $x_2, \ldots, x_m$ par $\varphi(x_1), \varphi(x_2), \ldots, \varphi(x_m)$, la dernière de ces formules suffira pour déterminer la valeur du produit

$$(23)\qquad \varphi(x_1)\varphi(x_2)\ldots\varphi(x_m)$$

quand on connaîtra les valeurs des sommes

$$\begin{gathered} \varphi(x_1) + \varphi(x_2) + \ldots + \varphi(x_m), \\ [\varphi(x_1)]^2 + [\varphi(x_2)]^2 + \ldots + [\varphi(x_m)]^2, \\ \ldots\ldots\ldots\ldots\ldots\ldots\ldots\ldots\ldots\ldots, \\ [\varphi(x_1)]^m + [\varphi(x_2)]^m + \ldots + [\varphi(x_m)]^m. \end{gathered}$$

Or, ces mêmes sommes pouvant être facilement calculées à l'aide du premier problème, quand on connaît les fonctions $\varphi(x)$ et $\mathrm{F}(x)$, nous devons conclure que, ces fonctions étant données, on formera sans peine le produit (23). D'ailleurs, lorsque les fonctions $\varphi(x)$ et $\mathrm{F}(x)$ renferment, avec la variable x, d'autres variables y, z, ..., le produit (23) est précisément le premier membre de l'équation qui résulte de l'élimination de x entre les deux suivantes :

$$(24)\qquad \varphi(x) = 0, \qquad \mathrm{F}(x) = 0.$$

Au reste, la méthode d'élimination que nous venons d'indiquer diffère peu de celle qui a été donnée par Lagrange dans les *Mémoires de l'Académie de Berlin,* pour l'année 1769, et qui est également fondée sur la solution des problèmes I et II.

MÉMOIRE SUR L'ÉQUATION

QUI A POUR RACINES LES

MOMENTS D'INERTIE PRINCIPAUX D'UN CORPS SOLIDE,

ET SUR

DIVERSES ÉQUATIONS DU MÊME GENRE (1).

Mémoires de l Académie des Sciences, t. IX, p. 111; 1830.

On sait que la détermination des axes d'une surface du second degré, ou des axes principaux et des moments d'inertie d'un corps solide dépend d'une équation du troisième degré, dont les trois racines sont nécessairement réelles. Toutefois, les géomètres ne sont parvenus à démontrer la réalité des trois racines qu'à l'aide de moyens indirects, par exemple en ayant recours à une transformation de coordonnées dans l'espace, afin de réduire l'équation dont il s'agit à une autre équation qui soit du second degré seulement, ou en faisant voir que l'on arriverait à des conclusions absurdes si l'on supposait deux racines imaginaires. La question que je me suis proposée consiste à établir directement la réalité des trois racines, quelles que soient les valeurs des six coefficients renfermés dans l'équation donnée. La solution, qui mérite d'être remarquée à cause de sa simplicité, se trouve comprise dans un théorème que je vais énoncer.

THÉORÈME I. — *Concevons, pour fixer les idées, qu'il s'agisse de déterminer les moments d'inertie principaux d'un corps. Pour obtenir les*

(1) Lu à l'Académie royale des Sciences, le 20 novembre 1826.

limites des trois racines de l'équation qui sert à déterminer ces moments, il suffira de supprimer dans cette équation les termes qui s'évanouiraient si l'un des axes coordonnés coïncidait avec l'un des axes principaux. Alors on obtiendra une nouvelle équation qui sera immédiatement divisible par un facteur du premier degré, et pourra être ainsi réduite à une équation du second degré dont les deux racines seront réelles. Soient α, β *ces deux dernières racines, rangées par ordre de grandeur. Si, dans l'équation proposée, on substitue successivement à la variable les quatre valeurs*

$$-\infty,\quad \alpha,\quad \beta,\quad \infty,$$

on obtiendra quatre résultats alternativement positifs et négatifs. Donc la proposée aura trois racines réelles : l'une inférieure à la quantité α; *l'autre comprise entre les limites* α, β; *la troisième supérieure à* β.

La démonstration de ce théorème ne présente aucune espèce de difficulté. Ajoutons qu'il se trouve compris comme cas particulier dans un autre théorème plus général, et que je vais indiquer.

Théorème II. — *Si l'on nomme* s *la somme des carrés de* n *variables indépendantes* $x, y, z, u, \ldots$, *et* r *une fonction homogène du second degré, composée avec ces mêmes variables, et si l'on cherche les valeurs maximum ou minimum du rapport* $\frac{r}{s}$, *la détermination de ces valeurs dépendra d'une équation du* $n^{\text{ième}}$ *degré dont toutes les racines sont réelles.*

La méthode que j'ai suivie pour arriver à la démonstration de ce théorème m'a encore fourni quelques autres propositions, parmi lesquelles je citerai la suivante :

Théorème III. — *Étant donnée une fonction homogène du second degré de plusieurs variables* $x, y, z, \ldots$ *on peut toujours leur substituer d'autres variables* $\xi, \eta, \zeta, \ldots$ *liées à* $x, y, z, \ldots$ *par des équations linéaires tellement choisies que la somme des carrés de* $x, y, z, \ldots$ *soit équivalente à la somme des carrés de* $\xi, \eta, \zeta, \ldots$, *et que la fonction donnée de* $x, y, z, \ldots$ *se transforme en une fonction de* $\xi, \eta, \zeta, \ldots$ *homogène et du second degré, mais qui renferme seulement les carrés de ces dernières variables.*

Le dernier théorème entraîne évidemment plusieurs relations entre les coefficients des équations linéaires par lesquelles les variables ξ, η, ζ sont liées aux variables $x, y, z, \ldots$. Ces relations sont semblables à celles qui existent entre les cosinus des angles que forment trois axes rectangulaires donnés avec les axes des coordonnées, supposés eux-mêmes rectangulaires.

MÉMOIRE

SUR LE

MOUVEMENT D'UN SYSTÈME DE MOLÉCULES

QUI S'ATTIRENT OU SE REPOUSSENT A DE TRÈS PETITES DISTANCES

ET SUR LA

THÉORIE DE LA LUMIÈRE (1)

Mémoires de l'Académie des Sciences, t. IX, p. 114; 1830.

Les équations aux différences partielles que j'ai données dans les 30e, 31e et 32e Livraisons des *Exercices de Mathématiques,* expriment le mouvement d'un système de molécules qui s'attirent ou se repoussent à de très petites distances, et que l'on suppose très peu écartées des positions qu'elles occupaient dans un état d'équilibre. D'ailleurs, ces équations peuvent être facilement intégrées par les méthodes que j'ai indiquées dans le XIXe Cahier du *Journal de l'École Polytechnique,* et dans le *Mémoire sur l'application du calcul des résidus aux questions de Physique mathématique;* et alors les valeurs des inconnues se trouvent représentées par des intégrales multiples, dans lesquelles entrent sous le signe $\int$ les fonctions qui expriment, à l'origine du mouvement, les déplacements et les vitesses des molécules mesurés parallèlement aux axes coordonnés. Or, ces intégrales fournissent le moyen d'assigner les lois, suivant lesquelles un ébranlement, primitivement produit en un point donné du système que l'on con-

(1) Lu à l'Académie royale des Sciences, le 12 janvier 1829.

sidère, se propagera dans tout le système. C'est ainsi que je suis parvenu aux résultats que je vais énoncer, et qui me paraissent dignes de fixer un moment l'attention des physiciens et des géomètres.

1° Si un système de molécules est tellement constitué que l'élasticité de ce système soit la même en tous sens, un ébranlement primitivement produit en un point quelconque se propagera de manière qu'il en résulte deux ondes sphériques animées de vitesses constantes, mais inégales. De ces deux ondes la première disparaîtra, si la dilatation initiale du volume se réduit à zéro, et alors, si l'on suppose les vibrations des molécules primitivement parallèles à un plan donné, elles ne cesseront pas d'être parallèles à ce plan.

2° Si un système de molécules est tellement constitué que l'élasticité reste la même autour d'un axe parallèle à une droite donnée, dans toutes les directions perpendiculaires à cet axe, les équations du mouvement renfermeront plusieurs coefficients dépendant de la nature du système; et l'on pourra établir entre ces coefficients une relation telle que la propagation d'un ébranlement, primitivement produit en un point du système, donne naissance à trois ondes dont chacune coïncide avec une surface du second degré. De plus, si l'on fait abstraction de celle des trois ondes qui disparaît avec la dilatation du volume quand l'élasticité redevient la même en tous sens, les surfaces des deux ondes restantes se réduiront au système d'une sphère et d'un ellipsoïde de révolution, cet ellipsoïde ayant pour axe de révolution le diamètre même de la sphère. L'accord remarquable de ce résultat avec le théorème d'Huygens sur la double réfraction de la lumière dans les cristaux à un seul axe, nous a paru assez important pour mériter d'être signalé, et nous croyons devoir en conclure que les équations du mouvement de la lumière sont renfermées dans celles qui expriment le mouvement d'un système de molécules très peu écarté d'une position d'équilibre.

DÉMONSTRATION ANALYTIQUE

D'UNE

LOI DÉCOUVERTE PAR M. SAVART

ET RELATIVE AUX

VIBRATIONS DES CORPS SOLIDES OU FLUIDES (1)

Mémoires de l'Académie des Sciences, t. IX, p. 115; 1830.

J'ai donné dans les *Exercices de Mathématiques* les équations générales qui représentent le mouvement d'un corps élastique dont les molécules sont très peu écartées des positions qu'elles occupaient dans l'état naturel du corps, de quelque manière que l'élasticité varie dans les diverses directions. Ces équations qui servent à déterminer, en fonction du temps t et des coordonnées x, y, z, les déplacements ξ, η, ζ d'un point quelconque mesurés dans le sens de ces coordonnées, sont de deux espèces. Les unes se rapportent à tous les points du corps élastique, les autres aux points renfermés dans sa surface extérieure. Or, à l'inspection seule des équations dont il s'agit, on reconnaît immédiatement qu'elles continuent de subsister, lorsqu'on y remplace x par kx, y par ky, z par kz, ξ par $k\xi$, η par $k\eta$, ζ par $k\zeta$, k désignant une constante choisie arbitrairement, et lorsqu'en même temps on fait varier les forces accélératrices appliquées aux diverses molécules dans le rapport de 1 à $\frac{1}{k}$. Donc, si ces forces accélératrices sont nulles, il suffira de faire croître ou diminuer les dimensions du corps

(1) Lu à l'Académie royale des Sciences, le 12 janvier 1829.

solide, et les valeurs initiales des déplacements dans le rapport de 1 à k, pour que les valeurs générales de ξ, η, ζ et les durées des vibrations varient dans le même rapport. Donc, si l'on prend pour mesure du son rendu par un corps, par une plaque, ou par une verge élastique, le nombre des vibrations produites pendant l'unité de temps, ce son variera en raison inverse des dimensions du corps, de la plaque ou de la verge, tandis que ces dimensions croîtront ou décroîtront dans un rapport donné. Cette loi, découverte par M. Savart, s'étend aux sons rendus par une masse fluide contenue dans un espace fini, et se démontre alors de la même manière.

On prouverait encore de même que, si, les dimensions d'un corps venant à croître ou à diminuer dans un certain rapport, sa température initiale croît ou diminue dans le même rapport, la durée de la propagation de la chaleur variera comme le carré de ce rapport.

MÉMOIRE

SUR

LA TORSION

ET

LES VIBRATIONS TOURNANTES D'UNE VERGE RECTANGULAIRE [1].

Mémoires de l'Académie des Sciences, t. IX, p. 117; 1830.

A l'aide des principes que j'ai posés dans le troisième Volume des *Exercices de Mathématiques*, on peut déterminer non seulement les vibrations longitudinales et transversales, mais aussi les vibrations tournantes d'une verge rectangulaire, et l'on parvient alors aux résultats que je vais indiquer.

Considérons une verge rectangulaire qui dans l'état naturel ait pour axe l'axe des x, et supposons que, chaque point de cet axe étant immobile, la verge soit tordue autour de ce même axe. Désignons par ρ la densité naturelle de la verge, par $2h$ et $2i$ ses deux épaisseurs; par ξ, η, ζ les déplacements d'un point de la verge, mesurés parallèlement aux axes des x, y, z; par A, F, E; F, B, D; E, D, C les projections algébriques des pressions que supportent au point (x, y, z), et du côté des coordonnées positives, des plans perpendiculaires à ces mêmes axes; par

$$(1) \qquad \mathrm{E} = \mathrm{i}\left(\frac{\partial \xi}{\partial z} + \frac{\partial \zeta}{\partial x}\right)$$

ce que devient la fonction E, quand on suppose B = 0, C = 0, D = 0,

[1] Lu à l'Académie royale des Sciences, le 9 février 1829.

$F = 0$, $\frac{\partial \xi}{\partial x} = 0$, et par

$$(2) \qquad F = h\left(\frac{\partial \eta}{\partial z} + \frac{\partial \zeta}{\partial y}\right)$$

ce que devient la fonction F quand on suppose $B = 0$, $C = 0$, $D = 0$, $E = 0$, $\frac{\partial \xi}{\partial x} = 0$. Enfin, soient

$$(3) \qquad \rho\Omega^2 = \frac{8}{3}\,\frac{1}{\left(\frac{h^2}{h} + \frac{i^2}{i}\right)\left(\frac{1}{h^2} + \frac{1}{i^2}\right)};$$

ψ l'angle de torsion, dans le plan perpendiculaire à l'axe des x, et correspondant à l'abscisse x; Y, Z les projections algébriques de la force accélératrice sur les axes des y et z dirigés dans le sens des épaisseurs $2h$, $2i$; et $Y_{0,1}$, $Z_{1,0}$ les valeurs de

$$\frac{\partial Y}{\partial z}, \quad \frac{\partial Z}{\partial y}$$

correspondant à des valeurs nulles des coordonnées y, z. On aura, au bout d'un temps quelconque t, et pour une valeur quelconque de x,

$$(4) \qquad \Omega^2 \frac{\partial^2 \psi}{\partial x^2} + \frac{h^2 Z_{1,0} - i^2 Y_{0,1}}{h^2 + i^2} = \frac{\partial^2 \psi}{\partial t^2}.$$

On aura d'ailleurs, pour une extrémité fixe, $\psi = 0$ et, pour une extrémité libre, $\frac{\partial \psi}{\partial x} = 0$.

Si la force accélératrice est nulle, on trouvera simplement

$$(5) \qquad \Omega^2 \frac{\partial^2 \psi}{\partial x^2} = \frac{\partial^2 \psi}{\partial t^2}.$$

Cette dernière formule est semblable à celle qui détermine les vibrations longitudinales. On en conclut, en représentant par n un nombre entier quelconque, par a la longueur de la verge rectangulaire et par $\mathfrak{N}$ le nombre des vibrations tournantes exécutées dans l'unité de temps,

$$(6) \qquad \mathfrak{N} = \frac{n\Omega}{2a}.$$

Lorsque le son produit par les vibrations tournantes devient le plus grave possible, on a $n = 1$,

$$\mathfrak{N} = \frac{\Omega}{2a} = \left(\frac{2}{3\rho}\right)^{\frac{1}{2}} \frac{1}{a\left(\frac{i^2}{\mathrm{i}} + \frac{h^2}{\mathrm{h}}\right)^{\frac{1}{2}} \left(\frac{1}{i^2} + \frac{1}{h^2}\right)^{\frac{1}{2}}}. \tag{7}$$

Si l'on suppose la verge extraite d'un corps solide qui offre la même élasticité en tous sens, on aura

$$\mathrm{h} = \mathrm{i}; \tag{8}$$

et, par suite, en nommant f la valeur commune de h et de i, on trouvera

$$\mathfrak{N} = \left(\frac{2\mathrm{f}}{3\rho}\right)^{\frac{1}{2}} \frac{hi}{a(i^2 + h^2)}. \tag{9}$$

Si les épaisseurs h, i deviennent égales, l'équation (9) donnera

$$\mathfrak{N} = \left(\frac{\mathrm{f}}{6\rho}\right)^{\frac{1}{2}} \frac{1}{a}; \tag{10}$$

et, comme le nombre N des vibrations longitudinales les plus lentes sera déterminé par la formule

$$\mathrm{N} = \left(\frac{5\mathrm{f}}{2\rho}\right)^{\frac{1}{2}} \frac{1}{2a}, \tag{11}$$

on trouvera

$$\frac{\mathrm{N}}{\mathfrak{N}} = \tfrac{1}{2}\sqrt{15} = 1,9364\ldots \tag{12}$$

Enfin, si l'épaisseur $2i$ est très petite relativement à l'épaisseur $2h$, l'équation (6) donnera sensiblement

$$\mathfrak{N} = \left(\frac{2\mathrm{h}}{3\rho}\right)^{\frac{1}{2}} \frac{i}{ah}. \tag{13}$$

Si l'on considère la verge tordue non plus dans l'état de mouvement mais dans l'état d'équilibre, alors, au lieu de l'équation (5), on obtiendra la suivante :

$$\frac{\partial^2 \psi}{\partial x^2} = 0. \tag{14}$$

Ajoutons que, si l'on nomme K le moment du système des pressions ou tensions, supportées par un plan perpendiculaire à l'axe dont il s'agit, on aura

$$K = \frac{\frac{16}{3} h^3 i^3}{\frac{i^2}{\mathrm{i}} + \frac{h^2}{\mathrm{h}}} \frac{\partial \psi}{\partial x}. \tag{15}$$

Si K devient le moment de la force appliquée à une extrémité libre de la verge, on trouvera, en supposant l'autre extrémité fixe, et pour une abscisse quelconque x,

$$\psi = \frac{3}{16} \frac{K}{h^3 i^3} \left(\frac{i^2}{\mathrm{i}} + \frac{h^2}{\mathrm{h}} \right) x. \tag{16}$$

Des formules qui précèdent on déduit immédiatement les conclusions suivantes :

1° L'angle de torsion d'une verge rectangulaire qui offre une extrémité fixe et une extrémité libre, étant mesuré dans un plan perpendiculaire à l'axe de la verge, est en raison directe non seulement de la distance qui sépare ce plan de l'extrémité fixe, mais aussi du moment de la force appliquée à l'extrémité libre.

2° Si la section transversale de la verge varie en demeurant semblable à elle-même, l'angle de torsion variera en raison inverse du carré de l'aire de cette section, ou, ce qui revient au même, en raison inverse de la quatrième puissance de chaque épaisseur. Ces résultats, semblables à ceux que M. Poisson a obtenus, en considérant la torsion d'une verge cylindrique à base circulaire, extraite d'un corps dont l'élasticité est la même en tous sens, subsisteront pareillement pour une verge cylindrique ou prismatique à base quelconque.

3° Si l'une des épaisseurs de la verge devient très petite par rapport à l'autre, l'angle de torsion variera en raison inverse de la plus grande épaisseur et du cube de la plus petite.

4° Les sons produits par les vibrations tournantes d'une verge rectangulaire ne varient pas, lorsque les deux épaisseurs de la verge croissent ou diminuent dans le même rapport. Cette proposition a été confirmée par des expériences de M. Savart.

5° Si l'une des épaisseurs de la verge devient très petite par rapport à l'autre, le son le plus grave, produit par des vibrations tournantes, sera en raison directe de la plus petite épaisseur de la verge, et en raison inverse de l'aire de la section faite par un plan perpendiculaire à cette épaisseur. Cette loi est encore une de celles que M. Savart a découvertes, et auxquelles il a été conduit par l'expérience. (*Voir* le Tome XXV des *Annales de Chimie et de Physique*.)

6° Si la verge est extraite d'un corps solide qui offre la même élasticité en tous sens, les sons correspondant aux vibrations tournantes seront en raison directe du produit des deux épaisseurs de la verge, et en raison inverse de la somme de leurs carrés.

7° Si, de plus, les deux épaisseurs deviennent égales, le son le plus grave, produit par des vibrations longitudinales, sera au son le plus grave produit par des vibrations tournantes dans le rapport de $\sqrt{15}$ à 2, ou de 1,9364 à l'unité.

MÉMOIRE

SUR

LA THÉORIE DE LA LUMIÈRE.

Mémoires de l'Académie des Sciences, t. X, p. 293; 1831.

PREMIÈRE PARTIE (¹).

J'ai donné le premier, dans les *Exercices de Mathématiques* (troisième et quatrième Volume) (²), les équations générales d'équilibre ou de mouvement d'un système de molécules sollicitées par des forces d'attraction ou de répulsion mutuelle, en admettant que ces forces fussent représentées par des fonctions des distances entre les molécules; et j'ai prouvé que ces équations, qui renferment un grand nombre de coefficients dépendant de la nature du système, se réduisaient, dans le cas où l'élasticité redevenait la même en tous sens, à d'autres formules qui ne renferment qu'un seul coefficient, et qui avaient été primitivement obtenues par M. Navier. J'ai, de plus, déduit de ces équations celles qui déterminent les mouvements des plaques et des verges élastiques, quand on suppose que l'élasticité n'est pas la même en tous sens; et j'ai ainsi obtenu des formules qui comprennent, comme cas particuliers, celles que M. Poisson et d'autres géomètres avaient trouvées dans la supposition contraire. L'accord remarquable de ces diverses formules, et des lois qui s'en déduisent, avec les observations des physiciens, et spécialement avec les belles expériences de

(¹) Présentée et lue à l'Académie royale des Sciences, les 31 mai et 7 juin 1830.

(²) *OEuvres de Cauchy*, S. II, T. VIII, IX.

M. Savart, devait m'encourager à suivre les conseils de quelques personnes qui m'engageaient à faire, des équations générales que j'avais données, une application nouvelle à la théorie de la lumière. Ayant suivi ce conseil, j'ai été assez heureux pour arriver aux résultats que je vais exposer dans ce Mémoire, et qui me paraissent dignes de fixer un moment l'attention des physiciens et des géomètres.

Les trois équations aux différences partielles qui représentent le mouvement d'un système de molécules sollicitées par des forces d'attraction ou de répulsion mutuelle, renferment, avec le temps t et les coordonnées rectangulaires x, y, z d'un point quelconque de l'espace, les déplacements ξ, η, ζ de la molécule $\mathfrak{M}$ qui coïncide, au bout du temps t, avec le point dont il s'agit; ces déplacements étant mesurés parallèlement aux axes des x, y, z. Les mêmes équations offriront vingt et un coefficients dépendant de la nature du système, si l'on fait abstraction des coefficients qui s'évanouissent, lorsque les masses m, m', m'' des diverses molécules sont deux à deux égales entre elles et distribuées symétriquement de part et d'autre de la molécule $\mathfrak{M}$ sur des droites menées par le point avec lequel cette molécule coïncide. Enfin, ces équations seront du second ordre, c'est-à-dire qu'elles ne contiendront que des dérivées du second ordre des variables principales ξ, η, ζ; et l'on pourra, en considérant chaque coefficient comme une quantité constante, ramener leur intégration à celle d'une équation du sixième ordre, qui ne renfermera plus qu'une seule variable principale. Or, cette dernière pourra être facilement intégrée à l'aide des méthodes générales que j'ai données dans le XIXe Cahier du *Journal de l'École Polytechnique*, et dans le Mémoire *Sur l'application du calcul des résidus aux questions de Physique mathématique*. En appliquant ces méthodes au cas où l'élasticité du système reste la même en tous sens, et réduisant la valeur de la variable principale à la forme la plus simple, à l'aide d'un théorème établi depuis longtemps par M. Poisson, on obtient précisément les intégrales qu'a données ce géomètre dans les *Mémoires de l'Académie*. Mais, dans le cas général, la variable principale étant représentée par une intégrale définie sextuple, il fallait, pour découvrir les lois des phénomènes, réduire cette intégrale sextuple à une intégrale d'un ordre moins élevé. Cette réduction m'a longtemps arrêté : mais je suis enfin parvenu à l'effectuer, pour l'équation aux différences partielles ci-dessus mentionnée, et même généralement pour toutes les équations aux différences partielles dans lesquelles les diverses dérivées de la variable principale, prises par rapport aux variables indépendantes x, y, z, t, sont des dérivées de même ordre. Alors, j'ai obtenu, pour représenter la variable principale, une intégrale définie quadruple, et j'ai pu rechercher les lois des phénomènes dont la connaissance devait résulter de l'intégration des équations proposées. Cette recherche a été l'objet du dernier Mémoire que j'ai eu l'honneur d'offrir à l'Académie, et qui renferme entre autres la proposition suivante :

Étant donnée une équation aux différences partielles dans laquelle toutes les dérivées de la variable principale relatives aux variables indépendantes x, y, z, t, sont de même ordre, si les valeurs initiales de la variable principale et de ses dérivées prises par rapport au temps sont sensiblement nulles dans tous les points situés à une distance finie de l'origine des coordonnées, cette variable et ses dérivées n'auront plus de valeurs sensibles au bout du temps t, dans l'intérieur d'une certaine surface, et, par conséquent, les vibrations sonores, lumineuses, etc., qui peuvent être déterminées à l'aide de l'équation aux différences partielles, se propageront dans l'espace, de manière à produire une onde sonore, lumineuse, etc., dont la surface sera précisément celle que nous venons d'indiquer.

De plus, on obtiendra facilement l'équation de la surface de l'onde, en suivant la règle que je vais tracer.

Concevons que, dans l'équation aux différences partielles, on remplace une dérivée quelconque de la variable principale prise par rapport aux variables indépendantes x, y, z, t par le produit de ces variables élevées à des puissances dont les degrés soient marqués, pour chaque variable indépendante, par le nombre des différentiations qui lui sont relatives. La nouvelle équation que l'on obtiendra sera de la forme

$$F(x, y, z, t) = 0$$

et représentera une certaine surface courbe. Considérez maintenant le rayon vecteur mené de l'origine à un point quelconque de cette surface courbe; portez sur ce rayon vecteur, à partir de l'origine, une longueur égale au carré du temps divisé par ce même rayon; menez ensuite par l'extrémité de cette longueur un plan perpendiculaire à sa direction. Ce plan sera le plan tangent à la surface de l'onde, et, par conséquent, cette surface sera l'enveloppe de l'espace que traverseront les divers plans qu'on peut construire en opérant comme on vient de le dire. Au reste, on arrive encore aux mêmes conclusions, en suivant une autre méthode que je vais exposer en peu de mots, et que j'ai développée dans mes dernières Leçons au Collège de France.

Supposons que les valeurs initiales de la variable principale et de ses dérivées prises par rapport au temps ne soient sensibles que pour les points situés à des distances très petites d'un certain plan mené par l'origine des coordonnées, et dépendent uniquement de ces distances. Cette même variable et ces dérivées ne seront sensibles, au bout du temps t, que dans le voisinage de l'un des plans parallèles, construits à l'aide de la règle que nous avons précédemment indiquée.

Par conséquent, si les vibrations sonores, lumineuses, etc. sont primitivement renfermées dans une onde plane, cette onde, que nous nommerons *élémentaire,* se divisera en plusieurs autres dont chacune se propagera dans l'espace, en restant parallèle à elle-même, avec une vitesse constante. Mais ces diverses ondes auront des vitesses de propagation différentes. Si, maintenant, on conçoit qu'au premier instant plusieurs ondes élémentaires soient renfermées dans des plans divers menés par l'origine des coordonnées, mais peu inclinés les uns sur les autres, et que les vibrations sonores, lumineuses, etc. soient assez petites pour rester insensibles dans chaque onde élémentaire prise séparément; alors, ces vibrations ne pouvant devenir sensibles que par la superposition d'un grand nombre d'ondes élémentaires, il est clair que les phénomènes relatifs à la propagation du son, de la lumière, etc. ne pourront être observés, au premier moment, que dans une très petite étendue autour de l'origine des coordonnées et, au bout du temps t, que dans le voisinage des diverses nappes de la surface qui sera touchée par toutes les ondes élémentaires. Or, cette dernière surface sera précisément la surface courbe dont nous avons parlé ci-dessus, et que l'on nomme généralement *surface des ondes*.

Cela posé, si l'on considère le mouvement de propagation des ondes planes, dans un système de molécules sollicitées par des forces d'attraction ou de répulsion mutuelle, on pourra prendre successivement pour variables principales trois déplacements rectangulaires d'une molécule $\mathfrak{M}$ mesurés parallèlement aux trois axes d'un certain ellipsoïde qui aura pour centre l'origine des coordonnées, et que l'on construira facilement dès que l'on connaîtra les coefficients dépendants de la nature du système proposé, et la direction du plan ABC, qui renfermait une onde plane au premier instant. Alors cette onde se divisera en six autres qui auront constamment la même épaisseur que la première et se propageront, avec des vitesses constantes, dans des plans parallèles à ABC. Ces ondes, prises deux à deux, auront des vitesses de propagation égales, mais dirigées en sens contraires. De plus, ces vitesses, mesurées suivant une droite perpendiculaire au plan ABC, pour les trois ondes qui se mouvront dans un même sens, seront constantes et respectivement égales aux quotients qu'on obtient en divisant l'unité par les trois demi-axes de l'ellipsoïde ci-dessus mentionné. Les points situés hors de ces ondes seront en repos et, si les trois demi-axes de l'ellipsoïde sont inégaux, le déplacement absolu et la vitesse absolue des molécules, dans une onde plane, resteront toujours parallèles à celui des trois axes de l'ellipsoïde qui sera réciproquement proportionnel à la vitesse de propagation de cette onde. Mais, si deux ou trois axes de l'ellipsoïde deviennent égaux, les ondes planes qui se propageront dans le même sens avec des vitesses réciproquement proportionnelles à ces axes, coïncideront, et la vitesse absolue de chaque molécule renfermée dans une onde plane sera, au bout d'un temps quelconque, parallèle aux droites suivant lesquelles les vitesses initiales se projetaient sur le plan mené par les deux axes égaux de l'ellipsoïde, ou même, si l'ellipsoïde se change en une sphère, aux directions de ces vitesses initiales.

Concevons, maintenant, qu'au premier instant plusieurs ondes planes, peu inclinées les unes sur les autres et sur un certain plan ABC, se rencontrent et se superposent en un certain point A. Le temps venant à croître, chacune de ces ondes se propagera dans l'espace, en donnant naissance, de chaque côté du plan qui la renfermait primitivement, à trois ondes semblables renfermées dans des plans parallèles, mais douées de vitesses de propagation différentes; par conséquent, le système d'ondes planes que l'on considérait d'abord se subdivisera en trois autres systèmes, et le point de rencontre des ondes qui feront partie d'un même système se déplacera suivant une certaine droite avec une vitesse de propagation distincte de celle des ondes planes. Donc, au bout d'un temps quelconque t, le point A se trouvera remplacé par trois autres points, dont les positions dans l'espace pourront être calculées pour une direction donnée du plan ABC, et les diverses positions que pourront prendre les trois points dont il s'agit, pour diverses directions primitivement attribuées au plan ABC, détermineront une surface courbe à trois nappes, dans laquelle chaque nappe sera constamment touchée par les ondes planes qui feront partie d'un même système. Or, cette surface courbe sera précisément celle dont nous avons déjà parlé ci-dessus, et que nous avons nommée *surface des ondes*.

Au reste, pour que la propagation des ondes planes puisse s'effectuer dans un corps élastique, il est nécessaire que les coefficients, ou du moins certaines fonctions des coefficients renfermés dans les équations aux différences partielles qui représentent le mouvement du corps élastique, restent positives. Dans le cas contraire, les ondes planes ne pourraient plus se propager, et l'on en serait averti par le calcul qui donnerait pour les vitesses de propagation des valeurs imaginaires.

Dans la théorie de la lumière, on désigne sous le nom d'*éther* le fluide impondérable que l'on considère comme étant le milieu élastique dans lequel se propagent les ondes lumineuses. Le point de rencontre d'un grand nombre d'ondes planes dont les plans sont peu inclinés les uns aux autres est celui dans lequel on suppose que la lumière peut être perçue par l'œil. La série des positions que ce point de rencontre prend dans l'espace, tandis que les ondes se déplacent, constitue ce qu'on nomme *un rayon lumineux;* et la vitesse de la lumière mesurée dans le sens de ce rayon doit être soigneusement distinguée : 1° de la vitesse de propagation des ondes planes; 2° de la vitesse propre des molécules éthérées. Enfin, l'on appelle *rayons polarisés* ceux qui correspondent à des ondes planes dans lesquelles les vibrations des molécules restent constamment parallèles à une droite donnée, quelles que soient les directions des vibrations initiales.

Pour plus de généralité, nous dirons que, dans un rayon lumineux, la lumière est polarisée parallèlement à une droite ou à un plan donné, lorsque les vibrations des molécules lumineuses seront parallèles à cette droite ou à ce plan, sans être parallèles dans tous les cas aux directions des vibrations initiales; et nous appellerons *plan de polarisation* le plan qui renfermera la direction du rayon lumineux, et celle des vitesses propres des molécules éthérées. Ces définitions s'accordent, comme on le verra plus tard, avec les dénominations reçues.

Cela posé, il résulte des principes ci-dessus établis que, en partant d'un point donné de l'espace, un rayon de lumière, dans lequel les vitesses propres des molécules ont des directions quelconques, se subdivisera généralement en trois rayons de lumière polarisée parallèlement aux trois axes d'un certain ellipsoïde. Mais chacun de ces rayons polarisés ne pourra plus être divisé par l'action du fluide élastique dans lequel la lumière se propage. De plus, le mode de polarisation dépendra de la constitution de ce fluide, c'est-à-dire de la distribution de ses molécules dans l'espace ou dans un corps transparent, et du plan qui renfermait primitivement les molécules vibrantes. Si la constitution du fluide élastique est telle que les vitesses de propagation des ondes planes deviennent imaginaires, cette propagation ne pourra plus s'effectuer, et le corps dans lequel le fluide éthéré se trouve compris deviendra ce qu'on nomme *un corps opaque*. Si le corps reste transparent, et si dans ce corps le fluide éthéré se trouve distribué de telle sorte que son élasticité demeure la même en tous sens autour d'un point quelconque, les trois rayons polarisés dans lesquels se subdivise généralement un rayon de lumière seront dirigés suivant la même droite; et, comme la vitesse de la lumière sera la même dans les deux premiers rayons, ceux-ci se confondront l'un avec l'autre. Il ne restera donc alors que deux rayons polarisés : l'un double, l'autre simple, ayant la même direction. Or, le calcul fait voir que dans le rayon simple la lumière sera polarisée suivant la direction dont il s'agit, tandis que dans le rayon double la lumière sera polarisée perpendiculairement à cette direction. Si les vibrations initiales des molécules lumineuses sont renfermées dans un plan perpendiculaire à la direction dont il s'agit, le rayon simple disparaîtra, et les vitesses propres des molécules dans le rayon double resteront constamment dirigées suivant des droites parallèles aux directions des vitesses initiales; de sorte qu'à proprement parler il n'y aura plus de polarisation. Alors aussi la vitesse de propagation de la lumière sera équivalente à la vitesse de propagation d'une onde plane, et la même en tous sens autour de chaque point. Or, la réduction de tous les rayons à un seul, et l'absence de toute polarisation dans les milieux où la lumière se propage en tous sens avec la même vitesse, étant des faits constatés par l'expérience, nous devons conclure de ce qui précède que dans ces milieux les vitesses propres des molécules éthérées sont perpendiculaires aux directions des rayons lumineux et comprises dans les ondes planes. Ainsi, l'hypothèse admise par Fresnel devient une réalité. Cet habile physicien, malheureusement enlevé aux sciences par une mort prématurée, a donc eu raison de dire que dans la lumière ordinaire les vibrations sont transversales, c'est-à-dire perpendiculaires aux directions des rayons. A la vérité, les idées de Fresnel sur cet objet ont été vivement combattues par un illustre académicien dans plusieurs articles que renferment les *Annales de Chimie et de Physique*, et dont l'un est relatif au mouvement de deux fluides superposés. Suivant l'auteur de ces articles, les vibrations des molécules dans l'éther finiraient par être toujours sensiblement perpendiculaires aux surfaces des ondes que le mouvement produit en se propageant; et dès lors, la polarisation, telle qu'elle a été précédemment définie, deviendrait impossible et disparaîtrait complètement. Alors aussi la surface des ondes serait toujours un ellipsoïde et n'offrirait qu'une seule nappe, en sorte que, pour expliquer la double réfraction, on serait obligé de supposer deux fluides éthérés simultanément renfermés dans le même milieu. Mais on doit remarquer que l'auteur, comme il le dit lui-même, avait déduit ces diverses conséquences de l'intégration de l'équation connue aux différences partielles qui représente les mouvements des fluides élastiques, et de celle qu'on en déduit lorsqu'on suppose inégaux les trois coefficients des dérivées partielles de la variable principale. Or, ces équations ne paraissent point applicables à la propagation des ondes lumineuses dans un fluide éthéré, et l'accord remarquable de la théorie que je propose avec l'expérience me semble devoir confirmer l'assertion que j'ai déjà émise dans un précédent Mémoire sur le mouvement de la lumière : savoir, que les équations différentielles de ce mouvement sont comprises dans celles que renferment les 31ᵉ et 32ᵉ livraisons des *Exercices de Mathématiques*.

Dans la deuxième Partie de ce Mémoire que je me propose de lire à la séance prochaine, j'appliquerai les principes que je viens d'établir à la détermination des lois suivant lesquelles la lumière se propage dans les cristaux à un seul axe ou à deux axes optiques, et je montrerai comment on peut déduire de mes formules des règles propres à faire connaître les vitesses de propagation des ondes élémentaires, et les plans de polarisation des rayons lumineux. Lorsqu'on s'arrête à un premier degré d'approximation, ces règles s'accordent d'une manière digne de remarque avec celles que plusieurs savants ont déduites de l'expérience ou de l'hypothèse des ondulations, et, en particulier, avec celles que Fresnel a données dans son beau Mémoire sur la double réfraction. Seulement, il s'est trompé en admettant que les vibrations des molécules éthérées dans un rayon lumineux étaient sensiblement perpendiculaires au plan généralement nommé *plan de polarisation*. Dans la réalité, le plan de polarisation renferme la direction du rayon et celle des vibrations de l'éther. Un jeune géomètre, M. Blanchet, avait, de son côté, et même avant moi, déduit cette conséquence et les lois de la polarisation pour les cristaux à un seul axe optique des premières formules que j'avais données. Mais la nouvelle analyse dont j'ai fait usage ne laisse rien à désirer à cet égard, et s'étend à tous les cas possibles.

Je ferai voir encore dans la deuxième Partie du Mémoire que la pression est nulle dans le fluide éthéré qui propage les vibrations lumineuses, et je montrerai les conditions auxquelles doivent satisfaire les coefficients renfermés dans les équations différentielles du mouvement des corps élastiques, pour que la surface de l'onde lumineuse acquière la forme indiquée par l'expérience. Enfin, dans une troisième Partie, je dirai comment on peut établir les lois de la réflexion et de la réfraction à la première ou à la seconde surface d'un corps transparent, et déterminer la proportion de lumière réfléchie ou réfractée. Ici encore, la théorie s'accorde parfaitement avec l'observation, et l'analyse me ramène aux lois que plusieurs physiciens ont déduites de l'expérience. Ainsi, en particulier, le calcul me fournit la loi de M. Brewster sur l'angle de la polarisation complète par réflexion et la loi de M. Arago sur la quantité de lumière réfléchie à la première ou à la seconde surface d'un milieu transparent. J'obtiens aussi les formules que Fresnel a insérées dans le dix-septième numéro des *Annales de Chimie et de Physique,* et qui suffiraient à elles seules pour constater la sagacité vraiment extraordinaire de cet illustre physicien.

Enfin, je rechercherai les moyens à l'aide desquels les physiciens pourront constater la réalité de la triple réfraction, ou, ce qui revient au même, l'existence du troisième rayon polarisé, traversant un milieu dont l'élasticité n'est pas la même dans tous les sens.

DEUXIÈME PARTIE ([1]).

Ainsi qu'on l'a vu dans la première Partie de ce Mémoire, l'intégration des équations aux différences partielles que j'ai données dans les *Exercices*, comme propres à représenter le mouvement d'un système de molécules sollicitées par des forces d'attraction ou de répulsion mutuelle, conduit directement à l'explication des divers phénomènes que présente la théorie de la lumière. Il y a plus : pour établir cette théorie, il n'est pas nécessaire de recourir aux intégrales générales des équations dont il s'agit. Il suffit de discuter les intégrales particulières qui expriment le mouvement de propagation d'une onde plane dans un milieu élastique. En effet, la sensation de lumière étant supposée produite par les vibrations des molécules d'un fluide éthéré, pour déterminer la direction et les lois suivant lesquelles de semblables vibrations, d'abord circonscrites dans des limites très resserrées, autour d'un certain point O, se propageraient à travers ce fluide, il suffit de considérer au premier instant un grand nombre d'ondes planes qui se superposent dans le voisinage du point O, et d'admettre que, les plans de ces ondes étant peu inclinés les uns sur les autres, les vibrations des molécules sont assez petites pour rester insensibles dans chaque onde prise séparément, mais deviennent sensibles par la superposition indiquée. Or, le calcul nous a fait voir que dans un fluide éthéré, dont l'élasticité n'est pas la même en tous sens, chaque onde plane se subdivise généralement en trois autres de même épaisseur, comprises dans des plans parallèles, mais propagées avec des vitesses différentes, de chaque côté du plan qui renfermait l'onde initiale. Nous en avons conclu qu'un système d'ondes planes, superposées d'abord dans le voisinage d'un point donné O, se subdivise en trois systèmes d'ondes qui viennent successivement se superposer en différents points de l'espace, et nous avons nommé *rayon lumineux* la droite qui renferme, pour l'un des systèmes, tous les points de super-

([1]) Présentée à l'Académie, le 14 juin 1830.

position. Nous avons ainsi montré que trois rayons lumineux résultent généralement de vibrations moléculaires qui ne s'étendaient d'abord qu'à une très petite distance autour du point O. Nous avons d'ailleurs reconnu que, dans chacun de ces rayons lumineux, les vibrations des molécules éthérées demeuraient constamment parallèles à l'un des trois axes d'un certain ellipsoïde, et qu'en conséquence, dans les trois rayons, la lumière était polarisée suivant trois directions perpendiculaires l'une à l'autre et parallèles aux trois axes de l'ellipsoïde, quelles que fussent, d'ailleurs, les directions des vibrations initiales. Nous avons vu les trois rayons se réduire à deux, ou même à un seul, lorsque les vibrations initiales étaient parallèles à l'un des plans principaux de l'ellipsoïde ou à l'un de ses axes, et dès lors il a été facile de comprendre pourquoi les rayons polarisés ne se subdivisent pas à l'infini. Nous avons prouvé que, dans le cas où l'élasticité de l'éther est la même en tous sens, les trois rayons se réduisaient à deux; savoir : un rayon simple et un rayon double, dirigés suivant la même droite, et polarisés, le premier parallèlement, le second perpendiculairement à cette droite. Enfin, nous avons vu le rayon simple disparaître, lorsque les vibrations initiales des molécules de l'éther étaient supposées perpendiculaires aux directions des rayons, et alors il n'y avait plus, à proprement parler, de polarisation. Or, la réduction de tous les rayons à un seul, et l'absence de toute polarisation dans les milieux où la lumière reste la même en tous sens, étant constatées par l'expérience, nous avons tiré de notre analyse cette conclusion définitive que, dans la lumière ordinaire, les vibrations sont transversales, c'est-à-dire perpendiculaires aux directions des rayons; et ainsi l'hypothèse que Fresnel avait admise, malgré les arguments et les calculs d'un illustre adversaire, s'est transformée en une réalité.

Nous allons maintenant appliquer la théorie que nous venons de reproduire en peu de mots à la propagation de la lumière dans les cristaux à un axe ou à deux axes optiques. Pour y parvenir, il ne sera pas nécessaire d'employer les équations générales que nous avons données dans la 31e livraison des *Exercices* comme propres à représenter le mouvement d'un système de molécules sollicitées par des forces d'attraction ou de répulsion mutuelle, et l'on pourra réduire ces équations aux formules (68) de la page 208 du troisième Volume ([1]), c'est-à-dire aux formules qui expriment le mouvement d'un système qui offre trois axes d'élasticité perpendiculaires entre eux. On pourra, d'ailleurs, supposer qu'aucune force intérieure n'est appliquée au système, et alors les formules dont il s'agit renfermeront seulement le temps t, les coordonnées x, y, z d'une molécule quelconque m, ses déplacements ξ, η, ζ, mesurés parallèlement aux axes coordonnés, et neuf coefficients G, H, I, L, M, N, P, Q, R, dont les trois premiers sont proportionnels aux pressions supportées, dans l'état naturel du fluide éthéré, par trois plans respectivement perpendiculaires à ces mêmes axes. Les coefficients dont il est ici question étant regardés comme constants, on construira sans peine l'ellipsoïde dont les trois axes sont réciproquement proportionnels aux trois vitesses de propagation des ondes planes parallèles à un plan donné, et dirigés parallèlement aux droites suivant lesquelles se mesurent les vitesses propres des molécules éthérées dans ces ondes planes. On pourra ainsi déterminer : 1° les directions des trois rayons polarisés, produits par la subdivision d'un rayon lumineux dans lequel les vibrations des molécules auraient des directions quelconques; 2° la vitesse de la lumière dans chacun de ces trois rayons; 3° les diverses valeurs que prendrait cette vitesse dans les rayons polarisés, produits par la subdivision de plusieurs rayons lumineux qui partiraient simultanément d'un même point. Enfin, l'on pourra construire la surface à trois nappes, qui, au bout du temps t, passerait par les extrémités de ces rayons, et que l'on nomme la *surface des ondes*. Quant à l'intensité de la lumière, elle sera mesurée, dans chaque rayon, par le carré de la vitesse des molécules. Cela posé, si l'élasticité du fluide éthéré reste la même en tous sens autour d'un axe quelconque, parallèle à l'axe des z, on aura

$$G = H, \qquad L = M = 3R, \qquad P = Q; \tag{1}$$

([1]) *OEuvres de Cauchy*, S. II, T. VIII, p. 247.

et, par conséquent, les neuf coefficients dépendant de la distribution des molécules dans l'espace se réduiront à cinq, savoir : H, I, N, Q, R. Il y a plus : deux nappes de la surface ci-dessus mentionnée pourront se réduire au système de deux ellipsoïdes de révolution, circonscrits l'un à l'autre; et, pour que cette dernière réduction ait lieu, il suffira que la condition

$$(3R - Q)(N - Q) = 4Q^2 \tag{2}$$

soit remplie. Enfin, l'un des deux ellipsoïdes deviendra une sphère qui aura pour diamètre l'axe de révolution de l'autre ellipsoïde, si l'on suppose

$$H = I; \tag{3}$$

et alors la marche des deux rayons polarisés sera précisément celle qu'indique le théorème d'Huygens, relatif aux cristaux qui offrent un seul axe optique. Or, l'exactitude de ce théorème ayant été mise hors de doute par les nombreuses expériences des physiciens les plus habiles, il résulte de notre analyse que, dans les cristaux à un axe optique, les coefficients H, I, N, Q, R vérifient les conditions (2) et (3). D'ailleurs, l'élasticité du fluide éthéré n'étant, par hypothèse, la même en tous sens qu'autour de l'axe des z, il n'est pas naturel d'admettre que l'on ait $G = H = I$, à moins que l'on ne suppose les trois coefficients G, H, I généralement nuls. Il est donc très probable que dans l'éther ces trois coefficients s'évanouissent, et avec eux les pressions supportées par un plan quelconque dans l'état naturel. Cette hypothèse étant admise, l'ellipsoïde et la sphère ci-dessus mentionnés seront représentés par les équations

$$\frac{x^2 + y^2}{R} + \frac{z^2}{Q} = t^2, \qquad \frac{x^2 + y^2 + z^2}{Q} = t^2; \tag{4}$$

en sorte que $\sqrt{Q}$ sera le demi-diamètre de la sphère et $\sqrt{R}$ le demi-diamètre de l'équateur dans l'ellipsoïde. Il importe d'observer que, dans les cristaux doués d'un seul axe optique, ces deux demi-diamètres, ou leurs carrés Q, R, sont toujours très peu différents l'un de l'autre et qu'en conséquence l'ellipse génératrice de l'ellipsoïde offre une excentricité très petite. Il en résulte aussi que la condition (2) se réduit sensiblement à la suivante

$$N = 3R,$$

c'est-à-dire à une condition qui est remplie toutes les fois que l'élasticité d'un milieu reste la même en tous sens autour d'un point quelconque. Ajoutons que l'intensité de la lumière déterminée par le calcul, pour chacun des deux rayons polarisés que nous considérons ici, est précisément celle que fournit l'observation. Quant au troisième rayon polarisé, le calcul montre qu'il est très difficile de l'apercevoir, attendu que l'intensité de la lumière y demeure toujours très petite quand elle n'est pas rigoureusement nulle. Nous rechercherons plus tard les moyens d'en constater l'existence.

Concevons à présent que, dans le fluide éthéré, l'élasticité cesse d'être la même en tous sens autour d'un axe parallèle à l'axe des z. Si l'on coupe la surface des ondes lumineuses par les plans coordonnés, les sections faites dans deux nappes de cette surface pourront se réduire aux trois cercles et aux trois ellipses représentés par les équations

$$(5)\qquad \begin{cases} \dfrac{y^2}{R} + \dfrac{z^2}{Q} = t^2, & \dfrac{y^2 + z^2}{P} = t^2, \\ \dfrac{z^2}{P} + \dfrac{x^2}{R} = t^2, & \dfrac{z^2 + x^2}{Q} = t^2, \\ \dfrac{x^2}{Q} + \dfrac{y^2}{P} = t^2, & \dfrac{x^2 + y^2}{R} = t^2; \end{cases}$$

et, pour que cette réduction ait lieu, il suffira que, les coefficients G, H, I étant nuls, les trois conditions

$$(6)\qquad \begin{cases} (M - P)(N - P) = 4P^2, \quad (N - Q)(L - Q) = 4Q^2, \\ (L - R)(M - R) = 4R^2, \end{cases}$$

toutes trois semblables à la condition (2), soient vérifiées. Il y a plus, si les excentricités des trois ellipses sont assez petites pour qu'on puisse négliger leurs carrés, les conditions (6) entraîneront la suivante

$$(M-P)(N-Q)(L-R)=(N-P)(L-Q)(M-R)=8PQR,$$

et l'équation de la surface des ondes pourra être réduite à

$$(7)\quad \begin{cases} (x^2+y^2+z^2)(Px^2+Qy^2+Rz^2) \\ -[P(Q+R)x^2+Q(R+P)y^2+R(P+Q)z^2]t^2+t^4=0. \end{cases}$$

Or, les trois cercles, les trois ellipses et la surface du quatrième degré représentés par les équations (5) et (7) sont précisément ceux que Fresnel a donnés comme propres à indiquer la marche des deux rayons polarisés, aperçus jusqu'à ce jour dans les cristaux à deux axes optiques; et l'on sait d'ailleurs que, dans ces cristaux, les excentricités des ellipses sont fort petites. Donc, les conditions (6) doivent y être sensiblement vérifiées. Au reste, il est bon d'observer que, si les excentricités devenaient nulles, ou, en d'autres termes, si l'on avait

$$(8)\qquad P=Q=R,$$

les conditions (6) donneraient

$$(9)\qquad L=M=N=3R,$$

et que les conditions (8), (9) sont précisément celles qui doivent être remplies pour que l'élasticité d'un milieu reste la même dans tous les sens.

Quant au troisième rayon polarisé, comme l'intensité de sa lumière est fort petite, il sera généralement très difficile de l'apercevoir, ainsi que nous l'avons déjà remarqué.

En résumant ce qu'on vient de dire, on voit que, les conditions (6) étant supposées rigoureusement remplies, les sections faites dans la surface des ondes lumineuses par les plans coordonnés coïncideront exactement avec celles que Fresnel a données. Quant à la surface même, elle sera peu différente de la surface du quatrième degré que cet illustre physicien a obtenue, et, par conséquent, cette dernière est, dans la théorie de la lumière, ce qu'est le mouvement elliptique des planètes dans le système du monde.

Les excentricités des ellipses suivant lesquelles la surface des ondes se trouve coupée par les plans coordonnés, étant généralement fort petites pour les cristaux à un ou à deux axes optiques, il en résulte qu'on peut déterminer avec une grande approximation, dans ces cristaux, les vitesses de propagation des ondes planes et les plans de polarisation des rayons lumineux à l'aide de la règle que je vais indiquer.

Pour obtenir les vitesses de propagation des ondes planes parallèles à un plan donné ABC et correspondant aux deux rayons polarisés que transmet un cristal à un ou à deux axes optiques, il suffit de couper l'ellipsoïde que représente l'équation

$$(10) \qquad \frac{x^2}{P} + \frac{y^2}{Q} + \frac{z^2}{R} = 1,$$

par un plan diamétral parallèle au plan donné. La section ainsi obtenue sera une ellipse dont les deux axes seront numériquement égaux aux vitesses de propagation des ondes planes dans les deux rayons. De plus, celui de ces deux rayons dans lequel les ondes planes se propageront avec une vitesse représentée par le grand axe de l'ellipse, sera polarisé parallèlement au petit axe, et réciproquement le rayon dans lequel les ondes planes se propageront avec une vitesse représentée par le petit axe de l'ellipse sera polarisé parallèlement au grand axe. Si l'on fait coïncider le plan ABC avec l'un des plans principaux de l'ellipsoïde, les deux rayons polarisés suivront la même route, et les deux vitesses de la lumière dans ces rayons seront précisément les vitesses de propagation des ondes planes. Par suite, les vitesses de la lumière dans les six rayons polarisés, dont les directions coïncident avec les trois axes de l'ellipsoïde, sont deux à deux égales entre elles et à l'un des nombres $\sqrt{P}$, $\sqrt{Q}$, $\sqrt{R}$. Ajoutons que les deux rayons dont la vitesse est $\sqrt{P}$ sont polarisés perpendiculairement à l'axe des x, ceux dont la vitesse est $\sqrt{Q}$ perpendiculairement à l'axe des y, et ceux dont la vitesse est $\sqrt{R}$ perpendiculairement à l'axe des z. Dans le cas particulier où les quantités P, Q deviennent égales entre elles, la surface représentée par l'équation (10), ou

$$\frac{x^2+y^2}{Q}+\frac{z^2}{R}=1, \tag{11}$$

devient un ellipsoïde de révolution dont l'axe est ce qu'on appelle *l'axe optique du cristal*. Alors, l'un des demi-axes de la section faite par un plan diamétral quelconque est constamment égal à $\sqrt{Q}$, ainsi que la vitesse de la lumière dans l'un des deux rayons polarisés. Le rayon dont il s'agit est celui qu'on nomme *rayon ordinaire* et il se trouve polarisé parallèlement à la droite qui dans le plan ABC forme le plus petit et le plus grand angle avec l'axe optique, tandis que l'autre rayon, appelé *rayon extraordinaire*, est polarisé parallèlement à la droite d'intersection du plan ABC et d'un plan perpendiculaire à l'axe optique. Alors aussi les deux rayons ordinaire et extraordinaire se superposent, quand ils sont dirigés suivant l'axe optique, et se réduisent à un rayon unique qui n'offre plus aucune trace de polarisation.

Lorsque les trois quantités P, Q, R sont inégales, l'ellipsoïde représenté par l'équation (10) peut être coupé suivant des cercles par deux plans diamétraux qui renferment tous deux l'axe moyen. Donc, les deux rayons polarisés se superposent lorsque les ondes planes deviennent parallèles à l'un de ces plans. Alors, la direction commune des deux rayons est ce qu'on appelle un *axe optique*. Donc, pour les cristaux dans lesquels l'élasticité de l'éther n'est pas la même en tous sens autour d'un axe, il existe deux axes optiques suivant lesquels se dirigent les rayons qui n'offrent plus aucune trace de polarisation.

Toutes ces conséquences de notre analyse sont conformes à l'expérience, et même, dans des Leçons données au Collège royal de France, M. Ampère avait déjà remarqué que la construction de l'ellipsoïde représenté par l'équation (10) fournit le moyen de déterminer les vitesses de propagation des ondes planes et des plans de polarisation des rayons lumineux. Seulement ces plans, que l'on croyait perpendiculaires aux directions des vitesses propres des molécules éthérées, renferment, au contraire, ces mêmes directions.

Nous ajouterons qu'à l'équation (10) on pourrait substituer la suivante

$$Px^2 + Qy^2 + Rz^2 = 1. \tag{12}$$

En effet, les deux sections faites par un même plan dans les deux ellipsoïdes que représentent les équations (10) et (12) ont leurs axes parallèles et ceux de la seconde section sont respectivement égaux aux quotients qu'on obtient en divisant l'unité par les axes de la première.

P. S. — Pour faire mieux saisir les principes ci-dessus exposés, je développerai, dans un second Mémoire, les diverses formules que j'ai seulement indiquées dans celui-ci. Je ferai encore, au sujet des mêmes principes, deux remarques importantes; et d'abord, lorsqu'on parle de l'attraction ou de la répulsion mutuelle des molécules d'un fluide éthéré, on doit seulement entendre que, dans la théorie de la lumière, tout se passe comme si les molécules de l'éther s'attiraient ou se repoussaient effectivement. Ainsi, la recherche des lois que présentent les phénomènes si variés de la propagation, de la réflexion, de la réfraction, etc. de la lumière, se réduit au développement d'une loi plus générale qui renferme toutes les autres. C'est ainsi que, dans le système du monde, on ramène la détermination des lois suivant lesquelles se meuvent les corps célestes à l'hypothèse unique de la gravitation universelle.

Je remarquerai en second lieu que, pour établir les propositions énoncées dans ce Mémoire, nous avons eu recours aux formules (68) de la page 208 des *Exercices de Mathématiques*, et que, pour réduire les équations différentielles du mouvement d'un système de molécules sollicitées par des forces d'attraction ou de répulsion mutuelle aux formules dont il s'agit, on est obligé de négliger plusieurs termes, par exemple ceux qui renferment les puissances supérieures des déplacements ξ, η, ζ et de leurs dérivées prises par rapport aux variables indépendantes x, y, z. Lorsqu'on cesse de négliger ces mêmes termes, on obtient, comme je le montrerai dans un nouveau Mémoire déjà présenté à l'Académie, des formules à l'aide desquelles on peut non seulement assigner la cause de la dispersion des couleurs par le prisme, mais encore découvrir les lois de ce phénomène qui, malgré les nombreux et importants travaux des physiciens sur cette matière, étaient restées inconnues jusqu'à ce jour.

MÉMOIRE

SUR

LA POLARISATION RECTILIGNE

ET

LA DOUBLE RÉFRACTION [1].

Mémoires de l'Académie des Sciences, t. XVIII, p. 153; 1842.

Ce Mémoire sera divisé en trois paragraphes. Dans le premier paragraphe, après avoir rappelé les formules qui représentent les mouvements du fluide lumineux, dans le cas où la polarisation est rectiligne, je chercherai ce que deviennent ces formules quand on s'arrête à l'approximation du premier ordre, en négligeant la dispersion. Dans le second paragraphe, je montrerai comment on peut déduire, des formules dont je viens de parler, les axes optiques des milieux doués de la double réfraction. Enfin, dans le troisième paragraphe, j'indiquerai une méthode très simple, qui fournit immédiatement l'équation de ce qu'on nomme la *surface des ondes*.

§ Ier. — *Polarisation rectiligne.*

Considérons un système de molécules sollicitées par des forces d'attraction ou de répulsion mutuelles; supposons que ces molécules se réduisent à celles du fluide éthéré dans un milieu doué de la double réfraction et soient, au bout du temps t,

ξ, η, ζ les déplacements de la molécule $\mathfrak{m}$ qui coïncide avec le point

(1) Présenté à l'Académie des Sciences, le 20 mai 1839.

(x, y, z), ces déplacements étant mesurés parallèlement aux axes coordonnés;

r la distance de l'origine des coordonnées au plan de l'onde lumineuse qui passe par le point (x, y, z);

l l'épaisseur d'une onde lumineuse;

T le temps d'une vibration du fluide éthéré.

Enfin, posons

$$k = \frac{2\pi}{l}, \qquad s = \frac{2\pi}{T}.$$

Les équations du mouvement de l'éther dans la polarisation rectiligne seront

$$(1) \qquad \left\{ \begin{array}{l} \xi = A\cos(kr - st + \varpi), \qquad \eta = B\cos(kr - st + \varpi), \\ \zeta = C\cos(kr - st + \varpi) \end{array} \right.$$

(*voir* le Mémoire lithographié, sous la date d'août 1836, p. 81) ([1]), ϖ, A, B, C désignant quatre constantes, dont les trois dernières seront liées entre elles par trois équations de la forme

$$(2) \qquad \left\{ \begin{array}{l} (\mathcal{L} - s^2)A + \mathcal{R}B + \mathcal{Q}C = 0, \\ \mathcal{R}A + (\mathcal{M} - s^2)B + \mathcal{P}C = 0, \\ \mathcal{Q}A + \mathcal{P}B + (\mathcal{N} - s^2)C = 0, \end{array} \right.$$

où les coefficients $\mathcal{L}$, $\mathcal{M}$, $\mathcal{N}$ dépendront de l'épaisseur et de la direction d'une onde plane. Si, d'ailleurs, on nomme

$$a, \quad b, \quad c$$

les cosinus des angles que forme, avec les demi-axes des coordonnées positives, la perpendiculaire au plan de l'onde qui passe par le point (x, y, z), on aura non seulement

$$(3) \qquad a^2 + b^2 + c^2 = 1,$$

mais encore

$$(4) \qquad ax + by + cz = r;$$

([1]) *OEuvres de Cauchy*, S. II, T. XV.

et, si l'on prend

$$(5)\qquad u = ka, \qquad v = kb, \qquad w = kc,$$

on tirera des équations (4) et (5)

$$(6)\qquad u^2 + v^2 + w^2 = k^2$$

et

$$(7)\qquad ux + vy + wz = kr.$$

Alors aussi le plan, mené par l'origine parallèlement à celui de l'onde lumineuse, pourra être représenté à volonté par l'une ou l'autre des deux formules

$$(8)\qquad ax + by + cz = 0, \qquad ux + vy + wz = 0.$$

D'autre part, comme on tirera des équations (1)

$$(9)\qquad \frac{\xi}{A} = \frac{\eta}{B} = \frac{\zeta}{C},$$

il est clair que, dans le mouvement exprimé par ces équations, les molécules éthérées se déplaceront parallèlement à la droite représentée par la formule

$$(10)\qquad \frac{x}{A} = \frac{y}{B} = \frac{z}{C}.$$

Donc, A, B, C désigneront des quantités proportionnelles aux cosinus des angles formés par cette droite avec les demi-axes des coordonnées positives et pourront représenter ces cosinus eux-mêmes, si aux formules (2) on joint la suivante

$$(11)\qquad A^2 + B^2 + C^2 = 1.$$

Enfin, il est évident que les valeurs de ξ, η, ζ, fournies par les équations (1), ne varieront pas, si l'on y fait croître simultanément t de Δt et r de $\Omega\,\Delta t$, pourvu que la valeur de Ω vérifie la condition

$$(12)\qquad k\Omega = s$$

de laquelle on tire

$$(13) \qquad \Omega = \frac{k}{s} = \frac{\mathrm{T}}{l}.$$

Donc, la vitesse de propagation de la lumière sera précisément la valeur de Ω, déterminée par la formule (13).

Si l'on fait pour abréger

$$(14) \qquad \mathfrak{L} = \mathcal{L} - \frac{\mathcal{Q}\mathcal{R}}{\mathcal{P}}, \qquad \mathfrak{M} = \mathcal{M} - \frac{\mathcal{R}\mathcal{P}}{\mathcal{Q}}, \qquad \mathfrak{N} = \mathcal{N} - \frac{\mathcal{P}\mathcal{Q}}{\mathcal{R}},$$

les formules (2) donneront

$$(15) \qquad \left\{\begin{aligned} (s^2 - \mathfrak{L})\mathrm{A} &= \mathcal{Q}\mathcal{R}\left(\frac{\mathrm{A}}{\mathcal{P}} + \frac{\mathrm{B}}{\mathcal{Q}} + \frac{\mathrm{C}}{\mathcal{R}}\right), \\ (s^2 - \mathfrak{M})\mathrm{B} &= \mathcal{R}\mathcal{P}\left(\frac{\mathrm{A}}{\mathcal{P}} + \frac{\mathrm{B}}{\mathcal{Q}} + \frac{\mathrm{C}}{\mathcal{R}}\right), \\ (s^2 - \mathfrak{N})\mathrm{C} &= \mathcal{P}\mathcal{Q}\left(\frac{\mathrm{A}}{\mathcal{P}} + \frac{\mathrm{B}}{\mathcal{Q}} + \frac{\mathrm{C}}{\mathcal{R}}\right), \end{aligned}\right.$$

puis on en tirera

$$(16) \qquad \left\{\begin{aligned} &\frac{(s^2 - \mathfrak{L})\mathrm{A}}{\mathcal{Q}\mathcal{R}} = \frac{(s^2 - \mathfrak{M})\mathrm{B}}{\mathcal{R}\mathcal{P}} = \frac{(s^2 - \mathfrak{N})\mathrm{C}}{\mathcal{P}\mathcal{Q}} \\ &\qquad = \frac{\mathrm{A}}{\mathcal{P}} + \frac{\mathrm{B}}{\mathcal{Q}} + \frac{\mathrm{C}}{\mathcal{R}} = \frac{\dfrac{\mathrm{A}}{\mathcal{P}} + \dfrac{\mathrm{B}}{\mathcal{Q}} + \dfrac{\mathrm{C}}{\mathcal{R}}}{\dfrac{\mathcal{Q}\mathcal{R}}{\mathcal{P}(s^2 - \mathfrak{L})} + \dfrac{\mathcal{R}\mathcal{P}}{\mathcal{Q}(s^2 - \mathfrak{M})} + \dfrac{\mathcal{P}\mathcal{Q}}{\mathcal{R}(s^2 - \mathfrak{N})}}, \end{aligned}\right.$$

et, par suite,

$$(17) \qquad \frac{\mathcal{Q}\mathcal{R}}{\mathcal{P}(s^2 - \mathfrak{L})} + \frac{\mathcal{R}\mathcal{P}}{\mathcal{Q}(s^2 - \mathfrak{M})} + \frac{\mathcal{P}\mathcal{Q}}{\mathcal{R}(s^2 - \mathfrak{N})} = 1,$$

ou, ce qui revient au même,

$$(18) \qquad \left\{\begin{aligned} &\mathcal{Q}^2\mathcal{R}^2(s^2 - \mathfrak{M})(s^2 - \mathfrak{N}) + \mathcal{R}^2\mathcal{P}^2(s^2 - \mathfrak{N})(s^2 - \mathfrak{L}) + \mathcal{P}^2\mathcal{Q}^2(s^2 - \mathfrak{L})(s^2 - \mathfrak{M}) \\ &\quad = \mathcal{P}\mathcal{Q}\mathcal{R}(s^2 - \mathfrak{L})(s^2 - \mathfrak{M})(s^2 - \mathfrak{N}). \end{aligned}\right.$$

L'équation (18) étant du troisième degré, par rapport à s^2, fournira trois valeurs de s^2 et, par suite, trois valeurs de la quantité positive s, auxquelles répondront trois systèmes de valeurs des rapports

$$\frac{B}{A}, \quad \frac{C}{A},$$

déterminés par les équations (2) et, par suite, trois droites, représentées chacune par une formule semblable à la formule (10). Or, d'après la forme des équations (2), on reconnaît immédiatement que les trois droites dont il s'agit sont respectivement parallèles aux trois axes de l'ellipsoïde représenté par l'équation

$$(19) \qquad \mathcal{L}x^2 + \mathcal{M}y^2 + \mathcal{N}z^2 + 2\mathfrak{P}yz + 2\mathfrak{Q}zx + 2\mathfrak{R}xy = 1,$$

ou, ce qui revient au même, par la suivante

$$(20) \qquad \mathfrak{L}x^2 + \mathfrak{M}y^2 + \mathfrak{N}z^2 + \mathfrak{P}\mathfrak{Q}\mathfrak{R}\left(\frac{x}{\mathfrak{P}} + \frac{y}{\mathfrak{Q}} + \frac{z}{\mathfrak{R}}\right)^2 = 1,$$

tandis que les trois valeurs de s sont respectivement égales aux quotients qu'on obtient en divisant l'unité par les trois demi-axes de cet ellipsoïde.

Soient maintenant :

r la distance de la molécule $\mathfrak{m}$, ou du point (x, y, z) avec laquelle elle coïncide, à une molécule voisine m, dont les coordonnées sont $x + \Delta x$, $y + \Delta y$, $z + \Delta z$;

$\mathfrak{m} m\, \mathrm{f}(r)$ l'action mutuelle des deux molécules $\mathfrak{m}$, m;

α, β, γ les angles formés par le rayon r avec les demi-axes des coordonnées positives;

δ l'angle formé par le même rayon avec la perpendiculaire abaissée de l'origine sur le plan de l'onde.

Enfin, posons

$$(21) \qquad f(r) = r\,\mathrm{f}'(r) - \mathrm{f}(r).$$

On aura

$$(22) \qquad \cos\delta = a\cos\alpha + b\cos\beta + c\cos\gamma,$$

par conséquent

(23) $$k\cos\delta = u\cos\alpha + v\cos\beta + w\cos\gamma.$$

Cela posé, si l'on fait pour abréger

(24) $$\mathfrak{G} = \mathrm{S}\left\{m\frac{\mathrm{f}(r)}{r}[1-\cos(kr\cos\delta)]\right\},$$

(25) $$\mathcal{H} = \mathrm{S}\left\{m\frac{f(r)}{r}\left[\frac{1}{2}k^2\cos^2\delta + \frac{\cos(kr\cos\delta)}{r^2}\right]\right\},$$

le signe S indiquant une somme de termes semblables, relatifs aux diverses molécules m voisines de $\mathfrak{m}$; les valeurs de $\mathfrak{G}$, $\mathcal{H}$, déterminées par les formules (24), (25), ou, ce qui revient au même, par les suivantes

(26) $$\mathfrak{G} = \mathrm{S}\left\{m\frac{\mathrm{f}(r)}{r}[1-\cos r(u\cos\alpha + v\cos\beta + w\cos\gamma)]\right\},$$

(27) $$\left\{\begin{aligned} \mathcal{H} = \mathrm{S}\Big\{m\frac{f(r)}{r}\Big[&\frac{(u\cos\alpha + v\cos\beta + w\cos\gamma)^2}{2} \\ &+ \frac{\cos r(u\cos\alpha + v\cos\beta + w\cos\gamma)}{r^2}\Big]\Big\}, \end{aligned}\right.$$

pourront être considérées comme des fonctions des seules quantités u, v, w; et les valeurs des coefficients

$$\mathcal{L},\quad \mathcal{M},\quad \mathcal{N},\quad \mathcal{P},\quad \mathcal{Q},\quad \mathcal{R},$$

contenus dans les équations (2), seront déterminées en fonction de u, v, w par les formules

(28) $$\mathcal{L} = \mathfrak{G} + \frac{\partial^2\mathcal{H}}{\partial u^2},\qquad \mathcal{M} = \mathfrak{G} + \frac{\partial^2\mathcal{H}}{\partial v^2},\qquad \mathcal{N} = \mathfrak{G} + \frac{\partial^2\mathcal{H}}{\partial w^2},$$

(29) $$\mathcal{P} = \frac{\partial^2\mathcal{H}}{\partial v\,\partial w},\qquad \mathcal{Q} = \frac{\partial^2\mathcal{H}}{\partial w\,\partial u},\qquad \mathcal{R} = \frac{\partial^2\mathcal{H}}{\partial u\,\partial v}.$$

Les formules (26), (27), (28), (29) supposent que les deux conditions

(30) $$\mathrm{S}\left[m\frac{\mathrm{f}(r)}{r}\sin(kr\cos\delta)\right] = 0,\qquad \mathrm{S}\left[m\frac{f(r)}{r}\sin(kr\cos\delta)\right] = 0,$$

ou, ce qui revient au même, les deux suivantes

$$(31)\quad \begin{cases} \mathrm{S}\left[m\,\dfrac{\mathrm{f}(r)}{r}\sin r(u\cos\alpha+v\cos\beta+w\cos\gamma)\right]=0, \\ \mathrm{S}\left[m\,\dfrac{f(r)}{r}\sin r(u\cos\alpha+v\cos\beta+w\cos\gamma)\right]=0, \end{cases}$$

se trouvent vérifiées, quelles que soient les valeurs attribuées à u, v, w; ce qui arrivera, par exemple, si dans l'état d'équilibre du fluide éthéré les diverses molécules sont deux à deux égales et distribuées symétriquement de part et d'autre d'une molécule quelconque $\mathfrak{m}$, sur des droites menées par le point avec lequel cette molécule coïncide.

En vertu des formules (26), (27), (28), (29), jointes aux équations (14), les coefficients

$$\mathcal{L},\quad \mathcal{M},\quad \mathcal{N},\quad \mathcal{P},\quad \mathcal{Q}.\quad \mathcal{R},\quad \mathfrak{L},\quad \mathfrak{M},\quad \mathfrak{N}$$

représentent des fonctions déterminées des trois quantités

$$u,\quad v,\quad w \qquad \text{ou} \qquad ka,\quad kb,\quad kc,$$

par conséquent des trois cosinus

$$a,\quad b,\quad c$$

et de la quantité k. Considérés simplement comme fonctions de k, ces coefficients sont développables en séries qui, ordonnées suivant les puissances ascendantes de k, offriront des premiers termes proportionnels à k^2. Cela posé, étant donnés les trois cosinus a, b, c, qui déterminent la direction d'une onde plane et l'épaisseur l de cette onde, ou, ce qui revient au même, la quantité k, l'équation (18) fournira trois valeurs différentes de s et, par suite, trois valeurs différentes $\Omega = \frac{s}{k}$, qui se trouveront immédiatement exprimées en fonctions de a, b, c, k. Il y a plus : comme l'équation (18) fait dépendre s de k et réciproquement k de s, on pourra supposer les trois valeurs de Ω exprimées en fonctions de a, b, c, s. D'ailleurs, la constante s ou T est celle qui détermine la nature de la couleur. Donc, la propagation de la lumière dans une direction donnée donnera généralement naissance, pour chaque couleur, à trois systèmes d'ondes planes, qui se propageront dans un milieu doublement réfringent, avec trois vitesses différentes. De ces trois systèmes d'ondes planes, deux correspondront évidemment aux deux rayons lumineux qui ont été observés dans les milieux doués de la double réfraction, et qui se réunissent de manière à n'en plus former qu'un seul dans les milieux où la réfraction est simple. Quant au troisième système d'ondes, il répond à des vibrations d'une nature particulière dans le fluide éthéré, qui n'ont point été encore observées, à moins qu'elles ne soient précisément les vibrations calorifiques. Si l'on réduisait les développements obtenus à leurs premiers termes, respectivement proportionnels à k^2, les trois valeurs de s seraient proportionnelles à k; par conséquent, les trois valeurs de $\Omega = \frac{s}{k}$ deviendraient indépendantes de k, ou de s, et dépendraient uniquement des cosinus a, b, c. Donc, alors la vitesse de chaque système d'ondes deviendrait indépendante de la nature de la couleur; et les formules obtenues seraient celles auxquelles on parvient quand on néglige la dispersion. Alors aussi les valeurs de

$$\frac{B}{A}, \quad \frac{C}{A}$$

tirées des équations (2) seraient elles-mêmes indépendantes de k ou de s, et pour une direction donnée du plan représenté par l'équation (8), c'est-à-dire pour des valeurs données de a, b, c, on obtiendrait trois espèces d'ondes propagées avec trois vitesses différentes, et dans lesquelles les vibrations moléculaires seraient parallèles à trois axes rectangulaires, savoir aux trois axes de l'ellipsoïde représenté par l'équation (19). Il y a plus : les trois espèces d'ondes qui rempliront ces dernières conditions pourront être censées correspondre à la même valeur de k et à trois couleurs différentes, ou bien à la même couleur et à trois valeurs différentes de k, puisque les trois valeurs de chacune des quantités

$$\Omega, \quad \frac{B}{A}, \quad \frac{C}{A}$$

dépendront uniquement de a, b, c. Mais, si l'on cesse de négliger la dispersion, les valeurs de

$$\Omega, \quad \frac{B}{A}, \quad \frac{C}{A}$$

dépendront, en vertu des formules (15) et (18), non seulement de a, b, c, mais encore de la quantité k ou l, par conséquent de l'épaisseur d'une onde; et les trois espèces d'ondes, dans lesquelles les vibrations moléculaires seront respectivement parallèles aux trois axes de l'ellipsoïde représenté par l'équation (19), correspondront à une même valeur de k et à trois valeurs différentes de $s = k\Omega$, ou à trois couleurs différentes, les trois valeurs de s étant déterminées par l'équation (18), ainsi que les trois valeurs correspondantes de la vitesse de propagation Ω. Il ne sera pas inutile d'observer que l'ellipsoïde représenté par l'équation (19) peut l'être encore par la suivante

$$(32) \quad \left\{ \begin{aligned} &\mathfrak{z}(x^2+y^2+z^2) + x^2\frac{\partial^2\mathcal{H}}{\partial u^2} + y^2\frac{\partial^2\mathcal{H}}{\partial v^2} + z^2\frac{\partial^2\mathcal{H}}{\partial w^2} \\ &\quad + 2yz\frac{\partial^2\mathcal{H}}{\partial v\,\partial w} + 2zx\frac{\partial^2\mathcal{H}}{\partial w\,\partial u} + 2xy\frac{\partial^2\mathcal{H}}{\partial u\,\partial v} = 1, \end{aligned} \right.$$

à laquelle on parvient en substituant dans l'équation (19) les valeurs de $\mathcal{L}$, $\mathcal{M}$, $\mathcal{N}$, $\mathcal{P}$, $\mathcal{Q}$, $\mathcal{R}$, tirées des formules (28) et (29).

Dans un milieu doué de la double réfraction, on peut, en général, faire passer par un point quelconque trois plans rectangulaires entre eux et tellement choisis que, étant données deux droites symétriquement placées par rapport à l'un de ces plans, les ondes planes perpendiculaires soit à l'une, soit à l'autre droite, se propagent avec la même vitesse et que, dans les deux espèces d'ondes perpendiculaires aux deux droites, les molécules symétriquement placées, par rapport au plan que l'on considère, offrent encore des vitesses de vibration égales, dont les directions soient celles de deux nouvelles droites symétriquement disposées de part et d'autre du même plan. L'expérience montre du moins qu'en chaque point d'un milieu doublement réfringent ces conditions se trouvent remplies, par rapport à trois plans rectangulaires entre eux, à l'égard des deux systèmes d'ondes planes qui correspondent aux deux systèmes de rayons lumineux observés. Il est naturel de supposer que les mêmes conditions se vérifieraient encore à l'égard du troisième système d'ondes planes. Nous admettrons cette hypothèse et nous appellerons *axes de polarisation* les trois axes rectangulaires suivant lesquels se coupent les trois plans dont il s'agit : axes qui, comme ces plans, restent parallèles à eux-mêmes, quand le point par lequel ils passent varie. Si, en faisant coïncider ce point avec l'origine des coordonnées, on prend les axes de polarisation pour axes des x, y, z; les trois valeurs de la vitesse Ω, par conséquent les trois valeurs de la quantité $s = k\Omega$, déterminées, à l'aide de la formule (18), en fonctions de a, b, c, k ou de u, v, w, resteront invariables, quand, des trois cosinus

$$a, \quad b, \quad c,$$

un seul, par exemple a, changera de signe avec $ka = u$, tandis que les valeurs correspondantes de A et, par suite, celles des rapports

$$\frac{B}{A}, \quad \frac{C}{A},$$

déterminées à l'aide des formules (15), changeront de signe. Donc alors, dans l'ellipsoïde représenté par l'équation (19) ou (32), les longueurs des trois demi-axes, respectivement égales aux quotients qu'on obtient en divisant l'unité par les trois valeurs de s, resteront invariables; tandis que chacune des trois droites, suivant lesquelles sont dirigés les trois axes de l'ellipsoïde, se trouvera remplacée par une droite symétriquement placée de l'autre côté du plan des y, z. En effet, lorsque le changement de a en $-a$ ou, ce qui revient au même, de u en $-u$ entraînera un changement de signe des rapports

$$\frac{B}{A}, \quad \frac{C}{A},$$

la formule (10) se trouvera remplacée par la suivante

$$-\frac{x}{A} = \frac{y}{B} = \frac{z}{C}, \tag{33}$$

et les formules (10), (33) représentent évidemment deux droites symétriquement disposées de part et d'autre du plan des y, z. Il y a plus : d'après ce qu'on vient de dire, dans tout milieu réfringent qui aura pour axe de polarisation les axes rectangulaires des x, y, z, le changement de u en $-u$ transformera l'ellipsoïde représenté par l'équation (19) ou (32) en un autre ellipsoïde, qui offrira des axes égaux à ceux du premier, et dirigés, non plus suivant les mêmes droites, mais suivant des droites symétriquement placées de l'autre côté du plan des y, z. Donc, le nouvel ellipsoïde sera égal au premier, et tous deux seront symétriquement placés par rapport au plan des y, z. Donc, l'équation du nouvel ellipsoïde sera celle qu'on obtient en remplaçant, dans l'équation (32), x par $-x$, savoir

$$(34)\quad \left\{\begin{aligned} &\mathfrak{s}(x^2+y^2+z^2)+x^2\frac{\partial^2\mathcal{H}}{\partial u^2}+y^2\frac{\partial^2\mathcal{H}}{\partial v^2}+z^2\frac{\partial^2\mathcal{H}}{\partial w^2}\\ &\quad+2yz\frac{\partial^2\mathcal{H}}{\partial v\,\partial w}-2zx\frac{\partial^2\mathcal{H}}{\partial w\,\partial u}-2xy\frac{\partial^2\mathcal{H}}{\partial u\,\partial v}=1;\end{aligned}\right.$$

par conséquent, $\mathfrak{s}$ restera invariable, tandis que u changera de signe; et, des six dérivées du second ordre

$$(35)\qquad \frac{\partial^2\mathcal{H}}{\partial u^2},\quad \frac{\partial^2\mathcal{H}}{\partial v^2},\quad \frac{\partial^2\mathcal{H}}{\partial w^2},\quad \frac{\partial^2\mathcal{H}}{\partial v\,\partial w},\quad \frac{\partial^2\mathcal{H}}{\partial w\,\partial u},\quad \frac{\partial^2\mathcal{H}}{\partial u\,\partial v},$$

les deux dernières devront seules changer de signe avec u. Or, cette condition ne pourra être remplie, pour la fonction de u, v, w, représentée par $\mathcal{H}$ et développable, en vertu de la formule (27), suivant les puissances ascendantes et entières des variables u, v, w, en une série dont chaque terme sera de degré pair relativement au système de ces trois variables, à moins que tous les termes proportionnels à des puissances impaires de la variable u ne disparaissent par la réduction de leurs coefficients à zéro. Effectivement, les termes de cette espèce étant différentiés deux fois de suite par rapport à u, ou bien une seule fois par rapport à u et une seule fois par rapport à v ou à w, fourniront chacun trois dérivées du second ordre qui, si elles diffèrent de zéro, changeront de signe avec u dans le premier cas, sans en changer dans le second, et qui, en conséquence, devront disparaître des développements des trois expressions

$$(36)\qquad \frac{\partial^2 \mathcal{H}}{\partial u^2},\quad \frac{\partial^2 \mathcal{H}}{\partial u\,\partial v},\quad \frac{\partial^2 \mathcal{H}}{\partial u\,\partial w}.$$

Or, $\mathcal{H}$ ne renfermant aucun terme proportionnel à la seule variable u, la disparition dont il s'agit ne peut avoir lieu que dans le cas où tous les termes proportionnels à des puissances impaires de u disparaissent eux-mêmes et s'évanouissent avec leurs coefficients respectifs. Par conséquent, dans un milieu qui offrira pour axes de polarisation les axes rectangulaires des x, y, z, $\mathcal{H}$ restera invariable avec $\mathcal{G}$, tandis que u changera de signe. On prouvera de même que, dans un tel milieu, $\mathcal{G}$ et $\mathcal{H}$ devront rester invariables, après le changement de signe de v ou de w. Donc, en définitive, les développements de $\mathcal{G}$ et de $\mathcal{H}$ devront alors renfermer uniquement les puissances paires de chacune des variables u, v, w, et les seconds membres des formules (26), (27) ne seront point altérés quand on y remplacera ensemble ou séparément u par $-u$, v par $-v$ et w par $-w$. Ainsi l'on aura, quels que soient u, v, w,

$$(37)\qquad \left\{\begin{aligned} &\mathrm{S}\left[m\frac{\mathrm{f}(r)}{r}\cos r(u\cos\alpha+v\cos\beta+w\cos\gamma)\right]\\ =\;&\mathrm{S}\left[m\frac{\mathrm{f}(r)}{r}\cos r(-u\cos\alpha+v\cos\beta+w\cos\gamma)\right]\\ =\;&\mathrm{S}\left[m\frac{\mathrm{f}(r)}{r}\cos r(u\cos\alpha-v\cos\beta+w\cos\gamma)\right]\\ =\;&\mathrm{S}\left[m\frac{\mathrm{f}(r)}{r}\cos r(u\cos\alpha+v\cos\beta-w\cos\gamma)\right], \end{aligned}\right.$$

$$(38)\qquad \left\{\begin{aligned} &\mathrm{S}\left\{m\frac{f(r)}{r}\left[\frac{(u\cos\alpha+v\cos\beta+w\cos\gamma)^2}{2}+\frac{\cos r(u\cos\alpha+v\cos\beta+w\cos\gamma)}{2}\right]\right\}\\ =\;&\mathrm{S}\left\{m\frac{f(r)}{r}\left[\frac{(-u\cos\alpha+v\cos\beta+w\cos\gamma)^2}{2}+\frac{\cos r(-u\cos\alpha+v\cos\beta+w\cos\gamma)}{2}\right]\right\}\\ =\;&\mathrm{S}\left\{m\frac{f(r)}{r}\left[\frac{(u\cos\alpha-v\cos\beta+w\cos\gamma)^2}{2}+\frac{\cos r(u\cos\alpha-v\cos\beta+w\cos\gamma)}{2}\right]\right\}\\ =\;&\mathrm{S}\left\{m\frac{f(r)}{r}\left[\frac{(u\cos\alpha+v\cos\beta-w\cos\gamma)^2}{2}+\frac{\cos r(u\cos\alpha+v\cos\beta-w\cos\gamma)}{2}\right]\right\}, \end{aligned}\right.$$

ou, ce qui revient au même,

$$(39)\quad \left\{\begin{aligned}
&\mathrm{S}\left[m\frac{\mathrm{f}(r)}{r}\sin(rv\cos\beta)\sin(rw\cos\gamma)\cos(ru\cos\alpha)\right]=0,\\
&\mathrm{S}\left[m\frac{\mathrm{f}(r)}{r}\sin(rw\cos\gamma)\sin(ru\cos\alpha)\cos(rv\cos\beta)\right]=0,\\
&\mathrm{S}\left[m\frac{\mathrm{f}(r)}{r}\sin(ru\cos\alpha)\sin(rv\cos\beta)\cos(rw\cos\gamma)\right]=0
\end{aligned}\right.$$

et

$$(40)\quad \left\{\begin{aligned}
&\mathrm{S}\left\{m\frac{f(r)}{r}\left[vw\cos\beta\cos\gamma-\frac{\sin(rv\cos\beta)\sin(rw\cos\gamma)\cos(ru\cos\alpha)}{r^2}\right]\right\}=0,\\
&\mathrm{S}\left\{m\frac{f(r)}{r}\left[wu\cos\gamma\cos\alpha-\frac{\sin(rw\cos\gamma)\sin(ru\cos\alpha)\cos(rv\cos\beta)}{r^2}\right]\right\}=0,\\
&\mathrm{S}\left\{m\frac{f(r)}{r}\left[uv\cos\alpha\cos\beta-\frac{\sin(ru\cos\alpha)\sin(rv\cos\beta)\cos(rw\cos\gamma)}{r^2}\right]\right\}=0.
\end{aligned}\right.$$

Les formules (39) et (40) devant, ainsi que les formules (31), subsister indépendamment des valeurs attribuées à u, v, w, entraîneront les diverses conditions qu'on obtient quand, après avoir développé les seconds membres de ces formules en séries ordonnées suivant les puissances ascendantes de u, v, w, on égale à zéro le coefficient de chaque terme. Les conditions ainsi obtenues se vérifieront, par exemple, si les molécules d'éther sont deux à deux égales entre elles et distribuées symétriquement de part et d'autre d'un plan mené par une molécule quelconque m parallèlement à l'un quelconque des plans coordonnés.

En vertu des formules (39), (40), les équations (26), (27) donneront

$$(41)\quad \mathfrak{I}=\mathrm{S}\left\{m\frac{\mathrm{f}(r)}{r}\left[1-\cos(ru\cos\alpha)\cos(rv\cos\beta)\cos(rw\cos\gamma)\right]\right\},$$

$$(42)\quad \mathcal{H}=\mathrm{S}\left\{m\frac{f(r)}{r}\left[\frac{u^2\cos^2\alpha+v^2\cos^2\beta+w^2\cos^2\gamma}{2}+\frac{\cos(ru\cos\alpha)\cos(rv\cos\beta)\cos(rw\cos\gamma)}{r^2}\right]\right\}.$$

Si l'on développe les seconds membres de ces dernières, et si l'on fait d'ailleurs, pour abréger,

$$(43)\quad \begin{cases} G = S\left[\frac{mr}{2}f(r)\cos^2\alpha\right], \quad H = S\left[\frac{mr}{2}f(r)\cos^2\beta\right], \\ I = S\left[\frac{mr}{2}f(r)\cos^2\gamma\right], \end{cases}$$

$$(44)\quad \begin{cases} L = S\left[\frac{mr}{2}f(r)\cos^4\alpha\right], \quad M = S\left[\frac{mr}{2}f(r)\cos^4\beta\right], \\ N = S\left[\frac{mr}{2}f(r)\cos^4\gamma\right], \end{cases}$$

$$(45)\quad \begin{cases} P = S\left[\frac{mr}{2}f(r)\cos^2\beta\cos^2\gamma\right], \quad Q = S\left[\frac{mr}{2}f(r)\cos^2\gamma\cos^2\alpha\right], \\ R = S\left[\frac{mr}{2}f(r)\cos^2\alpha\cos^2\beta\right], \end{cases}$$

on trouvera

$$(46)\quad \mathfrak{J} = G u^2 + H v^2 + I w^2 + \ldots,$$

$$(47)\quad \begin{cases} \mathcal{K} = S\left[m\frac{f(r)}{r^4}\right] + \frac{1}{2}\left(\frac{L u^4 + M v^4 + N w^4}{6}\right. \\ \qquad\qquad \left. + P v^2 w^2 + Q w^2 u^2 + R u^2 v^2\right) + \ldots; \end{cases}$$

puis on en conclura, eu égard aux formules (28) et (29),

$$(48)\quad \begin{cases} \mathcal{L} = (L + G)u^2 + (R + H)v^2 + (Q + I)w^2 + \ldots, \\ \mathcal{M} = (R + G)u^2 + (M + H)v^2 + (P + I)w^2 + \ldots, \\ \mathcal{N} = (Q + G)u^2 + (P + H)v^2 + (N + I)w^2 + \ldots, \end{cases}$$

$$(49)\quad \begin{cases} \mathfrak{P} = 2 P v w + \ldots, \\ \mathfrak{Q} = 2 Q w u + \ldots, \\ \mathfrak{R} = 2 R u v + \ldots, \end{cases}$$

et, par suite, eu égard aux formules (14),

$$(50)\quad \begin{cases} \mathfrak{L} = \left(L - 2\frac{QR}{P} + G\right)u^2 + (R + H)v^2 + (Q + I)w^2 + \ldots \\ \mathfrak{M} = (Q + G)u^2 + \left(M - 2\frac{RP}{Q} + H\right)v^2 + (P + I)w^2 + \ldots, \\ \mathfrak{N} = (R + G)u^2 + (P + H)v^2 + \left(N - 2\frac{PQ}{R} + I\right)w^2 + \ldots. \end{cases}$$

Enfin, si l'on pose

$$(51)\quad \left\{\begin{aligned} \mathfrak{A} &= \left(L - 2\frac{QR}{P} + G\right)a^2 + (R+H)b^2 + (Q+I)c^2,\\ \mathfrak{B} &= (R+G)a^2 + \left(M - 2\frac{RP}{Q} + H\right)b^2 + (P+I)c^2,\\ \mathfrak{C} &= (Q+G)a^2 + (P+H)b^2 + \left(N - 2\frac{PQ}{R} + I\right)c^2, \end{aligned}\right.$$

on tirera des formules (49), (50), jointes aux équations (5),

$$(52)\quad \mathfrak{P} = 2P\,bck^2 + \ldots,\qquad \mathfrak{Q} = 2Q\,cak^2 + \ldots,\qquad \mathfrak{R} = 2R\,abk^2 + \ldots,$$

$$(53)\quad \mathfrak{L} = \mathfrak{A}k^2 + \ldots,\qquad \mathfrak{M} = \mathfrak{B}k^2 + \ldots,\qquad \mathfrak{N} = \mathfrak{C}k^2 + \ldots.$$

Pour obtenir l'approximation relative au cas où l'on néglige la dispersion, l'on devra, dans les développements de

$$\mathfrak{P},\quad \mathfrak{Q},\quad \mathfrak{R},\quad \mathfrak{L},\quad \mathfrak{M},\quad \mathfrak{N},$$

fournis par les équations (52), (53), conserver seulement les premiers termes, c'est-à-dire les termes proportionnels à k^2. En opérant ainsi, l'on aura simplement

$$(54)\quad \mathfrak{P} = 2P\,bck^2,\qquad \mathfrak{Q} = 2Q\,cak^2,\qquad \mathfrak{R} = 2R\,abk^2,$$

$$(55)\quad \mathfrak{L} = \mathfrak{A}k^2,\qquad \mathfrak{M} = \mathfrak{B}k^2,\qquad \mathfrak{N} = \mathfrak{C}k^2$$

et, en vertu de ces dernières équations jointes à la formule (12), les équations (15), (17), (18), (20) donneront respectivement

$$(56)\quad \left\{\begin{aligned} (\Omega^2 - \mathfrak{A})A &= 2QRa\left(\frac{aA}{P} + \frac{bB}{Q} + \frac{cC}{R}\right),\\ (\Omega^2 - \mathfrak{B})B &= 2RPb\left(\frac{aA}{P} + \frac{bB}{Q} + \frac{cC}{R}\right),\\ (\Omega^2 - \mathfrak{C})C &= 2PQc\left(\frac{aA}{P} + \frac{bB}{Q} + \frac{cC}{R}\right), \end{aligned}\right.$$

$$(57)\quad \frac{\left(\frac{a}{P}\right)^2}{\Omega^2 - \mathfrak{A}} + \frac{\left(\frac{b}{Q}\right)^2}{\Omega^2 - \mathfrak{B}} + \frac{\left(\frac{c}{R}\right)^2}{\Omega^2 - \mathfrak{C}} = \frac{1}{2PQR}$$

et

$$(58)\quad \left\{\begin{aligned} &\left(\frac{a}{P}\right)^2(\Omega^2-\mathfrak{B})(\Omega^2-\mathfrak{C})+\left(\frac{b}{Q}\right)^2(\Omega^2-\mathfrak{C})(\Omega^2-\mathfrak{A})\\ &\qquad+\left(\frac{c}{R}\right)^2(\Omega^2-\mathfrak{A})(\Omega^2-\mathfrak{B})=\frac{(\Omega^2-\mathfrak{A})(\Omega^2-\mathfrak{B})(\Omega^2-\mathfrak{C})}{2PQR},\end{aligned}\right.$$

$$(59)\qquad \mathfrak{A}x^2+\mathfrak{B}y^2+\mathfrak{C}z^2+2PQR\left(\frac{ax}{P}+\frac{by}{Q}+\frac{cz}{R}\right)^2=1.$$

Les valeurs des quantités

$$\Omega,\quad \frac{B}{A},\quad \frac{C}{A},$$

fournies par l'équation (57) ou (58) et par les équations (56), dépendent uniquement des cosinus a, b, c et restent indépendantes de s ou de T, par conséquent de la nature de la couleur. Donc, ces équations se rapportent effectivement au cas où l'on suppose les diverses couleurs propagées avec la même vitesse, c'est-à-dire au cas où l'on néglige la dispersion. Ces mêmes équations supposent d'ailleurs que le milieu réfringent offre trois axes de polarisation respectivement parallèles aux axes rectangulaires des x, y, z.

Lorsque la propagation de la lumière s'effectue en tous sens suivant les mêmes lois, ce qui a lieu dans le vide, les valeurs de $\mathfrak{G}$ et de $\mathfrak{H}$ se réduisent aux suivantes

$$(60)\quad \mathfrak{G}=S\left[m\frac{f(r)}{r}\left(1-\frac{\sin kr}{kr}\right)\right]=k^2S\left[\frac{mr}{2.3}f(r)\right]+\ldots,$$

$$(61)\quad \mathfrak{H}=S\left[m\frac{f(r)}{r^3}\left(\frac{1}{6}k^2r^2+\frac{\sin kr}{kr}\right)\right]=S\left[m\frac{f(r)}{r^3}\right]+\frac{k^4}{3.4}S\left[\frac{mr}{2.5}f(r)\right]+\ldots$$

du Mémoire lithographié. On a donc alors, eu égard à l'équation (6),

$$(62)\qquad \mathfrak{G}=(u^2+v^2+w^2)S\left[\frac{mr}{2.3}f(r)\right]+\ldots,$$

$$(63)\quad \left\{\begin{aligned} &\mathfrak{H}=Sm\left[\frac{f(r)}{r^3}\right]\\ &\qquad+\frac{u^4+v^4+w^4+2v^2w^2+2w^2u^2+2u^2v^2}{3.4}S\left[\frac{mr}{2.5}f(r)\right]+\ldots.\end{aligned}\right.$$

Ces dernières formules devant s'accorder avec les formules (46), (47), quelles que soient les valeurs attribuées à u, v, w, on en conclura, dans l'hypothèse admise,

$$G = H = I = S\left[\frac{mr}{2.3}f(r)\right],$$

$$L = M = N = 3P = 3Q = 3R = S\left[\frac{mr}{2.5}f(r)\right].$$

Donc, lorsque la propagation de la lumière s'effectue en tous sens suivant les mêmes lois, les valeurs de

$$G, \quad H, \quad I, \quad L, \quad M, \quad N, \quad P, \quad Q, \quad R$$

vérifient les conditions

$$(64) \qquad G = H = I, \qquad L = M = N = 3P = 3Q = 3R.$$

Au reste, pour obtenir immédiatement ces dernières formules, il suffit d'exprimer que les quantités

$$\mathfrak{J}, \quad \mathfrak{K},$$

considérées comme fonctions de u, v, w ou de

$$a, \quad b, \quad c, \quad k,$$

dépendent uniquement de k, par conséquent de la somme

$$u^2 + v^2 + w^2 = k^2.$$

Car, dès lors, on doit avoir, quels que soient u, v, w,

$$Gu^2 + Hv^2 + Iw^2 = Gk^2 = G(u^2 + v^2 + w^2),$$

$$Lu^4 + Mv^4 + Nw^4 + 6Pv^2w^2 + 6Qw^2u^2 + 6Ru^2v^2$$
$$= Lk^4 = L(u^4 + v^4 + w^4 + 2v^2w^2 + 2w^2u^2 + 2u^2v^2)$$

et, par suite,

$$G = H = I, \qquad L = M = N, \qquad 6P = 6Q = 6R = 2L.$$

Des équations (28) et (29) jointes aux formules (60) et (61) l'on tirera

$$(65)\qquad \mathcal{L} = \mathcal{G} + \mathfrak{H} u^2, \qquad \mathcal{M} = \mathcal{G} + \mathfrak{H} v^2, \qquad \mathcal{N} = \mathcal{G} + \mathfrak{H} w^2,$$

$$(66)\qquad \mathcal{P} = \mathfrak{H} vw, \qquad \mathcal{Q} = \mathfrak{H} wu, \qquad \mathcal{R} = \mathfrak{H} uv,$$

les valeurs de $\mathcal{G}$, $\mathfrak{H}$ étant celles qui déterminent les équations

$$(67)\qquad \mathcal{G} = \mathfrak{s} + \frac{1}{k}\frac{\partial \mathcal{H}}{\partial k},$$

$$(68)\qquad \mathfrak{H} = \frac{1}{k}\frac{\partial\left(\frac{1}{k}\frac{\partial \mathcal{H}}{\partial k}\right)}{\partial k}$$

ou

$$(69)\qquad \mathcal{G} = \mathrm{S}\left[m\frac{\mathrm{f}(r)}{r}\left(1 - \frac{\sin kr}{kr}\right)\right] + \mathrm{S}\left[m\frac{f(r)}{r}\left(\frac{1}{3} + \frac{\cos kr}{k^2r^2} - \frac{\sin kr}{k^3r^3}\right)\right],$$

$$(70)\qquad k^2\mathfrak{H} = \mathrm{S}\left[m\frac{f(r)}{r}\left(-\frac{\sin kr}{kr} - 3\frac{\cos kr}{k^2r^2} + 3\frac{\sin kr}{k^3r^3}\right)\right].$$

Cela posé, les formules (14) donneront

$$(71)\qquad \mathfrak{L} = \mathfrak{M} = \mathfrak{N} = \mathcal{G}$$

et les formules (15), (18) se réduiront à

$$(72)\qquad \begin{cases} (s^2 - \mathcal{G})\mathrm{A} = \mathfrak{H} u\,(u\mathrm{A} + v\mathrm{B} + w\mathrm{C}), \\ (s^2 - \mathcal{G})\mathrm{B} = \mathfrak{H} v\,(u\mathrm{A} + v\mathrm{B} + w\mathrm{C}), \\ (s^2 - \mathcal{G})\mathrm{C} = \mathfrak{H} w\,(u\mathrm{A} + v\mathrm{B} + w\mathrm{C}), \end{cases}$$

$$(73)\qquad (s^2 - \mathcal{G})^2(s^2 - \mathcal{G} - \mathfrak{H} k^2) = 0.$$

L'équation (73), résolue par rapport à s^2, fournit deux racines égales à $\mathcal{G}$, une seule égale à $\mathcal{G} + \mathfrak{H}k^2$. Les deux premières racines correspondent aux deux systèmes d'ondes planes et de rayons lumineux, qui se réduisent à un seul système dans les milieux doués de la réfraction simple. Comme on tire d'ailleurs des formules (72) et (73), jointes aux formules (5) et (1), ou

$$(74)\qquad s^2 = \mathcal{G}$$

et

$$(75)\qquad u\mathrm{A} + v\mathrm{B} + w\mathrm{C} = 0,$$

par conséquent

$$aA + bB + cC = 0 \tag{76}$$

et

$$a\xi + b\eta + c\zeta = 0; \tag{77}$$

ou bien

$$s^2 = \mathcal{G} + \mathcal{H} k^2 \tag{78}$$

et

$$\frac{A}{u} = \frac{B}{v} = \frac{C}{w},$$

par conséquent

$$\frac{A}{a} = \frac{B}{b} = \frac{C}{c} \tag{79}$$

et

$$\frac{\xi}{a} = \frac{\eta}{b} = \frac{\zeta}{c}, \tag{80}$$

il est clair que, dans un milieu où la lumière se propagera en tous sens suivant les mêmes lois, les vibrations des molécules d'éther seront, en vertu de la formule (77) ou (80), comprises dans les plans des ondes, ou perpendiculaires à ces mêmes plans, suivant qu'il s'agira des ondes de l'une ou de l'autre espèce, c'est-à-dire des ondes qui correspondront ou de celles qui ne correspondront pas aux rayons lumineux observés.

Au reste, on arriverait aux mêmes conclusions en partant des formules (56), (58), qui peuvent être substituées aux formules (15) et (18) dans le cas où le milieu réfringent offre trois axes de polarisation parallèles aux axes rectangulaires des x, y, z, et où l'on néglige la dispersion. Car, en supposant que la propagation de la lumière s'effectue en tous sens suivant les mêmes lois, et ayant égard aux conditions (64) ainsi qu'à la formule (3), on tirera des équations (51)

$$\mathfrak{A} = \mathfrak{B} = \mathfrak{C} = R + I, \tag{81}$$

et, par suite, les formules (56), (58) donneront

$$(82)\qquad \begin{cases} (\Omega^2 - R - I)A = 2Ra(aA + bB + cC), \\ (\Omega^2 - R - I)B = 2Rb(aA + bB + cC), \\ (\Omega^2 - R - I)C = 2Rc(aA + bB + cC); \end{cases}$$

$$(83)\qquad (\Omega^2 - R - I)^2(\Omega^2 - 3R - I) = 0.$$

Or, l'équation (83), résolue par rapport à Ω^2, fournira deux racines égales à $R + I$, une seule égale à $3R + I$; et il est aisé de s'assurer qu'en vertu des formules (82) l'équation

$$(84)\qquad \Omega^2 = R + I$$

entraînera les formules (76), (77), tandis que l'équation

$$(85)\qquad \Omega^2 = 3R + I$$

entraînera les formules (79) et (80).

Lorsque la propagation de la lumière s'effectue en tous sens suivant les mêmes lois, non plus autour d'un point quelconque, mais seulement autour de tout axe parallèle à une droite donnée, alors, en prenant cette droite pour axe des x, on voit les valeurs de $\mathcal{J}$ et de $\mathcal{K}$, considérées comme fonctions de u, v, w, se réduire à celles que fournissent les équations (12), (13) du paragraphe VI du Mémoire lithographié, par conséquent à des fonctions des seules quantités u et

$$(86)\qquad v^2 + w^2 = \iota^2.$$

Alors aussi, en posant, pour abréger,

$$(87)\qquad \mathcal{G} = \mathcal{J} + \frac{1}{\iota}\frac{\partial \mathcal{H}}{\partial \iota},$$

$$(88)\qquad \mathfrak{H} = \frac{1}{\iota}\,\frac{\partial\left(\frac{1}{\iota}\frac{\partial \mathcal{H}}{\partial \iota}\right)}{\partial \iota},$$

$$(89)\qquad \mathcal{V} = \frac{\partial\left(\frac{1}{\iota}\frac{\partial \mathcal{H}}{\partial \iota}\right)}{\partial u},$$

on trouve

(90) $$\mathcal{M} = \mathcal{G} + \mathfrak{H} v^2, \qquad \mathcal{N} = \mathcal{G} + \mathfrak{H} w^2,$$

(91) $$\mathcal{P} = \mathfrak{H} v w, \qquad \mathcal{Q} = \mathcal{V} w, \qquad \mathcal{R} = \mathcal{V} v,$$

(92) $$\mathfrak{L} = \mathcal{L} - \frac{\mathcal{V}^2}{\mathfrak{H}}, \qquad \mathfrak{M} = \mathcal{G}, \qquad \mathfrak{N} = \mathcal{G},$$

et, par suite, les formules (15) et (18) deviennent

(93) $$\begin{cases} (s^2 - \mathcal{L})\mathrm{A} = \mathcal{V}(v\mathrm{B} + w\mathrm{C}), \\ (s^2 - \mathcal{G})\mathrm{B} = v\,[\mathcal{V}\mathrm{A} + \mathfrak{H}(v\mathrm{B} + w\mathrm{C})], \\ (s^2 - \mathcal{G})\mathrm{C} = w[\mathcal{V}\mathrm{A} + \mathfrak{H}(v\mathrm{B} + w\mathrm{C})] \end{cases}$$

et

(94) $$(s^2 - \mathcal{G})[(s^2 - \mathcal{L})(s^2 - \mathcal{G} - \mathfrak{H}\iota^2) - \mathcal{V}^2\iota^2] = 0.$$

Or, comme les deux dernières des formules (93) donnent

(95) $$(s^2 - \mathcal{G})(\mathrm{B}w - \mathrm{C}v) = 0,$$

on vérifiera ces formules, soit en posant

(96) $$s^2 = \mathcal{G}$$

et, par suite,

(97) $$\mathrm{A} = 0, \qquad \mathrm{B}v + \mathrm{C}w = 0,$$

excepté dans le cas où, la condition

(98) $$(\mathcal{L} - \mathcal{G})\mathfrak{H} - \mathcal{V}^2 = 0$$

étant remplie, les équations (97) devront être remplacées par la seule équation

(99) $$\mathcal{V}\mathrm{A} + \mathfrak{H}(v\mathrm{B} + w\mathrm{C}) = 0,$$

soit en posant

(100) $$\frac{\mathrm{B}}{v} = \frac{\mathrm{C}}{w}$$

et, par suite,

(101) $$(s^2 - \mathcal{L})(s^2 - \mathcal{G} - \mathfrak{H}\iota^2) - \mathcal{V}^2\iota^2 = 0.$$

On tire, d'ailleurs, de la formule (100), combinée avec la première des équations (93),

$$(102) \qquad \frac{A}{\frac{\upsilon}{s^2-\mathfrak{k}}(v^2+w^2)} = \frac{B}{v} = \frac{C}{w},$$

puis, des formules (97) et (102), combinées avec les formules (1),

$$(103) \qquad \xi = 0, \qquad v\eta + w\zeta = 0,$$

$$(104) \qquad \frac{\xi}{\frac{\upsilon}{s^2-\mathfrak{k}}(v^2+w^2)} = \frac{\eta}{v} = \frac{\zeta}{u}.$$

En vertu des formules (103) et (104), jointes aux formules (5), les déplacements moléculaires s'exécuteront parallèlement à la droite représentée par les équations

$$(105) \qquad x = 0, \qquad by + cz = 0,$$

ou parallèlement à la droite représentée par la formule

$$(106) \qquad \frac{x}{\frac{\upsilon}{s^2-\mathfrak{k}}(b^2+c^2)} = \frac{y}{b} = \frac{z}{c},$$

suivant que la relation entre s^2 et k se trouvera exprimée par l'équation (96) ou par l'équation (101). Il est d'ailleurs facile de reconnaître que ces deux droites sont perpendiculaires l'une à l'autre, et que la première coïncide avec la trace du plan des y, z sur le plan mené parallèlement au plan d'une onde par l'origine des coordonnées.

Puisqu'en supposant la lumière propagée suivant les mêmes lois en tous sens autour de tout axe parallèle à l'axe des x, on voit les valeurs de s et de k se réduire à des fonctions des seules quantités

$$u \quad \text{et} \quad v^2 + w^2 = \iota^2,$$

on doit avoir alors, dans les formules (46) et (47),

$$Gu^2 + Hv^2 + Iw^2 = Gu^2 + H\iota^2 = Gu^2 + H(v^2 + w^2),$$

$$\begin{aligned} &Lu^4 + Mv^4 + Nw^4 + 6Pu^2w^2 + 6Qw^2u^2 + 6Ru^2v^2 \\ &\quad = Lu^4 + 6Qu^2\iota^2 + M\iota^4 = Lu^4 + 6Qu^2(v^2+w^2) + M(v^4 + 2v^2w^2 + w^4), \end{aligned}$$

quels que soient u, v, w, et, par suite,

$$H = I, \qquad M = N = 3P, \qquad Q = R. \tag{107}$$

Les conditions exprimées par ces dernières formules font évidemment partie de celles que donnent les formules (64).

En vertu des formules (107), jointes à la formule (86), les équations (46) et (47) donnent

$$\mathcal{J} = G u^2 + I \iota^2 + \ldots, \tag{108}$$

$$\mathcal{K} = S m \frac{f(r)}{r^3} + \frac{1}{2}\left(\frac{1}{6} L u^4 + R u^2 \iota^2 + \frac{1}{2} P \iota^4\right) + \ldots; \tag{109}$$

et, par suite, on tire des formules (87), (88), (89),

$$\mathcal{G} = (R + G) u^2 + (P + I) \iota^2 + \ldots, \tag{110}$$

$$\mathfrak{h} = 2P + \ldots, \tag{111}$$

$$\mathcal{V} = 2 R u + \ldots, \tag{112}$$

tandis que la première des formules (28) donne

$$\mathcal{L} = (L + G) u^2 + (R + I) v^2 + \ldots. \tag{113}$$

Les seconds membres de ces dernières équations peuvent être réduits à leurs premiers termes, lorsqu'on néglige la dispersion. On peut donc prendre alors

$$\mathcal{G} = (R + G) u^2 + (P + I)(v^2 + w^2), \tag{114}$$

$$\mathfrak{h} = 2P, \tag{115}$$

$$\mathcal{V} = 2 R u, \tag{116}$$

$$\mathcal{L} = (L + G) u^2 + (R + I)(v^2 + w^2). \tag{117}$$

Alors aussi des formules (96) et (101), combinées avec les formules (5) et (12), on tire

$$\Omega^2 = (R + G) a^2 + (P + I)(b^2 + c^2) \tag{118}$$

et

$$\left\{\begin{aligned} &[\Omega^2 - (L + G) a^2 - (R + I)(b^2 + c^2)] \\ &\quad \times [\Omega^2 - (R + G) a^2 - (2P + R + I)(b^2 + c^2)] - 4 R^2 a^2 (b^2 + c^2) = 0 \end{aligned}\right. \tag{119}$$

Quand on se propose seulement de tirer de l'équation (57) les valeurs approchées des Ω^2 relatives aux deux rayons lumineux observés, on peut remplacer cette équation par une autre plus simple. En effet, quoiqu'il existe un grand nombre de milieux doués de la double réfraction, et dans lesquels la lumière ne se propage pas en tous sens suivant les mêmes lois, par conséquent, un grand nombre de milieux dans lesquels les conditions (64) cessent d'être rigoureusement remplies, néanmoins, comme dans ces milieux mêmes la différence entre les vitesses de propagation des deux rayons observés est ordinairement très petite, il est naturel de penser que les conditions (64) s'y vérifient approximativement, ainsi que les formules (81), et qu'en conséquence les valeurs de Ω^2 relatives aux deux rayons lumineux y diffèrent très peu de chacune des quantités

$$\mathfrak{A},\quad \mathfrak{B},\quad \mathfrak{C}.$$

Cela posé, les valeurs de Ω relatives aux deux rayons lumineux fourniront généralement de très petites valeurs des différences

$$\Omega^2-\mathfrak{A},\quad \Omega^2-\mathfrak{B},\quad \Omega^2-\mathfrak{C}, \tag{120}$$

par conséquent, de très grandes valeurs de chacune des fractions comprises dans le premier membre de l'équation (57). On pourra donc, dans un calcul approximatif, négliger le second membre par rapport aux fractions dont il s'agit, et réduire l'équation (57) à celle-ci

$$\frac{\left(\frac{a}{\mathrm{P}}\right)^2}{\Omega^2-\mathfrak{A}}+\frac{\left(\frac{b}{\mathrm{Q}}\right)^2}{\Omega^2-\mathfrak{B}}+\frac{\left(\frac{c}{\mathrm{R}}\right)^2}{\Omega^2-\mathfrak{C}}=0, \tag{121}$$

ou même, puisque les quantités P, Q, R sont peu différentes l'une de l'autre, à la simple formule

$$\frac{a^2}{\Omega^2-\mathfrak{A}}+\frac{b^2}{\Omega^2-\mathfrak{B}}+\frac{c^2}{\Omega^2-\mathfrak{C}}=0. \tag{122}$$

Lorsque, dans cette dernière formule, on fait disparaître les dénominateurs, l'équation que l'on obtient, savoir

$$(123)\qquad a^2(\Omega-\mathfrak{B})(\Omega^2-\mathfrak{C})+b^2(\Omega^2-\mathfrak{C})(\Omega^2-\mathfrak{A})+c^2(\Omega-\mathfrak{A})(\Omega-\mathfrak{B})=0,$$

ou

$$(124)\qquad \Omega^4-[\mathfrak{A}(b^2+c^2)+\mathfrak{B}(c^2+a^2)+\mathfrak{C}(a^2+b^2)]\Omega^2+\mathfrak{B}\mathfrak{C}a^2+\mathfrak{C}\mathfrak{A}b^2+\mathfrak{A}\mathfrak{B}c^2=0,$$

est par rapport à Ω^2, non plus du troisième degré, mais du deuxième degré seulement, et ses deux racines représentent les carrés des valeurs approchées des vitesses avec lesquelles se propagent les deux rayons lumineux observés dans un milieu doué de la double réfraction. On arriverait encore aux mêmes conclusions en partant de l'équation (58). En effet, si l'on considère comme très petites du premier ordre les différences qui existent soit entre les trois quantités G, H, I, soit entre les six quantités

$$L,\quad M,\quad N,\quad 3P,\quad 3Q,\quad 3R,$$

les différences (120) seront elles-mêmes très petites du premier ordre, et comme, dans l'équation (58), les termes que renferme le premier membre seront du deuxième ordre, on pourra, vis-à-vis de chacun de ces termes, négliger le dernier membre, qui sera du troisième ordre, et réduire l'équation (58) à

$$\left(\frac{a}{P}\right)^2(\Omega^2-\mathfrak{B})(\Omega^2-\mathfrak{C})+\left(\frac{b}{Q}\right)^2(\Omega^2-\mathfrak{C})(\Omega^2-\mathfrak{A})+\left(\frac{c}{R}\right)^2(\Omega^2-\mathfrak{A})(\Omega^2-\mathfrak{B})=0,$$

ou, ce qui revient au même, à

$$\frac{a^2(\Omega^2-\mathfrak{B})(\Omega^2-\mathfrak{C})+b^2(\Omega^2-\mathfrak{C})(\Omega^2-\mathfrak{A})+c^2(\Omega^2-\mathfrak{A})(\Omega^2-\mathfrak{B})}{P^2}$$
$$=b^2\left(\frac{1}{P^2}-\frac{1}{Q^2}\right)(\Omega^2-\mathfrak{C})(\Omega^2-\mathfrak{A})+c^2\left(\frac{1}{P^2}-\frac{1}{R^2}\right)(\Omega^2-\mathfrak{A})(\Omega^2-\mathfrak{B}).$$

Or, les différences

$$\frac{1}{P^2}-\frac{1}{Q^2},\qquad \frac{1}{P^2}-\frac{1}{R^2},$$

ou

$$\frac{Q+P}{P^2Q^2}(Q-P),\quad \frac{R+P}{R^2P^2}(R-P)$$

étant évidemment du premier ordre, le second membre de la dernière formule pourra encore être négligé comme étant du deuxième ordre, et, par suite, cette formule pourra être réduite à l'équation (124).

Concevons maintenant que, dans un milieu réfringent qui offre trois axes de polarisation respectivement parallèles aux axes rectangulaires des x, y, z, le plan d'une onde soit perpendiculaire à l'un de ces axes, par exemple à l'axe des x, on aura

$$(125) \qquad a = 1, \qquad b = 0, \qquad c = 0,$$

et les formules (56), (57), relatives au cas où l'on néglige la dispersion, donneront

$$(126) \qquad \left\{ \begin{aligned} \left(\Omega^2 - \mathfrak{A} - 2\frac{QR}{P}a^2\right)A &= 0, \\ (\Omega^2 - \mathfrak{B})B &= 0, \\ (\Omega^2 - \mathfrak{C})C &= 0, \end{aligned} \right.$$

$$(127) \qquad \left(\Omega^2 - \mathfrak{A} - \frac{2QR}{P}a^2\right)(\Omega^2 - \mathfrak{B})(\Omega^2 - \mathfrak{C}) = 0,$$

ou, ce qui revient au même, eu égard aux formules (51),

$$(128) \qquad \left\{ \begin{aligned} (\Omega^2 - L - G)A &= 0, \\ (\Omega^2 - R - G)B &= 0, \\ (\Omega^2 - Q - G)C &= 0, \end{aligned} \right.$$

$$(129) \qquad (\Omega^2 - L - G)(\Omega^2 - R - G)(\Omega^2 - Q - G) = 0.$$

Des trois valeurs de Ω^2 fournies par l'équation (129), savoir

$$(130) \qquad L + G, \quad R + G, \quad Q + G,$$

la première se réduit à $3R + I$, et les deux dernières à $R + I$, lorsque les conditions (64) sont rigoureusement remplies. Les deux dernières sont donc celles qui se rapportent aux deux rayons lumineux observés, et, en vertu des formules (128), on aura pour ces deux rayons, en supposant les plans des ondes perpendiculaires à l'axe des x, ou

$$(131) \qquad \Omega^2 = R + G, \qquad A = 0, \qquad C = 0,$$

par conséquent

(132) $$\xi = 0, \qquad \zeta = 0,$$

ou

(133) $$\Omega^2 = Q + G, \qquad A = 0, \qquad B = 0,$$

par conséquent

(134) $$\xi = 0, \qquad \eta = 0.$$

Donc, lorsque les plans des ondes sont perpendiculaires à l'axe des x et parallèles au plan des y, z, les vibrations des molécules sont parallèles à l'axe des y, en vertu des formules (132), et se propagent avec la vitesse $\sqrt{R+G}$, ou bien elles sont, en vertu des formules (134), parallèles à l'axe des z et se propagent avec la vitesse $\sqrt{Q+G}$. Par des raisonnements semblables, on prouve généralement que les vitesses de propagation des ondes renfermées dans des plans perpendiculaires aux axes de polarisation pris pour axes des x, y, z sont respectivement égales aux racines carrées des quantités

(135) $$R + G, \quad Q + G$$

si les plans des ondes sont perpendiculaires à l'axe des x,

(136) $$P + H, \quad R + H$$

si les plans des ondes sont perpendiculaires à l'axe des y,

(137) $$Q + I, \quad P + I$$

si les plans des ondes sont perpendiculaires à l'axe des z.

Ajoutons que les vibrations des molécules sont parallèles à l'axe des x, ou à l'axe des y, ou à l'axe des z, suivant qu'il s'agira des ondes dans lesquelles la vitesse de propagation aura pour carré l'une des quantités

(138) $$Q + I, \quad R + H,$$

ou

(139) $$R + G, \quad P + I,$$

ou

(140) $$P + H, \quad Q + G.$$

Ce que Fresnel appelle le *plan de polarisation* d'un rayon lumineux, c'est le plan perpendiculaire aux droites suivant lesquelles sont dirigées les vibrations des molécules éthérées. Cela posé, comme l'expérience démontre que, parmi ces ondes dont les plans sont perpendiculaires aux axes de polarisation, celles qui répondent à des rayons dont les plans de polarisation sont les mêmes se propagent avec la même vitesse, il est clair qu'il devra y avoir égalité entre les deux expressions (138), ou (139), ou (140). Ainsi

$$G, \quad H, \quad I, \quad P, \quad Q, \quad R$$

devront généralement vérifier les trois conditions

(141) $$Q + I = R + H, \qquad R + G = P + I, \qquad P + H = Q + G,$$

que l'on peut réduire aux deux équations comprises dans la formule

(142) $$P - G = Q - H = R - I.$$

Si la propagation de la lumière s'effectue en tous sens, suivant les mêmes lois, autour de tout axe parallèle à l'axe des x, les conditions (141) se réduiront à la seule équation

(143) $$R + G = P + I,$$

et la vitesse de propagation deviendra indépendante de a, b, c, pour l'un des deux rayons lumineux observés, savoir, pour celui qui correspond aux formules (103), (118) et à des vibrations lumineuses dirigées, dans les plans des ondes, perpendiculairement à l'axe des x. En effet, on tirera de la formule (118), jointe à la condition (143),

(144) $$\Omega^2 = R + G = P + I.$$

Alors le rayon, dont la vitesse de propagation sera indépendante de a, b, c, par conséquent indépendante de la direction du plan de l'onde et déterminée par la formule (144), se nommera *le rayon ordinaire*. L'autre rayon, correspondant à des vibrations moléculaires comprises, non plus rigoureusement, mais sensiblement dans les plans des ondes, et perpendiculaires aux vibrations excitées dans le premier, se nommera *le rayon extraordinaire*.

Revenons maintenant aux formules (141), et désignons par

$$\Omega', \quad \Omega'', \quad \Omega'''$$

les vitesses de propagation des ondes, lorsque les plans des ondes sont parallèles à l'un des deux plans coordonnés qui renferment l'axe des x, s'il s'agit de Ω', l'axe des y, s'il s'agit de Ω'', l'axe des z, s'il s'agit de Ω'''. On aura

$$(145)\qquad \left\{ \begin{aligned} &\Omega'^2 = Q + I = R + H, \qquad \Omega''^2 = R + G = P + I, \\ &\Omega'''^2 = P + H = Q + G. \end{aligned} \right.$$

Posons, en outre,

$$(146)\qquad \left\{ \begin{aligned} &L - 2\frac{QR}{P} + G = \Omega'^2 + \Theta', \qquad M - \frac{2RP}{Q} + H = \Omega''^2 + \Theta'', \\ &N - 2\frac{PQ}{R} + I = \Omega'''^2 + \Theta'''. \end{aligned} \right.$$

Les formules (51) donneront

$$(147)\qquad \mathfrak{A} = \Omega'^2 + \Theta' a^2, \qquad \mathfrak{B} = \Omega''^2 + \Theta'' b^2, \qquad \mathfrak{C} = \Omega'''^2 + \Theta''' c^2.$$

Si, d'ailleurs, la lumière se propage en tous sens suivant les mêmes lois autour d'un point quelconque, les formules (145), (146), jointes aux conditions (64), donneront

$$(148)\qquad \Omega'^2 = \Omega''^2 = \Omega'''^2 = R + I,$$

$$(149)\qquad \Theta' = \Theta'' = \Theta''' = 0;$$

et, par suite, les équations (147) reproduiront la formule (81). Enfin, si la propagation de la lumière s'effectue de la même manière en tous sens autour de tout axe parallèle à l'axe des x, les formules (145), (146), jointes aux conditions (107), donneront

$$(150)\qquad \Omega'^2 = R + I,$$

$$(151)\qquad \Omega''^2 = \Omega'''^2 = R + G = P + I,$$

$$(152)\qquad \Theta' = L - 2\frac{R^2}{P} + G - \Omega'^2, \qquad \Theta'' = \Theta''' = 0;$$

par conséquent, les formules (147) se réduiront à

(153) $$\mathfrak{A} = \Omega'^2 + \Theta' a^2, \qquad \mathfrak{B} = \mathfrak{C} = \Omega''^2.$$

En vertu de ces dernières, l'équation (123) deviendra

(154) $$(\Omega^2 - \Omega''^2)[\Omega^2 - \Omega''^2 a^2 - (\Omega'^2 + \Theta' a^2)(b^2 + c^2)] = 0$$

et fournira deux valeurs de Ω^2, dont l'une

(155) $$\Omega^2 = \Omega''^2 = \mathrm{R} + \mathrm{G} = \mathrm{P} + \mathrm{I}$$

ne différera pas de celle que présente l'équation (144); tandis que l'autre sera

(156) $$\Omega^2 = \Omega''^2 a^2 + (\Omega'^2 + \Theta' a^2)(b^2 + c^2).$$

Les valeurs correspondantes de Ω seront les vitesses de propagation de la lumière dans les rayons ordinaire et extraordinaire. Donc, la vitesse de propagation sera représentée dans le rayon ordinaire par Ω'' et par Ω' dans le rayon extraordinaire, si le plan de l'onde vient à passer par l'axe des x, c'est-à-dire si l'on a

(157) $$a = 0, \qquad b^2 + c^2 = 1.$$

Si, d'ailleurs, on nomme λ l'angle formé par la perpendiculaire au plan d'une onde avec l'axe des x, on aura généralement

(158) $$a^2 = \cos^2\lambda, \qquad b^2 + c^2 = \sin^2\lambda,$$

et, par suite, la formule (156) pourra s'écrire ainsi

(159) $$\Omega^2 = \Omega''^2 \cos^2\lambda + \Omega'^2 \sin^2\lambda + \Theta' \sin^2\lambda \cos^2\lambda.$$

Telle est l'équation qui, dans un milieu où la propagation de la lumière s'effectue en tous sens suivant les mêmes lois autour de tout axe parallèle à l'axe des x, devra fournir généralement la vitesse de propagation Ω dans le rayon extraordinaire. Mais, pour s'accorder avec les observations des physiciens, cette formule doit se réduire à

(160) $$\Omega^2 = \Omega''^2 \cos^2\lambda + \Omega'^2 \sin^2\lambda,$$

c'est-à-dire que l'on doit avoir

$$(161) \qquad \Theta' = 0.$$

Donc, les trois conditions exprimées par la formule (149) se vérifient non seulement lorsque la lumière se propage en tous sens, suivant les mêmes lois, autour d'un point quelconque; mais encore lorsqu'elle se propage en tous sens, suivant les mêmes lois, autour d'une droite quelconque parallèle à l'axe des x ou, plus généralement, à l'un des trois axes de polarisation. Il est donc naturel de penser que ces conditions se vérifient toujours, quelle que soit la nature du milieu réfringent. En admettant cette hypothèse, on verra les formules (145), (146) se réduire à

$$(162) \qquad \left\{ \begin{aligned} \Omega'^2 &= L - 2\frac{QR}{P} + G = R + H = Q + I, \\ \Omega''^2 &= R + G = M - 2\frac{RP}{Q} + H = P + I, \\ \Omega'''^2 &= Q + G = P + H = N - 2\frac{PQ}{R} + I; \end{aligned} \right.$$

par suite, les formules (51) donneront

$$(163) \qquad \mathfrak{A} = \Omega'^2, \qquad \mathfrak{B} = \Omega''^2, \qquad \mathfrak{C} = \Omega'''^2,$$

et l'équation (122) ou (124) deviendra

$$(164) \qquad \frac{a^2}{\Omega^2 - \Omega'^2} + \frac{b^2}{\Omega^2 - \Omega''^2} + \frac{c^2}{\Omega^2 - \Omega'''^2} = 0,$$

ou

$$(165) \qquad \left\{ \begin{aligned} &\Omega^4 - [\Omega'^2(b^2 + c^2) + \Omega''^2(c^2 + a^2) + \Omega'''^2(a^2 + b^2)] \\ &\qquad + \Omega''^2\Omega'''^2 a^2 + \Omega'''^2\Omega'^2 b^2 + \Omega'^2\Omega''^2 c^2 = 0. \end{aligned} \right.$$

L'équation (165) fournit, comme on devait s'y attendre, deux valeurs de Ω, respectivement équivalentes à deux des trois quantités

$$\Omega', \quad \Omega'', \quad \Omega''',$$

lorsque deux des trois cosinus

$$a, \quad b, \quad c$$

s'évanouissent, c'est-à-dire, en d'autres termes, lorsque les plans des ondes sont perpendiculaires à l'un des axes de polarisation.

Les formules (162) comprennent les suivantes

$$(166)\quad \begin{cases} L - 2\dfrac{QR}{P}G = R + H = Q + I, \\ R + G = M - 2\dfrac{RP}{Q} + H = P + I, \\ Q + G = P + H = N - 2\dfrac{PQ}{R} + I, \end{cases}$$

et, comme chacune de ces dernières établit deux relations différentes entre les coefficients

$$G,\ H,\ I;\quad L,\ M,\ N;\quad P,\ Q,\ R,$$

il semble qu'en vertu des formules (162) ces coefficients se trouvent assujettis à six conditions distinctes. Mais ces six conditions se réduisent évidemment à cinq, puisque les trois conditions (141) peuvent être réduites aux deux équations comprises dans la formule (142), D'autre part, en combinant entre elles, par voie de soustraction, d'abord la première et la deuxième des formules (166), puis la première et la troisième, on en tirera

$$L - 2\frac{QR}{P} - R = R + \frac{2RP}{Q} - M = Q - P,$$

$$L - 2\frac{QR}{P} - Q = R - P = Q + \frac{2PQ}{R} - N,$$

ou, ce qui revient au même,

$$(167)\quad \begin{cases} L = Q + R + 2\dfrac{QR}{P} - P, \qquad M = R + P + 2\dfrac{RP}{Q} - Q, \\ N = P + Q + 2\dfrac{PQ}{R} - R. \end{cases}$$

Enfin, en considérant les différences

$$Q - P,\quad R - P,$$

comme très petites du premier ordre et en négligeant les quantités du second ordre, on verra l'expression

$$Q + R + 2\frac{QR}{P} - P = 3(Q + R - P) + 2\frac{(Q-P)(R-P)}{P}$$

se réduire à

$$3(Q + R - P),$$

et les formules (167) à

$$(168) \qquad L = 3(Q + R - P), \qquad M = 3(R + P - Q), \qquad N = 3(P + Q - R),$$

ou, ce qui revient au même, à

$$(169) \qquad M + N = 6P, \qquad N + L = 6Q, \qquad L + M = 6R.$$

Donc, les seules relations établies par les formules (162) entre les coefficients

$$G, \ H, \ I, \ L, \ M, \ N, \ P, \ Q, \ R$$

sont les cinq conditions renfermées dans la formule (142) et dans les équations (168) ou (169). D'ailleurs, ces dernières équations s'accordent avec les conditions

$$(170) \qquad \begin{cases} (M-P)(N-P) = 6P^2, \qquad (N-Q)(L-Q) = 6Q^2, \\ (L-R)(M-R) = 6R^2, \end{cases}$$

obtenues dans les *Exercices de Mathématiques*. En effet, la première des conditions (170) peut s écrire ainsi

$$[2P + (M - 3P)][2P + (N - 3P)] = 4P^2,$$

ou

$$2P(M + N - 6P) + (M - 3P)(N - 3P) = 0,$$

et, en négligeant dans le premier membre de la dernière formule le produit

$$(M - 3P)(N - 3P),$$

qui est une quantité très petite du second ordre, on retrouve la première des équations (169).

§ II. — *Axes optiques.*

Nous appellerons ici *axes optiques* les directions que devra prendre la perpendiculaire au plan des ondes, dans un milieu doué de la double réfraction, pour que l'un des deux rayons lumineux observés se réunisse à l'autre. Or, les deux rayons ne peuvent se réunir que dans le cas où leur vitesse de propagation est la même. D'ailleurs, si l'on considère un milieu réfringent qui offre des axes de polarisation respectivement parallèles aux axes coordonnés et si l'on néglige la dispersion, la vitesse de propagation Ω d'une onde plane se trouvera déterminée par la formule (58) du paragraphe Ier, qui peut même être réduite, pour chacun des deux rayons lumineux, à l'équation (124) ou (165). Donc, pour déterminer les directions des axes optiques, il suffit de chercher quelles doivent être les valeurs des trois cosinus a, b, c, pour que l'équation (58), ou (124), ou (165) du paragraphe Ier, étant résolue par rapport à Ω^2, fournisse deux racines égales entre elles.

Remarquons maintenant que l'équation (58) du paragraphe Ier peut être présentée sous la forme

$$(1)\qquad (\Omega^2-\mathfrak{A})(\Omega^2-\mathfrak{B})(\Omega^2-\mathfrak{C})\mathfrak{S}=0,$$

la valeur de $\mathfrak{S}$ étant la suivante

$$(2)\qquad \mathfrak{S}=\frac{\left(\frac{a}{\mathrm{P}}\right)^2}{\Omega^2-\mathfrak{A}}+\frac{\left(\frac{b}{\mathrm{Q}}\right)^2}{\Omega^2-\mathfrak{B}}+\frac{\left(\frac{c}{\mathrm{R}}\right)^2}{\Omega^2-\mathfrak{C}}-\frac{1}{2\mathrm{PQR}}.$$

D'autre part, les racines égales de cette équation, dont le premier membre est une fonction entière de Ω^2, doivent vérifier non seulement l'équation elle-même, mais encore sa dérivée prise par rapport à Ω^2.

Enfin, si l'on nomme $\mathfrak{S}'$ la dérivée de $\mathfrak{S}$, prise par rapport à Ω^2, on aura

$$(3)\qquad \mathfrak{S}'=\frac{1}{2\Omega}\frac{d\mathfrak{S}}{d\Omega}=-\left[\frac{\left(\frac{a}{\mathrm{P}}\right)^2}{(\Omega^2-\mathfrak{A})^2}+\frac{\left(\frac{b}{\mathrm{Q}}\right)^2}{(\Omega^2-\mathfrak{B})^2}+\frac{\left(\frac{c}{\mathrm{R}}\right)^2}{(\Omega^2-\mathfrak{C})^2}\right],$$

et la dérivée de l'équation (1), prise par rapport à Ω^2, pourra s'écrire comme il suit

$$(4)\quad \left\{ \begin{aligned} &[(\Omega^2-\mathfrak{B})(\Omega^2-\mathfrak{C})+(\Omega^2-\mathfrak{C})(\Omega^2-\mathfrak{A})+(\Omega^2-\mathfrak{A})(\Omega^2-\mathfrak{B})]\mathfrak{s} \\ &\qquad +(\Omega^2-\mathfrak{A})(\Omega^2-\mathfrak{B})(\Omega^2-\mathfrak{C})\mathfrak{s}'=0. \end{aligned} \right.$$

Donc, les valeurs des cosinus

$$a,\quad b,\quad c,$$

correspondant à un axe optique, devront être telles qu'on puisse satisfaire par une même valeur de Ω^2 aux équations (1) et (4). Mais il est impossible que les équations (1) et (4) soient vérifiées simultanément, tant que Ω^2 ne devient pas égal à l'une des trois quantités

$$\mathfrak{A},\quad \mathfrak{B},\quad \mathfrak{C}.$$

Car, si Ω^2 diffère de chacune d'elles, l'équation (1) sera réduite à

$$\mathfrak{s}=0,$$

et, par suite, la formule (4) donnera

$$\mathfrak{s}'=0,$$

ou, ce qui revient au même,

$$(5)\quad \frac{\left(\frac{a}{\mathrm{P}}\right)^2}{(\Omega^2-\mathfrak{A})^2}+\frac{\left(\frac{b}{\mathrm{Q}}\right)^2}{(\Omega^2-\mathfrak{B})^2}+\frac{\left(\frac{c}{\mathrm{R}}\right)^2}{(\Omega^2-\mathfrak{C})^2}=0.$$

Or, la formule (5), dont chaque terme est positif, quand il n'est pas nul, entraînerait les trois équations

$$(6)\quad a=0,\qquad b=0,\qquad c=0,$$

qui ne peuvent subsister simultanément, puisque l'on doit avoir

$$a^2+b^2+c^2=1.$$

Donc, pour que les valeurs de a, b, c correspondent à un axe optique, il faut que la valeur de Ω^2 se réduise à une ou à deux des trois quantités

$$\mathfrak{A},\quad \mathfrak{B},\quad \mathfrak{C}$$

ou à toutes trois à la fois et vérifie, en conséquence, au moins l'une des trois formules

$$(7)\qquad \Omega^2 = \mathfrak{A}, \qquad \Omega^2 = \mathfrak{B}, \qquad \Omega^2 = \mathfrak{C},$$

en offrant une racine double de l'équation (1), que l'on peut écrire comme il suit

$$(8)\qquad \left\{\begin{aligned} &\left(\frac{a}{P}\right)^2(\Omega^2-\mathfrak{B})(\Omega^2-\mathfrak{C}) + \left(\frac{b}{Q}\right)^2(\Omega^2-\mathfrak{C})(\Omega^2-\mathfrak{A}) + \left(\frac{c}{R}\right)^2(\Omega^2-\mathfrak{A})(\Omega^2-\mathfrak{B}) \\ &= \frac{(\Omega^2-\mathfrak{A})(\Omega^2-\mathfrak{B})(\Omega^2-\mathfrak{C})}{2PQR}. \end{aligned}\right.$$

D'ailleurs, lorsqu'on suppose vérifiée une seule des équations (7), par exemple la dernière, l'équation (8), réduite à

$$\left(\frac{c}{R}\right)^2(\Omega^2-\mathfrak{A})(\Omega^2-\mathfrak{B}) = 0,$$

entraîne la suivante

$$(9)\qquad c = 0,$$

c'est-à-dire une seule des équations (6); et, lorsqu'on suppose vérifiées deux des équations (7), par exemple les deux dernières, l'équation (8), que la condition

$$(10)\qquad \mathfrak{B} = \mathfrak{C}$$

réduit alors à

$$(11)\qquad \left\{\begin{aligned} &(\Omega^2-\mathfrak{C})\left\{\left(\frac{a}{P}\right)^2(\Omega^2-\mathfrak{C})\right. \\ &\qquad\left. + \left[\left(\frac{b}{Q}\right)^2 + \left(\frac{c}{R}\right)^2\right](\Omega^2-\mathfrak{A}) - \frac{(\Omega^2-\mathfrak{A})(\Omega^2-\mathfrak{C})}{2PQR}\right\} = 0, \end{aligned}\right.$$

ne peut offrir deux racines égales à $\mathfrak{C}$ qu'autant que l'on a

$$(12)\qquad \left[\left(\frac{b}{Q}\right)^2 + \left(\frac{c}{R}\right)^2\right](\mathfrak{C}-\mathfrak{A}) = 0,$$

par conséquent

$$(13)\qquad b = 0, \qquad c = 0,$$

ou

$$\mathfrak{C} - \mathfrak{A} = 0$$

et, par suite,

$$(14) \qquad \mathfrak{A} = \mathfrak{B} = \mathfrak{C}.$$

Donc, en définitive, pour que les valeurs de a, b, c correspondent à un axe optique, il faut qu'elles vérifient une ou deux des conditions (6), en sorte que le plan d'une onde soit parallèle à un ou à deux des axes coordonnés, c'est-à-dire à un ou à deux des axes de polarisation ; ou bien qu'elles vérifient les deux équations comprises dans la formule (14).

D'après ce qui a été dit dans le paragraphe Ier, les valeurs de $\mathfrak{A}$, $\mathfrak{B}$, $\mathfrak{C}$ sont respectivement

$$(15) \qquad \begin{cases} \mathfrak{A} = \left(L - 2\dfrac{QR}{P} + G\right)a^2 + (R + H)b^2 + (Q + I)c^2, \\ \mathfrak{B} = (R + G)a^2 + \left(M - 2\dfrac{RP}{Q} + H\right)b^2 + (P + I)c^2, \\ \mathfrak{C} = (Q + G)a^2 + (P + H)b^2 + \left(N - 2\dfrac{PQ}{R} + I\right)c^2. \end{cases}$$

Cela posé, les valeurs des rapports

$$\frac{b}{a}, \quad \frac{c}{a}$$

pour lesquelles se vérifieront simultanément les deux équations comprises dans la formule (14) se confondront évidemment avec les valeurs des rapports

$$\frac{y}{x}, \quad \frac{z}{x}$$

pour lesquelles se vérifieront simultanément les trois équations

$$(16) \qquad \begin{cases} \left(L - 2\dfrac{QR}{P} + G\right)x^2 + (R + H)y^2 + (Q + I)z^2 = 1, \\ (R + G)x^2 + \left(M - 2\dfrac{RP}{Q} + H\right)y^2 + (P + I)z^2 = 1, \\ (Q + G)x^2 + (P + H)y^2 + \left(N - 2\dfrac{PQ}{P} + I\right)z^2 = 1. \end{cases}$$

D'ailleurs, les équations (16) représenteront trois ellipsoïdes qui offriront le même centre, qui auront leurs axes dirigés suivant les mêmes droites et qui pourront : 1° se réduire à un seul ellipsoïde; 2° se rencontrer tous les trois suivant certaines courbes; 3° se rencontrer tous les trois suivant deux, quatre ou huit points situés sur une, deux ou quatre droites, savoir : sur une droite qui coïncide avec l'un des axes coordonnés, ou sur deux droites situées dans l'un des plans coordonnés, ou sur quatre droites dont aucune ne soit renfermée dans l'un des plans coordonnés. Dans ces différents cas, tout rayon vecteur qui joindra l'origine des coordonnées avec un point commun aux trois ellipsoïdes ou à deux d'entre eux, sera dirigé parallèlement à un axe optique du milieu réfringent.

Pour que les trois ellipsoïdes représentés par les équations (16) se réduisent à un seul, il faut que les coefficients de x^2, y^2, z^2 soient les mêmes dans la première, la deuxième ou la troisième des équations (16) et que l'on ait en conséquence

$$(17)\qquad \begin{cases} L - 2\dfrac{QR}{P} = R = Q, \\ R = M - 2\dfrac{RP}{Q} = P, \\ Q = P = N - 2\dfrac{PQ}{R}, \end{cases}$$

ou, ce qui revient au même,

$$(18)\qquad P = Q = R, \qquad L = M = N = 3P = 3Q = 3R.$$

Dans cette hypothèse, on trouve

$$(19)\qquad \mathfrak{A} = \mathfrak{B} = \mathfrak{C} = R + Ga^2 + Hb^2 + Ic^2,$$

et chacune des formules (7) se réduit à

$$(20)\qquad \Omega^2 = R + Ga^2 + Hb^2 + Ic^2,$$

tandis que les équations (56) du paragraphe Ier donnent

$$(21)\qquad aA + bB + cC = 0.$$

Alors la direction des axes optiques devient complètement indéterminée; en d'autres termes, une droite quelconque devient un axe optique et, quelle que soit la direction du plan de l'onde, les deux rayons lumineux observés se réunissent. Leur vitesse de propagation commune est celle que détermine la formule (20). Pour que cette vitesse devienne indépendante de la direction du plan de l'onde, ou, ce qui revient au même, des cosinus a, b, c, il faut que l'on ait

$$G = H = I. \tag{22}$$

Les formules (18) et (22) ne diffèrent pas des formules (64) du paragraphe Ier, c'est-à-dire des formules auxquelles nous sommes parvenus, en cherchant les conditions qui expriment que la propagation de la lumière s'effectue en tous sens suivant les mêmes lois autour d'un point quelconque. Quant à l'équation (21), elle exprime que, dans les milieux doués de la réfraction simple, les vibrations lumineuses sont comprises dans le plan de l'onde, par conséquent perpendiculaires à la direction du rayon lumineux.

On n'a point trouvé de milieux qui offrent une infinité d'axes optiques situés sur une même surface courbe. Il est donc inutile de s'arrêter au cas où les trois ellipsoïdes représentés par les équations (16) se rencontreraient en une infinité de points situés sur certaines courbes. Comme on n'a pas trouvé non plus de milieux qui offrent quatre axes optiques, on peut, en admettant que les trois ellipsoïdes offrent seulement quelques points communs, se borner à considérer le cas où ces points sont au nombre de deux et situés sur l'un des axes coordonnés, ou au nombre de quatre et situés dans l'un des plans coordonnés. Mais alors on obtiendra ou un seul axe optique pour lequel se vérifieront deux des formules (6), ou deux axes optiques pour chacun desquels se vérifiera une seule de ces formules. En rapprochant ces remarques de ce qui a été dit plus haut, on conclura, en dernière analyse, que tout milieu doué de la double réfraction et dans lequel les axes de polarisation sont parallèles aux axes coordonnés, offre ou un seul axe optique pour lequel se vérifient deux des formules (6), ou deux axes optiques pour chacun desquels se vérifie une seule de ces formules. Nous allons examiner successivement et en détail ces deux cas spéciaux, que nous présente, en effet, l'expérience dans les cristaux à un et à deux axes optiques.

Supposons d'abord que le milieu réfringent offre un seul axe optique, pour lequel se vérifient deux des formules (6), par exemple les formules (13). En combinant l'équation (8) avec les formules (13) et (15), on reproduira l'équation (129) du paragraphe Ier, savoir

$$(\Omega^2 - L - G)(\Omega^2 - R - G)(\Omega^2 - Q - G) = 0, \tag{23}$$

et cette dernière, résolue par rapport à Ω^2, devra fournir deux racines égales, relatives aux deux rayons lumineux observés. D'ailleurs, les valeurs de Ω^2, tirées de l'équation (23) et relatives aux deux rayons lumineux, sont celles qui se réduisent à $R + I$, lorsque, la réfraction étant simple, les conditions (18) et (22) se trouvent remplies; c'est-à-dire $R + G$ et $Q + G$. On aura donc, dans l'hypothèse admise,

$$R + G = Q + G,$$

ou, ce qui revient au même,

$$R = Q. \tag{24}$$

Ce n'est pas tout; comme dans les cristaux à un seul axe la marche des rayons est symétrique autour de cet axe, les valeurs de Ω^2 relatives aux deux rayons lumineux devront se réduire à des fonctions de a et de $b^2 + c^2$. Or, quand on pose $a = 0$, l'équation (8) se réduit à

$$(\Omega^2 - \mathfrak{A})\left[\left(\frac{b}{Q}\right)^2(\Omega^2 - \mathfrak{C}) + \left(\frac{c}{R}\right)^2(\Omega - \mathfrak{B}) - \frac{(\Omega^2 - \mathfrak{B})(\Omega^2 - \mathfrak{C})}{2PQR}\right] = 0; \tag{25}$$

et, en la résolvant par rapport à Ω^2, on obtient pour l'une des racines relatives aux rayons lumineux

$$\Omega^2 = \mathfrak{A} = (R + H)b^2 + (Q + I)c^2. \tag{26}$$

D'ailleurs, pour que le second membre de la formule (26) devienne simplement fonction de $b^2 + c^2$, il faut que l'on ait

$$R + H = Q + I. \tag{27}$$

Enfin, comme il résulte de l'expérience que, dans les cristaux à un seul axe optique, les vibrations moléculaires sont pour l'un des rayons lumineux, savoir pour le rayon ordinaire, perpendiculaires à cet axe et comprises dans le plan de l'onde, on aura tout à la fois, pour ce rayon,

$$\xi = 0 \quad \text{et} \quad b\eta + c\zeta = 0, \tag{28}$$

par conséquent

$$A = 0, \quad bB + cC = 0, \tag{29}$$

et de ces dernières formules, jointes à la condition (24) et aux équations (56) du paragraphe Ier, l'on tirera

$$\Omega^2 - \mathfrak{B} = 0, \quad \Omega^2 - \mathfrak{C} = 0; \tag{30}$$

par conséquent

$$\Omega^2 = \mathfrak{B} = \mathfrak{C}. \tag{31}$$

En vertu des formules (15), l'équation (31) donnera

$$\left\{\begin{aligned} &(R + G)a^2 + \left(M - 2\frac{RP}{Q} + H\right)b^2 + (P + I)c^2 \\ &\quad = (Q + G)a^2 + (P + H)b^2 + \left(N - 2\frac{PQ}{R} + I\right)c^2; \end{aligned}\right. \tag{32}$$

et, comme la formule (32) devra subsister indépendamment des valeurs attribuées aux rapports

$$\frac{b}{a}, \quad \frac{c}{a},$$

on en conclura

$$R + G = Q + G, \qquad M - 2\frac{RP}{Q} + H = P + H, \qquad P + I = N - 2\frac{PQ}{R} + I,$$

ou, ce qui revient au même,

$$(33) \qquad Q = R, \qquad M = N = 3P.$$

Les formules (33) et (27) comprennent l'équation (24) avec la suivante

$$(34) \qquad H = I$$

et s'accordent, en conséquence, avec les formules (107) du paragraphe Ier, c'est-à-dire avec les conditions qui expriment que la propagation de la lumière s'effectue en tous sens, suivant les mêmes lois, autour de tout axe parallèle à l'axe des x. Lorsqu'on suppose ces conditions remplies, les formules (15) donnent simplement

$$(35) \qquad \begin{cases} \mathfrak{A} = \left(L - 2\frac{R^2}{P} + G\right)a^2 + (R + I)(b^2 + c^2), \\ \mathfrak{B} = \mathfrak{C} = (R + G)a^2 + (P + I)(b^2 + c^2), \end{cases}$$

et l'équation (8) se réduit à

$$(36) \quad (\Omega^2 - \mathfrak{C})\left[\frac{a^2}{P^2}(\Omega^2 - \mathfrak{C}) + \frac{b^2 + c^2}{R^2}(\Omega^2 - \mathfrak{A}) - \frac{(\Omega^2 - \mathfrak{A})(\Omega^2 - \mathfrak{C})}{2PR^2}\right] = 0.$$

Or, l'équation (36) se décompose évidemment en deux autres, dont l'une,

$$(37) \qquad \Omega^2 = \mathfrak{C},$$

se confond avec la formule (31) et se rapporte au rayon ordinaire; tandis que l'autre,

$$(38) \qquad \frac{a^2}{P^2}(\Omega^2 - \mathfrak{C}) + \frac{b^2 + c^2}{R^2}(\Omega^2 - \mathfrak{A}) - \frac{(\Omega^2 - \mathfrak{A})(\Omega^2 - \mathfrak{C})}{2PR^2} = 0,$$

fournit la valeur de Ω^2 relative au rayon extraordinaire. Comme cette dernière valeur de Ω^2 doit peu différer de $\mathfrak{A}$ et de $\mathfrak{C}$, elle doit correspondre à de très petites valeurs des différences

$$\Omega^2 - \mathfrak{A}, \qquad \Omega^2 - \mathfrak{C}.$$

En considérant ces différences comme très petites du premier ordre et négligeant dans le premier membre de l'équation (38) les quantités du second ordre, par conséquent le troisième terme proportionnel au produit de ces mêmes différences, on verra cette équation se réduire à

$$(39) \qquad \frac{a^2}{\mathrm{P}^2}(\Omega^2 - \mathfrak{C}) + \frac{b^2 + c^2}{\mathrm{R}^2}(\Omega^2 - \mathfrak{A}) = 0,$$

puis, en multipliant la formule (39) par P^2 et ajoutant au premier membre le produit du second ordre

$$\left(1 - \frac{\mathrm{P}^2}{\mathrm{R}^2}\right)(b^2 + c^2)(\Omega^2 - \mathfrak{A}),$$

on trouvera définitivement

$$(40) \qquad a^2(\Omega^2 - \mathfrak{C}) + (b^2 + c^2)(\Omega^2 - \mathfrak{A}) = 0.$$

L'expérience prouve que, dans les cristaux à un seul axe optique, la vitesse de propagation de la lumière est, pour le rayon ordinaire, indépendante de la direction du plan de l'onde. Donc alors la valeur de Ω^2 fournie par l'équation (37), savoir

$$\mathfrak{C} = (\mathrm{R} + \mathrm{G})a^2 + (\mathrm{P} + \mathrm{I})(b^2 + c^2) = (\mathrm{R} + \mathrm{G})a^2 + (\mathrm{P} + \mathrm{I})(1 - a^2)$$

ou

$$\mathrm{P} + \mathrm{I} + (\mathrm{R} + \mathrm{G} - \mathrm{P} - \mathrm{I})a^2,$$

doit être indépendante de la direction du plan de l'onde et rester la même, quel que soit a; ce qui entraîne la condition

$$(41) \qquad \mathrm{R} + \mathrm{G} = \mathrm{P} + \mathrm{I}.$$

Cela posé, en désignant par Ω'' la vitesse de propagation de la lumière dans le rayon ordinaire, on aura

$$(42) \qquad \Omega''^2 = \mathrm{R} + \mathrm{G} = \mathrm{P} + \mathrm{I}.$$

Si l'on nomme d'ailleurs Ω' la vitesse de propagation de la lumière, dans le rayon extraordinaire, lorsque le plan de l'onde passe par l'axe des x, Ω'^2 sera, en vertu de la formule (40), la valeur de $\mathfrak{A}$ correspondant à

$$a = 0, \qquad b^2 + c^2 = 1.$$

On aura donc, eu égard à la première des équations (35),

$$\Omega'^2 = \mathrm{R} + \mathrm{I}. \tag{43}$$

Cela posé, si l'on fait pour abréger

$$\mathrm{L} - 2\frac{\mathrm{R}^2}{\mathrm{P}} + \mathrm{G} = \Omega'^2 + \Theta', \tag{44}$$

les formules (35) et (40) donneront

$$\left\{ \begin{aligned} &\mathfrak{A} = \Omega'^2 + \Theta' a^2, \\ &\mathfrak{B} = \mathfrak{C} = \Omega''^2, \end{aligned} \right. \tag{45}$$

$$\Omega^2 = a^2\mathfrak{C} + (b^2 + c^2)\mathfrak{A} = \Omega''^2 a^2 + (\Omega'^2 + \Theta' a^2)(b^2 + c^2). \tag{46}$$

On se trouvera ainsi ramené aux équations (153), (154) du paragraphe Ier; puis, en désignant par λ l'angle formé par la perpendiculaire au plan d'une onde avec l'axe des x, on obtiendra de nouveau la formule

$$\Omega^2 = \Omega''^2 \cos^2\lambda + \Omega'^2 \sin^2\lambda + \Theta' \sin^2\lambda \cos^2\lambda, \tag{47}$$

relative au rayon ordinaire et qui se réduit à

$$\Omega^2 = \Omega''^2 \cos^2\lambda + \Omega'^2 \sin^2\lambda, \tag{48}$$

lorsque, pour la faire accorder avec les résultats de l'expérience, on suppose

$$\Theta' = 0. \tag{49}$$

Considérons maintenant un milieu, dans lequel les valeurs de a, b, c, relatives à chacun des axes optiques, vérifient une seule des formules (6); par exemple la formule

$$c = 0. \tag{50}$$

Si l'on a égard aux remarques énoncées à la fin du paragraphe Ier et si, en conséquence, on suppose vérifiées les conditions (142) et (169) de ce même paragraphe, on pourra, en négligeant les quantités du même ordre que les carrés des différences

$$Q-P, \quad R-P, \quad \ldots,$$

remplacer l'équation (8) par l'équation (165) du paragraphe Ier, ou, ce qui revient au même, par la suivante

$$(51) \quad \left\{ \begin{aligned} & a^2(\Omega^2-\Omega''^2)(\Omega^2-\Omega'''^2) \\ & \quad + b^2(\Omega^2-\Omega'''^2)(\Omega^2-\Omega'^2) + c^2(\Omega^2-\Omega'^2)(\Omega^2-\Omega''^2) = 0, \end{aligned} \right.$$

Ω', Ω'', Ω''' désignant trois quantités qui, prises deux à deux, représenteront les vitesses de propagation des deux espèces d'ondes, dont les plans seront parallèles à l'un des plans coordonnés. D'ailleurs, on tirera, de l'équation (51) jointe à la formule (50),

$$(52) \qquad (\Omega^2-\Omega'''^2)(\Omega^2-\Omega''^2a^2-\Omega'^2b^2) = 0;$$

et, pour que les valeurs de a, b correspondent à un axe optique, il faudra qu'elles rendent égales entre elles les deux valeurs de Ω^2 fournies par l'équation (52), ou, ce qui revient au même, il faudra que l'on ait

$$(53) \qquad \Omega'''^2 = \Omega''^2a^2 + \Omega'^2b^2.$$

Enfin, si l'on nomme Λ l'angle formé par l'axe optique dont il s'agit, avec l'axe des x, l'équation (53) deviendra

$$(54) \quad \left\{ \begin{aligned} \Omega''^2\cos^2\Lambda + \Omega'^2\sin^2\Lambda &= \Omega'''^2 \\ &= \Omega'''^2(\cos^2\Lambda + \sin^2\Lambda) \end{aligned} \right.$$

et l'on en tirera

$$(55) \qquad \frac{\sin^2\Lambda}{\cos^2\Lambda} = \operatorname{tang}^2\Lambda = \frac{\Omega''^2-\Omega'''^2}{\Omega'''^2-\Omega'^2};$$

par conséquent

$$(56) \qquad \operatorname{tang}\Lambda = \pm\sqrt{\frac{\Omega''^2-\Omega'''^2}{\Omega'''^2-\Omega'^2}}.$$

Les deux valeurs de tangΛ déterminées par l'équation (56) correspondent évidemment à deux axes optiques, qui seront situés l'un et l'autre dans le plan des x, y, en vertu de la formule (50), et formeront entre eux des angles divisés en parties égales, soit par l'axe des x, soit par l'axe des y. D'autre part, comme en vertu de la formule (55) le rapport

$$\frac{\Omega'^2-\Omega'''^2}{\Omega'''^2-\Omega''^2} \tag{57}$$

devra être positif, les deux axes optiques ne pourront être compris, ainsi qu'on l'a supposé, dans le plan des x, y qu'autant que la valeur de Ω'''^2 sera moyenne entre les valeurs de Ω'^2, Ω''^2, et, par suite, la valeur de Ω''' entre celles de Ω', Ω''. Donc, parmi les plans coordonnés, le seul qui pourra renfermer deux axes optiques sera le plan parallèle aux deux systèmes d'ondes planes qui auront pour vitesses de propagation la plus petite et la plus grande des trois quantités

$$\Omega', \quad \Omega'', \quad \Omega'''.$$

Supposons, maintenant, que les trois cosinus a, b, c correspondent non plus à un axe optique, mais à une autre droite qui forme avec l'axe des x l'angle λ. Si cette droite est comprise dans le plan des x, y, on pourra prendre

$$a=\cos\lambda, \qquad b=\sin\lambda, \qquad c=0, \tag{58}$$

et les vitesses de propagation des ondes perpendiculaires à cette même droite auront pour carrés les deux valeurs de Ω^2 fournies par l'équation (52). D'ailleurs, on tirera, de cette équation jointe aux formules (54) et (58),

$$\begin{cases} \Omega^2=\Omega'''^2=\Omega''^2\cos^2\Lambda+\Omega'^2\sin^2\Lambda, \\ \Omega^2=\Omega''^2\cos^2\lambda+\Omega'^2\sin^2\lambda; \end{cases} \tag{59}$$

et la droite située dans le plan des x, y, de manière à former avec l'axe des x l'angle λ, formera évidemment avec les axes optiques deux angles μ, ν, qui pourront être censés déterminés par les formules

$$(60)\qquad \mu=\lambda-\Lambda, \qquad \nu=\lambda+\Lambda.$$

Cela posé, on pourra prendre

$$(61)\qquad \lambda=\frac{\mu+\nu}{2}, \qquad \Lambda=\frac{\nu-\mu}{2},$$

et les équations (59) deviendront

$$(62)\qquad \begin{cases} \Omega^2=\Omega''^2\cos^2\dfrac{\nu-\mu}{2}+\Omega'^2\sin^2\dfrac{\nu-\mu}{2}, \\ \Omega^2=\Omega''^2\cos^2\dfrac{\nu+\mu}{2}+\Omega'^2\sin^2\dfrac{\nu+\mu}{2}. \end{cases}$$

Au reste, il est aisé, comme on va le voir, d'étendre les formules (62) au cas même où la droite perpendiculaire au plan d'une onde et correspondant aux trois cosinus a, b, c, ne serait pas comprise dans le plan des x, y. En effet, soient, dans tous les cas possibles,

$$\mu \quad \text{et} \quad \nu$$

les angles formés par cette droite avec les axes optiques. Les cosinus des angles que formeront, avec les demi-axes des coordonnées positives, d'une part la droite en question, d'autre part le premier et le second des axes optiques, seront respectivement

$$\begin{array}{ccc} a, & b, & c, \\ \cos\Lambda, & \sin\Lambda, & 0, \\ \cos\Lambda, & -\sin\Lambda, & 0; \end{array}$$

par conséquent, on pourra prendre

$$(63)\qquad \cos\mu=a\cos\Lambda+b\sin\Lambda, \qquad \cos\nu=a\cos\Lambda-b\sin\Lambda,$$

et l'on en conclura

$$(64)\qquad a\cos\Lambda=\frac{\cos\nu+\cos\mu}{2}, \qquad b\sin\Lambda=\frac{\cos\nu-\cos\mu}{2}.$$

D'ailleurs, de l'équation (51), jointe à la formule

$$a^2+b^2+c^2=1,$$

on tirera

$$(65)\qquad \left\{\begin{aligned} &\Omega^4-[\Omega'^2+\Omega''^2+a^2(\Omega'''^2-\Omega'^2)+b^2(\Omega'''^2-\Omega''^2)]\Omega^2\\ &\quad+\Omega'^2\Omega''^2+a^2\Omega''^2(\Omega'''^2-\Omega'^2)+b^2\Omega'^2(\Omega'''^2-\Omega''^2)=0;\end{aligned}\right.$$

et, comme on tirera de la formule (54)

$$(66)\qquad \Omega'''^2-\Omega'^2=(\Omega''^2-\Omega'^2)\cos^2\Lambda,\qquad \Omega'''^2-\Omega''^2=(\Omega'^2-\Omega''^2)\sin^2\Lambda;$$

par conséquent, eu égard aux formules (64),

$$(67)\qquad \left\{\begin{aligned} &a^2(\Omega'''^2-\Omega'^2)=(\Omega''^2-\Omega'^2)\left(\frac{\cos\nu+\cos\mu}{2}\right)^2,\\ &b^2(\Omega'''^2-\Omega''^2)=(\Omega'^2-\Omega''^2)\left(\frac{\cos\nu-\cos\mu}{2}\right)^2,\end{aligned}\right.$$

l'équation (65) pourra être réduite à

$$(68)\qquad \left\{\begin{aligned} &\Omega^4-[\Omega'^2+\Omega''^2+(\Omega''^2-\Omega'^2)\cos\mu\cos\nu]\Omega^2\\ &\quad+\Omega'^2\Omega''^2+(\Omega''-\Omega'^2)\left[\Omega''^2\left(\frac{\cos\nu+\cos\mu}{2}\right)^2-\Omega'^2\left(\frac{\cos\mu-\cos\nu}{2}\right)^2\right]=0.\end{aligned}\right.$$

Si, dans l'équation (68), on pose pour abréger

$$(69)\qquad \Omega''^2-\Omega'^2=\mathfrak{D},\qquad \Omega''^2+\Omega'^2=\mathcal{E}$$

et, par suite,

$$\Omega'^2\Omega''^2=\frac{\mathcal{E}^2-\mathfrak{D}^2}{4},$$

elle donnera

$$(70)\qquad \left\{\begin{aligned} &\Omega^4-(\mathcal{E}+\mathfrak{D}\cos\mu\cos\nu)\Omega^2+\frac{\mathcal{E}^2+2\mathcal{E}\mathfrak{D}\cos\mu\cos\nu}{4}\\ &\quad=\frac{1}{4}\mathfrak{D}^2(1-\cos^2\mu-\cos^2\nu),\end{aligned}\right.$$

puis, en ajoutant aux deux membres de cette dernière formule le produit

$$\frac{\mathfrak{D}^2}{4}\cos^2\mu\cos^2\nu,$$

on trouvera

$$(71)\qquad \left(\Omega^2 - \frac{\mathcal{E} + \mathcal{D}\cos\mu\cos\nu}{2}\right)^2 = \left(\frac{\mathcal{D}\sin\mu\sin\nu}{2}\right)^2$$

et, par suite,

$$(72)\qquad \left\{ \begin{aligned} \Omega^2 &= \frac{\mathcal{E} + \mathcal{D}(\cos\mu\cos\nu \mp \sin\mu\sin\nu)}{2} \\ &= \frac{\Omega'^2 + \Omega''^2}{2} + \frac{\Omega''^2 - \Omega'^2}{2}\cos(\nu \pm \mu). \end{aligned} \right.$$

Or, comme on a généralement

$$\cos(\nu \pm \mu) = \cos^2\frac{\nu \pm \mu}{2} - \sin^2\frac{\nu \pm \mu}{2},$$

il est clair que les deux valeurs de Ω^2, fournies par l'équation (72), seront respectivement

$$(73)\qquad \left\{ \begin{aligned} \Omega^2 &= \Omega''^2\cos^2\frac{\nu - \mu}{2} + \Omega'^2\sin^2\frac{\nu - \mu}{2}, \\ \Omega^2 &= \Omega''^2\cos^2\frac{\nu + \mu}{2} + \Omega'^2\sin^2\frac{\nu + \mu}{2}. \end{aligned} \right.$$

Donc, les carrés des vitesses de propagation, dans un cristal à deux axes optiques, sont, dans tous les cas possibles, exprimés par les valeurs de Ω^2 que présentent les équations (62).

Les conclusions auxquelles nous sommes parvenus dans ce paragraphe s'accordent avec les formules que Fresnel a données et, par conséquent, avec celles auxquelles M. Biot avait été conduit le premier par ses observations. Car on peut aisément passer des unes aux autres, ainsi que M. Fresnel l'a remarqué lui-même dans son Mémoire sur la double réfraction.

§ III. — *Surface des ondes.*

Comme on l'a déjà remarqué, les valeurs de

$$\xi,\quad \eta,\quad \zeta$$

fournies par les équations (1) du paragraphe Ier ne varient pas, lorsqu'on y fait croître simultanément t de Δt et z de $\Omega\Delta t$, la valeur de Ω étant déterminée par l'équation

$$k\Omega = s. \tag{1}$$

On conclut pareillement de ces équations que les valeurs de ξ, η, ζ correspondant à

$$r = 0 \tag{2}$$

et $t = 0$, savoir

$$\xi = \mathrm{A}\cos\varpi, \qquad \eta = \mathrm{B}\cos\varpi, \qquad \zeta = \mathrm{C}\cos\varpi, \tag{3}$$

ne diffèrent pas de celles qu'on obtient, au bout du temps t, en posant

$$r = \Omega t, \tag{4}$$

la quantité

$$\Omega = \frac{s}{k} \tag{5}$$

désignant la vitesse de propagation d'une onde plane. Donc, l'onde, dont le plan se trouve, à l'origine du mouvement, c'est-à-dire pour $t = 0$, représenté par la formule (2) ou

$$ax + by + cz = 0, \tag{6}$$

se transporte dans l'espace, de manière à coïncider au bout du temps t avec le plan représenté par la formule (4) ou, ce qui revient au même, par la suivante

$$ax + by + cz = \Omega t. \tag{7}$$

Dans cette dernière formule, les coefficients a, b, c, c'est-à-dire les cosinus des angles formés par la perpendiculaire au plan d'une onde avec les deux axes des coordonnées positives, sont liés entre eux par l'équation

$$a^2 + b^2 + c^2 = 1. \tag{8}$$

D'ailleurs, d'après ce qui a été dit dans le paragraphe II, la vitesse de propagation Ω, déterminée par un calcul approximatif en fonction des trois cosinus a, b, c, sera, pour chacun des rayons observés dans un milieu doublement réfringent, l'une des deux valeurs positives de Ω propres à vérifier la formule

$$\frac{a^2}{\Omega^2-\Omega'^2}+\frac{b^2}{\Omega^2-\Omega''^2}+\frac{c^2}{\Omega^2-\Omega'''^2}=0, \tag{9}$$

Ω', Ω'', Ω''' désignant les vitesses de propagation respectives d'ondes renfermées dans des plans parallèles à deux axes coordonnés, dont l'un soit l'axe des x ou des y ou des z.

Si l'on fait varier les trois cosinus a, b, c, la vitesse Ω, déterminée par la formule (9), variera elle-même, ainsi que la direction du plan représenté par l'équation (2), et ce plan changera de position, de manière à rester tangent à une certaine surface que l'on nomme la *surface des ondes*. Pour obtenir l'équation de cette surface, il faudra, en considérant Ω comme une fonction de a, b, c déterminée par la formule (9) et c lui-même comme une fonction de a, b déterminée par la formule (8), éliminer les cosinus a, b entre la formule (8) et ses deux dérivées prises successivement par rapport à chacun de ces cosinus. Or, de la formule (7), différentiée par rapport au cosinus a, on tirera, en regardant Ω comme fonction de a, b, c et c comme fonction de a,

$$x-t\frac{\partial\Omega}{\partial a}+\left(z-t\frac{\partial\Omega}{\partial c}\right)\frac{\partial c}{\partial a}=0,$$

puis, en ayant égard à la formule (8) de laquelle on tire $\frac{\partial c}{\partial a}=-\frac{a}{c}$, on trouvera

$$x-t\frac{\partial\Omega}{\partial a}=\frac{a}{c}\left(z-t\frac{\partial\Omega}{\partial a}\right).$$

Pareillement, on tirera de la formule (7), différentiée par rapport au cosinus b,

$$y-t\frac{\partial\Omega}{\partial b}=\frac{b}{c}\left(z-t\frac{\partial\Omega}{\partial c}\right).$$

Donc, en définitive, les deux dérivées de l'équation (7), prises successivement par rapport à chacun des cosinus a et b, se trouveront comprises dans la seule formule

$$(10)\qquad \frac{x - t\dfrac{\partial\Omega}{\partial a}}{a} = \frac{y - t\dfrac{\partial\Omega}{\partial b}}{b} = \frac{z - t\dfrac{\partial\Omega}{\partial c}}{c},$$

à laquelle on parviendrait immédiatement en différentiant par rapport à

$$a, \quad b, \quad c$$

les équations (7) et (8), puis éliminant entre les équations différentiées

$$a\,da + b\,db + c\,dc = 0,$$
$$\left(x - t\frac{\partial\Omega}{\partial a}\right)da + \left(y - t\frac{\partial\Omega}{\partial b}\right)db + \left(z - t\frac{\partial\Omega}{\partial c}\right)dc = 0,$$

l'une des trois différentielles da, db, dc et égalant à zéro les coefficients des deux autres différentielles dans l'équation résultante. Ainsi, pour obtenir l'équation de la surface des ondes, il suffira, en regardant c comme fonction de a et de b, d'éliminer a et b entre les formules (7) et (10); ou bien encore il suffira d'éliminer entre les formules (7), (8) et (10) les trois cosinus

$$a, \quad b, \quad c.$$

Posons maintenant, pour abréger,

$$(11)\qquad \Theta = \frac{a^2}{(\Omega^2 - \Omega'^2)^2} + \frac{b^2}{(\Omega^2 - \Omega''^2)^2} + \frac{c^2}{(\Omega^2 - \Omega'''^2)^2}.$$

Les valeurs de $\frac{\partial\Omega}{\partial a}$, $\frac{\partial\Omega}{\partial b}$, $\frac{\partial\Omega}{\partial c}$, tirées de l'équation (9), seront celles que donneront les formules

$$\Theta\Omega\frac{\partial\Omega}{\partial a} = \frac{a}{\Omega^2 - \Omega'^2}, \qquad \Theta\Omega\frac{\partial\Omega}{\partial b} = \frac{b}{\Omega^2 - \Omega''^2}, \qquad \Theta\Omega\frac{\partial\Omega}{\partial c} = \frac{c}{\Omega^2 - \Omega'''^2}.$$

Donc, la formule (10) pourra encore s'écrire comme il suit

$$(12)\qquad \frac{x - \dfrac{t}{\Theta\Omega}\,\dfrac{a}{\Omega^2 - \Omega'^2}}{a} = \frac{y - \dfrac{t}{\Theta\Omega}\,\dfrac{b}{\Omega^2 - \Omega''^2}}{b} = \frac{z - \dfrac{t}{\Theta\Omega}\,\dfrac{c}{\Omega^2 - \Omega'''^2}}{c}.$$

Or, les trois fractions que renferme la formule (12), étant égales entre elles, seront encore équivalentes à la nouvelle fraction qu'on obtiendra en multipliant d'une part les trois numérateurs, d'autre part les trois dénominateurs par trois facteurs arbitrairement choisis. Si ces trois facteurs sont respectivement

$$(13) \qquad \frac{a}{\Omega^2 - \Omega'^2}, \qquad \frac{b}{\Omega^2 - \Omega''^2}, \qquad \frac{c}{\Omega^2 - \Omega'''^2},$$

le nouveau dénominateur étant nul, en vertu de l'équation (9), le numérateur devra l'être pareillement; et l'on aura en conséquence, eu égard à la formule (11),

$$(14) \qquad \frac{ax}{\Omega^2 - \Omega'^2} + \frac{by}{\Omega^2 - \Omega''^2} + \frac{cz}{\Omega^2 - \Omega'''^2} = \frac{t}{\Omega}.$$

Si, au lieu des facteurs (13), on emploie les trois cosinus

$$a, \quad b, \quad c,$$

ou bien encore les trois coordonnées

$$x, \quad y, \quad z,$$

les deux nouvelles fractions obtenues se réduiront, en vertu des formules (7), (8), (9) et (14), la première à

$$\Omega t,$$

la seconde à

$$\frac{x^2 + y^2 + z^2 - \dfrac{t^2}{\Theta\Omega^2}}{\Omega t}.$$

D'ailleurs, ces deux nouvelles fractions devant être égales entre elles et à chacune de celles que renferme la formule (12), on en conclura d'abord

$$x^2 + y^2 + z^2 - \frac{t^2}{\Theta\Omega^2} = \Omega^2 t^2,$$

ou, ce qui revient au même,

$$(15) \qquad \frac{t^2}{\Theta\Omega^2} = x^2 + y^2 + z^2 - \Omega^2 t^2,$$

puis

$$(16)\quad \frac{x}{a}-\frac{t}{\Theta\Omega}\frac{1}{\Omega^2-\Omega'^2}=\frac{y}{b}-\frac{t}{\Theta\Omega}\frac{1}{\Omega^2-\Omega''^2}=\frac{z}{c}-\frac{t}{\Theta\Omega}\frac{1}{\Omega^2-\Omega'''^2}=\Omega t.$$

On trouvera, par suite, eu égard à la formule (15),

$$\begin{aligned}\frac{x}{a}&=\frac{\Omega}{t}\left(t^2+\frac{t^2}{\Theta\Omega^2}\frac{1}{\Omega^2-\Omega'^2}\right)\\&=\frac{\Omega}{t}\left(t^2+\frac{x^2+y^2+z^2-\Omega^2t^2}{\Omega^2-\Omega'^2}\right)=\frac{\Omega}{t}\frac{x^2+y^2+z^2-\Omega'^2t^2}{\Omega^2-\Omega'^2},\\&\ldots\ldots\ldots\ldots\ldots\ldots\ldots\ldots\ldots\ldots,\end{aligned}$$

puis on en conclura

$$(17)\quad \left\{\begin{aligned}\frac{a}{\Omega^2-\Omega'^2}&=\frac{t}{\Omega}\frac{x}{x^2+y^2+z^2-\Omega'^2t^2},\\\frac{b}{\Omega^2-\Omega''^2}&=\frac{t}{\Omega}\frac{y}{x^2+y^2+z^2-\Omega''^2t^2},\\\frac{c}{\Omega^2-\Omega'''^2}&=\frac{t}{\Omega}\frac{z}{x^2+y^2+z^2-\Omega'''^2t^2}.\end{aligned}\right.$$

En vertu de ces dernières équations, la formule (14) donnera

$$(18)\quad \frac{x^2}{x^2+y^2+z^2-\Omega'^2}t^2+\frac{y^2}{x^2+y^2+z^2-\Omega''^2}t^2+\frac{z^2}{x^2+y^2+z^2-\Omega'''^2}t^2=1.$$

L'équation (18) est précisément celle qui représente la surface des ondes. Lorsqu'on y fait disparaître les dénominateurs, le terme

$$(x^2+y^2+z^2)^3,$$

qui est du sixième degré, se trouve écrit dans les deux membres et, en l'effaçant, on obtient l'équation du quatrième degré, donnée par Fresnel, savoir

$$(19)\quad \left\{\begin{aligned}&(x^2+y^2+z^2)(\Omega'^2x^2+\Omega''^2y^2+\Omega'''^2z^2)\\&\quad-[\Omega''^2\Omega'''^2(y^2+z^2)+\Omega'''^2\Omega'^2(z^2+x^2)+\Omega'^2\Omega''^2(x^2+y^2)]t^2\\&\qquad+\Omega'^2\Omega''^2\Omega'''^2t^4=0.\end{aligned}\right.$$

Si l'on coupe la surface des ondes par l'un des plans coordonnés, par exemple par le plan des x, y, on aura

$$z = 0,$$

et, par suite, on vérifiera l'équation (18) ou (19), soit en prenant

$$(20) \qquad x^2 + y^2 = \Omega'''^2 t^2,$$

afin que le troisième des termes renfermés dans le premier membre de la formule (18) se présente sous la forme $\frac{0}{0}$, soit en posant

$$\frac{x^2}{x^2 + y^2 - \Omega'^2 t^2} + \frac{y^2}{x^2 + y^2 - \Omega''^2 t^2} = 1,$$

ou, ce qui revient au même,

$$(21) \qquad \frac{x^2}{\Omega''^2} + \frac{y^2}{\Omega'^2} = t^2.$$

Donc, la surface des ondes, coupée par le plan des x, y, donnera pour sections un cercle dont le rayon sera

$$\Omega''' t$$

et une ellipse dont les demi-axes, respectivement parallèles aux axes des x et des y, seront

$$\Omega'' t \quad \text{et} \quad \Omega' t.$$

Donc, les sections faites dans la surface par les trois plans coordonnés, se réduiront, dans chaque plan, à un cercle et à une ellipse, les rayons des trois cercles étant

$$\Omega' t, \quad \Omega'' t, \quad \Omega''' t,$$

et chaque ellipse ayant pour demi-axes les rayons des cercles non situés dans son plan.

On a vu avec quelle facilité l'équation de la surface des ondes se déduit de la méthode exposée dans ce paragraphe. J'ignore si cette méthode diffère ou non de celle que M. d'Ettingshausen m'a dit avoir substituée avec avantage à l'analyse dont je m'étais servi pour le même objet dans mes *Exercices de Mathématiques*.

MÉMOIRE

SUR

LA RECTIFICATION DES COURBES

ET

LA QUADRATURE DES SURFACES COURBES (1).

Mémoires de l'Académie des Sciences, t. XXII, p. 3; 1850.

Les formules que j'ai récemment obtenues pour la résolution directe des équations de tous les degrés et qui sont mentionnées dans la *Gazette piémontaise* du 22 septembre, fournissent les moyens, non seulement de développer dans tous les cas en séries convergentes les racines réelles ou imaginaires d'une équation donnée, mais encore de fixer les limites des erreurs commises quand on arrête les séries convergentes après un certain nombre de termes. Or, la fixation de ces limites est fondée en partie sur quelques théorèmes relatifs à la rectification des courbes et dont la connaissance peut être fort utile dans un grand nombre de questions diverses, ainsi que dans la Géométrie pratique. Je vais énoncer, en peu de mots, ceux qui me paraissent les plus dignes d'être remarqués.

Théorème I. — *p désignant l'angle polaire que forme une droite OO', tracée à volonté dans un plan $OO'O''$, avec un axe fixe, S le système d'une ou de plusieurs longueurs mesurées sur une ou plusieurs lignes droites ou courbes, fermées ou non fermées, A la somme des projections absolues des divers éléments de S sur la droite OO' et π le rapport de la*

(1) Présenté le 22 octobre 1832.

circonférence au diamètre, on aura

$$S = \frac{1}{4}\int_{-\pi}^{\pi} A\,dp. \tag{1}$$

Démonstration. — On démontre ce théorème en considérant d'abord le cas où l'on remplacerait les quantités S, A par une longueur rectiligne s et par la projection a de cette longueur sur la droite OO′, puis en décomposant, dans le cas contraire, les longueurs S, A en éléments infiniment petits et correspondants.

Corollaire. — Lorsque S représente une longueur rectiligne, la quantité A se réduit à la projection absolue de cette longueur sur la droite OO′. Lorsque S représente une courbe fermée et convexe, en sorte qu'elle ne puisse être coupée par une droite en plus de deux points, A se réduit au double de la projection de cette courbe sur OO′.

Exemples. — Si S représente la circonférence d'un cercle décrit avec le rayon R, A sera évidemment le double du diamètre. On aura donc

$$A = 4R,$$

et la formule (1) donnera

$$S = \int_{-\pi}^{\pi} R\,dp = 2\pi R.$$

Si S représente le périmètre de l'ellipse dont les demi-axes a, b sont le premier parallèle, le second perpendiculaire à l'axe fixe, on aura

$$A = 4\sqrt{a^2\cos^2 p + b^2\sin^2 p},$$

$$S = \int_{-\pi}^{\pi} \sqrt{a^2\cos^2 p + b^2\sin^2 p}\,dp;$$

Etc.

THÉORÈME II. — *Les mêmes choses étant posées que dans le théorème précédent : soient menées, par un point du plan* O O′ O″, *n droites qui comprennent entre elles des angles égaux et nommons M la moyenne arithmé-*

tique entre les n valeurs de A correspondant à ces n droites. On aura sensiblement, pour de grandes valeurs de n,

$$S = \frac{1}{2}\pi M; \tag{2}$$

et l'erreur que l'on commettra en prenant le produit $\frac{1}{2}\pi M$ *pour valeur de S sera inférieure au rapport qui existe entre ce produit et le carré de n, c'est-à-dire à*

$$\frac{1}{2}\frac{\pi M}{n^2}, \tag{3}$$

pourvu que le nombre entier n surpasse 2.

Démonstration. — Ce théorème se déduirait sans peine du précédent et peut encore se démontrer de la manière suivante :

Soient

s une longueur rectiligne ;

a sa projection absolue sur la droite OO′ ;

μ la moyenne arithmétique entre les n valeurs de a qui correspondent aux n droites mentionnées dans le théorème II ;

$2n\mu$ sera la somme des projections absolues de s sur les $2n$ côtés d'un polygone régulier, parallèles deux à deux à ces mêmes droites, ou, ce qui revient au même, $n\mu$ sera la projection sur un de ces côtés d'un polygone régulier semblable au premier, mais qui aurait pour côté la longueur s.

Or, si l'on nomme R le rayon du cercle circonscrit à ce dernier polygone, son apothème sera

$$R\cos\frac{\pi}{2n}$$

et son côté

$$s = 2R\sin\frac{\pi}{2n},$$

tandis que sa projection sur une droite quelconque sera comprise entre le diamètre du cercle circonscrit et le diamètre du cercle inscrit, c'est-à-dire entre les limites

$$2R = \frac{s}{\sin\frac{\pi}{2n}}, \qquad 2R\cos\frac{\pi}{2n} = \frac{s}{\tang\frac{\pi}{2n}}.$$

Donc $n\mu$ sera compris entre ces limites et s entre les suivantes

$$(4) \qquad n\mu\sin\frac{\pi}{2n}, \quad n\mu\tang\frac{\pi}{2n},$$

qui, pour de grandes valeurs de n, se réduisent sensiblement à

$$(5) \qquad \frac{1}{2}\pi\mu.$$

Ajoutons que, si l'on prend l'expression (5) pour valeur approchée de s, l'erreur commise sera inférieure au produit de cette expression par la plus grande des différences

$$1 - \frac{\sin\frac{\pi}{2n}}{\frac{\pi}{2n}}, \qquad \frac{\tang\frac{\pi}{2n}}{\frac{\pi}{2n}} - 1,$$

et que ces deux différences, pour $n \gtreqless 3$, deviennent l'une et l'autre inférieures à $\frac{1}{n^2}$. Effectivement, si l'on nomme θ un nombre compris entre les limites 0, 1, on aura, en vertu de formules connues,

$$\sin x = x - x^3\frac{\cos\theta x}{6}, \qquad -\frac{1}{x^2}\left(\frac{\sin x}{x} - 1\right) = \frac{\cos\theta x}{6},$$

puis on conclura, en posant $x = \frac{\pi}{2n}$,

$$n^2\left(1 - \frac{\sin\frac{\pi}{2n}}{\frac{\pi}{2n}}\right) = \frac{\pi^2}{24}\cos\theta x < \frac{\pi^2}{24} < 1.$$

D'autre part, le développement de $\tang x$ suivant les puissances ascendantes de x ne renfermant que des termes positifs pour $x > 0$

et subsistant pour toutes les valeurs de x inférieures à $\frac{\pi}{2}$, la fonction

$$\frac{1}{x^2}\left(\frac{\operatorname{tang} x}{x} - 1\right)$$

croîtra avec x depuis $x = 0$ jusqu'à $x = \frac{\pi}{2}$ et, par suite, le produit

$$n^2\left(\frac{\operatorname{tang}\frac{\pi}{2n}}{\frac{\pi}{2n}} - 1\right)$$

décroîtra pour des valeurs croissantes de n. Or, pour $n = 3$, ce produit devient

$$\frac{9}{\pi}(2\sqrt{3} - \pi) < 3(2\sqrt{3} - \pi) = \sqrt{108} - 3\pi < 1.$$

Le théorème II étant ainsi démontré pour le cas particulier où la quantité S se réduit à une longueur rectiligne s, il suffira, pour le démontrer dans le cas contraire, de décomposer S en éléments infiniment petits.

Corollaire I. — La valeur approchée de S étant calculée à l'aide de la formule (2), l'erreur commise ne dépassera pas la neuvième partie de cette valeur si l'on prend $n = 3$, la vingt-cinquième partie si l'on prend $n = 5$ et la centième partie si l'on prend $n = 10$. Dans le premier et le second cas, M sera la moyenne arithmétique entre les sommes des projections des éléments de S sur trois ou cinq droites respectivement parallèles aux côtés d'un hexagone ou d'un décagone régulier.

Exemple. — Si la longueur S est égale et parallèle à l'un des côtés d'un hexagone régulier, on trouvera $M = \frac{2}{3}S$ et, par suite,

$$\frac{\pi}{2}M = \frac{\pi}{3}S = 1,047 S.$$

Or, la différence entre le nombre 1,047... et l'unité est effectivement inférieure à $\frac{1}{9}$.

Corollaire II. — Si le nombre n devient infini, on aura évidemment

$$(6)\qquad M = \frac{\int_{-\pi}^{\pi} A\,dp}{\int_{-\pi}^{\pi} dp} = \frac{1}{2\pi}\int_{-\pi}^{\pi} A\,dp,$$

et la formule (2) se réduira, comme on devait s'y attendre, à la formule (1).

On déduit immédiatement du théorème II un troisième théorème, qu'on peut énoncer comme il suit :

Théorème III. — *Si, dans l'intérieur d'un cercle décrit avec le rayon R, on trace une ou plusieurs courbes fermées et si le système de ces courbes ne peut être traversé par une même droite en plus de $2m$ points, la somme des contours ou périmètres de ces courbes ne dépassera pas le produit de la circonférence $2\pi R$ par le nombre m.*

Démonstration. — En effet, dans l'hypothèse admise, on aura évidemment, quel que soit p,

$$A < 2m.2R,$$

et, par suite, la formule (2) donnera

$$(7)\qquad S < m.2\pi R.$$

Corollaire. — Si S se réduit au périmètre d'une courbe convexe, on aura, $m = 1$,

$$(8)\qquad S < 2\pi R.$$

Des théorèmes, analogues à ceux qui précèdent, peuvent être appliqués à la quadrature des surfaces courbes et démontrés de la même manière. Nous nous contenterons d'énoncer ici l'un d'entre eux, duquel tous les autres se déduisent facilement.

Théorème IV. — *p désignant l'angle formé par une droite quelconque OO′ avec un axe fixe OP, q l'angle formé par le plan des droites OP, OO′ avec un plan fixe qui renferme la première, S le sys-*

tème d'une ou de plusieurs surfaces planes ou courbes et A la somme des projections absolues des divers éléments de S sur un plan HIK *perpendiculaire à la droite* OO', *on aura*

$$S = \frac{1}{2\pi}\int_{-\pi}^{\pi}\int_{0}^{\pi} A \sin p \, dp \, dq. \tag{9}$$

Corollaire. — Lorsque S représente une surface plane, la quantité A se réduit à la projection absolue de cette surface sur le plan HIK. Lorsque S représente une surface fermée et convexe, en sorte qu'elle ne puisse être coupée par une droite en plus de deux points, A se réduit au double de la projection de cette surface sur le plan HIK.

Exemple. — Si S représente la surface de l'ellipsoïde qui a pour équation

$$\frac{x^2}{a^2} + \frac{y^2}{b^2} + \frac{z^2}{c^2} = 1, \tag{10}$$

A sera la section transversale du cylindre circonscrit à l'ellipsoïde et dont les arêtes sont parallèles à la droite OO'. Soient R le rayon de l'ellipsoïde parallèle à la droite OO' et α, β, γ les angles formés par cette droite avec les deux axes des coordonnées positives. On aura

$$\cos\alpha = \cos p, \qquad \cos\beta = \sin p \cos q, \qquad \cos\gamma = \sin p \sin q, \tag{11}$$

$$\frac{1}{R^2} = \frac{\cos^2\alpha}{a^2} + \frac{\cos^2\beta}{b^2} + \frac{\cos^2\gamma}{c^2}, \tag{12}$$

et l'équation du cylindre ci-dessus mentionné deviendra

$$\frac{x^2}{a^2} + \frac{y^2}{b^2} + \frac{z^2}{c^2} - R^2\left(\frac{x\cos\alpha}{a^2} + \frac{y\cos\beta}{b^2} + \frac{z\cos\gamma}{c^2}\right)^2 = 1. \tag{13}$$

Or, la section faite dans le cylindre par le plan des x, y étant l'ellipse qui a pour équation

$$\frac{x^2}{a^2} + \frac{y^2}{b^2} - R^2\left(\frac{x\cos\alpha}{a^2} + \frac{y\cos\beta}{b^2}\right)^2 = 1,$$

la surface de cette section sera

$$\frac{\pi abc}{R\cos\gamma},$$

et, par conséquent, l'aire de la section faite par un plan perpendiculaire aux arêtes sera

$$\frac{\pi abc}{R}.$$

On aura donc

$$(14)\qquad A = \frac{2\pi abc}{R}, \qquad S = abc\int_{-\pi}^{\pi}\int_{0}^{\pi}\frac{\sin p\, dp\, dq}{R}.$$

Dans le cas particulier où l'ellipsoïde se réduit à une sphère, on a

$$R = a = b = c$$

et, par suite, comme on devait s'y attendre,

$$S = R^2\int_{-\pi}^{\pi}\int_{0}^{\pi}\sin p\, dp\, dq = 4\pi R^2.$$

Ajoutons que si, dans la seconde des formules (14), on substitue la valeur de R tirée des formules (11) et (12), on pourra effectuer dans tous les cas l'intégration relative à p et réduire ainsi la valeur de S à une intégrale simple. L'intégration s'effectuera complètement, si l'ellipsoïde est de révolution.

Post-scriptum. — On pourrait donner du théorème IV une démonstration analogue à celle du théorème I, en considérant d'abord le cas où l'on remplacerait les quantités S, A par une surface plane s et par la projection a de cette surface sur le plan HIK; puis, en décomposant, dans le cas contraire, les surfaces S, A en éléments infiniment petits et correspondants. On peut aussi déduire le théorème IV d'une proposition analogue au théorème II et dont voici l'énoncé :

Théorème V. — *Les mêmes choses étant posées que dans le théorème IV, construisons un polyèdre convexe, dont les faces équivalentes entre elles soient comprises entre deux sphères concentriques décrites avec les rayons*

$$r, \quad r(1+\varepsilon),$$

ε *désignant une quantité positive et nommons M la moyenne arithmétique entre les n valeurs de A, correspondant aux plans de ces mêmes faces. On aura sensiblement, pour de petites valeurs de* ε,

$$S = 2M, \tag{15}$$

et l'erreur que l'on commettra en prenant $2M$ *pour valeur approchée de* S, *sera inférieure au produit de* $2M$ *par la différence*

$$(1+\varepsilon)^2 - 1. \tag{16}$$

Démonstration. — Soient

s une surface plane renfermée dans un plan quelconque;
a la projection absolue de s sur le plan d'une face du polyèdre;
μ la moyenne arithmétique entre les n valeurs de a qui correspondent aux plans des différentes faces.

Si la surface s est équivalente à l'aire ς de chaque face du polyèdre, a représentera non seulement la projection absolue de s sur le plan d'une face, mais aussi la projection de cette face sur le plan de s et, par suite, $n\mu$ sera le double de la projection absolue du polyèdre sur le plan de s. Cela posé, soient

$$B, \quad C$$

la plus petite et la plus grande des valeurs que puisse acquérir la projection du polyèdre sur un plan quelconque. On aura, dans l'hypothèse admise,

$$n\mu > 2B, \qquad n\mu < 2C,$$

et, si s cesse d'être équivalent à ς, $n\mu$ se trouvera compris entre les limites

$$\frac{2sB}{\varsigma}, \quad \frac{2sC}{\varsigma}. \tag{17}$$

Donc s sera compris entre les limites

$$\mu\frac{n\varsigma}{2B}, \quad \mu\frac{n\varsigma}{2C}. \tag{18}$$

D'ailleurs, le polyèdre ci-dessus mentionné étant convexe et renfermé entre les sphères décrites avec les rayons

$$r, \quad r(1+\varepsilon),$$

la surface $n\varsigma$ du polyèdre sera comprise entre les limites

$$4\pi r^2, \quad 4\pi r^2(1+\varepsilon)^2,$$

et ses projections B, C seront renfermées entre les surfaces des grands cercles

$$\pi r^2, \quad \pi r^2(1+\varepsilon)^2.$$

Donc, les expressions (18) seront comprises entre les limites

$$\mu\frac{4\pi r^2}{2\pi r^2(1+\varepsilon)^2}, \quad \mu\frac{4\pi r^2(1+\varepsilon)^2}{2\pi r^2},$$

ou, ce qui revient au même, entre les limites

$$\frac{2\mu}{(1+\varepsilon)^2}, \quad 2\mu(1+\varepsilon)^2,$$

qui, l'une et l'autre, diffèrent très peu de 2μ, quand ε est très petit; et, si l'on prend 2μ pour valeur approchée de s, l'erreur commise ne dépassera pas le produit de 2μ par la plus grande des différences

$$1-\frac{1}{(1+\varepsilon)^2}, \quad (1+\varepsilon)^2-1,$$

c'est-à-dire par l'expression (16). Le théorème V étant ainsi démontré pour le cas où la quantité S se réduit à une surface plane s, il suffira, pour le démontrer dans le cas contraire, de décomposer S en éléments infiniment petits.

Corollaire I. — Si le polyèdre mentionné dans le théorème V se réduit à l'un des cinq polyèdres réguliers et si l'on nomme

$$1-\varepsilon', \quad 1+\varepsilon'',$$

les quotients qu'on obtient en divisant la surface de ce polyèdre régulier par le quadruple de la projection maximum ou minimum de ce polyèdre; l'erreur que l'on commettra en prenant $2M$ pour valeur de S sera inférieure au produit de $2M$ par le plus grand des nombres ε', ε''. Au reste, cette proposition subsisterait encore si le polyèdre cessait d'être régulier.

Corollaire II. — Si le nombre n devient infini, on aura évidemment

$$(20)\qquad M = \frac{\int_{-\pi}^{\pi}\int_{0}^{\pi} A \sin p \, dp \, dq}{\int_{-\pi}^{\pi}\int_{0}^{\pi} \sin p \, dp \, dq} = \frac{1}{4\pi}\int_{-\pi}^{\pi}\int_{0}^{\pi} A \sin p \, dp \, dq,$$

attendu que

$$\sin p \, dp \, dq$$

représente l'élément différentiel de la surface de la sphère décrite avec le rayon 1. Or, des équations (15) et (20) on déduit immédiatement la formule (9).

Corollaire III. — Si S représente un système de surfaces qui soit renfermé dans l'intérieur d'une sphère décrite avec le rayon R et qui ne puisse être traversé par une droite en plus de $2m$ points, on aura évidemment

$$A < 2m\pi R^2$$

et, par suite,

$$S < 4m\pi R^2.$$

On peut donc énoncer la proposition suivante :

Théorème VI. — *Si, dans l'intérieur d'une sphère décrite avec le rayon R, on trace un système de surfaces qui ne puisse être coupé par une droite en plus de $2m$ points, la somme des aires de ces surfaces ne dépassera pas le produit de la surface de la sphère par le nombre $2m$.*

MÉMOIRE

SUR LES

CONDITIONS RELATIVES AUX LIMITES DES CORPS

ET EN PARTICULIER SUR CELLES QUI CONDUISENT

AUX LOIS DE LA RÉFLEXION ET DE LA RÉFRACTION DE LA LUMIÈRE (1).

Mémoires de l'Académie des Sciences, t. XXII, p. 17; 1850.

Comme j'en ai fait ailleurs la remarque, la solution des questions les plus importantes de la Physique mathématique dépend surtout des équations relatives aux limites des corps considérés comme des systèmes de molécules. La recherche de ces conditions est indispensable, par exemple, quand on se propose d'appliquer l'analyse aux phénomènes que présentent les vibrations des plaques élastiques, la transmission du son d'un milieu dans un autre ou bien encore la réflexion et la réfraction de la lumière. D'ailleurs, dans ces divers phénomènes, les lois recherchées par les physiciens sont ordinairement celles qui se rapportent à des mouvements infiniment petits, représentés par des équations linéaires aux différences partielles ou même aux différences mêlées et à coefficients constants. Enfin, tout mouvement vibratoire de cette nature, propagé dans un milieu homogène, ou se réduit à l'un de ceux que j'ai nommés *mouvements simples,* ou du moins peut être censé résulter de la superposition d'un nombre fini ou infini de mouvements simples. Donc, ce qu'il importe surtout d'étudier, ce sont les lois suivant lesquelles un mouvement simple se modifie en passant d'un milieu dans un autre.

(1) Présenté à l'Académie, le 24 juillet 1848.

Or, dans tout mouvement simple, les déplacements symboliques de chaque point matériel, c'est-à-dire les variables imaginaires, dont les parties réelles représentent les déplacements effectifs de ce point, mesurés parallèlement aux axes coordonnés, sont les produits de certains coefficients relatifs à ces axes par une exponentielle généralement imaginaire, dont l'exposant est une fonction linéaire des coordonnées et du temps.

Cela posé, considérons deux milieux, séparés l'un de l'autre par une surface plane, que nous supposerons perpendiculaire à l'axe des x et que nous prendrons pour le plan des y, z, chaque milieu étant d'ailleurs homogène et pouvant contenir un ou plusieurs systèmes de points matériels. Parmi les mouvements simples qui pourront se propager, soit dans le premier, soit dans le second milieu, on devra surtout distinguer ceux qui ne différeront les uns des autres qu'en raison du coefficient par lequel l'abscisse x, c'est-à-dire la distance d'un point matériel à la surface de séparation des deux milieux, se trouvera multipliée dans l'exposant de l'exponentielle ci-dessus mentionnée. Ces mouvements, que nous avons nommés *correspondants,* ont entre eux, comme nous l'avons vu, des relations dignes de remarque. En effet, deux mouvements simples correspondants sont toujours deux mouvements isochrones, c'est-à-dire deux mouvements où les vibrations moléculaires s'effectuent dans le même temps. De plus, ils propagent des ondes planes dont les traces sur la surface de séparation sont parallèles à une même droite. Enfin, les longueurs d'ondulation dans ces deux mouvements sont proportionnelles aux sinus des angles formés par les plans des ondes avec la même surface. Or, une première loi de réflexion et de réfraction peut être facilement saisie d'après les considérations précédentes. Suivant cette première loi, que j'ai démontrée dans mes *Exercices d'Analyse et de Physique mathématique,* si un mouvement simple, propagé dans le premier milieu, pénètre la surface de séparation et donne ainsi naissance à des mouvements réfléchis et réfractés, tous ces mouvements incidents, réfléchis, réfractés, seront des mouvements correspondants.

Dans l'application de cette première loi, il y a une remarque importante à faire. Lorsqu'un mouvement simple qui se propage sans s'affaiblir est du nombre de ceux que comporte un milieu donné, la propagation peut avoir lieu dans deux sens différents, opposés l'un à l'autre; mais, s'il s'agit d'un mouvement réfléchi ou réfracté par la surface de séparation de deux milieux, la propagation devra s'effectuer dans un sens tel que les ondes réfléchies ou réfractées s'éloignent de plus en plus de la surface réfléchissante. Cette loi, indiquée par l'expérience et que l'on pourrait, en quelque sorte, considérer comme évidente par elle-même, se trouve aussi indiquée par le calcul. Si un mouvement réfléchi ou réfracté, au lieu de se propager sans s'affaiblir, était du nombre de ceux qui s'éteignent en se propageant, les vibrations devraient, non pas croître, mais diminuer pour des valeurs croissantes de la distance à la surface. Cette dernière condition est nécessaire pour que les vibrations réfléchies ou réfractées deviennent très petites à de grandes distances et que le mouvement ne cesse pas d'être, suivant l'hypothèse admise, infiniment petit.

La loi générale que je viens de rappeler suffit pour déterminer les directions des ondes planes, liquides, sonores, lumineuses qui peuvent être réfléchies ou réfractées par la surface de séparation de deux milieux isotropes ou non isotropes. Elle détermine, en conséquence, les directions des rayons lumineux réfléchis ou réfractés, soit par les surfaces extérieures des corps transparents ou opaques, soit par la surface intérieure d'un corps transparent.

On conclut de cette loi que, dans les milieux isotropes ou isophanes, l'angle de réflexion est égal à l'angle d'incidence, et qu'alors aussi, pour une longueur d'ondulation donnée, le sinus de réfraction est au sinus d'incidence, suivant la règle trouvée par Descartes, dans un rapport constant. Enfin, la même loi fournit immédiatement les règles établies par Malus et par M. Biot pour la détermination des rayons réfléchis par la seconde surface des cristaux à un ou à deux axes optiques et montre comment ces règles doivent être modifiées dans le cas où les milieux donnés sont doués l'un et l'autre de la double réfraction.

Parlons maintenant des lois qui déterminent, non plus les directions des ondes planes réfléchies et réfractées, mais la direction et les amplitudes des vibrations moléculaires dans ces mêmes ondes, par conséquent, le mode de polarisation et l'intensité de la lumière réfléchie ou réfractée par la surface d'un corps transparent ou opaque. La recherche de ces lois sera plus ou moins compliquée, suivant les données du problème; et, pour ce motif, il convient de traiter l'un après l'autre les deux cas bien distincts qui peuvent se présenter, savoir : le cas où chacun des milieux que l'on considère renferme un seul système de points matériels et le cas où plusieurs systèmes de points matériels se trouvent contenus dans chaque milieu.

Considérons d'abord le cas où deux milieux de nature différente, mais dont chacun renferme un seul système de points matériels, se trouvent séparés l'un de l'autre par le plan des y, z. Concevons, d'ailleurs, que de part et d'autre de ce plan on mène deux plans parallèles à des distances très petites, mais cependant supérieures au rayon de la sphère d'activité sensible de deux molécules; et construisons un cylindre droit dont les bases soient comprises dans ces mêmes plans. Si les dimensions de chaque base, en demeurant très petites en elles-mêmes, sont néanmoins très considérables par rapport à la hauteur du cylindre, les pressions totales supportées par les deux bases du cylindre seront sensiblement égales, et l'on pourra en dire autant des variations que ces pressions totales subiront dans un mouvement infiniment petit. Par suite, si chacun des milieux donnés est homogène et si des mouvements simples propagés dans ces milieux offrent des longueurs d'ondulations notablement supérieures au rayon de la sphère d'activité sensible de deux molécules, les pressions, non plus totales, mais partielles, supportées par les deux bases du cylindre en deux points correspondants, situés sur une droite perpendiculaire au plan des y, z, seront deux forces sensiblement égales, dirigées suivant des droites parallèles, mais en sens contraires et l'on pourra en dire autant des pressions que subira sur ses deux faces le plan des y, z, c'est-à-dire la surface de séparation des deux milieux, ces dernières pressions et leurs variations étant calculées comme si la constitution de chaque milieu n'éprouvait aucune modification dans le voisinage de cette surface. Le principe qui consiste à *égaler ainsi entre elles, mais sous la condition ci-dessus rappelée, les pressions intérieure et extérieure supportées par la surface de séparation de deux milieux,* se trouvait déjà exposé dans un Mémoire que j'ai présenté à l'Académie en 1843. (*Voir* les *Comptes rendus des séances de l'Académie des Sciences,* t. XVI, p. 151)(¹). Ce principe fournit immédiatement trois conditions relatives à la surface de séparation des deux milieux que l'on considère. Ces trois conditions sont effectivement celles que l'on emploie dans la théorie des corps élastiques, où l'on suppose que chaque milieu renferme un seul système de points matériels. Elles deviendront insuffisantes, si chaque milieu renferme un ou plusieurs systèmes de points matériels, comme il arrive dans la théorie de la lumière ou dans des cas semblables dont nous allons maintenant nous occuper.

Supposons, pour fixer les idées, que les deux milieux séparés l'un de l'autre par le plan des y, z soient deux corps solides ou fluides dont chacun renferme deux systèmes de molécules, savoir : ses molécules propres et les molécules de l'éther ou du fluide lumineux. Supposons encore, pour simplifier les calculs, que l'on réduise chaque molécule à un point matériel. Les équations des mouvements infiniment petits propagés dans chaque corps renfermeront six inconnues, qui représenteront les déplacements infiniment petits des molécules de ce corps et des molécules de l'éther, mesurés parallèlement aux axes coordonnés. De plus, les pressions supportées en un point donné de chaque corps par un plan quelconque ou plutôt leurs composantes parallèles aux axes coordonnés, s'exprimeront en fonction de ces déplacements et de leurs dérivées partielles ; et, si l'on néglige dans le calcul les actions exercées ou subies par les molécules éthérées, le principe de l'égalité entre les pressions intérieure et extérieure supportées par le plan des y, z fournira, pour les points situés dans ce plan, entre les déplacements correspondants des molécules des deux

(¹) *Œuvres de Cauchy,* S. I, T, VII, p. 246.

corps, des équations de condition qui conduiront à des résultats confirmés par l'expérience. Mais ces équations de condition, considérées isolément, ne sauraient en aucune manière fournir une idée des modifications qu'éprouveront, en vertu de la réflexion et de la réfraction, les directions et les amplitudes des vibrations lumineuses, par conséquent, une idée du mode de polarisation ou de l'intensité des rayons réfléchis ou réfractés : car les valeurs approchées des termes que l'on négligeait dans une première approximation ne pourront se déduire des équations mêmes dans lesquelles on les omettait d'abord. Mais, pour retrouver les conditions auxquelles devront satisfaire, sur la surface de séparation des deux corps, les trois déplacements d'une molécule d'éther, mesurés parallèlement aux axes coordonnés, il suffira de considérer les molécules d'éther comprises dans les deux corps comme formant un système unique de molécules, et d'admettre que, dans le mouvement de ce système, les déplacements moléculaires, et leurs dérivées prises par rapport à l'abscisse x, ou du moins celles de ces dérivées que ne déterminent pas les équations différentielles des mouvements infiniment petits, varient par degrés insensibles avec cette même abscisse. Ce dernier principe, qu'on peut appeler le *principe de la continuité du mouvement* dans le fluide éthéré, étant joint non seulement au principe de l'*égalité des pressions intérieure et extérieure* supportées en un point quelconque par la surface de séparation des deux corps, et à la condition sous laquelle celui-ci était admis, mais encore à la loi qui détermine la direction et la vitesse de propagation des ondes planes réfléchies et réfractées, permettra effectivement d'établir les diverses formules qui feront connaître, après la réflexion et la réfraction du mouvement simple, la nature et les propriétés des divers mouvements réfléchis ou réfractés. Disons maintenant quelques mots de l'analyse à l'aide de laquelle on pourra construire ces mêmes formules.

Après avoir établi, pour l'un des corps donnés, les équations qui représentent les mouvements infiniment petits des molécules de ce corps et des molécules de l'éther, éliminons de ces équations toutes les inconnues, à l'exception d'une seule. On obtiendra ainsi l'équation caractéristique à laquelle devra satisfaire chacune des inconnues, et l'on pourra, dans cette équation caractéristique, remplacer les symboles de dérivation relatifs au temps t et aux coordonnées x, y, z par les quatre coefficients qui affectent ces quatre variables dans l'exponentielle imaginaire qui caractérise un mouvement simple. Alors l'équation caractéristique exprimera la relation qui, pour tout mouvement simple, propagé dans le corps dont il s'agit, subsiste entre ces quatre coefficients. Si le corps donné est isotrope, l'équation caractéristique renfermera seulement, avec le coefficient relatif au temps, la somme des carrés des coefficients relatifs aux coordonnées, ou, ce qui revient au même, le carré d'un nouveau coefficient. Elle pourra donc être considérée comme établissant une relation entre les deux coefficients qui caractérisent un mouvement simple isotrope. Si, d'ailleurs, le mouvement simple et isotrope est du nombre de ceux qui se propagent sans s'affaiblir, les deux coefficients en question seront réciproquement proportionnels à la durée des vibrations lumineuses et à l'épaisseur des ondes planes, ou, ce qui revient au même, à ce qu'on nomme la *longueur des ondulations*.

Observons, maintenant, que les mouvements simples propagés dans l'un ou l'autre corps et caractérisés comme on vient de le dire, seront de deux espèces. Parmi ces mouvements, les uns disparaîtraient avec les molécules des deux corps, les autres avec les molécules de l'éther. Or, pour obtenir, du moins avec une certaine approximation, d'une part, les lois des mouvements simples propagés dans les deux corps, d'autre part, les lois des mouvements simples propagés dans l'éther, il suffira évidemment de réduire ces mouvements, dans le premier cas, à des mouvements de première espèce, c'est-à-dire à des mouvements qui continueraient de subsister si l'éther venait à disparaître ; dans le second cas, à des mouvements de seconde espèce, c'est-à-dire à des mouvements qui continueraient de subsister si les corps venaient à disparaître ; et de tirer les conditions relatives à la surface de séparation des deux corps, dans le premier cas, du principe de l'égalité des pressions intérieure et extérieure supportées par cette surface, dans le second cas, du principe de la continuité du mouvement dans l'éther. Ajoutons que, les lois de la réflexion et de la réfraction des mouvements simples étant une fois trouvées, avec les équations de condition relatives à ces mouvements et aux points situés sur la surface de séparation des deux milieux, on pourra, eu égard aux notations que nous avons adoptées, étendre facilement ces équations de condition au cas où l'on considérerait des mouvements infiniment petits quelconques. Pour y parvenir, il suffira ordinairement de remplacer, par des symboles de dérivation relatifs au temps et aux coordonnées, les coefficients par lesquels ces quatre variables se trouvent multipliées dans l'exponentielle imaginaire qui caractérise chaque mouvement simple.

L'expérience confirme l'exactitude des conclusions ci-dessus énoncées, et semble même démontrer que l'approximation à laquelle on arrive en opérant comme nous venons de le dire est très considérable. Car la plupart des lois remarquables découvertes par le calcul, et vérifiées par l'observation dans la Physique mathématique, peuvent s'établir de cette manière, ainsi que je l'expliquerai plus en détail dans une série de Mémoires qui suivront celui-ci.

Pour montrer une application de la méthode que je viens d'exposer à un exemple utile, concevons que l'on cherche les lois suivant lesquelles un rayon lumineux et simple est réfléchi et réfracté par la surface de séparation de deux corps isophanes dont les molécules sont réduites, avec celles de l'éther, à des points matériels. Alors, dans chaque mouvement simple, les vibrations moléculaires seront ou transversales, c'est-à-dire comprises dans les plans des ondes, ou non transversales (¹). Alors aussi l'équation caractéristique établira une relation entre les carrés des coefficients k, s qui caractérisent un mouvement simple isotrope, et qui, dans le cas où le mouvement se propage sans s'affaiblir, sont réciproquement proportionnels, d'une part, à l'épaisseur des ondes planes, d'autre part, à la durée des vibrations

(¹) Pour plus d'exactitude, nous substituons ici les mots *non transversales* aux mots *longitudinales, c'est-à-dire perpendiculaires à ces plans,* qui se trouvaient dans le manuscrit.

moléculaires. Ajoutons que cette équation caractéristique du huitième degré, par rapport à s, se décomposera immédiatement en deux équations du quatrième degré, qui répondront la première, à des mouvements simples à vibrations transversales, la seconde, à des mouvements simples à vibrations non transversales. Remarquons, enfin, que chaque mouvement simple pourra se propager en deux sens opposés auxquels correspondront deux valeurs de s qui ne se différeront que par le signe. Cela posé, aux quatre valeurs de s^2 que fourniront les deux équations du quatrième degré, correspondront quatre mouvements simples, dont deux seulement subsisteront si les molécules des deux corps viennent à disparaître. D'ailleurs, ces deux derniers mouvements, qui offriront, l'un des vibrations transversales, l'autre des vibrations non transversales, seront précisément ceux dont il faudra tenir compte pour déduire du principe de la continuité des mouvements dans l'éther les équations de condition relatives à la surface de séparation des deux corps.

Lorsque, dans les équations de condition ainsi obtenues, on néglige les termes qui proviennent des actions exercées par les molécules des deux corps, ces équations reprennent, ainsi qu'on devait s'y attendre, la forme sous laquelle elles se sont présentées dans mes précédents Mémoires.

J'observerai, en finissant, que M. Laurent, auquel j'ai parlé de mes nouvelles recherches, m'a dit avoir de son côté obtenu, par des procédés que j'ignore, des équations de condition relatives aux surfaces des corps, et spécialement applicables à la théorie de la chaleur. Il m'a dit encore que sa méthode fournissait un nombre d'équations égal au nombre des miennes. J'ai dû faire ces observations, non seulement dans l'intérêt de M. Laurent, mais aussi dans l'intérêt de la Science, qui gagne toujours à ce que les questions délicates soient éclairées par des discussions approfondies; et il est à désirer que cet habile géomètre, dont plusieurs fois l'Académie a eu déjà l'occasion d'apprécier tout le mérite, fasse bientôt connaître les résultats des recherches nouvelles qu'il a entreprises sur les divers points de la Physique mathématique.

MÉMOIRE

SUR

LES RAYONS LUMINEUX SIMPLES

ET SUR

LES RAYONS ÉVANESCENTS [1].

Mémoires de l'Académie des Sciences, t. XXII, p. 29; 1850.

Étant donné un système de molécules supposées réduites à des points matériels, j'ai appelé *mouvement simple* du système, tout mouvement infiniment petit, dans lequel les déplacements d'une molécule, mesurés parallèlement à trois axes rectangulaires, sont les parties réelles de trois variables imaginaires, respectivement égales aux produits de trois constantes imaginaires par une même exponentielle, dont l'exposant imaginaire est une fonction linéaire des coordonnées et du temps. J'ai, de plus, nommé *déplacements symboliques* les trois variables imaginaires, dont les déplacements effectifs sont les parties réelles. Enfin, j'ai observé que l'exponentielle variable à laquelle les déplacements symboliques sont proportionnels, est le produit d'un facteur réel par une exponentielle trigonométrique; et ce facteur réel, et l'argument de l'exponentielle trigonométrique, sont ce que j'ai appelé le *module* et l'*argument* du mouvement simple. Cela posé, il est facile de reconnaître que tout mouvement simple d'un système de molécules est un mouvement par ondes planes, les diverses molécules se mouvant dans des plans qui sont parallèles entre eux, sans être nécessairement parallèles aux plans des ondes. Un mouvement simple est *durable et persistant,* lorsque son module est indépendant du temps, et alors

(1) Lu dans la séance publique du 8 janvier 1849.

chaque molécule décrit une ellipse qui peut se réduire à un cercle ou à une portion de droite. Un tel mouvement se propagera sans s'éteindre, et les ellipses décrites seront toutes parallèles les unes aux autres, si le module se réduit constamment à l'unité. Mais, si le module ne se réduit à l'unité que pour les points situés dans un certain plan, alors l'amplitude d'une vibration moléculaire, c'est-à-dire le grand axe de l'ellipse décrite par une molécule, décroîtra en progression géométrique, tandis que la distance de la molécule au plan dont il s'agit croîtra en progression arithmétique.

Dans la théorie de la lumière, à un mouvement simple, durable et persistant du fluide éthéré, correspond ce qu'on nomme un *rayon lumineux simple*. La *direction* du rayon est celle dans laquelle le mouvement se transmet à travers une très petite ouverture faite dans un écran. Le rayon lui-même est représenté à chaque instant par la courbe que dessinent, en vertu de leurs déplacements, les molécules primitivement situées sur sa direction. Si les molécules décrivent des cercles ou des ellipses, le rayon sera *polarisé circulairement* ou *elliptiquement*, et représenté par une espèce d'hélice ou de spirale à double courbure. Cette hélice se changera en une courbe plane, si les vibrations moléculaires sont rectilignes et dans ce cas le rayon *polarisé rectilignement* deviendra ce que nous appelons un *rayon plan*.

Le *module* et l'*argument* d'un rayon lumineux simple ne sont autre chose que le module et l'argument du mouvement simple qui lui correspond. Si le module se réduit constamment à l'unité, le rayon se propagera sans s'affaiblir. Si le module diffère généralement de l'unité, l'amplitude des vibrations lumineuses décroîtra en progression géométrique, tandis que la distance à un plan fixe croîtra en progression arithmétique, et alors le rayon de lumière deviendra ce que nous appellerons un rayon *évanescent*. La lumière que renferme un rayon évanescent peut être, dans un grand nombre de cas, perçue par l'œil. Telle est, en particulier, la lumière verte transmise par voie de réfraction à travers une feuille d'or très mince. Telle est encore la lumière transmise à travers les faces latérales d'un prisme de verre qui a pour bases deux triangles rectangles, et fournie par un rayon émergent qui rase la face de sortie, dans le cas où le rayon réfracté forme, avec la normale à cette dernière face, un angle supérieur à l'angle de réflexion totale. Alors, comme je l'ai dit en 1836 (t. II, p. 349), le rayon émergent s'éteint graduellement, tandis que le rayon incident forme un angle de plus en plus petit avec la face d'entrée.

Les coefficients des trois coordonnées dans l'exponentielle qui caractérise un rayon simple, c'est-à-dire dans l'exponentielle à laquelle les déplacements symboliques des molécules d'éther sont proportionnels, mérite une attention particulière.

Quand le milieu que l'on considère est un milieu isophane ordinaire, qui ne produit pas la polarisation chromatique, les rayons simples qui peuvent s'y propager sont de deux espèces. Pour certains rayons, les trois déplacements symboliques de chaque molécule sont proportionnels aux trois coefficients dont il s'agit. Pour d'autres rayons, si l'on multiplie respectivement les trois coefficients par les trois déplacements symboliques, la somme des produits obtenus devra se réduire à zéro. D'ailleurs, dans les milieux isophanes, les directions des rayons lumineux seront généralement perpendiculaires aux plans des ondes. Cela posé, on peut affirmer que, dans ces milieux, les vibrations des molécules d'éther seront ordinairement *longitudinales*, c'est-à-dire perpendiculaires aux plans des ondes, pour les rayons simples d'une espèce, et transversales, c'est-à-dire comprises dans les plans des ondes, pour les rayons de l'autre espèce, quand ces rayons se propageront sans s'affaiblir, ou, ce qui revient au même, quand leurs modules se réduiront constamment à l'unité. Mais, quand les modules seront généralement distincts de l'unité, les rayons simples propagés par les milieux isotropes cesseront d'offrir des vibrations longitudinales ou transversales, en devenant ce que nous appelons des rayons évanescents. Alors aussi *le rayon évanescent, qui tiendra la place d'un rayon à vibrations longitudinales, sera un rayon simple, composé de molécules dont les vibrations s'exécuteront dans des plans perpendiculaires aux traces des plans des ondes sur le plan fixe correspondant au module* 1.

Le troisième rayon de lumière réfléchi ou réfracté par la surface de séparation de deux milieux est précisément l'un de ceux que nous appelons *évanescents;* et, pour expliquer les phénomènes de la réflexion et de la réfraction lumineuse, il est nécessaire de tenir compte de ce troisième rayon. C'est ce qu'avait vu M. Georges Green, dès l'année 1837. Mais, en partant de cette idée, il avait cherché à déduire les lois de la réflexion des équations auxquelles on parvient appliquant à la détermination des mouvements de l'éther seul la méthode donnée par Lagrange dans la *Mécanique analytique,* ou, ce qui revient au même, en faisant coïncider les équations de condition relatives à la surface de séparation des deux milieux, avec celles qu'on obtient quand on égale entre elles les pressions exercées par les deux milieux sur la même surface. Comme je l'ai déjà dit, au principe de *l'égalité entre ces pressions,* on doit, dans la théorie de la lumière, substituer le principe de *la continuité du mouvement dans l'éther,* et alors, en opérant comme je l'ai fait dans la dernière séance, on arrive directement et promptement à résoudre le problème, dont la solution est donnée par des formules générales qui comprennent, comme cas particulier, celles de Fresnel. En vertu de ces formules générales, le troisième rayon est un rayon évanescent, dirigé de manière à raser la surface réfléchissante ou réfringente, et composé de molécules qui décrivent des ellipses comprises dans le plan d'incidence, les plans des ondes étant à la fois perpendiculaires au plan d'incidence et à la surface réfléchissante. Si, d'ailleurs, on reçoit sur une membrane placée tout près de la surface réfléchissante ou réfringente l'image de ce troisième rayon, cette image n'offrira une lumière représentée par une fraction sensible de la lumière incidente que dans une très petite épaisseur qui, vue à une distance de $0^m,1$, sous-tendra un angle inférieur à $\frac{1}{10}$ de seconde sexagésimale. Cette très petite épaisseur ne sera peut-être pas une raison suffisante pour que l'on doive désespérer de rendre le troisième rayon sensible à l'œil, surtout si l'on réfléchit à l'extrême petitesse du diamètre apparent des étoiles fixes, qui, très probablement, doit être, pour un grand nombre d'entre elles, inférieur à $\frac{1}{10}$ de seconde.

ANALYSE.

Le théorème relatif aux rayons qui se propagent dans les milieux isotropes peut être démontré de la manière suivante :

Soient, dans un mouvement simple de l'éther, ξ, η, ζ les déplacements d'un atome, mesurés parallèlement à trois axes rectangulaires des x, y, z et $\bar{\xi}$, $\bar{\eta}$, $\bar{\zeta}$ les déplacements symboliques dont les déplacements effectifs ξ, η, ζ sont les parties réelles. On aura au bout du temps t

$$(1) \qquad \bar{\xi} = A e^{ux+vy+wz-st}, \qquad \bar{\eta} = B e^{ux+vy+wz-st}, \qquad \bar{\zeta} = C e^{ux+vy+wz-st},$$

A, B, C, u, v, w, s désignant des constantes, dont chacune pourra être en partie réelle, en partie imaginaire. En conséquence, on pourra supposer

$$(2) \qquad \begin{cases} A = \mathfrak{a} + \mathrm{ai}, & B = \mathfrak{b} + \mathrm{bi}, & C = \mathfrak{c} + \mathrm{ci}, \\ u = \mathfrak{u} + \mathrm{ui}, & v = \mathfrak{v} + \mathrm{vi}, & w = \mathfrak{w} + \mathrm{wi}, \\ & s = \mathfrak{s} + \mathrm{si}, & \end{cases}$$

$\mathfrak{a}, \mathfrak{b}, \mathfrak{c}, \mathfrak{u}, \mathfrak{v}, \mathfrak{w}, \mathfrak{s}$; a, b, c, u, v, w, s étant des quantités réelles et i une racine carrée de -1. Soient maintenant α, β, γ des constantes réelles, choisies de manière à vérifier simultanément les deux conditions

$$(3) \qquad \mathfrak{a}\alpha + \mathfrak{b}\beta + \mathfrak{c}\gamma = 0, \qquad \mathrm{a}\alpha + \mathrm{b}\beta + \mathrm{c}\gamma = 0;$$

on aura encore

$$(4) \qquad A\alpha + B\beta + C\gamma = 0.$$

Or, de cette deuxième formule, jointe aux équations (1), on tirera

$$(5) \qquad \alpha\bar{\xi} + \beta\bar{\eta} + \gamma\bar{\zeta} = 0,$$

par conséquent

$$(6) \qquad \alpha\xi + \beta\eta + \gamma\zeta = 0,$$

et l'on conclura de la formule (5) que chaque molécule d'éther décrit une courbe plane, dont le plan est perpendiculaire à la droite, représentée par l'équation

$$\frac{x}{\alpha}=\frac{y}{6}=\frac{z}{\gamma}. \tag{7}$$

D'autre part, l'exponentielle $e^{ux+vy+wz-st}$, qui caractérise le mouvement simple, représenté symboliquement par les équations (1), se décompose, en vertu des formules (3), en deux facteurs, dont l'un $e^{\mathfrak{u}x+\mathfrak{v}y+\mathfrak{w}z-\mathfrak{s}t}$ est le *module* du mouvement simple, tandis que l'autre $e^{(\mathrm{u}x+\mathrm{v}y+\mathrm{w}z-\mathrm{s}t)i}$ se réduit à une exponentielle trigonométrique, dont l'argument $\mathrm{u}x+\mathrm{v}y+\mathrm{w}z-\mathrm{s}t$ est ce que nous appelons l'*argument* du mouvement simple. En égalant cet argument à zéro, pour une valeur nulle de t, on obtient l'équation

$$\mathrm{u}x+\mathrm{v}y+\mathrm{w}z=0, \tag{8}$$

qui représente le plan invariable, auquel les *plans des ondes* sont parallèles. Si d'ailleurs le mouvement simple est durable et persistant, on aura

$$\mathfrak{s}=0;$$

et si, de plus, le mouvement se propage sans s'affaiblir, on aura encore

$$\mathfrak{u}=0,\qquad \mathfrak{v}=0,\qquad \mathfrak{w}=0.$$

Si, au contraire, le mouvement s'affaiblit en se propageant, l'une au moins des constantes $\mathfrak{u}$, $\mathfrak{v}$, $\mathfrak{w}$ cessera de se réduire à zéro et l'on obtiendra un rayon évanescent, dans lequel l'intensité de la lumière décroîtra en progression géométrique, tandis que la distance d'une molécule au plan invariable représenté par l'équation

$$\mathfrak{u}x+\mathfrak{v}y+\mathfrak{w}z=0 \tag{9}$$

croîtra en progression arithmétique.

Supposons maintenant que le mouvement infiniment petit, représenté par les équations (1), soit un mouvement simple de l'éther, dans un milieu isophane qui ne produise pas la polarisation chromatique. Alors les déplacements symboliques vérifieront l'une des deux formules

$$(10)\qquad \frac{\bar{\xi}}{u}=\frac{\bar{\eta}}{v}=\frac{\bar{\zeta}}{w},$$

$$(11)\qquad u\bar{\xi}+v\bar{\eta}+w\bar{\zeta}=0.$$

Cela posé, si le module $e^{\mathfrak{u}x+\mathfrak{v}y+\mathfrak{w}z-\mathfrak{s}t}$ se réduit à l'unité, ou, en d'autres termes, si les constantes $\mathfrak{u}$, $\mathfrak{v}$, $\mathfrak{w}$, $\mathfrak{s}$ s'évanouissent, on aura

$$u=\mathrm{u}i,\qquad v=\mathrm{v}i,\qquad w=\mathrm{w}i,\qquad s=\mathrm{s}i,$$

et l'on tirera de la formule (10)

$$(12)\qquad \frac{\bar{\xi}}{\mathrm{u}}=\frac{\bar{\eta}}{\mathrm{v}}=\frac{\bar{\zeta}}{\mathrm{w}},$$

par conséquent

$$\frac{\xi}{\mathrm{u}}=\frac{\eta}{\mathrm{v}}=\frac{\zeta}{\mathrm{w}},$$

puis de la formule (11)

$$(13)\qquad \mathrm{u}\bar{\xi}+\mathrm{v}\bar{\eta}+\mathrm{w}\bar{\zeta}=0,$$

par conséquent

$$\mathrm{u}\xi+\mathrm{v}\eta+\mathrm{w}\zeta=0.$$

Donc les vibrations des molécules d'éther seront dans le premier cas perpendiculaires, dans le second cas parallèles aux plans des ondes. Mais si, $\mathfrak{s}$ étant nul, $\mathfrak{u}$, $\mathfrak{v}$, $\mathfrak{w}$ cessent de s'évanouir, il suffira d'assujettir les coefficients α, β, γ à vérifier simultanément les deux conditions

$$(14)\qquad \mathfrak{u}\alpha+\mathfrak{v}\beta+\mathfrak{w}\gamma=0,\qquad \mathrm{u}\alpha+\mathrm{v}\beta+\mathrm{w}\gamma=0,$$

pour que l'on ait aussi

$$(15)\qquad u\alpha+v\beta+w\gamma=0,$$

et alors la formule (10) entraînera les équations

$$(16) \qquad \alpha\bar{\xi} + \text{\texttheta}\bar{\eta} + \gamma\bar{\zeta} = 0, \qquad \alpha\xi + \text{\texttheta}\eta + \gamma\zeta = 0.$$

D'ailleurs, de la seconde des équations (16), jointe aux formules (14), on conclura que les vibrations moléculaires s'exécutent dans des plans perpendiculaires à la commune intersection des plans (8) et (9).

MÉMOIRE

SUR

LE CALCUL INTÉGRAL [1].

Mémoires de l'Académie des Sciences, t. XXII, p. 39; 1850.

§ Ier. — *Calcul des fonctions génératrices.*

$y = f(x)$ désignant une fonction de x, M. Laplace appelle *fonction génératrice de* $f(x)$ la suite infinie

$$y_0 + y_1 t + y_2 t^2 + \ldots + y_x t^x + \ldots = u \tag{1}$$

ou

$$f(0) + t f(1) + t^2 f(2) + \ldots + t^x f(x) + \ldots . \tag{2}$$

La fonction génératrice étant donnée, la fonction $f(x)$ s'en déduit, mais seulement pour des valeurs entières de x. La connaissance de la fonction génératrice ne suffit pas pour déterminer $f'(x)$, $f''(x)$, ...

A la vérité, en partant de l'équation

$$\frac{dy}{dx} = \Delta y - \frac{1}{2}\Delta^2 y + \frac{1}{3}\Delta^3 y + \ldots, \tag{3}$$

dans laquelle $\Delta y = \Delta f(x) = f(x+1) - f(x)$, et observant que $\Delta^x y$ a

(1) Présenté à l'Académie des Sciences, le 27 décembre 1824 (a).

(a) Je livre ce Mémoire à l'impression tel que je le retrouve dans le manuscrit qui le renferme. La signature de M. Georges Cuvier, apposée sur le premier et sur le dernier feuillet du Mémoire, indique, comme date de présentation, le 27 décembre 1824.

pour fonction génératrice $u\left(\frac{1}{t}-1\right)^x$, on trouverait

$$(4) \qquad u\,l\left(1+\frac{1}{t}-1\right)=u\,l(t),$$

pour fonction génératrice de $\frac{dy}{dx}=f'(x)$. Mais la formule (3), qui est exacte pour des fonctions entières, cesse de l'être pour des fonctions quelconques. Le second membre ne varie pas quand on y fait croître y d'une fonction périodique de x, tandis que le premier membre change alors de valeur. Si l'on fait par exemple

$$y=\sin 2\pi x,$$

cette équation donnera

$$\cos 2\pi x=0,$$

quel que soit x, ce qui est absurde. On ne voit pas, d'ailleurs, comment le développement de $u\,l(t)$ suivant les puissances ascendantes de t pourrait s'effectuer.

Une autre difficulté que présente le calcul des fonctions génératrices consiste en ce que l'on regarde

$$(5) \qquad \frac{u}{t}=\frac{y_0}{t}+y_1+y_2t+\ldots+y_{x+1}t^x+\ldots$$

comme fonction génératrice de y_{x+1}, tandis qu'en remplaçant, dans la série (1), y_0 par y_1, y_1 par y_2 et généralement y_x par y_{x+1}, on trouverait simplement

$$(6) \qquad y_1+y_2t+\ldots+y_{x+1}t^x,$$

pour fonction génératrice de y_{x+1}. On ne peut lever cette difficulté qu'en admettant, pour chaque valeur de $f(x)$, une infinité de fonctions génératrices, telles que

$$y_0+y_1t+y_2t^2+\ldots+y_xt^x+\ldots,$$
$$\frac{y_{-1}}{t}+y_0+y_1t+y_2t^2+\ldots+y_xt^x+\ldots,$$
$$\frac{y_{-2}}{t^2}+\frac{y_{-1}}{t}+y_0+y_1t+y_2t^2+\ldots+y_xt^x+\ldots,$$

ou même, en prenant pour fonction génératrice, ainsi qu'on l'a proposé, la somme de la série

$$(7) \qquad y_{-\infty}t^{-\infty}+\ldots+y_{-1}t^{-1}+y_0t^0+y_1t+y_2t^2+\ldots+y_\infty t^\infty+\ldots.$$

Cette dernière série devra nécessairement être employée si l'on veut que la fonction génératrice de y_{-x} soit représentée par ut^x. Or, il arrive malheureusement que la série (7) est généralement divergente et n'a pas de somme.

Quant aux résultats déduits du calcul des fonctions génératrices, à l'égard des équations linéaires aux différences finies ou infiniment petites, on peut les établir directement, comme nous le ferons dans les paragraphes qui suivent.

§ II. — *Formules de M. Fourier et autres du même genre* [1].

On a, en vertu du théorème de M. Fourier,

$$(1) \qquad f(x)=\frac{1}{2\pi}\int_{-\infty}^{\infty}\int_{\mu'}^{\mu''}e^{\alpha(x-\mu)i}f(\mu)\,d\alpha\,d\mu,$$

x étant renfermé entre les limites μ' et μ''. On peut encore écrire

$$(2) \qquad f(x)=\frac{1}{2\pi}\int_{-\infty}^{\infty}\int_{\mu'}^{\mu''}e^{(a+\alpha i)(x-\mu)}f(\mu)\,d\alpha\,d\mu,$$

a étant une constante arbitraire. On trouvera de même

$$(3) \qquad f(x,y,z,\ldots)=\left(\frac{1}{2\pi}\right)^n\int_{-\infty}^{\infty}\int_{\mu'}^{\mu''}\int_{-\infty}^{\infty}\int_{\nu'}^{\nu''}\ldots e^{\alpha(x-\mu)i}e^{6(y-\nu)i}\ldots f(\mu,\nu,\ldots)\,d\alpha\,d\mu\,d6\,d\nu\ldots,$$

et

$$(4) \qquad f(x,y,z,\ldots)=\left(\frac{1}{2\pi}\right)^n\int_{-\infty}^{\infty}\int_{\mu'}^{\mu''}\int_{-\infty}^{\infty}\int_{\mu'}^{\mu''}\ldots e^{(a+\alpha i)(x-\mu)}e^{(b+6i)(y-\nu)}\ldots f(\mu,\nu,\ldots)\,d\alpha\,d\mu\,d6\,d\nu\ldots,$$

[1] Dans l'impression de ce paragraphe et des suivants, j'ai cru devoir, pour la commodité du lecteur, me conformer à l'usage maintenant adopté par les géomètres, en substituant partout la lettre i au signe algébrique $\sqrt{-1}$, employé dans le manuscrit.

n étant le nombre des variables $x, y, z, \ldots$ et $a, b, \ldots$ des constantes arbitraires.

On a encore, x, μ', μ'' étant des nombres entiers,

$$f(x) = \frac{1}{2\pi}\int_{-\pi}^{\pi}\sum_{\mu'}^{\mu''+1} e^{v(x-\mu)i} f(\mu)\, dv, \tag{5}$$

$\sum_{\mu'}^{\mu''}$ désignant une somme de la forme

$$\sum_{\mu'}^{\mu''} \varphi(\mu) = \varphi(\mu') + \varphi(\mu'+1) + \ldots + \varphi(\mu''-1), \tag{6}$$

et x étant renfermé entre les limites μ', μ''. On pourrait écrire encore

$$f(x) = \frac{1}{2\pi}\int_{-\pi}^{\pi}\sum_{\mu'}^{\mu''+1} e^{(a+\alpha i)(x-\mu)} f(\mu)\, d\alpha. \tag{7}$$

Si l'on supposait x, μ', μ'' multiples de h et de plus

$$\sum_{\mu'}^{\mu''} \varphi(\mu) = \varphi(\mu') + \varphi(\mu'+h) + \ldots + \varphi(\mu''-h), \tag{8}$$

on trouverait

$$f(x) = \frac{1}{2\pi}\int_{-\pi}^{\pi}\sum_{\mu'}^{\mu''+h} e^{v\left(\frac{x-\mu}{h}\right)i} f(\mu)\, dv, \tag{9}$$

ou, ce qui revient au même,

$$f(x) = \frac{1}{2\pi}\int_{-\frac{\pi}{h}}^{\frac{\pi}{h}}\sum_{\mu'}^{\mu''+h} e^{\alpha(x-\mu)i} f(\mu)\, h\, d\alpha, \tag{10}$$

puis, en posant $h = 0$,

$$f(x) = \frac{1}{2\pi}\int_{\mu'}^{\mu''}\int_{-\infty}^{\infty} e^{\alpha(x-\mu)i} f(\mu)\, d\mu\, d\alpha, \tag{11}$$

ce qui s'accorde avec la formule (1). On aurait encore, dans la même hypothèse,

$$f(x) = \frac{1}{2\pi}\int_{-\pi}^{\pi}\sum_{\mu'}^{\mu''+h} r^{\frac{x-\mu}{h}} e^{v\left(\frac{x-\mu}{h}\right)i} f(\mu)\, dv, \tag{12}$$

ou, ce qui revient au même,

$$(13)\qquad f(x)=\frac{1}{2\pi}\int_{-\frac{\pi}{h}}^{\frac{\pi}{h}}\sum_{\mu'}^{\mu''+h} r^{\frac{x-\mu}{h}}e^{\alpha(x-\mu)i}f(\mu)h\,d\alpha,$$

ou

$$(14)\qquad f(x)=\frac{1}{2\pi}\int_{-\frac{\pi}{h}}^{\frac{\pi}{h}}\sum_{\mu'}^{\mu''+h} e^{(a+\alpha i)(x-\mu)}f(\mu)h\,d\alpha,$$

x étant renfermé entre les limites μ', μ'' et $r^{\frac{1}{h}}=e^a$ désignant une constante arbitraire.

Pour démontrer toutes les formules qui précèdent, il suffit de développer les sommes indiquées par le signe $\sum$, et d'observer que l'on a toujours (m étant un nombre entier)

$$(15)\qquad \int_{-\pi}^{\pi}e^{-m\alpha i}\,d\alpha=\int_{-\pi}^{\pi}\cos m\alpha\,d\alpha=0,$$

excepté dans le cas où l'on suppose $m=0$ et pour lequel on trouve

$$(16)\qquad \int_{-\pi}^{\pi}e^0\,d\alpha=\int_{-\pi}^{\pi}d\alpha=2\pi.$$

On établirait généralement de la même manière la formule

$$(17)\qquad f(x,y,\ldots)=\left(\frac{1}{2\pi}\right)^n\int_{-\frac{\pi}{h}}^{\frac{\pi}{h}}\int_{-\frac{\pi}{k}}^{\frac{\pi}{k}}\cdots\sum_{\mu'}^{\mu''+h}\sum_{\nu'}^{\nu''+k}\cdots e^{(a+\alpha i)(x-\mu)}e^{(b+6i)(y-\nu)}\ldots f(\mu,\nu,\ldots)hk\ldots d\alpha\,d6\ldots,$$

$\frac{x}{h}$ étant un nombre entier, compris entre les deux nombres entiers $\frac{\mu'}{h}$, $\frac{\mu''}{h}$; $\frac{y}{k}$ étant un autre entier compris entre les nombres entiers $\frac{\nu'}{k}$, $\frac{\nu''}{k}$, $\cdots$; et a, b, $\ldots$ désignant des constantes arbitraires; puis on en conclurait : 1° en réduisant a, b, $\ldots$ à zéro

$$(18)\qquad f(x,y,\ldots)=\left(\frac{1}{2\pi}\right)^n\int_{-\frac{\pi}{h}}^{\frac{\pi}{h}}\int_{-\frac{\pi}{k}}^{\frac{\pi}{k}}\cdots\sum_{\mu'}^{\mu''+h}\sum_{\nu'}^{\nu''+k}\cdots e^{\alpha i(x-\mu)}e^{6i(x-\nu)}\ldots f(\mu,\nu,\ldots)hk\ldots d\alpha\,d6\ldots;$$

2° en réduisant h, k, ... à l'unité

$$(19)\quad f(x, y, \ldots) = \left(\frac{1}{2\pi}\right)^n \int_{-\pi}^{\pi}\int_{-\pi}^{\pi}\cdots\sum_{\mu'}^{\mu''+1}\sum_{\nu'}^{\nu''+1}\cdots e^{(a+\alpha i)(x-\mu)}e^{(b+\beta i)(y-\nu)}\ldots f(\mu, \nu, \ldots)\,d\alpha\,d\beta\ldots,$$

$$(20)\quad f(x, y, \ldots) = \left(\frac{1}{2\pi}\right)^n \int_{-\pi}^{\pi}\int_{-\pi}^{\pi}\cdots\sum_{\mu'}^{\mu''+1}\sum_{\nu'}^{\nu''+1}\cdots e^{\alpha(x-\mu)i}e^{\beta(y-\nu)i}\ldots f(\mu, \nu, \ldots)\,d\alpha\,d\beta\ldots.$$

Lorsque, dans les équations (17) et (18), on pose $h = 0$, $k = 0$, ... on retrouve les formules (4) et (3).

Il est encore essentiel de rappeler les formules que nous allons écrire. On a d'abord

$$(21)\quad \frac{\mathrm{f}(x_0)}{\mathrm{F}'(x_0)} + \frac{\mathrm{f}(x_1)}{\mathrm{F}'(x_1)} + \ldots + \frac{\mathrm{f}(x_{m-1})}{\mathrm{F}'(x_{m-1})} = \frac{1}{2\pi}\int_{-\pi}^{\pi} re^{vi}\frac{\mathrm{f}(re^{vi})}{\mathrm{F}(re^{vi})}\,dv.$$

Cette formule suppose que la fonction $\mathrm{f}(ue^{vi})$ ne varie jamais d'une manière brusque et ne devient pas infinie entre les limites $v = -\pi$, $v = +\pi$, $u = 0$, $u = r$. De plus,

$$x_0, \quad x_1, \quad \ldots, \quad x_{m-1}$$

représentent celles des racines de l'équation

$$(22)\qquad \mathrm{F}(x) = 0,$$

dont les modules, ou les valeurs numériques, sont inférieurs à r.

On a encore

$$(23)\quad \frac{\mathrm{f}(x_0)}{\mathrm{F}'(x_0)} + \frac{\mathrm{f}(x_1)}{\mathrm{F}'(x_1)} + \ldots + \frac{\mathrm{f}(x_{m-1})}{\mathrm{F}'(x_{m-1})} = \frac{1}{2\pi}\int_{-\infty}^{\infty}\left[\frac{\mathrm{f}(u'' + vi)}{\mathrm{F}(u'' + vi)} - \frac{\mathrm{f}(u' + vi)}{\mathrm{F}(u' + vi)}\right]dv,$$

lorsque $\mathrm{f}(u + vi)$ ne devient pas infini et ne varie pas d'une manière brusque entre les limites $u = u'$, $u = u''$, $v = -\infty$, $v = +\infty$ et s'évanouit pour $v = \pm\infty$, quel que soit u. Dans la formule (23), x_0, x_1, ..., x_{m-1} représentent les racines de l'équation (22), dans lesquelles les parties réelles restent comprises entre les limites u', u''.

Lorsque la fonction $\mathrm{f}(u + vi)$ s'évanouit, non seulement pour $v = \pm\infty$, quel que soit u, mais encore pour $u = -\infty$, quel que soit v, alors, en prenant $u' = -\infty$, $u'' = \mathrm{U}$, on réduit la formule (23) à

$$(24) \qquad \frac{\mathrm{f}(x_0)}{\mathrm{F}'(x_0)} + \frac{\mathrm{f}(x_1)}{\mathrm{F}'(x_1)} + \ldots + \frac{\mathrm{f}(x_{m-1})}{\mathrm{F}'(x_{m-1})} = \frac{1}{2\pi}\int_{-\infty}^{\infty} \frac{\mathrm{f}(\mathrm{U} + v\mathrm{i})}{\mathrm{F}(\mathrm{U} + v\mathrm{i})}\,dv.$$

Le premier membre de celle-ci renfermera toutes les racines de $\mathrm{F}(x) = 0$, si U surpasse les parties réelles de toutes ces racines et à plus forte raison si U surpasse leurs modules.

Lorsque la fonction $\mathrm{f}(u + v\mathrm{i})$ s'évanouit, non seulement pour $v = \pm\infty$, quel que soit u, mais encore pour $u = \infty$, quel que soit v, alors, en prenant $u' = -\mathrm{U}$, $u'' = \infty$, on trouve

$$(25) \qquad \frac{\mathrm{f}(x_0)}{\mathrm{F}'(x_0)} + \frac{\mathrm{f}(x_1)}{\mathrm{F}'(x_1)} + \ldots + \frac{\mathrm{f}(x_{m-1})}{\mathrm{F}'(x_{m-1})} = \frac{1}{2\pi}\int_{-\infty}^{\infty} \frac{\mathrm{f}(-\mathrm{U} + v\mathrm{i})}{\mathrm{F}(-\mathrm{U} + v\mathrm{i})}\,dv.$$

Le premier membre de l'équation (25) renfermera toutes les racines de $\mathrm{F}(x) = 0$, si $-\mathrm{U}$ est inférieur aux parties réelles de toutes les racines, ce qui aura nécessairement lieu si U surpasse tous les modules.

§ III. — *Analogies des puissances et des différences.*

Supposons que les caractéristiques

$$\alpha = \frac{\partial}{\partial x}, \qquad 6 = \frac{\partial}{\partial y}, \qquad \gamma = \frac{\partial}{\partial z}, \qquad \ldots,$$

placées devant les fonctions

$$f(x), \quad f(x, y, z, \ldots),$$

indiquent les dérivées de ces fonctions par rapport à $x, y, z, \ldots$ et que les puissances des mêmes caractéristiques indiquent les dérivées des divers ordres, en sorte qu'on ait

$$\alpha f(x) = \frac{\partial f(x)}{\partial x} = f'(x),$$
$$\alpha^2 f(x) = \frac{\partial^2 f(x)}{dx^2} = f''(x),$$
$$\ldots\ldots\ldots\ldots\ldots\ldots\ldots\ldots;$$
$$\alpha^n f(x) = \frac{\partial^n f(x)}{\partial x^n} = f^{(n)}(x)$$

et

$$\alpha\beta f(x,y) = \frac{\partial^2 f(x,y)}{\partial x\,\partial y},$$

$$\ldots\ldots\ldots\ldots\ldots\ldots\ldots$$

Si l'on désigne par

$$F(\alpha, \beta, \gamma, \ldots)$$

une fonction entière de α, β, γ, ..., la notation

$$(1)\qquad F(\alpha, \beta, \gamma, \ldots) f(x, y, z, \ldots)$$

représentera une fonction linéaire de $f(x, y, z, \ldots)$ et de ses dérivées des divers ordres. De plus, on aura évidemment, en vertu du théorème de Taylor,

$$(2)\qquad e^{h\alpha} f(x) = f(x+h) = f(x+\Delta x) = f(x) + \Delta f(x) = (1+\Delta) f(x),$$

h étant la différence finie de x; et, l'on trouvera, par suite, en appelant $k = \Delta y$, $l = \Delta z$, ... les différences finies de y, z, ...

$$(3)\quad F(e^{h\alpha}, e^{k\beta}, e^{l\gamma}, \ldots) f(x, y, z, \ldots) = F(1+\Delta_x, 1+\Delta_y, 1+\Delta_z, \ldots) f(x, y, z, \ldots).$$

Ajoutons que l'on aura généralement

$$(4)\qquad (1+\Delta_x)^n f(x) = f(x+nh).$$

Remarquons à présent que si, dans l'expression (1), on substitue pour $f(x, y, z, \ldots)$ sa valeur, tirée de la formule (3) du deuxième paragraphe, on trouvera

$$(5)\quad \left\{\begin{aligned} &F(\alpha, \beta, \gamma, \ldots) f(x, y, z, \ldots) \\ &= \left(\frac{1}{2\pi}\right)^n \int_{-\infty}^{\infty}\int_{\mu'}^{\mu''}\int_{-\infty}^{\infty}\int_{\nu'}^{\nu''} \ldots e^{\alpha(x-\mu)i} e^{\beta(y-\nu)i} \ldots f(\mu, \nu, \ldots) F(\alpha i, \beta i, \ldots)\, d\alpha\, d\mu\, d\beta\, d\nu \ldots \end{aligned}\right.$$

Si, par analogie, l'on étend cette dernière formule au cas où la fonction $F(\alpha, \beta, \gamma, \ldots)$ devient quelconque, il en résultera que l'intégrale

$$(6)\quad \left(\frac{1}{2\pi}\right)^n \int_{-\infty}^{\infty}\int_{\mu'}^{\mu''} \ldots e^{\alpha(x-\mu)i} e^{\beta(y-\nu)i} \ldots f(\mu, \nu, \ldots) F(\alpha i, \beta i, \ldots)\, d\alpha\, d\mu\, d\beta\, d\nu \ldots$$

sera représentée, dans tous les cas possibles, par la notation

$$\mathrm{F}(\alpha, \beta, \gamma, \ldots) f(x, y, z, \ldots).$$

Cette convention étant admise, il est facile de voir :

1° Que, si l'on a généralement

$$(7)\quad \mathrm{F}(\alpha, \beta, \gamma, \ldots) = \varphi_0(\alpha, \beta, \gamma, \ldots) + \varphi_1(\alpha, \beta, \gamma, \ldots) + \varphi_2(\alpha, \beta, \gamma, \ldots) + \ldots,$$

le second membre de l'équation (7) étant composé d'un nombre fini de termes, on aura aussi

$$(8)\quad \left\{ \begin{array}{l} \mathrm{F}(\alpha, \beta, \gamma, \ldots) f(x, y, z, \ldots) \\ = \varphi_0(\alpha, \beta, \gamma, \ldots) f(x, y, z, \ldots) + \varphi_1(\alpha, \beta, \gamma, \ldots) f(x, y, z, \ldots) + \varphi_2(\alpha, \beta, \gamma, \ldots) f(x, y, z, \ldots) + \ldots; \end{array} \right.$$

2° Que l'équation (7) entraînera encore l'équation (8), si la série

$$(9)\qquad \varphi_0(\alpha i, \beta i, \gamma i, \ldots), \quad \varphi_1(\alpha i, \beta i, \gamma i, \ldots), \quad \ldots$$

est convergente pour toutes les valeurs de $\alpha, \beta, \gamma, \ldots$;

3° Que l'on vérifiera toujours l'équation

$$(10)\qquad \mathrm{F}(\alpha, \beta, \gamma, \ldots) f(x, y, z, \ldots) = \Phi(\alpha, \beta, \gamma, \ldots) f(x, y, z, \ldots),$$

en posant

$$(11)\qquad \mathrm{F}(\alpha, \beta, \gamma, \ldots) = \Phi(\alpha, \beta, \gamma, \ldots);$$

4° Que, si $\mathrm{F}(\alpha, \beta, \gamma, \ldots)$ est une fonction entière, l'on vérifiera encore l'équation

$$(12)\qquad \mathrm{F}(\alpha, \beta, \gamma, \ldots) u = \Phi(\alpha, \beta, \gamma, \ldots) f(x, y, z, \ldots),$$

en posant

$$(13)\qquad u = \frac{\Phi(\alpha, \beta, \gamma, \ldots) f(x, y, z, \ldots)}{\mathrm{F}(\alpha, \beta, \gamma, \ldots)}.$$

On arriverait aux mêmes conclusions si, en attribuant à $x, y, z, \ldots$ des valeurs entières, et partant de la formule

$$(14)\quad f(x, y, z, \ldots) = \left(\frac{1}{2\pi}\right)^n \int_{-\pi}^{\pi} \int_{-\pi}^{\pi} \cdots \sum_{\pi'}^{\mu''+1} \sum_{\nu'}^{\nu''+1} \cdots e^{\alpha(x-\mu)i} e^{\beta(y-\nu)i} \ldots f(\mu, \nu, \ldots) \, d\alpha \, d\beta \ldots,$$

on regardait la notation

$$F(\alpha, \acute{6}, \gamma, \ldots)f(x, y, z, \ldots),$$

comme généralement définie par l'équation

$$(15)\quad \begin{cases} F(\alpha, 6, \gamma, \ldots)f(x, y, z, \ldots) \\ = \left(\frac{1}{2\pi}\right)^n \int_{-\pi}^{\pi}\int_{-\pi}^{\pi}\ldots\sum_{\mu'}^{\mu''+1}\sum_{\nu'}^{\nu''+1}\ldots e^{\alpha(x-\mu)i}e^{6(y-\nu)i}\ldots f(\mu, \nu, \ldots)F(\alpha i, 6i, \ldots)\,d\alpha\,d6\ldots \end{cases}$$

Concevons maintenant que, dans la formule (5), on pose $\mu' = -\infty$, $\mu'' = +\infty$, $\nu' = -\infty$, $\nu'' = +\infty$, ... en sorte que, $F(\alpha, 6, \ldots)$ désignant une fonction quelconque, l'expression

$$F(\alpha, 6, \ldots)f(x, y, \ldots)$$

soit définie par la formule

$$(16)\quad F(\alpha, 6, \ldots)f(x, y, \ldots) = \left(\frac{1}{2\pi}\right)^n \int_{-\infty}^{\infty}\int_{-\infty}^{\infty}\int_{-\infty}^{\infty}\ldots e^{\alpha(x-\mu)i}e^{6(y-\nu)i}\ldots f(\mu, \nu, \ldots)F(\alpha i, 6i, \ldots)\,d\alpha\,d\mu\ldots,$$

et posons, en outre,

$$(17)\quad \varpi(x, y, \ldots) = F(\alpha, 6, \ldots)f(x, y, \ldots),$$

on aura, en désignant par $\varphi(\alpha, 6, \ldots)$ une fonction quelconque de α, $6, \ldots,$

$$(18)\quad \varphi(\alpha, 6, \ldots)\varpi(x, y, \ldots) = \left(\frac{1}{2\pi}\right)^n \int_{-\infty}^{\infty}\int_{-\infty}^{\infty}\ldots e^{a(x-m)i}e^{b(y-n)i}\ldots\varphi(ai, bi, \ldots)\varpi(m, n, \ldots)\,da\,dm\,db\,dn\ldots,$$

$$(19)\quad \varpi(m, n, \ldots) = \left(\frac{1}{2\pi}\right)^n \int_{-\infty}^{\infty}\int_{-\infty}^{\infty}\ldots e^{\alpha(m-\mu)i}e^{6(n-\nu)i}\ldots F(\alpha i, 6i, \ldots)f(\mu, \nu, \ldots)\,d\alpha\,d\mu\,d6\,d\nu\ldots,$$

et, par suite,

$$(20)\quad \begin{cases} \varphi(\alpha, 6, \ldots)\varpi(x, y, \ldots) = \left(\frac{1}{2\pi}\right)^{2n} \int_{-\infty}^{\infty}\int_{-\infty}^{\infty}\ldots e^{m(\alpha-a)i}e^{n(6-b)i}\ldots e^{axi}e^{byi}\ldots e^{-\alpha\mu i}e^{-6\nu i}\ldots \\ \qquad\qquad \times F(\alpha i, 6i, \ldots)\varphi(ai, bi, \ldots f(\mu, \nu, \ldots)\,d\alpha\,d\mu\,da\,dm\ldots \end{cases}$$

Mais on a encore

$$(21)\quad \begin{cases} \left(\frac{1}{2\pi}\right)^n \int_{-\infty}^{\infty}\int_{-\infty}^{\infty}\ldots e^{\pm m(\alpha-a)i}e^{\pm n(6-b)i}\ldots e^{-\alpha\mu i}e^{-6\nu i}\ldots F(\alpha i, 6i, \ldots)\,d\alpha\,dm\ldots \\ = e^{-a\mu i}e^{-b\nu}\ldots F(ai, bi, \ldots) \end{cases}$$

Donc, par suite, l'équation (20) donnera

$$(22)\quad \left\{\begin{aligned} &\varphi(\alpha, \beta, \ldots)\varpi(x, y, \ldots) \\ &= \left(\frac{1}{2\pi}\right)^n \int_{-\infty}^{\infty}\int_{-\infty}^{\infty} \cdots e^{a(x-\mu)i} e^{b(y-\nu)i} \ldots \varphi(ai, bi, \ldots) F(ai, bi, \ldots) f(\mu, \nu, \ldots)\, da\, d\mu\, db\, d\nu \ldots \\ &= \varphi(\alpha, \beta, \ldots) F(\alpha, \beta, \ldots) f(x, y, \ldots). \end{aligned}\right.$$

Par conséquent, $F(\alpha, \beta, \ldots)$, $\varphi(\alpha, \beta, \ldots)$, désignant deux fonctions quelconques de α, β, ..., l'équation (17), savoir

$$(17)\qquad \varpi(x, y, \ldots) = F(\alpha, \beta, \ldots) f(x, y, \ldots),$$

entraînera toujours la suivante

$$(18)\quad \varphi(\alpha, \beta, \ldots)\varpi(x, y, \ldots) = [\varphi(\alpha, \beta, \ldots) F(\alpha, \beta, \ldots)] f(x, y, \ldots),$$

la fonction $F(\alpha, \beta, \ldots) f(x, y, \ldots)$ étant supposée définie par la formule (16).

§ IV. — *Intégration des équations différentielles linéaires à coefficients constants.*

On a généralement

$$(1)\quad \left\{\begin{aligned} &\int \Phi(\Theta + \theta i) e^{(\Theta+\theta i)t}\, d\theta \\ &= \frac{e^{(\Theta+\theta i)t}}{t i}\Phi(\Theta + \theta i) - \frac{1}{t}\int e^{(\Theta+\theta i)t}\Phi'(\Theta + \theta i)\, d\theta \\ &= \frac{e^{(\Theta+\theta i)t}}{i}\left[\frac{\Phi(\Theta + \theta i)}{t} - \frac{\Phi'(\Theta + \theta i)}{t^2} + \frac{\Phi''(\Theta + \theta i)}{t^3} + \ldots\right]. \end{aligned}\right.$$

Cela posé, si l'on désigne par a un nombre fini, par ε un nombre infiniment petit, et si l'on pose

$$(2)\quad \left\{\begin{aligned} &\Phi\left(\Theta + \frac{a}{\varepsilon} i\right) = P + Q i, \\ &\Phi'\left(\Theta + \frac{a}{\varepsilon} i\right) = P' + Q' i, \\ &\ldots\ldots\ldots\ldots\ldots\ldots, \end{aligned}\right.$$

on trouvera, en prenant pour $\Phi(x)$ une fonction entière de x,

$$(3)\quad \left\{\begin{aligned} &\int_{-\frac{a}{\varepsilon}}^{\frac{a}{\varepsilon}} \Phi(\Theta+\theta\mathrm{i})e^{(\Theta+\theta\mathrm{i})t}\,d\theta \\ &= \frac{e^{\Theta t}}{t}\left(\frac{\cos\frac{at}{\varepsilon}+\mathrm{i}\sin\frac{at}{\varepsilon}}{\mathrm{i}}\right)\left[\left(\mathrm{P}+\frac{\mathrm{P}'}{t}+\frac{\mathrm{P}''}{t^2}+\ldots\right)+\left(\mathrm{Q}+\frac{\mathrm{Q}'}{t}+\frac{\mathrm{Q}''}{t^2}+\ldots\right)\mathrm{i}\right] \\ &+ \frac{e^{\Theta t}}{t}\left(\frac{\cos\frac{at}{\varepsilon}-\mathrm{i}\sin\frac{at}{\varepsilon}}{-\mathrm{i}}\right)\left[\left(\mathrm{P}+\frac{\mathrm{P}'}{t}+\frac{\mathrm{P}''}{t^2}+\ldots\right)+\left(\mathrm{Q}+\frac{\mathrm{Q}'}{t}+\frac{\mathrm{Q}''}{t^2}+\ldots\right)\mathrm{i}\right], \end{aligned}\right.$$

ou, ce qui revient au même,

$$(4)\quad \left\{\begin{aligned} &\int_{-\frac{a}{\varepsilon}}^{\frac{a}{\varepsilon}} \Phi(\Theta+\theta\mathrm{i})e^{(\Theta+\theta\mathrm{i})t}\,d\theta \\ &= \frac{2e^{\Theta t}}{t}\left[\left(\mathrm{P}+\frac{\mathrm{P}'}{t}+\frac{\mathrm{P}''}{t^2}+\ldots\right)\sin\frac{at}{\varepsilon}+\left(\mathrm{Q}+\frac{\mathrm{Q}'}{t}+\frac{\mathrm{Q}''}{t^2}+\ldots\right)\cos\frac{at}{\varepsilon}\right]. \end{aligned}\right.$$

Or, quand ε devient infiniment petit, le second membre de l'équation (4) se présente sous la forme $\frac{0}{0}$, et reçoit effectivement une valeur indéterminée. On peut même, quel que soit t, disposer de ε de manière à le faire évanouir, puisqu'il suffit de prendre

$$(5)\quad \left(\mathrm{P}+\frac{\mathrm{P}'}{t}+\frac{\mathrm{P}''}{t^2}+\ldots\right)\sin\frac{at}{\varepsilon}+\left(\mathrm{Q}+\frac{\mathrm{Q}'}{t}+\frac{\mathrm{Q}''}{t^2}+\ldots\right)\cos\frac{at}{\varepsilon}=0,$$

ou

$$(6)\quad \operatorname{tang}\frac{at}{\varepsilon}=-\frac{\mathrm{Q}+\frac{\mathrm{Q}'}{t}+\frac{\mathrm{Q}''}{t^2}+\ldots}{\mathrm{P}+\frac{\mathrm{P}'}{t}+\frac{\mathrm{P}''}{t^2}+\ldots},$$

et que l'on satisfait à l'équation (6) par une infinité de valeurs infiniment petites de ε [1]. Généralement on tirera de l'équation (4), en

[1] Nous avons supprimé ici une transformée des équations (5), (6) et, dans les formules (3), (4), (5), (6), nous avons restitué à l'arc $\frac{at}{\varepsilon}$ le facteur t omis par erreur dans le manuscrit.

supposant que la lettre caractéristique Φ désigne une fonction entière,

(7) $$\int_{-\infty}^{\infty} \Phi(\Theta + \theta i) e^{(\Theta - \theta i)t}\, d\theta = \frac{0}{0}.$$

Si l'on considérait l'intégrale (7) comme la limite de la suivante

(8) $$\left\{\begin{aligned} &\int_{-\infty}^{\infty} e^{-\varepsilon\sqrt{\theta^2}} \Phi(\Theta - \theta i) e^{(\Theta+\theta i)t}\, d\theta \\ &= 2\int_{-\infty}^{\infty} e^{-\varepsilon\theta} \frac{\Phi(\Theta + \theta i) e^{(\Theta+\theta i)t} + \Phi(\Theta - \theta i) e^{(\Theta-\theta i)t}}{2}\, d\theta, \end{aligned}\right.$$

on trouverait une valeur nulle, au lieu d'une valeur indéterminée. Car on a généralement

(9) $$\left\{\begin{aligned} &\int_{-\infty}^{\infty} e^{-\varepsilon\sqrt{\theta^2}} e^{(\Theta-\theta i)t}\, dt \\ &= e^{\Theta t} \frac{2\varepsilon}{\varepsilon^2 + t^2} = e^{\Theta t}\left(\frac{1}{\varepsilon i - t} + \frac{1}{\varepsilon i + t}\right) i = e^{\Theta t}\, i\left(\frac{1}{t + \varepsilon i} + \frac{1}{t - \varepsilon i}\right), \end{aligned}\right.$$

et, par suite, l'intégrale

(10) $$\left\{\begin{aligned} &\int_{-\infty}^{\infty} e^{-\varepsilon\sqrt{\theta^2}} (\Theta + \theta i)^n e^{(\Theta+\theta i)t}\, d\theta \\ &= i\,\frac{d^n\left[e^{\Theta t}\left(\frac{1}{t + \varepsilon i} - \frac{1}{t - \varepsilon i}\right)\right]}{dt^n} \\ &= i e^{\Theta t}\left\{\Theta^n\left(\frac{1}{t + \varepsilon i} - \frac{1}{t - \varepsilon i}\right) - n\,\Theta^{n-1}\left[\left(\frac{1}{t + \varepsilon i}\right)^2 - \left(\frac{1}{t - \varepsilon i}\right)^2\right]\right. \\ &\qquad \left. + n(n-2)\,\Theta^{n-2}\left[\left(\frac{1}{t + \varepsilon i}\right)^3 - \left(\frac{1}{t + \varepsilon i}\right)^3\right] - \ldots\right\} \end{aligned}\right.$$

sera composée de termes qui s'évanouiront tous pour $\varepsilon = 0$.

On obtiendrait encore une valeur nulle pour l'intégrale (7), si on la considérait comme limite de l'une des suivantes

(11) $$\int_{-\infty}^{\infty} e^{-\varepsilon\theta^2} \Phi(\Theta + \theta i) e^{(\Theta+\theta i)t}\, d\theta,$$

ou

(12) $$\int_{-\infty}^{\infty} \frac{\Phi(\Theta + \theta i) e^{(\Theta+\theta i)t}\, d\theta}{1 + \varepsilon^2\theta^2}.$$

Enfin, si l'on désigne par $\varphi(\theta)$ une fonction entière de θ, l'intégrale

(13) $$\int_{-\infty}^{\infty} \varphi(\theta) e^{t\theta i}\, d\theta,$$

considérée comme limite de l'une des suivantes

(14) $$\int_{-\infty}^{\infty} e^{-\varepsilon\sqrt{\theta^2}} \varphi(\theta) e^{\theta t i}\, d\theta, \quad \int_{0}^{\infty} e^{-\varepsilon\theta^2} \varphi(\theta) e^{\theta t i}\, d\theta, \quad \int_{-\infty}^{\infty} \varphi(\theta) e^{\theta t i} \frac{d\theta}{1+\varepsilon^2\theta^2}\, d\theta,$$

aura toujours une valeur nulle, et, par suite, il en sera de même de

(15) $$e^{\Theta t}\int_{-\infty}^{\infty} \varphi(\theta) e^{t\theta i}\, d\theta = \int_{-\infty}^{\infty} \varphi(\theta) e^{(\Theta+\theta i)t}\, d\theta.$$

Concevons, maintenant, qu'il s'agisse d'intégrer l'équation différentielle

(16) $$A_0 u + A_1 \frac{du}{dt} + \ldots + A_n \frac{d^n u}{dt^n} = 0,$$

de manière que l'on ait, pour $t = 0$,

(17) $$u = u_0, \qquad \frac{du}{dt} = u_1, \qquad \frac{d^2 u}{dt^2} = u_2, \qquad \ldots, \qquad \frac{d^{n-1} u}{d^{n-1}} = u_{n-1},$$

on fera

(18) $$u = \int_{-\infty}^{\infty} \nu e^{(\Theta+\theta i)t}\, d\theta,$$

ν étant une fonction inconnue de θ, et Θ une constante arbitraire. En substituant la valeur précédente de u dans l'équation (16), et posant

(19) $$F(\theta) = A_0 + A_1\theta + A_2\theta^2 + \ldots + A_n\theta^n,$$

on trouvera

(20) $$\int_{-\infty}^{\infty} \nu F(\Theta + \theta i) e^{(\Theta+\theta i)t}\, d\theta = 0.$$

Or, en vertu des principes ci-dessus établis, on vérifiera l'équation (20), si l'on prend

(21) $$\nu F(\Theta + \theta i) = \varphi(\Theta + \theta i),$$

$\varphi(x)$ désignant une fonction entière quelconque de x. Par suite, la formule (18) deviendra

$$(22)\qquad u=\int_{-\infty}^{\infty}\frac{\varphi(\Theta+\theta i)}{F(\Theta+\theta i)}e^{(\Theta+\theta i)t}\,d\theta.$$

Si, dans cette dernière, on suppose la fonction $\varphi(x)$ du degré $n-1$, et si l'on désigne par

$$(23)\qquad \theta_0,\quad \theta_1,\quad \ldots,\quad \theta_{n-1}$$

les racines de l'équation $F(\theta)=0$, on aura, en prenant pour Θ une limite supérieure aux parties réelles de toutes ces racines et en vertu de l'équation (24) (§ II),

$$(24)\qquad \frac{u}{2\pi}=\frac{\varphi(\theta_0)}{F'(\theta_0)}e^{\theta_0 t}+\frac{\varphi(\theta_1)}{F'(\theta_1)}e^{\theta_1 t}+\ldots+\frac{\varphi(\theta_{n-1})}{F'(\theta_{n-1})}e^{\theta_{n-1}t},$$

la variable t étant considérée comme positive. La fonction φ étant arbitraire et du degré $n-1$, il est clair que les fractions

$$(25)\qquad \frac{\varphi(\theta_0)}{F'(\theta_0)},\quad \frac{\varphi(\theta_1)}{F'(\theta_1)},\quad \ldots,\quad \frac{\varphi(\theta_{n-1})}{F'(\theta_{n-1})}$$

représentent n constantes arbitraires. Donc l'équation (24) fournit la valeur générale de u. Il reste à substituer aux quantités (25) les constantes arbitraires $u_0, u_1, \ldots, u_{n-1}$. Or, les formules (17) donneront

$$(26)\qquad \left\{\begin{array}{l}
\dfrac{\varphi(\theta_0)}{F'(\theta_0)}+\dfrac{\varphi(\theta_1)}{F'(\theta_1)}+\ldots+\dfrac{\varphi(\theta_{n-1})}{F'(\theta_{n-1})}=\dfrac{u_0}{2\pi},\\[2ex]
\theta_0\dfrac{\varphi(\theta_1)}{F'(\theta_1)}+\theta_1\dfrac{\varphi(\theta_1)}{F'(\theta_1)}+\ldots+\theta_{n-1}\dfrac{\varphi(\theta_{n-1})}{F'(\theta_{n-1})}=\dfrac{u_1}{2\pi},\\[2ex]
\ldots\ldots\ldots\ldots\ldots\ldots\ldots\ldots\ldots\ldots\ldots\ldots,\\[2ex]
\theta_0^{n-1}\dfrac{\varphi(\theta_1)}{F'(\theta_1)}+\theta_0^{n-1}\dfrac{\varphi(\theta_1)}{F'(\theta_1)}+\ldots+\theta_{n-1}^{n-1}\dfrac{\varphi(\theta_{n-1})}{F'(\theta_{n-1})}=\dfrac{u_{n-1}}{2\pi}.
\end{array}\right.$$

On aura d'ailleurs, d'après la formule de Lagrange,

$$(27)\qquad \left\{\begin{array}{l}
\varphi(\theta)=\dfrac{(\theta-\theta_1)(\theta-\theta_2)\ldots(\theta-\theta_{n-1})}{(\theta_0-\theta_1)(\theta_0-\theta_2)\ldots(\theta_0-\theta_{n-1})}\varphi(\theta_0)+\ldots\\[2ex]
\quad=\dfrac{F(\theta)-F(\theta_0)}{(\theta-\theta_0)F'(\theta_0)}\varphi(\theta_0)+\dfrac{F(\theta)-F(\theta_1)}{(\theta-\theta_1)F'(\theta_1)}\varphi(\theta_1)+\ldots\\[2ex]
\quad=\dfrac{F(\theta)-F(\theta_0)}{\theta-\theta_0}\,\dfrac{\varphi(\theta_0)}{F'(\theta_0)}+\dfrac{F(\theta)-F(\theta_1)}{\theta-\theta_1}\,\dfrac{\varphi(\theta_1)}{F'(\theta_1)}+\ldots
\end{array}\right.$$

En développant le second membre de l'équation (27) suivant les puissances de θ, on obtiendra précisément le même développement qui résulterait de la fraction

$$\frac{1}{2\pi}\frac{F(\theta)-F(U)}{\theta-U}, \tag{28}$$

si l'on remplaçait ensuite les puissances successives de U, savoir

$$U^0,\quad U^1,\quad U^2,\quad \ldots,\quad U^{n-1},$$

par les quantités

$$u_0,\quad u_1,\quad u_2,\quad \ldots,\quad u_{n-1},$$

déterminées à l'aide des équations (26). On aura donc sous cette condition

$$\varphi(\theta)=\frac{F(\theta)-F(U)}{\theta-U}\,\frac{1}{2\pi}, \tag{29}$$

en sorte que la formule (22) donnera

$$u=\int_{-\infty}^{\infty}\frac{1}{2\pi}\,\frac{F(\Theta+\theta i)-F(U)}{(\Theta+\theta i)-U}\,\frac{e^{(\Theta+\theta i)t}\,d\theta}{F(\Theta+\theta i)}. \tag{30}$$

En développant cette dernière formule suivant les puissances de U, on trouverait

$$u=u_0T_0+u_1T_1+u_2T_2+\ldots+u_{n-1}T_{n-1}, \tag{31}$$

T_0, T_1, ..., T_{n-1} désignant des fonctions connues de t, représentées par des intégrales définies, savoir

$$\left\{\begin{aligned}
T_0 &=\int_{-\infty}^{\infty}\frac{A_1+A_2(\Theta+\theta i)+\ldots+A_n(\Theta+\theta i)^{n-1}}{F(\Theta+\theta i)}\,e^{(\Theta+\theta i)t}\,\frac{d\theta}{2\pi},\\
T_1 &=\int_{-\infty}^{\infty}\frac{A_2+A_3(\Theta+\theta i)+\ldots+A_n(\Theta+\theta i)^{n-2}}{F(\Theta+\theta i)}\,e^{(\Theta+\theta i)t}\,\frac{d\theta}{2\pi},\\
&\ldots\ldots\ldots\ldots\ldots\ldots\ldots\ldots\ldots\ldots\ldots\ldots,\\
T_{n-1} &=\int_{-\infty}^{\infty}\frac{A_n}{F(\Theta+\theta i)}\,e^{(\Theta+\theta i)t}\,\frac{d\theta}{2\pi}.
\end{aligned}\right. \tag{32}$$

Concevons à présent que l'on désigne par

$$\nabla_0 u,\quad \nabla_1 u,\quad \ldots,\quad \nabla_{n-1} u$$

des fonctions linéaires de la fonction u et de ses dérivées des divers ordres $\frac{du}{dt}, \frac{d^2u}{dt^2}, \ldots$, en sorte que, $\alpha = \frac{d}{dt}$ étant la caractéristique d'une différentiation relative à t, on ait, en adoptant les conventions du paragraphe III,

$$(33) \quad \nabla_0 u = f_0(\alpha)u, \qquad \nabla_1 u = f_1(\alpha)u, \qquad \ldots, \qquad \nabla_{n-1} u = f_{n-1}(\alpha)u.$$

On tirera des équations (32)

$$(34) \quad \left\{\begin{array}{l} \nabla_0 \mathrm{T}_0 \;\;= \displaystyle\int_{-\infty}^{\infty} \frac{\mathrm{A}_1 + \ldots + \mathrm{A}_n(\Theta + \theta\mathrm{i})^{n-1}}{\mathrm{F}(\Theta + \theta\mathrm{i})} f_0(\Theta + \theta\mathrm{i}) e^{(\Theta+\theta\mathrm{i})t} \frac{d\theta}{2\pi}, \\ \nabla_0 \mathrm{T}_1 \;\;= \displaystyle\int_{-\infty}^{\infty} \frac{\mathrm{A}_2 + \ldots + \mathrm{A}_n(\Theta + \theta\mathrm{i})^{n-1}}{\mathrm{F}(\Theta + \theta\mathrm{i})} f_0(\Theta + \theta\mathrm{i}) e^{(\Theta+\theta\mathrm{i})t} \frac{d\theta}{2\pi}, \\ \ldots\ldots\ldots\ldots\ldots\ldots\ldots\ldots\ldots\ldots\ldots\ldots\ldots\ldots, \\ \nabla_0 \mathrm{T}_{n-1} = \displaystyle\int_{0}^{\infty} \frac{\mathrm{A}_n}{\mathrm{F}(\Theta + \theta\mathrm{i})} f_0(\Theta + \theta\mathrm{i}) e^{(\Theta+\theta\mathrm{i})t} \frac{d\theta}{2\pi}, \end{array}\right.$$

et de l'équation (31)

$$(35) \quad \left\{\begin{array}{l} \nabla_0 u \;\;\;\;= u_0 \nabla_0 \mathrm{T}_0 \;\;\; + u_1 \nabla_0 \mathrm{T}_1 \;\;\; + \ldots + u_{n-1} \nabla_0 \mathrm{T}_{n-1}, \\ \nabla_1 u \;\;\;\;= u_0 \nabla_1 \mathrm{T}_0 \;\;\; + u_1 \nabla_1 \mathrm{T}_1 \;\;\; + \ldots + u_{n-1} \nabla_1 \mathrm{T}_{n-1}, \\ \ldots\ldots\ldots\ldots\ldots\ldots\ldots\ldots\ldots\ldots\ldots\ldots, \\ \nabla_{n-1} u = u_0 \nabla_{n-1} \mathrm{T}_0 + u_1 \nabla_{n-1} \mathrm{T}_1 + \ldots + u_{n-1} \nabla_{n-1} \mathrm{T}_{n-1}. \end{array}\right.$$

Cela posé, il deviendra facile de fixer la valeur de u, si l'on donne, au lieu des quantités

$$u_0, \quad u_1, \quad \ldots, \quad u_{n-1},$$

la valeur de

$\nabla_0 u$	correspondante à	$t = t_0$,
$\nabla_1 u$	»	$t = t_1$,
....	»	......
$\nabla_{n-1} u$	»	$t = t_{n-1}$.

En effet, il suffira, dans ce cas, de substituer, dans la formule (31), à la place de $u_0, u_1, \ldots, u_{n-1}$, leurs valeurs déduites des équations (35), dont les premiers membres se réduiront à des quantités constantes et les seconds membres à des fonctions linéaires des inconnues u_0, u_1, ..., u_{n-1}, les coefficients étant représentés par des intégrales définies semblables à celles que fournissent les formules (34), quand on y pose $t = t_0$.

Nous avons, dans ce qui précède, supposé la variable t positive. Si elle devenait négative, il faudrait, pour retrouver la valeur générale de u, remplacer dans l'équation (22) la constante arbitraire Θ par une limite inférieure aux parties réelles des racines θ_0, θ_1, ..., θ_{n-1}, puis, dans les formules (24) et (26), les quantités

$$u, \quad u_0, \quad u_1, \quad \ldots, \quad u_{n-1}$$

par

$$-u, \quad -u_0, \quad -u_1, \quad \ldots, \quad -u_{n-1}.$$

En conséquence, les équations (30), (32), etc. conserveraient la même forme. Seulement Θ y aurait changé de valeur.

Il est bon de remarquer que, en vertu des conventions admises dans le paragraphe III, l'équation (16) peut être présentée sous la forme

$$(36) \qquad F(\alpha)u = 0.$$

Si l'on avait à résoudre l'équation

$$(37) \qquad F(\alpha)u = f(t),$$

ou

$$(38) \qquad A_0 u + A_1 \frac{du}{dt} + \ldots + A_n \frac{d^n u}{dt^n} = f(t),$$

il est clair qu'une valeur particulière de u serait

$$(39) \qquad u = \frac{f(t)}{F(\alpha)},$$

ou, ce qui revient au même,

$$(40) \qquad u = \frac{1}{2\pi} \int_{\tau'}^{\tau''} \int_{-\infty}^{\infty} e^{\alpha i(t-\tau)} f(\tau) \frac{d\tau\, d\alpha}{F(\alpha i)};$$

ou bien encore, en remplaçant αi par $a + \alpha i$, puis écrivant Θ au lieu de a et θ au lieu de α, on trouverait

$$(41)\qquad u = \frac{1}{2\pi}\int_{\tau'}^{\tau''}\int_{-\infty}^{\infty} e^{(\Theta+\theta i)(t-\tau)} \frac{f(\tau)\,d\tau\,d\theta}{F(\Theta+\theta i)},$$

t étant renfermée entre les limites τ', τ''. Telle serait une valeur particulière de u. Il suffirait ensuite de poser

$$(42)\qquad u = \frac{1}{2\pi}\int_{\tau'}^{\tau''}\int_{-\infty}^{\infty} e^{(\Theta+\theta i)(t-\tau)} \frac{f(\tau)}{F(\Theta+\theta i)}\,d\tau\,d\theta + v,$$

pour obtenir en v une équation entièrement semblable à l'équation (16).

Il est facile de s'assurer que la formule (41) résout l'équation (37), dans le cas même où l'on pose $\tau' = 0$, $\tau'' = t$. Soit, en effet,

$$(43)\qquad u = \frac{1}{2\pi}\int_{0}^{t}\int_{-\infty}^{\infty} e^{(\Theta+\theta i)(t-\tau)} \frac{f(\tau)\,d\tau\,d\theta}{F(\Theta+\theta i)},$$

on aura

$$\frac{du}{dt} = \frac{1}{2\pi}\int_{0}^{t}\int_{-\infty}^{\infty} e^{(\Theta+\theta i)(t-\tau)} \frac{(\Theta+\theta i)f(\tau)\,d\tau\,d\theta}{F(\Theta+\theta i)} + \frac{f(t)}{2\pi}\int_{-\infty}^{\infty}\frac{d\theta}{F(\Theta+\theta i)}, \quad \ldots,$$

et, par suite,

$$(44)\qquad \left\{\begin{aligned} F(\alpha)u = {} & \frac{1}{2\pi}\int_{0}^{t}\int_{-\infty}^{\infty} e^{(\Theta+\theta i)(t-\tau)} f(\tau)\,d\tau\,d\theta \\ & + \frac{1}{2\pi}[A_1 f(t) + A_2 f'(t) + \ldots + A_n f^{(n-1)}(t)]\int_{-\infty}^{\infty}\frac{d\theta}{F(\Theta+\theta i)} \\ & + \frac{1}{2\pi}[A_2 f(t) + A_3 f'(t) + \ldots + A_n f^{(n-2)}(t)]\int_{-\infty}^{\infty}\frac{(\Theta+\theta i)\,d\theta}{F(\Theta+\theta i)} \\ & + \ldots\ldots\ldots\ldots\ldots\ldots\ldots\ldots\ldots\ldots \\ & + \frac{1}{2\pi}[A_n f(t)]\int_{-\infty}^{\infty}\frac{(\Theta+\theta i)^{n-1}\,d\theta}{F(\Theta+\theta i)}. \end{aligned}\right.$$

Or, il est clair que, dans le second membre de l'équation (44), les coefficients de

$$f'(t),\quad f''(t),\quad \ldots,\quad f^{(n-1)}(t)$$

sont ce que deviennent les intégrales

$$T_1,\quad T_2,\quad \ldots,\quad T_{n-1},$$

pour $t = 0$, c'est-à-dire, égaux aux nombres

$$0,\quad 0,\quad \ldots,\quad 0.$$

Quant au coefficient de $f(t)$, c'est-à-dire à l'intégrale

$$\frac{1}{2\pi}\int_{-\infty}^{\infty} \frac{A_1 + A_2(\Theta + \theta i) + \ldots + A_n(\Theta + \theta i)^{n-1}}{F(\Theta + \theta i)}\, d\theta$$
$$= \frac{1}{2\pi}\int_{-\infty}^{\infty} \frac{F(\Theta + \theta i) - F(0)}{F(\Theta + \theta i)} \frac{d\theta}{\Theta + \theta i},$$

il est facile de s'assurer que sa valeur sera indépendante de la quantité Θ; et, comme pour de très grandes valeurs de Θ on a sensiblement

$$\frac{F(\Theta + \theta i) - F(0)}{F(\Theta + \theta i)} = 1,$$

cette même intégrale se réduira sensiblement à

$$\frac{1}{2\pi}\int_{-\infty}^{\infty} \frac{d\theta}{\Theta + \theta i} = \frac{1}{2\pi}\int_{-\infty}^{\infty} \frac{\Theta\, d\theta}{\Theta^2 + \theta^2} = \frac{1}{2},$$

pourvu que l'on se borne à calculer sa valeur principale, qui est effectivement la limite de

$$\frac{1}{2\pi}\int_{-\infty}^{\infty} e^{-\varepsilon\sqrt{\theta^2}} \frac{d\theta}{\Theta + \theta i}.$$

De plus, comme on a généralement

$$(45)\qquad \frac{1}{2\pi}\int_{\tau'}^{t}\int_{-\infty}^{\infty} e^{(\Theta+\theta i)(t-\tau)} f(\tau)\, d\tau\, d\theta = \frac{1}{2} f(t),$$

l'équation (44) donnera évidemment

$$F(\alpha)u = \frac{1}{2}f(t) + \frac{1}{2}f(t) = f(t).$$

Ainsi la valeur de u, déterminée par l'équation (43), satisfait à l'équation (37). Si, d'ailleurs, on observe qne cette valeur de u s'évanouit pour $t = 0$, on arrivera aux conclusions suivantes.

Pour obtenir une valeur de u qui soit propre à vérifier l'équation (37), quelle que soit la valeur de t, et les conditions (17) lorsqu'on pose $t = 0$, il suffit de prendre

$$(46)\quad u = u_0 T_0 + u_1 T_1 + \ldots + u_{n-1} T_{n-1} + \frac{1}{2\pi} \int_0^t \int_{-\infty}^{\infty} \frac{e^{(\Theta+\theta i)(t-\tau)} f(\tau)\, d\tau\, d\theta}{F(\Theta + \theta i)},$$

ou, ce qui revient au même,

$$(47)\quad u = \frac{1}{2\pi} \int_{-\infty}^{\infty} \left[\frac{F(\Theta + \theta i) - F(U)}{\Theta + \theta i - U} \frac{e^{(\Theta+\theta i)t}}{F(\Theta + \theta i)} + \int_0^t \frac{e^{(\Theta+\theta i)(t-\tau)} f(\tau)\, d\tau}{F(\Theta + \theta i)} \right] d\theta,$$

les puissances de U devant être remplacées par $u_0, u_1, \ldots, u_{n-1}$, et Θ devant être supérieur ou inférieur aux parties réelles de toutes les racines, suivant que la variable t est considérée comme positive ou négative. On peut encore présenter l'équation (47) sous la forme

$$(48)\quad \left\{ \begin{aligned} u &= \frac{1}{2\pi} \int_{-\infty}^{\infty} \left[\frac{F(\Theta + \theta i) - F(U)}{\Theta + \theta i - U} e^{(\Theta+\theta i)t} + \int_0^t e^{(\Theta+\theta i)(t-\tau)} f(\tau)\, d\tau \right] \frac{d\theta}{F(\Theta + \theta i)} \\ &= \frac{1}{2\pi} \int_{-\infty}^{\infty} \left[\frac{F(\Theta + \theta i) - F(U)}{\Theta + \theta i - U} + \int_0^t \frac{f(\tau)\, d\tau}{e^{(\Theta+\theta i)\tau}} \right] \frac{e^{(\Theta+\theta i)t}\, d\theta}{F(\Theta + \theta i)}. \end{aligned} \right.$$

Il est important de remarquer que, dans l'intégrale double que renferme le second membre de l'équation (41), la fonction

$$\frac{1}{F(\Theta + \theta i)}$$

ne devient infinie pour aucune valeur réelle de θ, lorsque Θ est une limite supérieure ou inférieure aux parties réelles de toutes les racines. Il n'en serait plus de même si Θ devenait précisément égale à l'une des parties réelles dont il s'agit. Alors l'intégrale en question deviendrait indéterminée et la différence entre sa valeur générale et sa valeur principale serait un terme de la forme

$$c e^{\theta_m t},$$

c désignant une constante arbitraire et θ_m une racine de l'équation

$F(\theta) = 0$. Si les parties réelles de toutes les racines étaient égales entre elles et à Θ, alors

$$(41) \qquad u = \frac{1}{2\pi}\int_{\tau'}^{\tau''}\int_{-\infty}^{\infty}\frac{e^{(\Theta+\theta i)(t-\tau)}}{F(\Theta+\theta i)}f(\tau)\,d\tau\,d\theta$$

représenterait l'intégrale générale de l'équation

$$(37) \qquad F(\alpha)u = f(t).$$

En se servant uniquement de la notation de M. Brisson, on peut trouver, de la manière suivante, l'intégrale générale de l'équation (37) sous la forme donnée par ce géomètre.

Supposons l'expression

$$F(\alpha, \beta, \gamma, \ldots)f(x, y, z, \ldots),$$

définie par l'équation (16) du paragraphe III, et soient toujours

$$\theta_0, \quad \theta_1, \quad \ldots, \quad \theta_{n-1}$$

les racines de l'équation

$$(49) \qquad F(\theta) = 0,$$

on aura identiquement

$$(50) \qquad F(\alpha) = A_n(\alpha-\theta_0)(\alpha-\theta_1)\ldots(\alpha-\theta_{n-1}),$$

et, par suite, u désignant une fonction quelconque de x, on aura, en vertu des principes établis dans le paragraphe III,

$$(51) \qquad F(\alpha)u = [A_n(\alpha-\theta_1)(\alpha-\theta_2)\ldots(\alpha-\theta_{n-1})](\alpha-\theta_0)u,$$

ou, si l'on pose

$$(52) \qquad (\alpha-\theta_0)u = v,$$

on aura

$$(53) \qquad F(\alpha)u = A_n(\alpha-\theta_1)(\alpha-\theta_2)\ldots(\alpha-\theta_{n-1})v.$$

Par suite, on vérifiera l'équation

(54) $$F(\alpha)u = 0,$$

en prenant $v = 0$, ou, ce qui revient au même,

(55) $$(\alpha - \theta_0)u = 0.$$

On prouvera également que l'équation (54) est vérifiée par toutes les valeurs de u propres à vérifier les suivantes

(56) $$(\alpha - \theta_0)u = 0, \qquad (\alpha - \theta_1)u = 0, \qquad \ldots, \qquad (\alpha - \theta_{n-1})u = 0.$$

Donc, on la vérifiera encore si l'on prend pour u la somme des intégrales générales des équations (56), c'est-à-dire

(57) $$u = c_0 e^{\theta_0 t} + c_1 e^{\theta_1 t} + \ldots + c_{n-1} e^{\theta_{n-1} t},$$

$c_1, c_2, \ldots, c_{n-1}$ désignant n constantes arbitraires.

Si l'on propose de résoudre, à la place de l'équation (54), la suivante

(58) $$F(\alpha)u = f(t),$$

il suffira de connaître une valeur particulière de u, telle que

(59) $$u = \frac{f(t)}{F(\alpha)} = \frac{1}{2\pi}\int_{-\infty}^{\infty}\int_{-\infty}^{\infty} \frac{e^{\theta(t-\tau)i} f(\tau)\, d\tau\, d\theta}{F(\theta i)}.$$

En ajoutant à cette valeur particulière de u le second membre de la formule (57), on obtiendra l'intégrale générale de l'équation (56).

Observons maintenant que

(60) $$\frac{1}{F(\alpha)} = \frac{1}{F'(\theta_0)}\frac{1}{\alpha - \theta_0} + \frac{1}{F'(\theta_1)}\frac{1}{\alpha - \theta_1} + \ldots + \frac{1}{F'(\theta_{n-1})}\frac{1}{\alpha - \theta_{n-1}}.$$

Donc

(61) $$\frac{f(t)}{F(\alpha)} = \frac{1}{F'(\theta_0)}\frac{f(t)}{\alpha - \theta_0} + \frac{1}{F'(\theta_1)}\frac{f(t)}{\alpha - \theta_1} + \ldots + \frac{1}{F'(\theta_{n-1})}\frac{f(t)}{\alpha - \theta_{n-1}}.$$

De plus

$$(62)\quad \left\{\begin{aligned} \frac{f(t)}{\alpha-\theta_0} &= \frac{1}{2\pi}\int_{-\infty}^{\infty}\int_{-\infty}^{\infty} e^{\theta(t-\tau)i}\frac{f(\tau)\,d\tau\,d\theta}{\theta i-\theta_0}\\ &= \frac{1}{2\pi}e^{\theta_0 t}\int_{-\infty}^{\infty}\int_{-\infty}^{\infty} e^{(\theta i-\theta_0)t}e^{-\theta\tau i}\frac{f(\tau)\,d\tau\,d\theta}{\theta i-\theta_0}\\ &= e^{\theta_0 t}\frac{1}{2\pi}\int_{-\infty}^{\infty}\int_{-\infty}^{\infty}\int e^{(\theta i-\theta_0)t}e^{-\theta\tau i}f(\tau)\,d\tau\,d\theta\,dt\\ &= e^{\theta_0 t}\frac{1}{2\pi}\int_{-\infty}^{\infty}\int_{-\infty}^{\infty}\int e^{-\theta_0 t}e^{\theta(t-\tau)i}f(\tau)\,d\tau\,d\theta\,dt\\ &= e^{\theta_0 t}\int e^{-\theta_0 t}f(t)\,dt, \end{aligned}\right.$$

l'intégration relative à t étant effectuée à partir de la limite qui fait évanouir l'exponentielle $e^{-\theta_0 t}$, c'est-à-dire à partir de $t=-\infty$ si la partie réelle de θ_0 est positive, et à partir de $t=+\infty$ dans le cas contraire. On aura, par suite, en vertu des équations (59) et (61),

$$(63)\quad u=\frac{1}{F'(\theta_0)}e^{\theta_0 t}\int e^{-\theta_0 t}f(t)\,dt+\ldots+\frac{1}{F'(\theta_{n-1})}e^{\theta_{n-1}t}\int e^{-\theta_{n-1}t}f(t)\,dt.$$

Si à cette valeur de u, dans laquelle chaque intégrale est prise à partir de la limite $-\infty$ ou $+\infty$, on ajoute le second membre de l'équation (57), on obtiendra une valeur de la même forme, mais dans laquelle chaque signe $\int$ indiquera une intégration indéfinie. Cette nouvelle valeur sera l'intégrale générale de la formule (58).

Si, en supposant toujours la notation

$$F(\alpha, 6, \gamma, \ldots)f(x, y, z, \ldots),$$

définie par l'équation (16) du paragraphe III, on indique par les caractéristiques

$$(64)\qquad D_x=\frac{\partial}{\partial x},\qquad D_y=\frac{\partial}{\partial y},\qquad \ldots$$

les dérivées d'une fonction de $x, y, z, \ldots$ relatives à $x, y, z, \ldots$, et par

$$(65)\qquad u=\frac{f(x, y, z, \ldots)}{F(D_x, D_y, \ldots)},$$

l'intégrale générale de l'équation

$$F(D_x, D_y, D_z, \ldots)\, u = f(x, y, z, \ldots),$$

dans le cas où $F(\alpha, 6, \gamma, \ldots)$ est une fonction entière de $\alpha, 6, \gamma, \ldots$, on aura généralement dans le même cas

$$(66)\quad F(D_x, D_y, D_z, \ldots) f(x, y, z, \ldots) = F(\alpha, 6, \gamma, \ldots) f(x, y, z, \ldots).$$

Mais l'expression

$$(67)\quad \frac{f(x, y, z, \ldots)}{F(\alpha, 6, \gamma, \ldots)}$$

ne sera qu'une valeur particulière de

$$(68)\quad \frac{f(x, y, z, \ldots)}{F(D_x, D_y, D_z, \ldots)}.$$

Ces conventions étant admises, l'équation (58) pourra être présentée sous la forme

$$(69)\quad F(D_t) u = f(t),$$

et l'on en conclura facilement

$$(70)\quad u = \frac{f(t)}{F(D_t)} = \frac{1}{F'(\theta_0)} \frac{f(t)}{D_t - \theta_0} + \ldots + \frac{1}{F'(\theta_{n-1})} \frac{f(t)}{D_t - \theta_{n-1}}.$$

Cette dernière équation ramène l'expression

$$\frac{f(t)}{F(D_t)}$$

aux suivantes

$$\frac{f(t)}{D_t - \theta_0}, \quad \frac{f(t)}{D_t - \theta_1}, \quad \ldots, \quad \frac{f(t)}{D_t - \theta_{n-1}},$$

c'est-à-dire qu'elle ramène l'intégrale générale de l'équation (69) à celles des équations

$$(71)\quad (D_t - \theta_0) u = f(t), \quad \ldots, \quad (D_t - \theta_{n-1}) u = f(t),$$

ou, en d'autres termes, à celles des équations

$$(72)\quad \frac{du}{dt} - \theta_0 u = f(t), \quad \ldots, \quad \frac{du}{dt} - \theta_{n-1} u = f(t).$$

Or, ces intégrales générales étant respectivement

$$(73)\quad \begin{cases} u = e^{\theta_0 t}\left[c_0 + \int_0^t e^{-\theta_0 t} f(t)\,dt\right], \\ \dots\dots\dots\dots\dots\dots\dots\dots, \\ u = e^{\theta_{n-1} t}\left[c_{n-1} + \int_0^t e^{-\theta_{n-1} t} f(t)\,dt\right], \end{cases}$$

l'équation (70) deviendra

$$(74)\quad \begin{cases} u = \dfrac{e^{\theta_0 t}}{F'(\theta_0)}\left[c_0 + \int_0^t e^{-\theta_0 t} f(t)\,dt\right] + \dots \\ \quad + \dfrac{e^{\theta_{n-1} t}}{F'(\theta_{n-1})}\left[c_{n-1} + \int_0^t e^{-\theta_{n-1} t} f(t)\,dt\right]. \end{cases}$$

Telle est la méthode la plus simple pour former l'intégrale générale de l'équation (38).

§ V. — *Intégration des équations linéaires aux différences partielles et à coefficients constants.*

Supposons qu'il s'agisse d'intégrer l'équation

$$(1)\quad F(D_x, D_y, D_z, \dots, D_t)\,u = f(x, y, z, \dots, t),$$

de manière que, pour $t = 0$,

$$(2)\quad u, \quad \frac{\partial u}{\partial t}, \quad \dots, \quad \frac{\partial^{m-1} u}{\partial t^{m-1}}$$

se réduisent à

$$(3)\quad f_0(x, y, z, \dots), \quad f_1(x, y, z, \dots), \quad \dots, \quad f_{m-1}(x, y, z, \dots),$$

m étant l'ordre de l'équation par rapport à t, c'est-à-dire le plus haut exposant de D_t dans $F(D_x, D_y, D_z, \dots, D_t)$; on posera

$$(4)\quad u = \left(\frac{1}{2\pi}\right)^n \int_{-\infty}^{\infty}\int_{\mu'}^{\mu''} \dots e^{\alpha(x-\mu)i} e^{6(y-\nu)i} \dots v \, d\alpha\, d\mu\, d6\, d\nu \dots,$$

et il suffira évidemment d'intégrer l'équation différentielle

$$(5)\quad F(\alpha i, 6 i, \dots, D_t)\,v = f(\mu, \nu, \dots, t),$$

dans laquelle l'inconnue v représente une fonction de t, de manière que l'on ait, pour $t = 0$,

$$(6)\qquad v = f_0(\mu, \nu, \ldots), \quad \frac{dv}{du} = f_1(\mu, \nu, \ldots), \quad \ldots, \quad \frac{d^{m-1}v}{dt^{m-1}} = f_{m-1}(\mu, \nu, \ldots).$$

Ce dernier problème se résout très facilement par le paragraphe IV.

Supposons encore que l'on doive avoir

$$(7)\qquad \begin{cases} \text{pour} & t = t_0, & F_0(D_x, D_y, \ldots, D_t)u = f_0(x, y, z, \ldots), \\ \quad » & t = t_1, & F_1(D_x, D_y, \ldots, D_t)u = f_1(x, y, z, \ldots), \\ & \ldots\ldots, & \ldots\ldots\ldots\ldots\ldots\ldots\ldots\ldots, \\ \quad » & t = t_{m-1}, & F_{m-1}(D_x, D_y, \ldots, D_t)u = f_{m-1}(x, y, z, \ldots). \end{cases}$$

Dans ce cas, il suffira d'intégrer l'équation (5), de manière que l'on ait

$$(8)\qquad \begin{cases} \text{pour} & t = t_0, & F_0(\alpha i, 6 i, \ldots, D_t)v = f_0(\mu, \nu, \ldots), \\ \quad » & t = t_1, & F_1(\alpha i, 6 i, \ldots, D_t)v = f_1(\mu, \nu, \ldots), \\ & \ldots\ldots, & \ldots\ldots\ldots\ldots\ldots\ldots\ldots\ldots, \\ \quad » & t = t_{m-1}, & F_{m-1}(\alpha i, 6 i, \ldots, D_t)v = f_{m-1}(\mu, \nu, \ldots). \end{cases}$$

Ce problème se résout encore très simplement par le paragraphe IV.

Soient maintenant

$$(9)\qquad \varphi_0(\alpha, 6, \ldots), \quad \varphi_1(\alpha, 6, \ldots), \quad \ldots, \quad \varphi_{m-1}(\alpha, 6, \ldots)$$

les valeurs de θ tirées de l'équation

$$(10)\qquad F(\alpha, 6, \gamma, \ldots, \theta) = 0,$$

on vérifiera l'équation

$$(11)\qquad F(\alpha i, 6 i, \ldots, D_t)v = 0,$$

en posant

$$(12)\qquad v = e^{t\varphi_0(\alpha i, 6 i, \ldots)}\psi_0(\mu, \nu, \ldots) + \ldots + e^{t\varphi_{m-1}(\alpha i, 6 i, \ldots)}\psi_{m-1}(\mu, \nu, \ldots),$$

et, en substituant cette valeur de v dans la formule (4), puis adoptant les notations du paragraphe III, on trouvera, pour l'intégrale générale de l'équation

$$(13)\qquad F(D_x, D_y, \ldots, D_t)u = 0,$$

la formule

$$(14)\qquad u = e^{t\varphi_0(\alpha,6,\ldots)}\psi_0(x, y, \ldots) + \ldots + e^{t\varphi_{m-1}(\alpha,6,\ldots)}\psi_{m-1}(x, y, \ldots).$$

Si l'on ajoute au second membre de cette dernière une valeur particulière de u propre à vérifier l'équation (1), telle que

$$(15)\qquad u = \frac{f(x, y, z, \ldots, t)}{F(\alpha, 6, \gamma, \ldots, \theta)},$$

on trouvera, pour l'intégrale générale de l'équation (1),

$$(16)\qquad \left\{\begin{aligned} u &= e^{t\varphi_0(\alpha,6,\ldots)}\psi_0(x, y, \ldots) + \ldots \\ &+ e^{t\varphi_{m-1}(\alpha,6,\ldots)}\psi_{m-1}(x, y, \ldots) + \frac{f(x, y, z, \ldots, t)}{F(\alpha, 6, \gamma, \ldots, \theta)}.\end{aligned}\right.$$

La valeur correspondante de v serait

$$(17)\qquad \left\{\begin{aligned} v &= e^{t\varphi_0(\alpha i,6i,\ldots)}\psi_0(\mu, \nu, \ldots) + \ldots \\ &+ e^{t\varphi_{m-1}(\alpha i,6i,\ldots)}\psi_{m-1}(\mu, \nu, \ldots) + \frac{f(\mu, \nu, \ldots, t)}{F(\alpha i, 6i, \ldots, \theta)},\end{aligned}\right.$$

le dernier terme représentant l'intégrale

$$(18)\qquad \frac{1}{2\pi}\int_{-\infty}^{\infty}\int_{-\infty}^{\infty} e^{\theta(t-\tau)i}\frac{f(\mu, \nu, \ldots, \tau)}{F(\alpha i, 6i, \ldots, \theta i)}\,d\tau\,d\theta.$$

Cela posé, il est facile de voir que les équations (7) donneront

$$(19)\qquad \left\{\begin{aligned} &f_0(x, y, z, \ldots) \\ &\quad = e^{t_0\varphi_0(\alpha,6,\ldots)}F_0[\alpha, 6, \ldots, \varphi_0(\alpha, 6, \ldots)]\psi_0(x, y, \ldots) + \ldots \\ &\qquad + e^{t_0\varphi_{m-1}(\alpha,6,\ldots)}F_0[\alpha, 6, \ldots, \varphi_{m-1}(\alpha, 6, \ldots)]\psi_{m-1}(x, y, \ldots) \\ &\qquad + \frac{F_0(\alpha, 6, \ldots, \theta)}{F(\alpha, 6, \ldots, \theta)}f(x, y, z, \ldots, t_0), \\ &f_1(x, y, z, \ldots) \\ &\quad = e^{t_0\varphi_0(\alpha,6,\ldots)}F_1[\alpha, 6, \ldots, \varphi_0(\alpha, 6, \ldots)]\psi_0(x, y, \ldots) + \ldots \\ &\qquad + e^{t_1\varphi_{m-1}(\alpha,6,\ldots)}F_1[\alpha, 6, \ldots, \varphi_{m-1}(\alpha, 6, \ldots)]\psi_{m-1}(x, y, \ldots) \\ &\qquad + \frac{F_1(\alpha, 6, \ldots, \theta)}{F(\alpha, 6, \ldots, \theta)}f(x, y, z, \ldots, t_1), \\ &\ldots\ldots\ldots\ldots\ldots\ldots\ldots\ldots\ldots\ldots\ldots\ldots\ldots\ldots, \end{aligned}\right.$$

tandis que les équations (8) donneront

$$(20)\quad\left\{\begin{array}{l} f_0(\mu,\nu,\ldots) \\ \quad = e^{t_0\varphi_0(\alpha i,6i,\ldots)}\,F_0[\alpha i, 6i,\ldots,\varphi_0(\alpha i, 6i,\ldots)]\,\psi_0(\mu,\nu,\ldots)+\ldots \\ \quad + e^{t_0\varphi_{m-1}(\alpha i,6i,\ldots)}\,F_0[\alpha i, 6i,\ldots,\varphi_{m-1}(\alpha i, 6i,\ldots)]\,\psi_{m-1}(\mu,\nu,\ldots) \\ \quad + \dfrac{F_0(\alpha i, 6i,\ldots,\theta)}{F(\alpha i, 6i,\ldots,\theta)} f(\mu,\nu,\ldots,t_0), \\ \ldots\ldots\ldots\ldots\ldots\ldots\ldots\ldots\ldots\ldots\ldots\ldots \end{array}\right.$$

Les équations (19), dans lesquelles α, 6, ... représentent des caractéristiques, serviront, en vertu des principes établis dans le paragraphe III, à déterminer les fonctions inconnues

$$\psi_0(x,y,\ldots),\quad \psi_1(x,y,\ldots),\quad \ldots,\quad \psi_{m-1}(x,y,\ldots).$$

Les équations (20), dans lesquelles α, 6, ..., μ, ν, ... (θ excepté) représentent de véritables quantités, serviront à déterminer, de la même manière, les fonctions inconnues

$$\psi_0(\mu,\nu,\ldots),\quad \psi_1(\mu,\nu,\ldots),\quad \ldots,\quad \psi_{m-1}(\mu,\nu,\ldots),$$

qui renfermeront, de plus, α, 6, γ, ... Le calcul sera le même dans les deux cas, et l'on retrouvera les mêmes résultats, soit que l'on substitue les valeurs de $\psi_0(\mu,\nu,\ldots)$, $\psi_1(\mu,\nu,\ldots)$, ... dans les formules (4) et (17), soit que l'on substitue les valeurs de $\psi_0(x,y,\ldots)$, $\psi_1(x,y,\ldots)$, ... dans la formule (16), pourvu toutefois que l'on se borne aux valeurs particulières de $\psi_0(x,y,\ldots)$, $\psi_1(x,y,\ldots)$, ..., déduites par l'élimination des équations (19).

Si, conformément aux conventions établies dans le paragraphe IV, on regarde la notation

$$(21)\qquad \frac{f(x,y,z,\ldots,t)}{F(D_x,D_y,\ldots,D_t)},$$

comme expliquant l'intégrale de

$$(22)\qquad F(D_x,D_y,\ldots,D_t)u = f(x,y,z,\ldots,t),$$

alors, en supposant

$$(23)\quad \left\{ \begin{aligned} &\frac{1}{F(D_x, D_y, \ldots, D_t)} \\ &\quad = \frac{A}{a D_x + b D_y + \ldots + k D_t + l} + \frac{A'}{a' D_x + b' D_y + \ldots + k' D_t + l'} + \ldots, \end{aligned} \right.$$

on aura

$$(24)\quad \left\{ \begin{aligned} \frac{f(x, y, z, \ldots, t)}{F(D_x, D_y, \ldots, D_t)} = {} & A\, \frac{f(x, y, z, \ldots, t)}{a D_x + b D_y + \ldots + k D_t + l} \\ & + A' \frac{f(x, y, z, \ldots, t)}{a' D_x + b' D_y + \ldots + k' D_t + l'} + \ldots. \end{aligned} \right.$$

Cette dernière formule ramène l'intégration de l'équation (22) à celles des équations de la forme

$$(25)\qquad (a D_x + b D_y + \ldots + k D_t + l) u = f(x, y, z, \ldots, t).$$

Supposons, par exemple, que $F(\alpha, 6)$ soit une fonction homogène de α et 6 du degré m, en sorte qu'on ait

$$\begin{aligned} F(\alpha, 6) = 6^m F\left(\frac{\alpha}{6}, 1\right) &= A_m 6^m \left(\frac{\alpha}{6} - \theta_0\right)\left(\frac{\alpha}{6} - \theta_1\right) \cdots \left(\frac{\alpha}{6} - \theta_{m-1}\right) \\ &= A_m \quad (\alpha - \theta_0 6)(\alpha - \theta_1 6) \ldots (\alpha - \theta_{m-1} 6), \end{aligned}$$

on trouvera, en posant $F\left(\frac{\alpha}{6}, 1\right) = \Phi\left(\frac{\alpha}{6}\right)$,

$$\frac{1}{F(\alpha, 6)} = \frac{1}{\Phi'(\theta_0)} \frac{1}{\alpha - \theta_0 6} + \ldots + \frac{1}{\Phi'(\theta_{m-1})} \frac{1}{\alpha - \theta_{m-1} 6},$$

et, par suite, l'intégrale de l'équation

$$(26)\qquad F(D_x, D_y) u = f(x, y)$$

sera

$$(27)\quad \left\{ \begin{aligned} u &= \frac{f(x, y)}{F(D_x, D_y)} \\ &= \frac{1}{\Phi'(\theta_0)} \frac{f(x, y)}{D_x - \theta_0 D_y} + \frac{1}{\Phi'(\theta_1)} \frac{f(x, y)}{D_x - \theta_1 D_y} + \ldots + \frac{1}{\Phi'(\theta_{m-1})} \frac{f(x, y)}{D_x - \theta_{m-1} D_y}. \end{aligned} \right.$$

En général, si $F(\alpha, 6, \gamma, \ldots, \theta)$ se décompose en plusieurs facteurs du premier degré, ou de la forme

$$a\alpha + b\beta + c\gamma + \ldots + k\theta + l,$$

alors, en posant

$$\frac{\partial F(\alpha, \beta, \gamma, \ldots, \theta)}{\partial \alpha} = \varphi(\alpha, \beta, \gamma, \ldots, \theta), \tag{28}$$

on trouvera

$$\left\{\begin{aligned} &\frac{1}{F(\alpha, \beta, \gamma, \ldots, \theta)} \\ &= \frac{1}{\varphi\left(-\frac{b\beta + c\gamma + \ldots + k\theta + l}{a}, \beta, \gamma, \ldots, \theta\right)} \frac{1}{a\alpha + b\beta + \ldots + k\theta + l} + \ldots, \end{aligned}\right. \tag{29}$$

et, par suite, l'intégrale générale de l'équation

$$F(D_x, D_y, D_z, \ldots, D_t)u = f(x, y, z, \ldots, t) \tag{30}$$

sera

$$\left\{\begin{aligned} u &= \frac{f(x, y, z, \ldots, t)}{F(D_x, D_y, \ldots, D_t)} \\ &= \frac{f(x, y, z, \ldots, t)}{(aD_x + bD_y + \ldots + kD_t + l)\,\varphi\left[-\left(\frac{b}{a}D_y + \frac{c}{a}D_y + \ldots + \frac{k}{a}D_t + \frac{l}{a}\right), D_y, D_z, \ldots, D_t\right]} + \ldots, \end{aligned}\right. \tag{31}$$

et se trouvera ramenée à celle des équations de la forme

$$\left\{\begin{aligned} &(aD_x + bD_y + \ldots + kD_t + l) \\ &\times \varphi\left[-\left(\frac{b}{a}D_y + \ldots + \frac{k}{a}D_t + l\right), D_y, \ldots, D_t\right]u = f(x, y, \ldots, t). \end{aligned}\right. \tag{32}$$

On peut aussi, dans cette hypothèse, présenter l'équation (30) sous la forme

$$\left\{\begin{aligned} &A_m(aD_x + bD_y + \ldots + kD_t + l)(a'D_x + b'D_y + \ldots + k'D_t + l')\ldots u \\ &= f(x, y, \ldots, t), \end{aligned}\right. \tag{33}$$

et l'on en conclut

$$\begin{aligned} &A_m(a'D_x + b'D_y + \ldots + k'D_t + l')(a''D_x + \ldots + k''D_t + l'')\ldots u \\ &= \frac{f(x, y, \ldots, t)}{aD_x + bD_y + \ldots + l}. \end{aligned}$$

Par suite, si l'on fait

$$(34) \qquad \frac{f(x, y, z, \ldots, t)}{a\,\mathrm{D}_x + b\,\mathrm{D}_y + \ldots + k\,\mathrm{D}_t + l} = v,$$

c'est-à-dire, si l'on intègre une équation aux différences partielles du premier ordre, on n'aura plus qu'à résoudre l'équation

$$(35) \qquad \mathrm{A}_m(a'\mathrm{D}_x + \ldots + k'\mathrm{D}_t + l')(a''\mathrm{D}_x + \ldots + k''\mathrm{D}_t + l'')\ldots u = v,$$

dont le second membre est censé connu, et qui se trouve réduite à l'ordre $m - 1$. Or, on tirera de celle-ci, en posant

$$(36) \qquad \frac{v}{a'\,\mathrm{D}_x + b'\,\mathrm{D}_y + \ldots + c'\,\mathrm{D}_t + l'} = w,$$

la nouvelle équation

$$(37) \qquad \mathrm{A}_m(a''\mathrm{D}_x + b''\mathrm{D}_y + \ldots + k''\mathrm{D}_t + l'')\ldots u = w,$$

qui est de l'ordre $m - 2$ seulement ; etc., et, si tous les facteurs sont du premier degré, comme on l'a supposé, on finira par intégrer complètement l'équation (33).

Si l'on supposait

$$(38) \qquad \mathrm{F}(\alpha, \beta, \gamma, \ldots) = \varphi(\alpha, \beta, \gamma, \ldots)\chi(\alpha, \beta, \gamma, \ldots)\ldots,$$

on ferait dépendre l'intégration de l'équation

$$(39) \qquad \mathrm{F}(\mathrm{D}_x, \mathrm{D}_y, \mathrm{D}_z, \ldots)u = f(x, y, z, \ldots),$$

de celle d'une suite d'équations de la forme

$$(40) \qquad \begin{cases} \varphi(\mathrm{D}_x, \mathrm{D}_y, \mathrm{D}_z, \ldots)v = f(x, y, z, \ldots), \\ \chi(\mathrm{D}_x, \mathrm{D}_y, \mathrm{D}_z, \ldots)w = v, \\ \ldots\ldots\ldots\ldots\ldots\ldots\ldots\ldots\ldots \end{cases}$$

Lorsque $\mathrm{F}(\alpha, \beta, \gamma, \ldots)$ désigne, non plus une fonction entière, mais une fonction quelconque de $\alpha, \beta, \gamma, \ldots$, on peut toujours satisfaire à l'équation linéaire

$$(41) \qquad \mathrm{F}(\alpha, \beta, \gamma, \ldots)u = f(x, y, z, \ldots),$$

en posant

$$(42)\qquad u = \frac{f(x, y, z, \ldots)}{F(\alpha, 6, \gamma, \ldots)}.$$

Mais ce n'est là qu'une valeur particulière de u. Pour obtenir la valeur générale de u, il faut ajouter, au second membre de l'équation (42), l'intégrale générale de

$$(43)\qquad F(\alpha, 6, \gamma, \ldots) u = 0.$$

Or, soit

$$(44)\qquad F(\alpha, 6, \gamma, \ldots) = \varphi(\alpha, 6, \gamma, \ldots)\chi(\alpha, 6, \gamma, \ldots),$$

et posons

$$(45)\qquad \chi(\alpha, 6, \gamma, \ldots) u = v,$$

on aura, en vertu des principes établis à la fin du paragraphe III,

$$(46)\qquad F(\alpha, 6, \gamma, \ldots) u = \varphi(\alpha, 6, \gamma, \ldots) v,$$

et, par suite, on satisfera à l'équation (43), non seulement en posant $u = 0$, mais encore en posant $v = 0$ ou

$$(47)\qquad \chi(\alpha, 6, \gamma, \ldots) u = 0.$$

Ainsi, $\chi(\alpha, 6, \gamma, \ldots)$ étant un facteur quelconque de $F(\alpha, 6, \gamma, \ldots)$, la valeur la plus générale de u, qui vérifiera la formule (47), vérifiera aussi l'équation (43). Donc, par suite, on pourra prendre pour u, dans l'équation (43), la somme des intégrales générales qu'on déduit de l'équation (47), en substituant successivement à $\chi(\alpha, 6, \gamma, \ldots)$ tous les facteurs possibles de $F(\alpha, 6, \gamma, \ldots)$.

Si l'équation

$$(48)\qquad F(\alpha, 6, \gamma, \ldots, \theta) = 0,$$

étant résolue par rapport à θ, donne les valeurs

$$(49)\qquad \theta_0 = \varphi_0(\alpha, 6, \ldots), \quad \theta_1 = \varphi_1(\alpha, 6, \ldots), \quad \ldots, \quad \theta_{m-1} = \varphi_{m-1}(\alpha, 6, \ldots),$$

on vérifiera l'équation (43) en prenant pour u la somme des intégrales générales des équations

$$(50)\quad \begin{cases} [\theta - \varphi_0\quad(\alpha, \beta, \gamma, \ldots)]u = 0, \\ [\theta - \varphi_1\quad(\alpha, \beta, \gamma, \ldots)]u = 0, \\ \ldots\ldots\ldots\ldots\ldots\ldots\ldots\ldots, \\ [\theta - \varphi_{m-1}(\alpha, \beta, \gamma, \ldots)]u = 0, \end{cases}$$

ou

$$(51)\quad \begin{cases} \dfrac{du}{dt} = \varphi_0\quad(\alpha, \beta, \gamma, \ldots)u, \\ \ldots\ldots\ldots\ldots\ldots\ldots\ldots, \\ \dfrac{du}{dt} = \varphi_{m-1}(\alpha, \beta, \gamma, \ldots)u: \end{cases}$$

Or, si l'on pose

$$u = e^{t\,\varphi_0(\alpha,\beta,\gamma,\ldots)}\,\psi_0(x, y, \ldots),$$

on aura évidemment

$$\frac{du}{dt} = \varphi_0(\alpha, \beta, \gamma, \ldots)e^{t\,\varphi_0(\alpha,\beta,\gamma,\ldots)}\,\psi_1(x, y, \ldots) = \varphi_0(\alpha, \beta, \ldots)u.$$

Donc, la première des équations (51) sera vérifiée. En raisonnant de même pour les suivantes, puis, réunissant les diverses valeurs de u, on retrouvera

$$(52)\quad u = e^{t\,\varphi_0(\alpha,\beta,\ldots)}\,\psi_0(x, y, \ldots) + \ldots + e^{t\,\varphi_{m-1}(\alpha,\beta,\ldots)}\,\psi_{m-1}(x, y, \ldots),$$

c'est-à-dire la formule (14). Du reste, il paraît difficile de démontrer en toute rigueur que la valeur de u, donnée par l'équation (52), est l'intégrale générale de la formule (43).

Revenons maintenant aux équations (19), et faisons, pour abréger,

$$(53)\quad \begin{cases} f_0(x, y, z, \ldots) - \dfrac{F_0(\alpha, \beta, \ldots, \theta)}{F(\alpha, \beta, \ldots, \theta)} f(x, y, z, \ldots, t_0) = \mathfrak{f}_0(x, y, z, \ldots), \\ f_1(x, y, z, \ldots) - \dfrac{F_1(\alpha, \beta, \ldots, \theta)}{F(\alpha, \beta, \ldots, \theta)} f(x, y, z, \ldots, t_1) = \mathfrak{f}_1(x, y, z, \ldots), \\ \ldots\ldots\ldots\ldots\ldots\ldots\ldots\ldots\ldots\ldots\ldots\ldots, \end{cases}$$

puis, écrivons simplement φ_0, φ_1, ..., au lieu de $\varphi_0(\alpha, \beta, \ldots)$,

$\varphi_1(\alpha, 6, \ldots)$, ...; les équations (19) deviendront

$$(54)\quad \begin{cases} e^{t_0\varphi_0} F_0(\alpha, 6, \ldots, \varphi_0)\psi_0(x, y, \ldots) + \ldots + e^{t_0\varphi_{m-1}} F_0(\alpha, 6, \ldots, \varphi_{m-1})\psi_{m-1}(x, y, \ldots) = f_0(x, y, \ldots), \\ e^{t_1\varphi_0} F_1(\alpha, 6, \ldots, \varphi_0)\psi_0(x, y, \ldots) + \ldots + e^{t_1\varphi_{m-1}} F_1(\alpha, 6, \ldots, \varphi_{m-1})\psi_{m-1}(x, y, \ldots) = f_1(x, y, \ldots), \\ \ldots\ldots\ldots\ldots\ldots\ldots\ldots\ldots\ldots\ldots\ldots\ldots\ldots\ldots \end{cases}$$

Pour obtenir les valeurs générales de

$$\psi_0(x, y, \ldots), \quad \psi_1(x, y, \ldots), \quad \ldots, \quad \psi_{m-1}(x, y, \ldots),$$

propres à vérifier ces dernières, il suffit de calculer leurs valeurs particulières, en opérant comme si, dans les équations (54), toutes les lettres représentaient des quantités véritables, puis de joindre à ces valeurs particulières les valeurs générales propres à résoudre les équations

$$(55)\quad \begin{cases} e^{t_0\varphi_0} F_0(\alpha, 6, \ldots, \varphi_0)\psi_0(x, y, \ldots) + \ldots + e^{t_0\varphi_{m-1}} F_0(\alpha, 6, \ldots, \varphi_{m-1})\psi_{m-1}(x, y, \ldots) = 0, \\ e^{t_1\varphi_0} F_1(\alpha, 6, \ldots, \varphi_0)\psi_0(x, y, \ldots) + \ldots + e^{t_1\varphi_{m-1}} F_1(\alpha, 6, \ldots, \varphi_{m-1})\psi_{m-1}(x, y, \ldots) = 0, \\ \ldots\ldots\ldots\ldots\ldots\ldots\ldots\ldots\ldots\ldots\ldots\ldots\ldots\ldots \end{cases}$$

Si l'on élimine entre ces dernières $\psi_1, \psi_2, \ldots, \psi_{m-1}$, on obtiendra une nouvelle équation de la forme

$$(56)\qquad \varpi(\alpha, 6, \gamma, \ldots)\psi_0(x, y, z, \ldots) = 0.$$

$\varpi(\alpha, 6, \gamma, \ldots)$ désignant le dénominateur commun des valeurs particulières de $\psi_0(x, y, z, \ldots)$, $\psi_1(x, y, z, \ldots)$, ..., $\psi_{m-1}(x, y, z, \ldots)$, déduites par l'élimination des équations (54). Cela posé, on cherchera la valeur générale de $\psi_0(x, y, z, \ldots)$, propre à résoudre l'équation (56), à l'aide de la méthode indiquée pour la solution de l'équation (43), puis on la combinera avec des valeurs de $\psi_1(x, y, z, \ldots)$, $\psi_2(x, y, z, \ldots)$, ..., $\psi_{m-1}(x, y, z, \ldots)$, déduites des équations

$$(57)\quad \begin{cases} \varpi(\alpha, 6, \gamma, \ldots)\psi_1\ \ (x, y, z, \ldots) = 0, \\ \ldots\ldots\ldots\ldots\ldots\ldots\ldots\ldots, \\ \varpi(\alpha, 6, \gamma, \ldots)\psi_{m-1}(x, y, z, \ldots) = 0, \end{cases}$$

de manière que les équations (55) soient toujours satisfaites. On pourrait aussi substituer chaque valeur de $\psi_0(x, y, z, \ldots)$ dans les équations (55) pour en déduire les valeurs correspondantes de $\psi_1(x, y, \ldots)$, $\psi_2(x, y, \ldots)$, $\ldots$, $\psi_{m-1}(x, y, \ldots)$.

Exemple I. — Résoudre l'équation

$$\frac{\partial^2 u}{\partial t^2} + (m+n)\frac{\partial^2 u}{\partial x \, \partial t} + mn\frac{\partial^2 u}{\partial x^2} = 0, \tag{58}$$

de manière que l'on ait pour $t = t_0$,

$$u = f_0(x),$$

pour $t = t_1$,

$$u = f_1(x).$$

Solution. — L'équation (58) se réduit à

$$[\theta^2 + (m+n)\alpha\theta + mn\alpha^2]u = 0. \tag{59}$$

Or, de la formule

$$\theta^2 + (m+n)\alpha\theta + mn\alpha^2 = 0,$$

ou

$$(\theta + m\alpha)(\theta + n\alpha) = 0,$$

on tire les valeurs suivantes de θ

$$\theta = -m\alpha, \qquad \theta = -n\alpha.$$

Donc, par suite,

$$u = e^{-m\alpha t}\psi_0(x) + e^{-n\alpha t}\psi_1(x). \tag{60}$$

En outre, les conditions prescrites donneront

$$\left\{\begin{aligned} e^{-m\alpha t_0}\psi_0(x) + e^{-n\alpha t_0}\psi_1(x) &= f_0(x), \\ e^{-m\alpha t_1}\psi_0(x) + e^{-n\alpha t_1}\psi_1(x) &= f_1(x), \end{aligned}\right. \tag{61}$$

et l'on en conclura

$$\left\{\begin{aligned} \varpi(\alpha)\psi_0(x) &= e^{-n\alpha t_1} f_0(x) - e^{-n\alpha t_0} f_1(x), \\ \varpi(\alpha)\psi_1(x) &= e^{-m\alpha t_0} f_1(x) - e^{-m\alpha t_1} f_0(x), \end{aligned}\right. \tag{62}$$

$\varpi(\alpha)$ étant déterminé par la formule

$$\varpi(\alpha) = e^{-m\alpha t_0}e^{-n\alpha t_1} - e^{-n\alpha t_0}e^{-m\alpha t_1} = e^{-(nt_0+mt_1)\alpha}[e^{-(m-n)(t_1-t_0)\alpha} - 1]. \tag{63}$$

Par suite, en posant

$$(m-n)(t_1-t_0)=k, \tag{64}$$

on trouvera

$$\left\{\begin{aligned}(e^{k\alpha}-1)\psi_0(x)&=e^{(mt_0+k)\alpha}f_0(x)+e^{mt_1\alpha}f_1(x),\\(e^{k\alpha}-1)\psi_1(x)&=e^{(nt_1+k)\alpha}f_1(x)+e^{n\alpha t_0}f_0(x).\end{aligned}\right. \tag{65}$$

Cela posé, les valeurs particulières de $\psi_0(x)$, $\psi_1(x)$ seront

$$\left\{\begin{aligned}\psi_0(x)&=\frac{e^{(mt_0+k)\alpha}f_0(x)+e^{mt_1\alpha}f_1(x)}{e^{k\alpha}-1},\\\psi_1(x)&=\frac{e^{(nt_1+k)\alpha}f_1(x)+e^{nt_0\alpha}f_0(x)}{e^{k\alpha}-1},\end{aligned}\right. \tag{66}$$

et l'on devra joindre, à ces valeurs particulières, les valeurs générales de $\psi_0(x,y)$, $\psi_1(x,y)$ tirées des équations

$$\left\{\begin{aligned}e^{-m\alpha t_0}\psi_0(x)+e^{-n\alpha t_0}\psi_1(x)&=0,\\e^{-m\alpha t_1}\psi_0(x)+e^{-n\alpha t_1}\psi_1(x)&=0.\end{aligned}\right. \tag{67}$$

Or, ces dernières donnent

$$\varpi(\alpha)\psi_0(x)=0,$$

ou

$$(e^{k\alpha}-1)\psi_0(x)=0,$$

ou, ce qui revient au même,

$$\Delta\psi_0(x)=0, \tag{68}$$

Δx étant égal à k. Donc

$$\psi_0(x)=\varphi\left(\cos\frac{2\pi x}{k},\ \sin\frac{2\pi x}{k}\right). \tag{69}$$

De plus, on tirera de la première des équations (67)

$$\psi_1(x)=e^{(n-m)t_0\alpha}\psi_0(x)=\psi_0[x+(n-m)t_0].$$

Si, pour plus de simplicité, on écrit

$$\psi_0(x)=\varphi\left(\frac{x+mt_0}{k}\right), \tag{70}$$

on trouvera

$$\psi_1(x) = \varphi\left(\frac{x + nt_0}{k}\right). \tag{71}$$

Lorsque

$$u, \quad \frac{\partial u}{\partial t}, \quad \ldots, \quad \frac{\partial^{m-1} u}{\partial t^{m-1}} \tag{72}$$

doivent se réduire à

$$f_0(x, y, \ldots), \quad f_1(x, y, \ldots), \quad \ldots, \quad f_{m-1}(x, y, \ldots), \tag{73}$$

pour $t = 0$, les équations (55) deviennent

$$(74) \quad \left\{ \begin{aligned} &\psi_0(x, y, \ldots) + \psi_1(x, y, \ldots) + \ldots + \psi_{m-1}(x, y, \ldots) = 0, \\ &\varphi_0(\alpha, \beta, \ldots)\psi_0(x, y, \ldots) + \varphi_1(\alpha, \beta, \ldots)\psi_1(x, y, \ldots) + \ldots \\ &\qquad + \varphi_{m-1}(\alpha, \beta, \ldots)\psi_{m-1}(x, y, \ldots) = 0, \\ &[\varphi_0(\alpha, \beta, \ldots)]^2\psi_0(x, y, \ldots) + [\varphi_1(\alpha, \beta, \ldots)]^2\psi_1(x, y, \ldots) + \ldots \\ &\qquad + [\varphi_{m-1}(\alpha, \beta, \ldots)]^2\psi_{m-1}(x, y, \ldots) = 0, \\ &\ldots\ldots\ldots\ldots\ldots\ldots\ldots\ldots\ldots\ldots, \\ &[\varphi_0(\alpha, \beta, \ldots)]^{m-1}\psi_0(x, y, \ldots) + [\varphi_1(\alpha, \beta, \ldots)]^{m-1}\psi_1(x, y, \ldots) + \ldots \\ &\qquad + [\varphi_{m-1}(\alpha, \beta, \ldots)]^{m-1}\psi_{m-1}(x, y, \ldots) = 0. \end{aligned} \right.$$

Or, en éliminant $\psi_1(x, y, \ldots)$, $\psi_2(x, y, \ldots)$, $\ldots$, $\psi_{m-1}(x, y, \ldots)$, on tire des équations (74)

$$(\varphi_0 - \varphi_1)(\varphi_0 - \varphi_2)\ldots(\varphi_0 - \varphi_{m-1})\psi_0(x, y, \ldots) = 0. \tag{75}$$

Soient d'ailleurs

$$\alpha = \chi_0(\beta, \gamma, \ldots), \qquad \alpha = \chi_1(\beta, \gamma, \ldots), \qquad \ldots, \tag{76}$$

les valeurs de α déduites des équations

$$(77) \quad \left\{ \begin{aligned} &\varphi_0(\alpha, \beta, \gamma, \ldots) - \varphi_1(\alpha, \beta, \gamma, \ldots) = 0, \\ &\ldots\ldots\ldots\ldots\ldots\ldots, \\ &\varphi_0(\alpha, \beta, \gamma, \ldots) - \varphi_{m-1}(\alpha, \beta, \gamma, \ldots) = 0, \end{aligned} \right.$$

on trouvera pour la valeur générale de $\psi_0(x, y, z, \ldots)$ déduite de l'équation (75)

$$(78)\quad \psi_0(x, y, z, \ldots) = e^{x\chi_0(\mathcal{E},\gamma,\ldots)}\,\aleph_0(y, z, \ldots) + e^{x\chi_1(\mathcal{E},\gamma,\ldots)}\,\aleph_1(y, z, \ldots) + \ldots,$$

$\aleph_0$, $\aleph_1$, ... indiquant de nouvelles fonctions arbitraires. Des valeurs correspondantes, mais particulières, de $\psi_1(x, y, \ldots)$, $\psi_2(x, y, \ldots)$, ... tirées des équations (74), seront

$$(79)\quad \begin{cases} \psi_1(x, y, z, \ldots) = -\dfrac{(\varphi_0 - \varphi_2)(\varphi_0 - \varphi_3)\ldots(\varphi_0 - \varphi_{m-1})}{(\varphi_1 - \varphi_2)(\varphi_1 - \varphi_3)\ldots(\varphi_1 - \varphi_{m-1})}\psi_0(x, y, z, \ldots), \\ \psi_2(x, y, z, \ldots) = -\dfrac{(\varphi_0 - \varphi_1)(\varphi_0 - \varphi_3)\ldots(\varphi_0 - \varphi_{m-1})}{(\varphi_2 - \varphi_1)(\varphi_2 - \varphi_3)\ldots(\varphi_2 - \varphi_{m-1})}\psi_0(x, y, z, \ldots), \\ \ldots\ldots\ldots\ldots\ldots\ldots\ldots\ldots\ldots\ldots\ldots\ldots, \\ \psi_{m-1}(x, y, z, \ldots) = -\dfrac{(\varphi_0 - \varphi_1)(\varphi_0 - \varphi_2)\ldots(\varphi_0 - \varphi_{m-1})}{(\varphi_{m-1} - \varphi_1)(\varphi_{m-1} - \varphi_2)\ldots(\varphi_{m-1} - \varphi_{m-1})}\psi_0(x, y, z, \ldots), \end{cases}$$

et la valeur correspondante de u donnée par la formule (52) deviendra

$$(80)\quad u = \left[e^{t\varphi_0} - \frac{(\varphi_0 - \varphi_2)(\varphi_0 - \varphi_3)\ldots(\varphi_0 - \varphi_{m-1})}{(\varphi_1 - \varphi_2)(\varphi_1 - \varphi_3)\ldots(\varphi_1 - \varphi_{m-1})}e^{t\varphi_1} - \ldots\right]\psi_0(x, y, z, \ldots).$$

Si, dans cette dernière, on substitue à la place de $\psi_0(x, y, z, \ldots)$ un terme de la forme

$$e^{x\chi_0(\alpha,\mathcal{E},\ldots)}\,\aleph_0(y, z, \ldots),$$

$\alpha = \chi_0(\mathcal{E}, \gamma, \ldots)$ étant l'une des racines des équations (77), on obtiendra un résultat nul. Donc la valeur de u, donnée par la formule (80), se réduira tout entière à zéro.

Si, au lieu des valeurs particulières de $\psi_1(x, y, \ldots)$, $\psi_2(x, y, \ldots)$, ..., on voulait employer leurs valeurs générales, il faudrait ajouter à la valeur de u, donnée par l'équation (80), celle qu'on obtiendrait en posant dans l'équation (52)

$$\psi_0(x, y, z, \ldots) = 0,$$

c'est-à-dire en posant

$$u = e^{t\varphi_1(\alpha,\mathcal{E},\gamma,\ldots)}\psi_1(x, y, z, \ldots) + \ldots + e^{t\varphi_{m-1}(\alpha,\mathcal{E},\gamma,\ldots)}\psi_{m-1}(x, y, z, \ldots),$$

puis déterminant

$$\psi_1(x, y, z, \ldots), \quad \ldots, \quad \psi_{m-1}(x, y, z, \ldots),$$

à l'aide des équations

$$(81)\quad \left\{\begin{array}{l} \psi_1(x,y,z,\ldots)+\ldots+\psi_{m-1}(x,y,z,\ldots)=0,\\ \varphi_1(\alpha,\beta,\ldots)\psi_1(x,y,z,\ldots)+\ldots+\varphi_{m-1}(\alpha,\beta,\ldots)\psi_{m-1}(x,y,\ldots)=0,\\ \ldots\ldots\ldots\ldots\ldots\ldots\ldots\ldots\ldots\ldots,\\ [\varphi_1(\alpha,\beta,\ldots)]^{m-2}\psi_1(x,y,z,\ldots)+\ldots+[\varphi_{m-1}(\alpha,\beta,\ldots)]^{m-1}\psi_{m-2}(x,y,\ldots)=0. \end{array}\right.$$

On se trouvera ainsi ramené au cas où l'équation linéaire en u serait de l'ordre $m-1$ relativement à t, et de la forme

$$(82)\qquad (\theta-\varphi_1)(\theta-\varphi_2)\ldots(\theta-\varphi_{m-1})u=0.$$

Par conséquent, une seule valeur de u sera propre à vérifier l'équation

$$(83)\qquad (\theta-\varphi_0)(\theta-\varphi_1)\ldots(\theta-\varphi_{m-1})u=0,$$

de manière que

$$u,\quad \frac{\partial u}{\partial t},\quad \ldots,\quad \frac{\partial^{m-1}u}{\partial t^{m-1}}$$

se réduisent à des fonctions données de $x, y, z, \ldots$, pour $t=0$, si une seule valeur de u est propre à vérifier l'équation (82), avec la condition que

$$u,\quad \frac{\partial u}{\partial t},\quad \ldots,\quad \frac{\partial^{m-1}u}{\partial t^{m-1}}$$

se réduisent à des fonctions données, ou bien à des valeurs nulles pour $t=0$. En continuant de la même manière, on prouvera qu'une seule valeur de u peut vérifier l'intégrale (83) avec les conditions prescrites, si une seule valeur de u peut vérifier une équation de la forme

$$(84)\qquad (\theta-\varphi_0)u=0,$$

de manière à s'évanouir pour $t=0$. Or, on aura, dans ce cas,

$$(85)\qquad u=e^{t\,\varphi_0(\alpha,\beta,\gamma,\ldots)}\,\psi_0(x,y,z,\ldots),$$

et l'équation de condition donnera

$$\psi_0(x,y,z,\ldots)=0$$

et, par suite,

$$(86) \qquad u = 0.$$

Telle est la seule valeur de u, propre à vérifier l'équation (85) avec la condition requise. Par conséquent, une seule valeur de u vérifiera l'équation (83) avec les conditions prescrites. Donc, par suite, une seule valeur de u pourra vérifier l'équation (41), supposée de l'ordre m par rapport à t, de manière que

$$u, \quad \frac{\partial u}{\partial t}, \quad \dots, \quad \frac{\partial^{m-1} u}{\partial t^{m-1}}$$

se réduisent à des fonctions données

$$f_0(x, y, z, \dots), \quad f_1(x, y, z, \dots), \quad \dots, \quad f_{m-1}(x, y, z, \dots),$$

pour $t = 0$. Donc l'équation (4), après que l'on aura déterminé v de manière à remplir les conditions prescrites, sera l'intégrale générale de la formule (1).

Exemple II. — Intégrer l'équation

$$(87) \qquad \frac{\partial^2 z}{\partial x^2} - m^2 \frac{\partial^2 z}{\partial t^2} = 0,$$

relative au mouvement d'une corde tendue, de manière que l'on ait, pour $t = 0$,

$$(88) \qquad \frac{\partial z}{\partial t} = 0 \quad \text{et} \quad z = f(x).$$

Solution. — On trouvera

$$z = e^{\frac{\alpha t}{m}} \psi_0(x) + e^{-\frac{\alpha t}{m}} \psi_1(x),$$

$$\psi_0(x) + \psi_1(x) = f(x),$$

$$\frac{\alpha}{m} \psi_0(x) - \frac{\alpha}{m} \psi_1(x) = 0,$$

$$\psi_0(x) = \psi_1(x) = \frac{1}{2} f(x).$$

$$(89) \quad z = e^{\frac{1}{m}\alpha t} \frac{1}{2} f(x) + e^{-\frac{1}{m}\alpha t} \frac{1}{2} f(x) = \frac{1}{2}\left[f\left(x + \frac{t}{m}\right) + f\left(x - \frac{t}{m}\right)\right].$$

Nota. — La solution précédente suppose la fonction $f(x)$ connue au premier instant pour toutes les valeurs de x.

Concevons maintenant que les conditions (88) doivent être remplies seulement entre les limites $x = 0$, $x = a$, et que de plus z doive s'évanouir aux deux limites, quel que soit t; on aura

$$\begin{aligned}
z &= e^{m\theta x}\psi_0(t) + e^{-m\theta x}\psi_1(t),\\
0 &= \psi_0(t) + \psi_1(t),\\
0 &= e^{m\theta a}\psi_0(t) + e^{-m\theta a}\psi_1(t),\\
&(e^{m\theta a} - e^{-m\theta a})\psi_0(t) = 0.
\end{aligned}$$

On satisfait à la dernière équation, en posant

$$m\theta a = \pm n\pi i,$$

n étant un entier quelconque. Donc, par suite, on aura

$$\psi_0(t) = \mathrm{S}\left(c_0 e^{\frac{nt\pi i}{ma}} + c_1 e^{\frac{-nt\pi i}{ma}}\right) = -\psi_1(t),$$

$$\begin{aligned}
z &= (e^{m\theta x} - e^{-m\theta x})\,\mathrm{S}\left(c_0 e^{\frac{nt\pi i}{ma}} + c_1 e^{\frac{-nt\pi i}{ma}}\right)\\
&= \mathrm{S}\left[c_0\left(e^{\frac{n(t+mx)\pi i}{ma}} - e^{\frac{n(t-mx)\pi i}{ma}}\right) - c_1\left(e^{\frac{-n(t+mx)\pi i}{ma}} - e^{\frac{-n(t-mx)\pi i}{ma}}\right)\right];
\end{aligned}$$

et, pour $t = 0$,

$$\frac{dz}{dt} = \mathrm{S}\left[\frac{n\pi i}{ma}\left(e^{\frac{nx\pi i}{a}} - e^{\frac{-nx\pi i}{a}}\right)(c_0 - c_1)\right].$$

Pour que $\frac{dz}{dt}$ s'évanouisse alors quel que soit x, il faudra que l'on ait $c_1 = c_0$. Donc, par suite,

$$(90)\qquad \left\{\begin{aligned}
z &= \mathrm{S}\left[c\left(e^{\frac{n\pi t i}{a}} + e^{\frac{-n\pi t i}{a}}\right)\left(e^{\frac{n\pi x i}{a}} - e^{\frac{-n\pi x i}{a}}\right)\right]\\
&= \mathrm{S}\left[\mathrm{A}\cos\left(\frac{n\pi t}{ma}\right)\sin\left(\frac{n\pi x}{a}\right)\right],
\end{aligned}\right.$$

A étant égal à $4ci$.

Il ne reste plus qu'à déterminer les coefficients A, de manière que l'on ait, pour $t=0$, $z=f(x)$, c'est-à-dire

$$(91)\qquad f(x)=\mathrm{S}_0^\infty\left(\mathrm{A}\sin\frac{n\pi x}{a}\right)=\mathrm{A}_0+\mathrm{A}_1\sin\frac{\pi x}{a}+\mathrm{A}_2\sin\frac{2\pi x}{a}+\ldots,$$

pour toutes les valeurs de x comprises entre $x=0$ et $x=a$.

Exemple III. — Intégrer l'équation

$$(92)\qquad \frac{\partial^2 u}{\partial x^2}+\frac{\partial^2 u}{\partial y^2}+\frac{\partial^2 u}{\partial z^2}=0,$$

de manière que l'on ait, pour $z=h$,

$$\frac{\partial u}{\partial z}=0,$$

pour $z=0$,

$$g\frac{\partial u}{\partial z}-\frac{\partial^2 u}{\partial t^2}=0,$$

pour $z=0$ et $t=0$,

$$u=0 \qquad \text{et} \qquad \frac{\partial u}{\partial t}=f(x,y).$$

Solution. — On trouvera, en mettant x, y, z en évidence,

$$(93)\qquad u=e^{zi\sqrt{\alpha^2+6^2}}\psi_0(x,y)+e^{-zi\sqrt{\alpha^2+6^2}}\psi_1(x,y),$$

$$(94)\qquad 0=\sqrt{\alpha^2+6^2}\left[e^{hi\sqrt{\alpha^2+6^2}}\psi_0(x,y)-e^{-hi\sqrt{\alpha^2+6^2}}\psi_1(x,y)\right].$$

Soient

$$(95)\qquad \begin{cases} e^{hi\sqrt{\alpha^2+6^2}}\psi_0(x,y)+e^{-hi\sqrt{\alpha^2+6^2}}\psi_1(x,y)=\varpi_0(x,y),\\ e^{hi\sqrt{\alpha^2+6^2}}\psi_0(x,y)-e^{-hi\sqrt{\alpha^2+6^2}}\psi_1(x,y)=\varpi_1(x,y);\end{cases}$$

l'équation (94) deviendra

$$(96)\qquad \sqrt{\alpha^2+6^2}\,\varpi_1(x,y)=0,$$

et l'on aura

$$\psi_0(x,y)=e^{-hi\sqrt{\alpha^2+6^2}}[\varpi_0(x,y)+\varpi_1(x,y)],$$

$$\psi_1(x,y)=e^{hi\sqrt{\alpha^2+6^2}}\;[\varpi_0(x,y)-\varpi_1(x,y)].$$

Or, on tire de l'équation (96), α^2+6^2 étant égal au produit $(\alpha-6i)(\alpha+6i)$,

$$\varpi_1(x,y)=e^{6xi}\,8_0(y)+e^{-6xi}\,8_1(y)=8_0(y+xi)+8_1(y-xi).$$

Cela posé, la valeur de u deviendra

$$(97)\quad \left\{\begin{aligned} u=\;&\left(e^{(h-z)i\sqrt{\alpha^2+6^2}}+e^{-(h-z)i\sqrt{\alpha^2+6^2}}\right)\varpi_0(x,y)\\ &-\left(e^{(h-z)i\sqrt{\alpha^2+6^2}}-e^{-(h-z)i\sqrt{\alpha^2+6^2}}\right)[8_0(y+xi)+8_1(y-xi)],\end{aligned}\right.$$

et la seconde condition donnera

$$(98)\quad \left\{\begin{aligned} &i\sqrt{\alpha^2+6^2}\,g\left(e^{hi\sqrt{\alpha^2+6^2}}-e^{-hi\sqrt{\alpha^2+6^2}}\right)\varpi_0(x,y)+\left(e^{hi\sqrt{\alpha^2+6^2}}+e^{-hi\sqrt{\alpha^2+6^2}}\right)\frac{d^2\varpi_0(x,y)}{dt^2}\\ &-i\sqrt{\alpha^2+6^2}\,g\left(e^{hi\sqrt{\alpha^2+6^2}}+e^{-hi\sqrt{\alpha^2+6^2}}\right)(8_0+8_1)-\left(e^{hi\sqrt{\alpha^2+6^2}}-e^{-hi\sqrt{\alpha^2+6^2}}\right)\left(\frac{d^2 8_0}{dt^2}+\frac{d^2 8_0}{dt^2}\right)=0.\end{aligned}\right.$$

Si l'on fait, pour abréger, $8_0=0$, $8_1=0$, et de plus

$$\sqrt{\alpha^2+6^2}=\lambda,\qquad \frac{d}{dt}=\theta,\qquad \varpi_0(x,y)=v,$$

$$i\sqrt{\alpha^2+6^2}\,\frac{e^{hi\sqrt{\alpha^2+6^2}}-e^{-hi\sqrt{\alpha^2+6^2}}}{e^{hi\sqrt{\alpha^2+6^2}}+e^{-hi\sqrt{\alpha^2+6^2}}}=\mu^2,$$

l'équation (98) deviendra

$$(99)\qquad [\theta^2(e^{h\lambda i}+e^{-h\lambda i})+g\lambda i(e^{h\lambda i}-e^{-h\lambda i})]\,v=0,$$

et l'on en tirera, en mettant t en évidence,

$$v=e^{\mu ti}\chi_0(x,y)+e^{-\mu ti}\chi_1(x,y),$$

$$(100)\qquad u=(e^{(h-z)\lambda i}+e^{-(h-z)\lambda i})[e^{\mu ti}\chi_0(x,y)+e^{-\mu ti}\chi_1(x,y)].$$

Par suite, la dernière condition donnera

$$(101)\quad \left\{\begin{aligned} &(e^{h\lambda i}+e^{-h\lambda i})[\chi_0(x,y)+\chi_1(x,y)]=0,\\ &\mu i(e^{h\lambda i}+e^{-h\lambda i})[\chi_0(x,y)-\chi_1(x,y)]=f(x,y).\end{aligned}\right.$$

Or, on vérifie les équations (101) en prenant

$$\chi_0(x,y)=-\chi_1(x,y)=\frac{f(x,y)}{2\mu i(e^{h\lambda i}+e^{-h\lambda i})}.$$

Alors l'équation (100) deviendra

$$(102)\qquad u = \frac{(e^{(h-z)\lambda i} + e^{-(h-z)\lambda i})(e^{\mu t i} - e^{-\mu t i})}{2\mu i(e^{h\lambda i} + e^{-h\lambda i})} f(x, y).$$

Telle est effectivement la valeur de u, trouvée dans la théorie des ondes.

§ VI. — *Sur la détermination des fonctions arbitraires que comportent des intégrales générales des équations linéaires aux différences partielles et à coefficients constants.*

Conservons les notations du paragraphe précédent; soit

$$(1)\qquad F(\alpha, 6, \gamma, \ldots, \theta)u = f(x, y, z, \ldots, t)$$

une équation linéaire donnée, de l'ordre m par rapport à t, et désignons par

$$(2)\qquad \varphi_0(\alpha, 6, \gamma, \ldots), \quad \varphi_1(\alpha, 6, \gamma, \ldots), \quad \ldots, \quad \varphi_{m-1}(\alpha, 6, \gamma, \ldots)$$

les m valeurs de θ, déduites de la formule

$$(3)\qquad F(\alpha, 6, \gamma, \ldots, \theta) = 0,$$

l'intégrale générale de l'équation (1) sera

$$(4)\qquad \left\{ \begin{aligned} u &= e^{t\varphi_0(\alpha, 6, \ldots)} \psi_0(x, y, \ldots) + \ldots \\ &+ e^{t\varphi_{m-1}(\alpha, 6, \ldots)} \psi_{m-1}(x, y, \ldots) + \frac{f(x, y, z, \ldots, t)}{F(\alpha, 6, \gamma, \ldots, \theta)}; \end{aligned} \right.$$

$\psi_0(x, y, z, \ldots)$, $\ldots$, $\psi_{m-1}(x, y, z, \ldots)$ désignant les fonctions arbitraires.

Supposons maintenant que l'on doive avoir

$$(5)\qquad \left\{ \begin{array}{lll} \text{Pour} & t = t_0, & F_0(\alpha, 6, \gamma, \ldots, \theta)u = f_0(x, y, z, \ldots), \\ \text{»} & t = t_1, & F_1(\alpha, 6, \gamma, \ldots, \theta)u = f_1(x, y, z, \ldots), \\ \text{»} & \ldots\ldots, & \ldots\ldots\ldots\ldots\ldots\ldots\ldots\ldots\ldots\ldots, \\ \text{»} & t = t_{m-1}, & F_{m-1}(\alpha, 6, \gamma, \ldots, \theta)u = f_{m-1}(x, y, z, \ldots), \end{array} \right.$$

les fonctions arbitraires se trouveront alors déterminées par les équations (19) du paragraphe précédent et ne pourront l'être que d'une seule manière, si les conditions (5) exigent seulement que l'on ait, pour $t = t_0$,

$$(6)\quad u = f_0(x, y, \ldots),\quad \frac{\partial u}{\partial t} = f_1(x, y, \ldots),\quad \ldots,\quad \frac{\partial^{m-1} u}{\partial t^{m-1}} = f_{m-1}(x, y, \ldots).$$

Toutefois, cette dernière conclusion suppose que

$$(7)\qquad f_0(x, y, \ldots),\quad f_1(x, y, \ldots),\quad \ldots,\quad f_{m-1}(x, y, \ldots)$$

sont connues pour toutes les valeurs possibles de $x, y, \ldots$. Or, il peut arriver, comme dans le problème des cordes vibrantes, que les fonctions (6) soient données *a priori* seulement pour certaines valeurs de $x, y, z, \ldots$ comprises entre certaines limites, et doivent être prolongées hors de ces limites, à l'aide de nouvelles conditions. Par exemple, dans le cas où $x, y, z, \ldots$ représentent des coordonnées, il peut arriver que des fonctions de la forme

$$f_0(x),\quad f_0(x, y),\quad f_0(x, y, z)$$

soient connues pour tous les points compris dans une longueur, dans une surface, ou dans un volume donné. Alors on pourra représenter la variable principale par des sommes d'exponentielles, respectivement multipliées par des constantes arbitraires, et il ne restera plus qu'à déterminer ces constantes de manière qu'entre les limites données les fonctions (6) prennent les valeurs qu'elles doivent avoir. C'est ce qui arrivera, par exemple, dans le problème des cordes vibrantes, si l'on fixe la valeur de z par le moyen de l'équation (90) du paragraphe V. Mais on pourrait aussi résoudre les questions proposées en exprimant la variable principale à l'aide des fonctions initiales, sauf à prolonger ensuite ces fonctions hors des limites primitives, en recourant, pour y parvenir, aux conditions supplémentaires. Ainsi, par exemple, si, dans le problème des cordes vibrantes, on représente par

$$z = f_0(x)$$

la valeur initiale de z, on trouvera, pour l'intégrale de

$$\frac{\partial^2 z}{\partial x^2} - m^2 \frac{\partial^2 z}{\partial t^2} = 0, \tag{8}$$

déterminée de manière que l'on ait à la fois

$$t = 0, \qquad z = f_0(x), \qquad \frac{\partial z}{\partial t} = 0, \tag{9}$$

on trouvera, dis-je,

$$z = \frac{1}{2}\left[f_0\left(x + \frac{t}{m}\right) + f_0\left(x - \frac{t}{m}\right)\right]. \tag{10}$$

Or, la fonction $f_0(x)$, qui détermine la forme initiale de la corde, est censée connue seulement entre les limites

$$x = 0, \qquad x = a; \tag{11}$$

mais, pour la prolonger hors de ces limites, il suffit d'admettre que les valeurs de z correspondant aux valeurs précédentes de x sont toujours nulles, c'est-à-dire que l'on a, quel que soit t,

$$f_0\left(\frac{t}{m}\right) + f_0\left(-\frac{t}{m}\right) = 0,$$
$$f_0\left(a + \frac{t}{m}\right) + f_0\left(a - \frac{t}{m}\right) = 0,$$

et, par conséquent, quel que soit x,

$$f_0(x) + f_0(-x) = 0, \qquad f_0(a+x) + f_0(a-x) = 0. \tag{12}$$

Si, dans la seconde des équations (12), on remplace x par $x + a$, on en tirera

$$f_0(x + 2a) = -f_0(-x) = f_0(x).$$

Donc, par suite,

$$f_0(x) = f_0(x + 2a) = f_0(x + 4a) = \ldots$$
$$= f_0(x - 2a) = f_0(x - 4a) = \ldots,$$

et de plus

$$f_0(x + a) = f_0(x + 3a) = f_0(x + 5a) = \ldots$$
$$= f_0(x - a) = f_0(x - 3a) = f_0(x - 5a) = \ldots.$$

Cela posé, soit $\mathfrak{f}(x)$ la valeur donnée de $f_0(x)$ entre les limites $x=0$, $x=a$. On aura, en vertu des équations qui précèdent,

$$(13)\quad \begin{cases} f_0(x)=\ \ \mathfrak{f}(x) & \text{entre les limites} \begin{Bmatrix} x=0 \\ x=a \end{Bmatrix}, \\ f_0(x)=-\mathfrak{f}(2a-x) & \text{»} \begin{Bmatrix} x=a \\ x=2a \end{Bmatrix}, \\ f_0(x)=\ \ \mathfrak{f}(x-2a) & \text{»} \begin{Bmatrix} x=2a \\ x=3a \end{Bmatrix}, \\ f_0(x)=-\mathfrak{f}(4a-x) & \text{»} \begin{Bmatrix} x=3a \\ x=4a \end{Bmatrix}, \\ f_0(x)=\ \ \mathfrak{f}(x-4a) & \text{»} \begin{Bmatrix} x=4a \\ x=5a \end{Bmatrix}, \\ \dots\dots\dots\dots & \text{»} \quad \dots\dots \end{cases}$$

On trouvera, au contraire

$$(14)\quad \begin{cases} f_0(x)=-\mathfrak{f}(-x) & \text{entre les limites} \begin{Bmatrix} x=0 \\ x=-a \end{Bmatrix}, \\ f_0(x)=\ \ \mathfrak{f}(x+2a) & \text{»} \begin{Bmatrix} x=-a \\ x=-2a \end{Bmatrix}, \\ f_0(x)=-\mathfrak{f}(-2a-x) & \text{»} \begin{Bmatrix} x=-2a \\ x=-3a \end{Bmatrix}, \\ f_0(x)=\ \ \mathfrak{f}(x+4a) & \text{»} \begin{Bmatrix} x=-3a \\ x=-4a \end{Bmatrix}, \\ f_0(x)=-\mathfrak{f}(-4a-x) & \text{»} \begin{Bmatrix} x=-4a \\ x=-5a \end{Bmatrix}, \\ \dots\dots\dots\dots & \text{»} \quad \dots\dots \end{cases}$$

Par conséquent, la valeur générale de $f_0(x)$ sera donnée par l'équation

$$(15)\quad \begin{cases} f_0(x)= \mathrm{A}_0\,\mathfrak{f}(x) - \mathrm{A}_1\,\mathfrak{f}(2a-x) + \mathrm{A}_2\,\mathfrak{f}(x-2a) - \dots \\ \qquad\quad - \mathrm{B}_0\,\mathfrak{f}(-x) + \mathrm{B}_1\,\mathfrak{f}(x+2a) - \mathrm{B}_2\,\mathfrak{f}(-2a-x) + \dots, \end{cases}$$

si l'on désigne par A_n un coefficient qui se réduise à l'unité entre les limites $x = na$, $x = (n+1)a$, et soit toujours nul hors de ces limites; et par B_n un coefficient qui se réduise à l'unité, entre les limites $x = -na$, $x = -(n+1)a$, en restant toujours nul hors de ces limites. Or, on satisfera aux conditions requises, si l'on prend

$$A_n = \frac{1}{2}\left[\frac{x-na}{\sqrt{(x-na)^2}} + \frac{(n+1)a-x}{\sqrt{[(n+1)a-x]^2}}\right] \tag{16}$$

et

$$B_n = \frac{1}{2}\left[\frac{x+na}{\sqrt{(x+na)^2}} + \frac{(n+1)a+x}{\sqrt{[(n+1)a-x]^2}}\right]. \tag{17}$$

On peut encore supposer

$$\left\{\begin{aligned} A_n &= \frac{1}{2\pi}\int_{na}^{(n+1)a}\int_{-\infty}^{\infty} e^{\alpha(x-\mu)i}\,d\mu\,d\alpha,\\ B_n &= \frac{1}{2\pi}\int_{-(n+1)a}^{-na}\int_{-\infty}^{\infty} e^{\alpha(x-\mu)i}\,d\mu\,d\alpha,\end{aligned}\right. \tag{18}$$

ou, ce qui revient au même,

$$\left\{\begin{aligned} A_n &= \frac{1}{2\pi}\int_{0}^{a}\int_{-\infty}^{\infty} e^{\alpha(x-na-\mu)i}\,d\mu\,d\alpha,\\ B_n &= \frac{1}{2\pi}\int_{0}^{a}\int_{-\infty}^{\infty} e^{\alpha(x+\overline{n+1}.a-\mu)i}\,d\mu\,d\alpha.\end{aligned}\right. \tag{19}$$

Si l'on a égard à ces dernières formules, l'équation (15) donnera

$$\left\{\begin{aligned} f_0(x) = {} & \frac{1}{2\pi}\int_0^a\int_{-\infty}^{\infty} e^{\alpha(x-\mu)i}\left[f(x) - e^{-a\alpha i}f(2a-x) + e^{-2a\alpha i}f(x-2a) - \ldots\right]d\mu\,d\alpha\\ & -\frac{1}{2\pi}\int_0^a\int_{-\infty}^{\infty} e^{\alpha(x-\mu)i}\left[e^{a\alpha i}f(-x) - e^{2a\alpha i}f(x+2a) + e^{3a\alpha i}f(-2a-x) - \ldots\right]d\mu\,d\alpha.\end{aligned}\right. \tag{20}$$

Si l'on suppose, par exemple,

$$f(x) = \sin\left(\frac{\pi x}{a}\right) = \frac{e^{\frac{\pi x}{a}i} - e^{-\frac{\pi x}{a}i}}{2i},$$

on trouvera, comme on devait s'y attendre,

$$f_0(x) = \sin\frac{\pi x}{a}.$$

Au lieu d'employer la formule (15), on pourrait recourir aux considérations suivantes :

En vertu du théorème de M. Fourier, les intégrales

$$\frac{1}{2\pi}\int_0^a\int_{-\infty}^{\infty} e^{\alpha(x-\mu)i}\,f(\mu)\,d\mu\,d\alpha, \quad -\frac{1}{2\pi}\int_a^{2a}\int_{-\infty}^{\infty} e^{\alpha(x-\mu)i}\,f(2a-\mu)\,d\mu\,d\alpha, \quad \ldots$$

sont respectivement égales aux fonctions

$$f(x), \quad -f(2a-x), \quad \ldots,$$

entre les valeurs de x qui correspondent aux limites de la variable μ, et toujours nulles hors de ces limites. Par suite, la somme

$$(21) \qquad A_0 f(x) - A_1 f(2a-x) + A_2 f(x-2a) + \ldots$$

est équivalente à

$$(22) \qquad \frac{1}{2\pi}\left[\int_0^a\int_{-\infty}^{\infty} e^{\alpha(x-\mu)i}\,f(\mu)\,d\mu\,d\alpha - \int_a^{2a}\int_{-\infty}^{\infty} e^{\alpha(x-\mu)i}\,f(2a-\mu)\,d\mu\,d\alpha + \ldots\right],$$

ou, ce qui revient au même, à

$$(23) \qquad \left\{\begin{aligned} &\frac{1}{2\pi}\int_0^a\int_{-\infty}^{\infty} e^{\alpha(x-\mu)i}(1+\eta e^{-2a\alpha i}+\ldots)\,f(\mu)\,d\mu\,d\alpha \\ &-\frac{1}{2\pi}\int_0^a\int_{-\infty}^{\infty} e^{\alpha(x+\mu)i}(e^{-2a\alpha i}+\eta e^{-4a\alpha i}+\ldots)\,f(\mu)\,d\mu\,d\alpha \\ &= \frac{1}{2\pi}\int_0^a\int_{-\infty}^{\infty} \frac{e^{\alpha(x-\mu)i} - e^{\alpha(x-2a+\mu)i}}{1-\eta e^{-2a\alpha i}}\,f(\mu)\,d\mu\,d\alpha \\ &= \frac{1}{2\pi}\int_0^a\int_{-\infty}^{\infty} \frac{e^{\alpha(x-\mu+a)i} - e^{\alpha(x-a+\mu)i}}{e^{a\alpha i}-\eta e^{-a\alpha i}}\,f(\mu)\,d\mu\,d\alpha, \end{aligned}\right.$$

η désignant un nombre qui diffère infiniment peu de l'unité. On prouvera de même que la somme

$$-B_0 f(-x) + B_1 f(x+2a) - B_2 f(-2a-x) + \ldots$$

est équivalente à

$$(24)\quad \left\{\begin{aligned} &-\frac{1}{2\pi}\left[\int_{-a}^{0}\int_{-\infty}^{\infty} e^{\alpha(x-\mu)i}\,f(-\mu)\,d\mu\,d\alpha\right.\\ &\qquad\left.-\int_{-2a}^{-a}\int_{-\infty}^{\infty} e^{\alpha(x-\mu)i}\,f(\mu+2a)\,d\mu\,d\alpha+\dots\right],\end{aligned}\right.$$

ou, ce qui revient au même, à

$$(25)\quad \left\{\begin{aligned} &-\frac{1}{2\pi}\int_{0}^{a}\int_{-\infty}^{\infty} e^{\alpha(x+\mu)i}(1+\eta e^{2a\alpha i}+\dots)\,f(\mu)\,d\mu\,d\alpha\\ &+\frac{1}{2\pi}\int_{0}^{a}\int_{-\infty}^{\infty} e^{\alpha(x-\mu)i}(e^{2a\alpha i}+\eta e^{4a\alpha i}+\dots)\,f(\mu)\,d\mu\,d\alpha\\ &=-\frac{1}{2\pi}\int_{0}^{a}\int_{-\infty}^{\infty} e^{\alpha x i}\,\frac{e^{\alpha\mu i}-e^{2a\alpha i}e^{-\alpha\mu i}}{1-\eta e^{2a\alpha i}}\,f(\mu)\,d\mu\,d\alpha\\ &=-\frac{1}{2\pi}\int_{0}^{a}\int_{-\infty}^{\infty} e^{\alpha x i}\,\frac{e^{(\mu-a)\alpha i}-e^{(a-\mu)\alpha i}}{e^{-a\alpha i}-\eta e^{a\alpha i}}\,f(\mu)\,d\mu\,d\alpha.\end{aligned}\right.$$

Par suite, la valeur générale de $f_0(x)$ deviendra

$$(26)\quad \left\{\begin{aligned} f_0(x)&=+\frac{1}{2\pi}\int_{0}^{a}\int_{-\infty}^{\infty}\left(\frac{e^{(a-\mu)\alpha i}-e^{(\mu-a)\alpha i}}{e^{a\alpha i}-\eta e^{-a\alpha i}}-\frac{e^{(\mu-a)\alpha i}-e^{(a-\mu)\alpha i}}{e^{-a\alpha i}-\eta e^{a\alpha i}}\right)f(\mu)\,d\mu\,d\alpha\\ &=\frac{1-\eta}{2\pi}\int_{0}^{a}\int_{-\infty}^{\infty} 2\sin\alpha x\,\frac{\sin(\mu\alpha)+\sin(\mu-2a)\alpha}{1-2\eta\cos 2a\alpha+\eta^2}\,f(\mu)\,d\mu\,d\alpha.\end{aligned}\right.$$

Or, $1-\eta$ étant infiniment petit, le rapport

$$\frac{1-\eta}{1-2\eta\cos 2a\alpha+\eta^2}$$

n'aura de valeurs sensibles que pour des valeurs de $a\alpha$ équivalentes à des multiples de la circonférence. On peut donc, dans l'équation (26), remplacer $\sin(\mu-2a)\alpha$ par $\sin\mu\alpha$, et réduire cette équation à

$$(27)\quad \left\{\begin{aligned} f_0(x)&=\frac{1-\eta}{\pi}\int_{0}^{a}\int_{-\infty}^{\infty} 2\,\frac{\sin\alpha x\sin\alpha\mu}{1-2\eta\cos 2a\alpha+\eta^2}\,f(\mu)\,d\mu\,d\alpha\\ &=\frac{2}{\pi}\int_{0}^{a}\int_{-\infty}^{\infty} 2\sin\alpha x\sin\alpha\mu\,\frac{1-\eta}{(1-\eta\cos 2a\alpha)^2+(\eta\sin 2a\alpha)^2}\,f(\mu)\,d\mu\,d\alpha.\end{aligned}\right.$$

Observons maintenant que, si l'on désigne par ε un nombre très petit, on aura (n étant un nombre entier quelconque)

$$(28)\quad \left\{ \begin{aligned} &\int_{\frac{n\pi}{a}-\varepsilon}^{\frac{n\pi}{a}+\varepsilon} \frac{1-\eta}{(1-\eta\cos 2a\alpha)^2+(\eta\sin 2a\alpha)^2}\sin\alpha x\sin\alpha\mu\,d\alpha \\ &= \sin\frac{n\pi x}{a}\sin\frac{n\pi\mu}{a}\int_{\frac{n\pi}{a}-\varepsilon}^{\frac{n\pi}{a}+\varepsilon}\frac{1-\eta}{(1-\eta)^2+(2a\alpha-2n\pi)^2}\,d\alpha. \end{aligned} \right.$$

Si maintenant on fait $a\alpha = n\pi + \frac{1}{2}(1-\eta)6$, le second membre de l'équation (28) deviendra

$$\frac{1}{2a}\sin\frac{n\pi x}{a}\sin\frac{n\pi\mu}{a}\int_{-\frac{2a\varepsilon}{1-\eta}}^{+\frac{2a\varepsilon}{1-\eta}}\frac{d6}{1+6^2}$$

et se réduira, pour $\eta = 1$, à

$$\frac{\pi}{2a}\sin\frac{n\pi x}{a}\sin\frac{n\pi\mu}{a}.$$

Cela posé, il est aisé de voir qu'on tirera de la formule (27)

$$(29)\quad f_0(x) = \frac{2}{a}\left[\sin\frac{\pi x}{a}\int_0^a \sin\frac{\pi\mu}{a}f(\mu)\,d\mu + \sin\frac{2\pi x}{a}\int_0^a\sin\frac{2\pi\mu}{a}f(\mu)\,d\mu + \ldots\right].$$

On peut vérifier directement la formule (29). En effet, si l'on pose

$$(30)\quad f_0(x) = c_0 + c_1\sin\frac{\pi x}{a} + c_2\sin\frac{2\pi x}{a} + \ldots + c_n\sin\frac{n\pi x}{a} + \ldots,$$

on en conclura, en multipliant les deux membres par

$$\sin\frac{n\pi x}{a},$$

puis intégrant entre les limites $x = 0$, $x = a$,

$$\begin{aligned} \int_0^a f_0(x)\sin\frac{n\pi x}{a}\,dx &= c_n\int_0^a\left(\sin\frac{n\pi x}{a}\right)^2 dx \\ &= c_n\int_0^a\left(\frac{1}{2}-\frac{1}{2}\cos\frac{2n\pi x}{a}\right)dx = \frac{a}{2}c_n. \end{aligned}$$

Donc

$$c_n = \frac{2}{a}\int_0^a \sin\frac{n\pi x}{a} f_0(x)\,dx = \frac{2}{a}\int_0^a \sin\frac{n\pi\mu}{a} f(\mu)\,d\mu.$$

En général, lorsque à l'aide des conditions prescrites on aura prolongé les fonctions initiales hors des limites entre lesquelles leurs valeurs étaient connues, les valeurs des fonctions ainsi prolongées se trouveront représentées par des expressions différentes, suivant qu'elles correspondront à tels ou tels systèmes de valeurs de x, y, z, ... Si, pour fixer les idées, x, y, z, désignent des coordonnées rectangulaires, une fonction initiale de la forme $f_0(x)$ se trouvera successivement représentée par des expressions diverses, suivant que le point correspondant à l'abscisse x appartiendra à telle ou telle portion de l'axe des x; une fonction initiale de la forme $f_0(x, y)$ se trouvera représentée par des expressions diverses, suivant que le point (x,y) se trouvera compris dans telle ou telle portion du plan des x, y; enfin, une fonction initiale de la forme $f_0(x,y,z)$ sera représentée par des expressions diverses, selon que le point (x,y,z) appartiendra à tel ou tel volume compris dans telle ou telle enveloppe extérieure. Cela posé, pour obtenir les expressions générales de

$$f_0(x),\quad f_0(x,y),\quad f_0(x,y,z),\quad \ldots,$$

correspondant à toutes les valeurs possibles de x, y, z, ..., il suffira évidemment de transformer chaque expression particulière en une autre, qui ait précisément la même valeur dans les limites prescrites, mais qui devienne constamment nulle, hors de ces limites; puis de faire la somme de toutes les expressions nouvelles ainsi obtenues. Or, la formule de M. Fourier et une formule semblable que j'ai donnée dans le XIXe Cahier du *Journal de l'École Polytechnique* fournissent le moyen de résoudre complètement les problèmes de ce genre. C'est ce que nous allons faire voir en peu de mots.

Problème I. — *Trouver une fonction* $\varphi(x)$ *qui soit constamment égale à*

$$f(x)$$

entre les limites $x = a$, $x = b > a$, *et constamment nulle hors de ces limites.*

Solution. — Il suffira de prendre

$$(31)\qquad \varphi(x) = \frac{1}{2\pi}\int_a^b \int_{-\infty}^{\infty} e^{\alpha(x-\mu)i} f(\mu)\, d\mu\, d\alpha.$$

Si, dans cette formule, on pose

$$\mu = a + (b-a)m,$$

elle donnera

$$(32)\quad \varphi(x) = \frac{1}{2\pi}\int_0^1 \int_{-\infty}^{\infty} e^{\alpha[x-a-(b-a)m]i} f(a + \overline{b-a}.m)(b-a)\, dm\, d\alpha.$$

Ainsi l'intégrale relative à μ, qui était prise entre les limites $\mu = a$, $\mu = b$, se trouve remplacée par une autre intégrale prise entre les limites $m = 0$, $m = 1$.

Problème II. — *Trouver une fonction* $\varphi(x)$ *qui soit constamment égale à* $f(x)$ *entre les limites déterminées par les deux équations*

$$\mathrm{f}(x) = 0, \qquad \mathrm{F}(x) = 0,$$

et constamment nulle hors de ces limites.

Solution. — Il suffira de prendre

$$(33)\quad \varphi(x) = \frac{1}{2\pi}\int_0^1 \int_{-\infty}^{\infty} e^{\alpha[m\mathrm{F}(x)+(1-m)\mathrm{f}(x)]i} f(\mathrm{M}) \sqrt{[\mathrm{F}(x) - \mathrm{f}(x)]^2}\, dm\, da,$$

M étant une fonction de m, déterminée par l'équation

$$(34)\qquad m\,\mathrm{F}(\mathrm{M}) + (1-m)\,\mathrm{f}(\mathrm{M}) = 0.$$

Si l'on pose, dans l'équation (33),

$$\mathrm{f}(x) = x - a, \qquad \mathrm{F}(x) = x - b,$$

on retrouvera la formule (32).

PROBLÈME III. — *Trouver une fonction $\varphi(x,y)$ qui soit constamment égale à $\mathrm{f}(x,y)$ entre les limites*

$$\left\{\begin{matrix} y=\mathrm{f}(x) \\ y=\mathrm{F}(x) \end{matrix}\right\},\qquad \left\{\begin{matrix} x=a \\ x=b \end{matrix}\right\},$$

et constamment nulle hors de ces limites.

Solution. — Il suffira de prendre

$$(35)\qquad \left\{\begin{array}{l} \varphi(x,y)=\left(\dfrac{1}{2\pi}\right)^2\displaystyle\int\!\!\int\!\!\int\!\!\int e^{\alpha(x-\mu)i}e^{\beta(y-\nu)i}f(\mu,\nu)\,d\mu\,d\nu\,d\alpha\,d\beta \\ \left\{\begin{matrix} \nu=\mathrm{f}(\mu), & \mu=a, & \alpha=-\infty, & \beta=-\infty \\ \nu=\mathrm{F}(\mu), & \mu=b, & \alpha=+\infty, & \beta=+\infty \end{matrix}\right\}. \end{array}\right.$$

Cette formule se démontre avec la même facilité que celle de M. Fourier dans le cas de plusieurs variables.

PROBLÈME IV. — *Trouver une fonction $\varphi(x,y)$ qui soit constamment égale à $f(x,y)$ entre les limites déterminées par les équations*

$$\begin{matrix} \mathrm{f}(x,y)=0, & x=a & \text{ou} & \mathrm{f}_0(x)=0, \\ \mathrm{F}(x,y)=0, & x=b & \text{ou} & \mathrm{F}_0(x)=0, \end{matrix}$$

et constamment nulle hors de ces limites.

Solution. — Il suffira de prendre

$$(36)\qquad \left\{\begin{array}{l} \varphi(x,y)=\left(\dfrac{1}{2\pi}\right)^2\displaystyle\int_0^1\!\!\int_0^1\!\!\int_{-\infty}^{\infty}\!\!\int_{-\infty}^{\infty} \\ \qquad\times\, e^{\beta[n\mathrm{F}(x,y)+(1-n)\mathrm{f}(x,y)]i}\,e^{\alpha[m\mathrm{F}_0(x)+(1-m)\mathrm{f}_0(x)]i}f(\mathrm{M},\mathrm{N})\mathrm{P}\,dm\,dn\,d\alpha\,d\beta, \end{array}\right.$$

les valeurs de M et de N étant déterminées par les équations

$$(37)\qquad \left\{\begin{array}{r} n\,\mathrm{F}(\mathrm{M},\mathrm{N})+(1-n)\,\mathrm{f}(\mathrm{M},\mathrm{N})=0, \\ m\,\mathrm{F}_0(\mathrm{M})+n\,\mathrm{f}_0(\mathrm{M})=0, \end{array}\right.$$

et la valeur de P étant positive et donnée par la formule

$$(38)\qquad \mathrm{P}=\pm[\mathrm{F}_0(x)-\mathrm{f}_0(x)][\mathrm{F}(x,y)-\mathrm{f}(x,y)].$$

PROBLÈME V. — *Trouver une fonction $\varphi(x, y, z, \ldots)$ qui soit constamment égale à $f(x, y, z, \ldots)$ entre les limites déterminées par les équations*

$$(39)\quad \left\{\begin{array}{llll} \mathrm{f}_0(x) = 0, & \mathrm{f}_1(x, y) = 0, & \mathrm{f}_2(x, y, z) = 0, & \ldots, \\ \mathrm{F}_0(x) = 0, & \mathrm{F}_1(x, y) = 0, & \mathrm{F}_2(x, y, z) = 0, & \ldots, \end{array}\right.$$

et constamment nulle hors de ces limites.

Solution. — Il suffira de prendre (n étant le nombre des variables x, y, ...)

$$(40)\quad \left\{\begin{array}{l} \varphi(x, y, z, \ldots) = \left(\dfrac{1}{2\pi}\right)^n \displaystyle\int_0^1 \int_0^1 \cdots \int_{-\infty}^{\infty} \int_{-\infty}^{\infty} \cdots \\ \qquad \times\, e^{\alpha[\mu \mathrm{F}_0(x) + (1-\mu)\mathrm{f}_0(x)]i}\, e^{6[\nu \mathrm{F}_1(x,y) + (1-\nu)\mathrm{f}_1(x,y)]i} \ldots f(\mathrm{M}, \mathrm{N}, \ldots)\, \mathrm{P}\, d\mu\, d\nu\, d\alpha\, d6 \ldots, \end{array}\right.$$

les valeurs de M, N, ... étant déterminées par les équations

$$(41)\quad \left\{\begin{array}{l} \mu \mathrm{F}_0(\mathrm{M}) \quad + (1-\mu)\, \mathrm{f}_0(\mathrm{M}) \quad = 0, \\ \nu \mathrm{F}_1(\mathrm{M}, \mathrm{N}) + (1-\nu)\, \mathrm{f}_1(\mathrm{M}, \mathrm{N}) = 0, \\ \ldots\ldots\ldots\ldots\ldots\ldots\ldots\ldots\ldots\ldots, \end{array}\right.$$

et celle de P, qui est toujours censée positive, par la formule

$$(42)\quad \mathrm{P} = \pm [\mathrm{F}_0(x) - \mathrm{f}_0(x)][\mathrm{F}_1(x, y) - \mathrm{f}_1(x, y)] \ldots.$$

Nota. — Les formules (36) et (40) peuvent être démontrées par la méthode qui a servi à établir les formules du même genre que j'ai données dans le XIXe Cahier du *Journal de l'École Polytechnique* (1).

Ajoutons que la formule (40) subsistera encore, si l'on remplace

$$\mathrm{f}_0(x),\quad \mathrm{F}_0(x),\quad \mathrm{f}_1(x, y),\quad \ldots,\quad \mathrm{f}_0(\mathrm{M}),\quad \ldots$$

par

$$\mathrm{f}_0(x, y, z, \ldots),\quad \mathrm{F}_0(x, y, z, \ldots),\quad \mathrm{f}_1(x, y, z, \ldots),\quad \ldots,\quad \mathrm{f}_0(\mathrm{M}, \mathrm{N}, \ldots),\quad \ldots.$$

Faisons voir maintenant comment, à l'aide de certaines conditions données, on peut prolonger une fonction hors des limites entre lesquelles sa valeur était connue.

(1) *Œuvres de Cauchy*, S. II, T. I, p. 275 et suivantes.

PROBLÈME I. — *Intégrer l'équation*

$$(43)\qquad \frac{\partial^2 z}{\partial x^2} - m^2 \frac{\partial^2 z}{\partial t^2} = 0, \qquad \text{ou} \qquad (\alpha^2 - m^2\theta^2)z = 0,$$

de manière que l'on ait, pour $t = 0$,

$$\frac{\partial z}{\partial t} = 0,$$

$$z = f(x).$$

Supposons, d'ailleurs, la fonction initiale $f(x)$ *connue seulement entre les limites* 0, a. *Mais ajoutons la condition que l'on ait, pour* $x = 0$ *et pour* $x = a$,

$$z = 0,$$

quel que soit t.

Solution. — On trouvera

$$(44)\qquad z = \frac{1}{2}\left(e^{\frac{\alpha t}{m}} + e^{-\frac{\alpha t}{m}}\right) f(x) = e^{\theta m x}\varphi(t) + e^{-\theta m x}\chi(t).$$

De plus, les conditions prescrites donneront

$$(45)\qquad \begin{cases} \varphi(t) + \chi(t) = 0, \\ e^{\theta m a}\varphi(t) + e^{-\theta m a}\chi(t) = 0. \end{cases}$$

Donc, par suite,

$$(46)\qquad z = \frac{1}{2}\left(e^{\frac{\alpha t}{m}} + e^{-\frac{\alpha t}{m}}\right) f(x) = (e^{\theta m x} - e^{-\theta m x})\varphi(t),$$

et

$$(47)\qquad (e^{\theta m a} - e^{-\theta m a})\varphi(t) = 0.$$

Faisons maintenant pour abréger

$$F(\alpha) = e^{a\alpha} - e^{-a\alpha} = -F(-\alpha).$$

On aura, en vertu de l'équation (47),

$$\begin{aligned} &F(\alpha)[(e^{\theta m x} - e^{-\theta m x})\varphi(t)] \\ &\quad = [F(\theta m)e^{\theta m x} - F(-\theta m)e^{-\theta m x}]\varphi(t) = (e^{\theta m x} + e^{-\theta m x})F(\theta m)\varphi(t) = 0, \end{aligned}$$

et, par suite, on tirera de la formule (46)

$$(48)\qquad 0=\frac{1}{2}\left(e^{\frac{\alpha t}{m}}+e^{-\frac{\alpha t}{m}}\right)\mathrm{F}(\alpha)f(x).$$

Cette dernière devant être satisfaite, quel que soit t, on en conclura

$$(49)\qquad \mathrm{F}(\alpha)f(x)=0,$$

ou

$$(e^{a\alpha}-e^{-a\alpha})f(x)=0,$$

ou encore

$$(50)\qquad f(x+a)=f(x-a).$$

Enfin, comme on tire de l'équation (46)

$$\frac{1}{2}\left(e^{\frac{\alpha t}{m}}+e^{-\frac{\alpha t}{m}}\right)f(x)=\mathfrak{f}(t,x)-\mathfrak{f}(t,-x),$$

$\mathfrak{f}(t,x)$ désignant la fonction $e^{\theta m x}\varphi(t)$, on en conclura évidemment, en posant $t=0$,

$$f(x)=\mathfrak{f}(0,x)-\mathfrak{f}(0,-x),$$

et, par suite,

$$(51)\qquad f(x)=-f(-x).$$

Les équations (50) et (51) suffisent pour prolonger la fonction $f(x)$ au delà des limites $x=0$, $x=a$.

Problème II. — *Intégrer l'équation*

$$(52)\qquad \frac{\partial u}{\partial t}-m^2\frac{\partial^2 u}{\partial x^2}+ru=0,\qquad \text{ou}\qquad \theta-m^2\alpha^2+r=0,$$

de manière que l'on ait, pour $t=0$,

$$u=f(x),$$

$f(x)$ *étant connue entre les limites* $x=a$, $x=b$, *et que l'on ait aussi, pour* $x=a$,

$$\frac{\partial u}{\partial x}+\mathrm{A}u=0,\qquad \text{ou}\qquad (\mathrm{A}+\alpha)u=0,$$

pour $x = b$,

$$\frac{\partial u}{\partial x} + \mathrm{B}u = 0, \qquad \text{ou} \qquad (\mathrm{B} + \alpha)u = 0,$$

quel que soit t.

Solution. — On trouvera, en posant $\Theta = \frac{\sqrt{\theta + r}}{m}$,

$$(53) \qquad u = e^{(m^2\alpha^2 - r)t} f(x) = e^{x\Theta}\varphi(t) + e^{-x\Theta}\chi(t),$$

et les conditions prescrites donneront

$$(54) \qquad \begin{cases} (\mathrm{A} + \Theta)e^{a\Theta}\varphi(t) + (\mathrm{A} - \Theta)e^{-a\Theta}\chi(t) = 0, \\ (\mathrm{B} + \Theta)e^{b\Theta}\varphi(t) + (\mathrm{B} - \Theta)e^{-b\Theta}\chi(t) = 0. \end{cases}$$

On satisfait à la première des équations (54) en prenant

$$(55) \qquad \begin{cases} \varphi(t) = \quad (\mathrm{A} - \Theta)e^{-a\Theta}\psi(t), \\ \chi(t) = -(\mathrm{A} - \Theta)e^{a\Theta}\ \psi(t); \end{cases}$$

alors la seconde se réduit à

$$(56) \qquad \mathrm{F}(\Theta)\psi(t) = 0,$$

la fonction $\mathrm{F}(\alpha)$ étant déterminée par l'équation

$$(57) \qquad \mathrm{F}(\alpha) = (\mathrm{B} + \alpha)(\mathrm{A} - \alpha)e^{(b-a)\alpha} - (\mathrm{B} - \alpha)(\mathrm{A} + \alpha)e^{(a-b)\alpha}.$$

De plus, la valeur de u devient

$$(58) \qquad \begin{cases} u = e^{(m^2\alpha^2 - r)t} f(x) = [(\mathrm{A} - \Theta)e^{(x-a)\Theta} - (\mathrm{A} + \Theta)e^{(a-x)\Theta}]\psi(t) \\ \qquad = (\mathrm{A} - \alpha)[(e^{(x-a)\Theta} - e^{(a-x)\Theta})\psi(t)]. \end{cases}$$

On satisfait à cette dernière formule en posant

$$(59) \qquad \begin{cases} (e^{(x-a)\Theta} - e^{(a-x)\Theta})\psi(t) = e^{(m^2\alpha^2 - r)t}\varpi(x), \\ \qquad f(x) = (\mathrm{A} - \alpha)\varpi(x). \end{cases}$$

Comme on a d'ailleurs

$$\mathrm{F}(\alpha)[(e^{(x-a)\Theta} - e^{(a-x)\Theta})\psi(t)]$$
$$= [e^{(x-a)\Theta}\mathrm{F}(\Theta) - e^{(a-x)\Theta}\mathrm{F}(-\Theta)]\psi(t) = (e^{(x-a)\Theta} + e^{(a-x)\Theta}]\mathrm{F}(\Theta)\psi(t) = 0,$$

on tirera de la première des équations (59)

$$0 = e^{(m^2\alpha^2 - r)t} \mathrm{F}(\alpha)\varpi(x).$$

Cette dernière sera satisfaite, quel que soit t, si l'on pose

$$\mathrm{F}(\alpha)\varpi(x) = 0. \tag{60}$$

De plus, on tirera de la première des équations (59)

$$e^{(m^2\alpha^2 - r)t}\varpi(x) = \mathfrak{f}(t, x - a) - \mathfrak{f}(t, a - x),$$

$\mathfrak{f}(t, x - a)$ désignant la fonction $e^{(x-a)\Theta}\psi(t)$; et, par suite, on trouvera, en posant $t = 0$,

$$\varpi(x) = \mathfrak{f}(0, x - a) - \mathfrak{f}(0, a - x).$$

Donc

$$\varpi(x) = -\varpi(2a - x). \tag{61}$$

Les équations

$$\left\{\begin{array}{l} \varpi(x) = -\varpi(2a - x), \\ \mathrm{F}(\alpha)\varpi(x) = 0, \\ f(x) = (\mathrm{A} - \alpha)\varpi(x) = \mathrm{A}\varpi(x) - \varpi'(x) \end{array}\right. \tag{62}$$

suffiront pour prolonger la fonction $f(x)$ au delà des limites entre lesquelles sa valeur est connue.

Il est bon de remarquer que l'on tire des équations (62)

$$\varpi(x + a) = -\varpi(a - x),$$

et de plus

$$f(x + a) = \mathrm{A}\varpi(x + a) - \varpi'(x + a) = (\mathrm{A} - \alpha)\varpi(x + a),$$

$$\begin{aligned} f(a - x) &= \mathrm{A}\varpi(a - x) - \varpi'(a - x) \\ &= (\mathrm{A} + \alpha)\varpi(a - x) = -(\mathrm{A} + \alpha)\varpi(x + a), \end{aligned}$$

et, par suite,

$$(\mathrm{A} + \alpha)f(x + a) + (\mathrm{A} - \alpha)f(a - x) = 0, \tag{63}$$

ou

$$(\mathrm{A} + \alpha)e^{a\alpha}f(x) + (\mathrm{A} - \alpha)e^{-a\alpha}f(-x) = 0. \tag{64}$$

On trouverait de même

$$(65)\qquad (B+\alpha)f(x+b)+(B-\alpha)f(b-x)=0,$$

ou

$$(66)\qquad (B+\alpha)e^{b\alpha}f(x)+(B-\alpha)e^{-b\alpha}f(-x)=0.$$

Si l'on élimine $f(-x)$ entre les équations (64) et (66) on en tirera

$$[(A+\alpha)(B-\alpha)e^{(a-b)\alpha}-(A-\alpha)(B+\alpha)e^{(b-a)\alpha}]f(x)=0,$$

ou

$$(67)\qquad F(\alpha)f(x)=0,$$

ce que l'on pouvait également conclure des deux dernières des formules (62).

Les équations (64) et (66), dont l'une peut être remplacée par la formule (67), suffisent pour prolonger la fonction $f(x)$.

Afin de montrer comment on peut y parvenir, faisons pour abréger $a=0$, et remplaçons en même temps b par a; les équations (64) et (67) donneront

$$(68)\qquad \begin{cases} (A+\alpha)f(x)+(A-\alpha)f(-x)=0, \\ [(A-\alpha)(B+\alpha)e^{a\alpha}-(A+\alpha)(B-\alpha)e^{-a\alpha}]f(x)=0. \end{cases}$$

On en tirera

$$(69)\qquad f(-x)=-\frac{A+\alpha}{A-\alpha}f(x),$$

et

$$e^{2a\alpha}f(x)=\frac{(A+\alpha)(B-\alpha)}{(A-\alpha)(B+\alpha)}f(x),$$

ou

$$(70)\qquad f(x+2a)=\frac{(A+\alpha)(B-\alpha)}{(A-\alpha)(B+\alpha)}f(x),$$

et, par suite,

$$(71)\qquad f(2a-x)=-\frac{A+\alpha}{A-\alpha}f(x-2a)=-\frac{B+\alpha}{B-\alpha}f(x).$$

On aura donc

$$(72)\qquad \left\{\begin{aligned} f(x) &= -\frac{\mathrm{B}-\alpha}{\mathrm{B}+\alpha} f(2a-x),\\ f(x) &= \frac{\mathrm{A}+\alpha}{\mathrm{A}-\alpha}\,\frac{\mathrm{B}-\alpha}{\mathrm{B}+\alpha} f(x-2a). \end{aligned}\right.$$

Par conséquent, si l'on nomme $\mathfrak{f}(x)$ la valeur connue de u entre les limites $x=0$, $x=a$, on trouvera

$$f(x) = \mathfrak{f}(x) \qquad \text{entre les limites} \quad \left\{\begin{matrix} x=0\\ x=a \end{matrix}\right\},$$

$$f(x) = -\frac{\mathrm{B}-\alpha}{\mathrm{B}+\alpha}\mathfrak{f}(2a-x) \qquad \text{»} \quad \left\{\begin{matrix} x=a\\ x=2a \end{matrix}\right\},$$

$$f(x) = \frac{\mathrm{A}+\alpha}{\mathrm{A}-\alpha}\,\frac{\mathrm{B}-\alpha}{\mathrm{B}+\alpha}\mathfrak{f}(x-2a) \qquad \text{»} \quad \left\{\begin{matrix} x=2a\\ x=3a \end{matrix}\right\},$$

$$f(x) = -\left(\frac{\mathrm{A}+\alpha}{\mathrm{A}-\alpha}\,\frac{\mathrm{B}-\alpha}{\mathrm{B}+\alpha}\right)\frac{\mathrm{B}-\alpha}{\mathrm{B}+\alpha}\mathfrak{f}(4a-x) \qquad \text{»} \quad \left\{\begin{matrix} x=3a\\ x=4a \end{matrix}\right\},$$

$$f(x) = \left(\frac{\mathrm{A}+\alpha}{\mathrm{A}-\alpha}\,\frac{\mathrm{B}-\alpha}{\mathrm{B}+\alpha}\right)^2\mathfrak{f}(x-4a) \qquad \text{»} \quad \left\{\begin{matrix} x=4a\\ x=5a \end{matrix}\right\},$$

$$f(x) = -\left(\frac{\mathrm{A}+\alpha}{\mathrm{A}-\alpha}\,\frac{\mathrm{B}-\alpha}{\mathrm{B}+\alpha}\right)^2\frac{\mathrm{B}-\alpha}{\mathrm{B}+\alpha}\mathfrak{f}(6a-x) \qquad \text{»} \quad \left\{\begin{matrix} x=5a\\ x=6a \end{matrix}\right\},$$

....

On aura, au contraire, en vertu de l'équation (69),

$$f(x) = -\frac{\mathrm{A}-\alpha}{\mathrm{A}+\alpha}\mathfrak{f}(-x) \qquad \text{entre les limites} \quad \left\{\begin{matrix} x=0\\ x=-a \end{matrix}\right\},$$

$$f(x) = \frac{(\mathrm{A}-\alpha)(\mathrm{B}+\alpha)}{(\mathrm{A}+\alpha)(\mathrm{B}-\alpha)}\mathfrak{f}(2a+x) \qquad \text{»} \quad \left\{\begin{matrix} x=-a\\ x=-2a \end{matrix}\right\},$$

$$f(x) = -\frac{\mathrm{A}-\alpha}{\mathrm{A}+\alpha}\,\frac{(\mathrm{A}-\alpha)(\mathrm{B}+\alpha)}{(\mathrm{A}+\alpha)(\mathrm{B}-\alpha)}\mathfrak{f}(-x-2a) \qquad \text{»} \quad \left\{\begin{matrix} x=-2a\\ x=-3a \end{matrix}\right\},$$

$$f(x) = \left[\frac{(\mathrm{A}-\alpha)(\mathrm{B}+\alpha)}{(\mathrm{A}+\alpha)(\mathrm{B}-\alpha)}\right]^2\mathfrak{f}(4a+x) \qquad \text{»} \quad \left\{\begin{matrix} x=-3a\\ x=-4a \end{matrix}\right\},$$

$$f(x) = -\frac{\mathrm{A}-\alpha}{\mathrm{A}+\alpha}\left(\frac{\mathrm{A}-\alpha}{\mathrm{A}+\alpha}\,\frac{\mathrm{B}+\alpha}{\mathrm{B}-\alpha}\right)^2\mathfrak{f}(-x-4a) \qquad \text{»} \quad \left\{\begin{matrix} x=-4a\\ x=-5a \end{matrix}\right\},$$

$$f(x) = \left(\frac{\mathrm{A}-\alpha}{\mathrm{A}+\alpha}\,\frac{\mathrm{B}+\alpha}{\mathrm{B}-\alpha}\right)^3\mathfrak{f}(6a+x) \qquad \text{»} \quad \left\{\begin{matrix} x=-5a\\ x=-6a \end{matrix}\right\},$$

....

On aura donc généralement, n désignant un nombre entier quelconque,

$$(73)\quad \left\{\begin{array}{l}
f(x)=\left[\dfrac{(A+\alpha)(B-\alpha)}{(A-\alpha)(B+\alpha)}\right]^{n}\mathfrak{f}(x-2na) \\
\qquad\text{entre les limites}\quad \left\{\begin{array}{l} x=2na \\ x=(2n+1)a \end{array}\right\}, \\
f(x)=-\dfrac{B-\alpha}{B+\alpha}\left[\dfrac{(A+\alpha)(B-\alpha)}{(A-\alpha)(B+\alpha)}\right]^{n}\mathfrak{f}(2na+2a-x) \\
\qquad\text{entre les limites}\quad \left\{\begin{array}{l} x=(2n+1)a \\ x=(2n+2)a \end{array}\right\}, \\
f(x)=\left[\dfrac{(A-\alpha)(B+\alpha)}{(A+\alpha)(B-\alpha)}\right]^{n}\mathfrak{f}(x+2na) \\
\qquad\text{entre les limites}\quad \left\{\begin{array}{l} x=-(2n-1)a \\ x=-2na \end{array}\right\}, \\
f(x)=-\dfrac{A-\alpha}{A+\alpha}\left[\dfrac{(A-\alpha)(B+\alpha)}{(A+\alpha)(B-\alpha)}\right]^{n}\mathfrak{f}(-x-2na) \\
\qquad\text{entre les limites}\quad \left\{\begin{array}{l} x=-2na \\ x=-(2n+1)a \end{array}\right\}.
\end{array}\right.$$

On aura d'ailleurs, en vertu du théorème de M. Fourier,

$$(74)\quad \left\{\begin{array}{l}
\dfrac{1}{2\pi}\displaystyle\int_{k}^{k+a}\int_{-\infty}^{\infty}e^{\lambda(x-\mu)i}\,\mathfrak{f}(\mu-k)\,d\mu\,d\lambda \\
=\dfrac{1}{2\pi}\displaystyle\int_{0}^{a}\int_{-\infty}^{\infty}e^{\lambda(x-k-\mu)i}\,\mathfrak{f}(\mu)\,d\mu\,d\lambda=\mathfrak{f}(x-k)\qquad \left\{\begin{array}{l} x=k \\ x=k+a \end{array}\right\}, \\
\dfrac{1}{2\pi}\displaystyle\int_{k-a}^{k}\int_{-\infty}^{\infty}e^{\lambda(x-\mu)i}\,\mathfrak{f}(k-\mu)\,d\mu\,d\lambda \\
=\dfrac{1}{2\pi}\displaystyle\int_{0}^{a}\int_{-\infty}^{\infty}e^{\lambda(x-k+\mu)i}\,\mathfrak{f}(\mu)\,d\mu\,d\lambda=\mathfrak{f}(k-x)\qquad \left\{\begin{array}{l} x=k-a \\ x=k \end{array}\right\},
\end{array}\right.$$

pour toutes les valeurs de x comprises entre les limites indiquées, tandis que les mêmes intégrales doubles s'évanouiront hors de ces limites. On trouvera en conséquence

$$
(75)\quad \left\{
\begin{aligned}
f(x) &= \frac{1}{2\pi}\int_0^a\int_{-\infty}^{\infty}\left[\frac{(A+\alpha)(B-\alpha)}{(A-\alpha)(B+\alpha)}e^{-2a\lambda i}\right]^n e^{\lambda(x-\mu)i}f(\mu)\,d\mu\,d\lambda \\
&\qquad \text{entre les limites } \left\{\begin{matrix} x = 2na \\ x=(2n+1)a\end{matrix}\right\}, \\
f(x) &= -\frac{1}{2\pi}\int_0^a\int_{-\infty}^{\infty}\frac{B-\alpha}{B+\alpha}\left[\frac{(A+\alpha)(B-\alpha)}{(A-\alpha)(B+\alpha)}e^{-2a\lambda i}\right]^n e^{\lambda(x-2a+\mu)i}f(\mu)\,d\mu\,d\lambda \\
&\qquad \text{entre les limites } \left\{\begin{matrix} x = (2n+1)a \\ x=(2n+2)a\end{matrix}\right\}, \\
f(x) &= \frac{1}{2\pi}\int_0^a\int_{-\infty}^{\infty}\left[\frac{(A-\alpha)(B+\alpha)}{(A+\alpha)(B-\alpha)}e^{2a\lambda i}\right]^n e^{\lambda(x-\mu)i}f(\mu)\,d\mu\,d\lambda \\
&\qquad \text{entre les limites } \left\{\begin{matrix} x = -(2n-1)a \\ x=-2na\end{matrix}\right\}, \\
f(x) &= -\frac{1}{2\pi}\int_0^a\int_{-\infty}^{\infty}\frac{A-\alpha}{A+\alpha}\left[\frac{(A-\alpha)(B+\alpha)}{(A+\alpha)(B-\alpha)}e^{2a\lambda i}\right]^n e^{\lambda(x+\mu)i}f(\mu)\,d\mu\,d\lambda \\
&\qquad \text{entre les limites } \left\{\begin{matrix} x = -2na \\ x=-(2n+1)a\end{matrix}\right\}.
\end{aligned}
\right.
$$

Par suite, si l'on appelle η un nombre qui diffère infiniment peu de l'unité, on trouvera pour la valeur générale de $f(x)$

$$
(76)\quad \left\{
\begin{aligned}
f(x) = {}& \frac{1}{2\pi}\int_0^a\int_{-\infty}^{\infty}\frac{e^{\lambda(x-\mu)i}}{1-\eta\dfrac{(A+\alpha)(B-\alpha)}{(A-\alpha)(B+\alpha)}e^{-2a\lambda i}}f(\mu)\,d\mu\,d\lambda \\
&-\frac{1}{2\pi}\int_0^a\int_{-\infty}^{\infty}\frac{e^{\lambda(x-2a+\mu)i}}{1-\eta\dfrac{(A+\alpha)(B-\alpha)}{(A-\alpha)(B+\alpha)}e^{-2a\lambda i}}\,\frac{B-\alpha}{B+\alpha}f(\mu)\,d\mu\,d\lambda \\
&+\frac{1}{2\pi}\int_0^a\int_{-\infty}^{\infty}\frac{e^{\lambda(x-\mu+2a)i}}{1-\eta\dfrac{(A-\alpha)(B+\alpha)}{(A+\alpha)(B-\alpha)}e^{2a\lambda i}}\,\frac{(A-\alpha)(B+\alpha)}{(A+\alpha)(B-\alpha)}f(\mu)\,d\mu\,d\lambda \\
&-\frac{1}{2\pi}\int_0^a\int_{-\infty}^{\infty}\frac{e^{\lambda(x+\mu)i}}{1-\eta\dfrac{(A-\alpha)(B+\alpha)}{(A+\alpha)(B-\alpha)}e^{2a\lambda i}}\,\frac{A-\alpha}{A+\alpha}f(\mu)\,d\mu\,d\lambda,
\end{aligned}
\right.
$$

ou, ce qui revient au même,

$$
(77)\quad f(x) = \frac{A-\alpha}{2\pi}\int_0^a\int_{-\infty}^{\infty}\left[(B+\alpha)e^{\lambda(a-\mu)i}-(B-\alpha)e^{\lambda(\mu-a)i}\right]\mathcal{F}(\alpha)e^{\lambda x i}f(\mu)\,d\mu\,d\lambda,
$$

la valeur de $\mathcal{F}(\alpha)$ étant donnée par l'équation

$$\begin{aligned}\mathcal{F}(\alpha) = {} & \frac{1}{(\mathrm{A}-\alpha)(\mathrm{B}+\alpha)e^{a\lambda i} - \eta(\mathrm{A}+\alpha)(\mathrm{B}-\alpha)e^{-a\lambda i}} \\ & + \frac{1}{(\mathrm{A}+\alpha)(\mathrm{B}-\alpha)e^{-a\lambda i} - \eta(\mathrm{A}-\alpha)(\mathrm{B}+\alpha)e^{a\lambda i}} \\ = {} & 4(1-\eta)\frac{(\mathrm{A}+\alpha)(\mathrm{B}-\alpha)e^{-a\lambda i} + (\mathrm{A}-\alpha)(\mathrm{B}+\alpha)e^{a\lambda i}}{(1-\eta)^2[(\mathrm{A}+\alpha)(\mathrm{B}-\alpha)e^{-a\lambda i} + (\mathrm{A}-\alpha)(\mathrm{B}+\alpha)e^{a\lambda i}]^2 - \ldots},\end{aligned}$$

c'est-à-dire par l'équation

$$(78)\quad \mathcal{F}(\alpha) = 4(1-\eta)\frac{(\mathrm{A}+\alpha)(\mathrm{B}-\alpha)e^{-a\lambda i} + (\mathrm{A}-\alpha)(\mathrm{B}+\alpha)e^{a\lambda i}}{\left\{\begin{array}{l}\quad(1-\eta)^2[(\mathrm{A}+\alpha)(\mathrm{B}-\alpha)e^{-a\lambda i} + (\mathrm{A}-\alpha)(\mathrm{B}+\alpha)e^{a\lambda i}]^2 \\ -(1+\eta)^2[(\mathrm{A}+\alpha)(\mathrm{B}-\alpha)e^{-a\lambda i} - (\mathrm{A}-\alpha)(\mathrm{B}+\alpha)e^{a\lambda i}]^2\end{array}\right\}}.$$

Si, dans l'équation (77), on fait passer le facteur $\mathrm{A}-\alpha$ sous le signe $\int\int$, on pourra remplacer ensuite α, qui indique une différentiation relative à x, par λi. On trouvera de cette manière

$$(79)\qquad f(x) = \frac{2(1-\eta)}{\pi}\int_0^a\int_{-\infty}^{\infty} \Lambda e^{\lambda x i}\,\mathfrak{f}(\mu)\,d\mu\,d\lambda,$$

la valeur de Λ étant donnée par la formule

$$(80)\quad \Lambda = (\mathrm{A}-\lambda i)i\frac{[\mathrm{B}\sin(a-\mu)\lambda + \lambda\cos(a-\mu)\lambda][(\mathrm{AB}+\lambda^2)\cos a\lambda + (\mathrm{B}-\mathrm{A})\lambda\sin a\lambda]}{\left\{\begin{array}{l}\quad(1-\eta)^2[(\mathrm{AB}+\lambda^2)\cos a\lambda + (\mathrm{B}-\mathrm{A})\lambda\sin a\lambda]^2 \\ +(1+\eta)^2[(\mathrm{AB}+\lambda^2)\sin a\lambda - (\mathrm{B}-\mathrm{A})\lambda\cos a\lambda]^2\end{array}\right\}};$$

ou bien encore, à cause des limites $\lambda = -\infty$, $\lambda = \infty$,

$$(81)\qquad f(x) = \frac{2}{\pi}\int_0^a\int_{-\infty}^{\infty}(\lambda\cos\lambda x - \mathrm{A}\sin\lambda x)\mathfrak{L}\,\mathfrak{f}(\mu)\,d\mu\,d\lambda,$$

la valeur de $\mathfrak{L}$ étant à très peu près

$$(82)\quad \mathfrak{L} = [\mathrm{B}\sin(a-\mu)\lambda + \lambda\cos(a-\mu)\lambda]\frac{\frac{1}{2}\left(\frac{1-\eta}{2}\right)[(\mathrm{AB}+\lambda^2)\cos a\lambda + (\mathrm{B}-\mathrm{A})\lambda\sin a\lambda]}{\left\{\begin{array}{l}\left(\frac{1-\eta}{2}\right)^2[(\mathrm{AB}+\lambda^2)\cos a\lambda + (\mathrm{B}-\mathrm{A})\lambda\sin a\lambda]^2 \\ \qquad + [(\mathrm{AB}+\lambda^2)\sin a\lambda - (\mathrm{B}-\mathrm{A})\lambda\cos a\lambda]^2\end{array}\right\}}.$$

Or, il est clair que la valeur précédente de $\mathfrak{L}$, à cause du facteur infiniment petit $\frac{1-\eta}{2}$, sera toujours sensiblement nulle, excepté quand la valeur de λ vérifiera la condition

$$(83)\qquad (AB+\lambda^2)\sin a\lambda-(B-A)\lambda\cos a\lambda=0.$$

On aura de plus

$$(84)\qquad u=e^{(m^2\alpha^2-r)t}f(x)=\frac{2}{\pi}\int_0^a\int_{-\infty}^{\infty}e^{-(m^2\lambda^2+r)t}(\lambda\cos\lambda x-A\sin\lambda x)\mathfrak{L}f(\mu)\,d\mu\,d\lambda.$$

Enfin, si l'on désigne par ρ une des racines de l'équation (83), et par ε un nombre infiniment petit, on aura évidemment

$$(85)\qquad \left\{\begin{aligned}&\int_{\rho-\varepsilon}^{\rho+\varepsilon}\mathfrak{L}(\lambda\cos\lambda x-A\sin\lambda x)\,d\lambda\\&=\frac{\pi}{2}\,\frac{(\rho\cos\rho x-A\sin\rho x)[B\sin(a-\mu)\rho+\rho\cos(a-\mu)\rho]}{D_\rho[(AB+\rho^2)\sin a\rho-(B-A)\rho\cos a\rho]}.\end{aligned}\right.$$

Donc, si l'on fait pour abréger

$$(86)\qquad \mathfrak{M}=\frac{[B\sin(a-\mu)\rho+\rho\cos(a-\mu)\rho]}{a[(B-A)\rho\sin a\rho+(AB+\rho^2)\cos a\rho]+2\rho\sin a\rho-(B-A)\cos a\rho},$$

on trouvera

$$(87)\qquad f(x)=\sum\int_0^a(\rho\cos\rho x-A\sin\rho x)\mathfrak{M}f(\mu)\,d\mu\quad (^1),$$

(1) On a

$$\int_0^a\mathfrak{M}f(\mu)\,d\mu=\frac{1}{2}i\,\frac{\int_0^a[(B-\rho i)e^{\rho(\mu-a)i}-(B+\rho i)e^{\rho(a-\mu)i}]f(\mu)\,d\mu}{D_\rho[(AB+\rho^2)\sin a\rho-(B-A)\rho\cos a\rho]},$$

ou

$$\int_0^a\mathfrak{M}f(\mu)\,d\mu=\frac{-i\int_0^a[(B-\rho i)e^{\rho(\mu-a)i}-(B+\rho i)e^{\rho(a-\mu)i}]f(\mu)\,d\mu}{\int_0^a[(A-\rho i)e^{\rho\mu i}-(A+\rho i)e^{-\rho\mu i}][(B-\rho i)e^{\rho(\mu-a)i}-(B+\rho i)e^{\rho(a-\mu)i}]\,d\mu}$$

$$=-\frac{i\int_0^a[(A-\rho i)e^{\rho\mu i}-(A+\rho i)e^{-\rho\mu i}]f(\mu)\,d\mu}{\int_0^a[(A-\rho i)e^{\rho\mu i}-(A+\rho i)e^{-\rho\mu i}]^2\,d\mu}.$$

et

(88) $$u = \int_0^a \sum e^{-m^2\rho^2 t - rt}(\rho\cos\rho x - A\sin\rho x)\,\mathfrak{M}\,f(\mu)\,d\mu,$$

le signe $\sum$ s'étendant à toutes les valeurs de ρ.

Si l'on transporte l'origine des coordonnées au point qui a pour abscisse $\frac{a}{2}$, il faudra remplacer x par $x + \frac{a}{2}$. Si de plus on fait pour abréger

(89) $$\begin{cases} \mu = \dfrac{a}{2} + z, \qquad f\left(\dfrac{a}{2} + z\right) = \mathrm{f}(z), \\ R = \dfrac{d[(B - A)\rho\cos a\rho - (AB + \rho^2)\sin a\rho]}{d\rho}, \end{cases}$$

on trouvera

(90) $$f(x) = -\int_{-\frac{a}{2}}^{\frac{a}{2}} \sum \frac{\left\{ \begin{array}{l} \left[\rho\cos\left(z - \frac{a}{2}\right)\rho - B\sin\left(z - \frac{a}{2}\right)\rho\right] \\ \times \left[\rho\cos\left(x + \frac{a}{2}\right)\rho - A\sin\left(x + \frac{a}{2}\right)\rho\right] \end{array} \right\}}{R}\,\mathrm{f}(z)\,dz,$$

ou, ce qui revient au même,

(91) $$\begin{cases} f(x) = \displaystyle\sum_{-\infty}^{\infty} \frac{P\cos\rho x + Q\sin\rho x}{R}, \\ u = e^{-rt} \displaystyle\sum_{-\infty}^{\infty} \frac{P\cos\rho x + Q\sin\rho x}{R}\, e^{-m^2\rho^2 t}, \end{cases}$$

pourvu que l'on fasse

(92) $$\begin{cases} P = -\displaystyle\int_{-\frac{a}{2}}^{\frac{a}{2}} [\rho\cos(z - l)\rho - B\sin(z - l)\rho][\rho\cos l\rho - A\sin l\rho]\,\mathrm{f}(z)\,dz, \\ Q = \displaystyle\int_{-\frac{a}{2}}^{\frac{a}{2}} [\rho\cos(z - l)\rho - B\sin(z - l)\rho][\rho\sin l\rho + A\cos l\rho]\,\mathrm{f}(z)\,dz, \end{cases}$$

la valeur de l étant $\frac{a}{2}$.

Si l'on observe d'ailleurs que ρ désigne une des racines de l'équation

(93) $$(AB + \rho^2)\sin 2l\rho - (B - A)\rho\cos 2l\rho = 0,$$

on reconnaîtra immédiatement que les formules (91) et (92) coïncident avec celles que M. Poisson a données.

Les formules précédentes paraissent n'être établies que par induction, attendu que, suivant la méthode de M. Brisson, l'on a plusieurs fois considéré la lettre α comme indiquant une différentiation relative à x. Mais, pour rendre les calculs rigoureux, il suffit de revenir aux formules et aux notations du paragraphe II. En effet, en employant ces notations, l'on aura généralement

$$(94)\qquad \varphi(\alpha)f(x)=\frac{1}{2\pi}\int_{-\infty}^{\infty}\int_{-\infty}^{\infty}\varphi(u\mathrm{i})\,f(v)\,e^{u(x-v)\mathrm{i}}\,dv\,du,$$

et, par suite, si l'on pose

$$(95)\qquad f(x)=\frac{1}{2\pi}\int_{0}^{a}\int_{-\infty}^{\infty}\varpi(\lambda\mathrm{i})\,e^{\lambda(x-\mu)\mathrm{i}}\,\mathrm{F}(\mu)\,d\mu\,d\lambda,$$

on trouvera non seulement

$$(96)\qquad f(v)=\frac{1}{2\pi}\int_{0}^{a}\int_{-\infty}^{\infty}\varpi(\lambda\mathrm{i})\,e^{\lambda(v-\mu)\mathrm{i}}\,\mathrm{F}(\mu)\,d\mu\,d\lambda,$$

et

$$(97)\qquad e^{\lambda x\mathrm{i}}\,\varphi(\lambda\mathrm{i})=\frac{1}{2\pi}\int_{-\infty}^{\infty}\int_{-\infty}^{\infty}\varphi(u\mathrm{i})\,e^{v(\lambda-u)\mathrm{i}}\,e^{ux\mathrm{i}}\,dv\,du,$$

mais encore, en vertu des formules (96) et (97),

$$(98)\qquad \varphi(\alpha)f(x)=\frac{1}{2\pi}\int_{0}^{a}\int_{-\infty}^{\infty}\varphi(\lambda\mathrm{i})\,\varpi(\lambda\mathrm{i})\,e^{\lambda(x-\mu)\mathrm{i}}\,\mathrm{F}(\mu)\,d\mu\,d\lambda.$$

Ainsi l'équation (95) entraîne l'équation (98). Il est bon de remarquer en passant que la fonction $f(x)$, déterminée par la formule (95), s'évanouit hors des limites $x=0$, $x=a$, et qu'il en est de même du second membre de la formule (98). Ajoutons que, des formules (95) et (98) réunies, l'on conclut immédiatement

$$(99)\qquad \left\{\begin{aligned}&\varphi(\alpha)\int_{0}^{a}\int_{-\infty}^{\infty}\varpi(\lambda\mathrm{i})\,e^{\lambda(x-\mu)\mathrm{i}}\,\mathrm{F}(\mu)\,d\mu\,d\lambda\\&\quad=\int_{0}^{a}\int_{-\infty}^{\infty}\varphi(\lambda\mathrm{i})\,\varpi(\lambda\mathrm{i})\,e^{\lambda(x-\mu)\mathrm{i}}\,\mathrm{F}(\mu)\,d\mu\,d\lambda.\end{aligned}\right.$$

On aura donc aussi

$$(100)\quad \left\{\begin{aligned}
&[\varphi(\alpha)\,\varpi(\alpha)]\int_0^a\int_{-\infty}^{\infty} e^{\lambda(x-\mu)i}\,\mathrm{F}(\mu)\,d\mu\,d\lambda\\
&=\varphi(\alpha)\int_0^a\int_{-\infty}^{\infty}\varpi(\lambda i)\,e^{\lambda(x-\mu)i}\,\mathrm{F}(\mu)\,d\mu\,d\lambda\\
&=\int_0^a\int_{-\infty}^{\infty}\varphi(\lambda i)\,\varpi(\lambda i)\,e^{\lambda(x-\mu)i}\,\mathrm{F}(\mu)\,d\mu\,d\lambda\\
&=\varphi(\alpha)\,\varpi(\alpha)\,\mathrm{F}(x)\qquad\text{entre les limites}\quad\left\{\begin{matrix}x=0\\ x=a\end{matrix}\right\}.
\end{aligned}\right.$$

Cela posé, on pourra immédiatement remplacer, dans les formules (75) et, par suite, dans les formules (76), (77), etc., α par λi, et l'on obtiendra de cette manière la formule (79). Réciproquement, on pourra écrire partout dans la formule (77) α au lieu de λi; et l'on trouvera ainsi, au lieu de l'équation (77) ou (79), une équation de la forme

$$(101)\quad f(x)=(\mathrm{A}-\alpha)\,\varphi(\alpha)[(\mathrm{B}+\alpha)e^{a\alpha}\,\mathfrak{f}(x)-(\mathrm{B}-\alpha)e^{-a\alpha}]\,\mathfrak{f}(-x),$$

pourvu que l'on fasse

$$(102)\quad \left\{\begin{aligned}
\varphi(\alpha)&=\frac{1}{(\mathrm{A}-\alpha)(\mathrm{B}+\alpha)e^{a\alpha}-\eta(\mathrm{A}+\alpha)(\mathrm{B}-\alpha)e^{-a\alpha}}\\
&\quad+\frac{1}{(\mathrm{A}+\alpha)(\mathrm{B}-\alpha)e^{-a\alpha}-\eta(\mathrm{A}-\alpha)(\mathrm{B}+\alpha)e^{a\alpha}}\\
&=4(1-\eta)\frac{(\mathrm{A}+\alpha)(\mathrm{B}-\alpha)e^{-a\alpha}+(\mathrm{A}-\alpha)(\mathrm{B}+\alpha)e^{a\alpha}}{\left\{\begin{matrix}(1-\eta)^2[(\mathrm{A}+\alpha)(\mathrm{B}-\alpha)e^{-a\alpha}+(\mathrm{A}-\alpha)(\mathrm{B}+\alpha)e^{a\alpha}]^2\\ -(1+\eta)^2[(\mathrm{A}+\alpha)(\mathrm{B}-\alpha)e^{-a\alpha}-(\mathrm{A}-\alpha))\mathrm{B}+\alpha)e^{a\alpha}]^2\end{matrix}\right\}}\\
&=\frac{2\varepsilon}{\varepsilon^2-[(\mathrm{A}+\alpha)(\mathrm{B}-\alpha)e^{-a\alpha}-(\mathrm{A}-\alpha)(\mathrm{B}+\alpha)e^{a\alpha}]^2},
\end{aligned}\right.$$

ε étant un nombre infiniment petit, et que l'on désigne par

$$(103)\qquad \mathfrak{f}(x)=\frac{1}{2\pi}\int_0^a\int_{-\infty}^{\infty} e^{\lambda(x-\mu)i}\,\mathfrak{f}(\mu)\,d\mu\,d\lambda$$

une fonction qui soit considérée comme toujours nulle, hors des limites $x=0$, $x=a$, et toujours connue entre ces limites.

En remettant pour $\varphi(\alpha)$ sa valeur dans $f(x)$, on trouvera

$$(104)\qquad f(x)=\frac{2\varepsilon(A-\alpha)[(B+\alpha)e^{a\alpha}f(x)-(B-\alpha)e^{-a\alpha}f(-x)]}{\varepsilon^2-[(A+\alpha)(B-\alpha)e^{-a\alpha}-(A-\alpha)(B+\alpha)e^{a\alpha}]},$$

ε désignant un nombre infiniment petit. Cette formule, jointe à la suivante

$$(105)\qquad \psi(\alpha)f(x)=\frac{1}{2\mu}\int_{-\infty}^{\infty}\int_{-\infty}^{\infty}\psi(\lambda i)f(\mu)e^{\lambda(x-\mu)i}\,d\mu\,d\lambda,$$

dans laquelle $\psi(\alpha)$ désigne une fonction quelconque de α, suffit pour déterminer complètement la valeur de $f(x)$ et de $\psi(\alpha)f(x)$. On aura par suite, en vertu de la formule (53),

$$(106)\qquad u=\frac{2\varepsilon(A-\alpha)e^{t(m^2\alpha^2-r)}[(B+\alpha)e^{a\alpha}f(x)-(B-\alpha)e^{-a\alpha}f(-x)]}{\varepsilon^2-[(A-\alpha)(B+\alpha)e^{a\alpha}-(A+\alpha)(B-\alpha)e^{-a\alpha}]^2}.$$

On peut encore présenter l'équation (104) sous la forme

$$(107)\qquad f(x)=(A-\alpha)\varpi(x),$$

la valeur de $\varpi(x)$ étant

$$(108)\qquad \varpi(x)=\frac{2\varepsilon[(B+\alpha)e^{a\alpha}f(x)-(B-\alpha)e^{-a\alpha}f(-x)]}{\varepsilon^2-[(A-\alpha)(B+\alpha)e^{a\alpha}-(A+\alpha)(B-\alpha)e^{-a\alpha}]^2}.$$

Cette dernière valeur de $\varpi(x)$ vérifie deux équations semblables aux formules (62), savoir

$$(109)\qquad \begin{cases} \varpi(x)=-\varpi(-x), \\ [(A-\alpha)(B+\alpha)e^{a\alpha}-(A+\alpha)(B-\alpha)e^{-a\alpha}]\,\varpi(x)=0, \end{cases}$$

et, de plus, elle satisfait, pour toutes les valeurs de x comprises entre les limites $x=0$, $x=a$, à la formule

$$(110)\qquad \varpi(x)=\frac{f(x)}{A-\alpha}.$$

Remarquons enfin que, si l'on pose comme ci-dessus

$$(102)\qquad \begin{cases} \varphi(\alpha)= \dfrac{1}{(A-\alpha)(B+\alpha)e^{a\alpha}-\eta(A+\alpha)(B-\alpha)e^{-a\alpha}} \\ \qquad\quad + \dfrac{1}{(A+\alpha)(B-\alpha)e^{-a\alpha}-\eta(A-\alpha)(B+\alpha)e^{a\alpha}} \\ \qquad = \dfrac{2\varepsilon}{\varepsilon^2-[(A-\alpha)(B+\alpha)e^{a\alpha}-(A+\alpha)(B-\alpha)e^{-a\alpha}]^2}, \end{cases}$$

la valeur de $\varpi(x)$ deviendra simplement

$$\varpi(x) = \varphi(\alpha)[(B+\alpha)e^{a\alpha}f(x) - (B-\alpha)e^{-a\alpha}f(-x)]. \tag{111}$$

On pourrait, à l'aide des équations (109) et (110), déterminer directement la valeur de $\varpi(x)$, ainsi qu'il suit :

Soit d'abord

$$\varpi(x) = \chi(\alpha)f(x) + \psi(\alpha)f(-x). \tag{112}$$

Si, dans cette formule, on change x en $-x$, on devra changer aussi α en $-\alpha$, et l'on trouvera, par suite,

$$\varpi(-x) = \chi(-\alpha)f(-x) + \psi(-\alpha)f(x). \tag{113}$$

Si l'on ajoute les équations (112) et (113), on trouvera, en ayant égard à la première des équations (109),

$$0 = [\chi(\alpha) + \psi(-\alpha)]f(x) + [\chi(-\alpha) + \psi(\alpha)]f(-x).$$

On satisfait à cette dernière en posant

$$\psi(\alpha) = -\chi(-\alpha).$$

Donc

$$\varpi(x) = \chi(\alpha)f(x) - \chi(-\alpha)f(-x). \tag{114}$$

Observons, de plus, qu'on tirera de la seconde des équations (109)

$$\varpi(x) = \frac{(A+\alpha)(B-\alpha)}{(A-\alpha)(B+\alpha)}e^{-2a\alpha}\varpi(x) = \frac{(A-\alpha)(B+\alpha)}{(A+\alpha)(B-\alpha)}e^{2a\alpha}\varpi(x), \tag{115}$$

et, par suite, η désignant un nombre très peu différent de l'unité, et n un nombre entier quelconque,

$$\tag{116} \left\{ \begin{aligned} \varpi(x) &= \left[\eta\frac{(A+\alpha)(B-\alpha)}{(A-\alpha)(B+\alpha)}\right]^n \varpi(x-2na), \\ \varpi(x) &= \left[\eta\frac{(A-\alpha)(B+\alpha)}{(A+\alpha)(B-\alpha)}\right]^n \varpi(x+2na). \end{aligned} \right.$$

Si, dans les formules précédentes, on remplace x par $-x$, on devra remplacer aussi α par — α. On trouvera donc

$$(117)\quad \begin{cases} \varpi(-x) = \left[\eta\dfrac{(A-\alpha)(B+\alpha)}{(A+\alpha)(B-\alpha)}\right]^n \varpi(-x-2na), \\ \varpi(-x) = \left[\eta\dfrac{(A+\alpha)(B-\alpha)}{(A-\alpha)(B+\alpha)}\right]^n \varpi(-x+2na), \end{cases}$$

et l'on aura, par suite, en vertu de la première des équations (109),

$$(118)\quad \begin{cases} \varpi(x) = -\left[\eta\dfrac{(A-\alpha)(B+\alpha)}{(A+\alpha)(B-\alpha)}\right]^n \varpi(-x-2na), \\ \varpi(x) = -\left[\eta\dfrac{(A+\alpha)(B-\alpha)}{(A-\alpha)(B+\alpha)}\right]^n \varpi(-x+2na). \end{cases}$$

Les équations (116) et (118) peuvent encore s'écrire comme il suit :

$$(119)\quad \begin{cases} \varpi(x) = \left[\eta\dfrac{(A+\alpha)(B-\alpha)}{(A-\alpha)(B+\alpha)}e^{-2a\alpha}\right]^n \varpi(x) \\ \varpi(x) = \left[\eta\dfrac{(A-\alpha)(B+\alpha)}{(A+\alpha)(B-\alpha)}e^{2a\alpha}\right]^n \varpi(x), \end{cases} \quad \begin{Bmatrix} x=0 \\ x=\infty \end{Bmatrix},$$

$$(120)\quad \begin{cases} \varpi(x) = -\left[\eta\dfrac{(A-\alpha)(B+\alpha)}{(A+\alpha)(B-\alpha)}e^{2a\alpha}\right]^n \varpi(-x), \\ \varpi(x) = -\left[\eta\dfrac{(A+\alpha)(B-\alpha)}{(A-\alpha)(B+\alpha)}e^{-2a\alpha}\right]^n \varpi(-x). \end{cases}$$

Si maintenant on écrit dans les seconds membres des équations précédentes

$$\frac{f(x)}{A-\alpha} \quad \text{au lieu de} \quad \varpi(x),$$

et

$$\frac{f(-x)}{A+\alpha} \quad \text{au lieu de} \quad \varpi(-x),$$

elles auront respectivement lieu pour les valeurs de

$$x-2na, \quad x+2na, \quad -x-2na, \quad -x+2na,$$

comprises entre zéro et a; d'où il résulte qu'on devra y poser successivement

$$x-2na=\iota a, \qquad x+2na=\iota a,$$
$$-x-2na=\iota a, \qquad -x+2na=\iota a,$$

désignant un nombre inférieur à l'unité. On aura donc, par suite,

$$x = (2n+1)a, \qquad -x = (2n-1)a,$$
$$-x = (2n+1)a, \qquad x = (2n-1)a,$$

et l'on pourra, dans ces quatre équations, prendre pour limites inférieures de n

$$n = 0, \qquad n = 1, \qquad n = 0, \qquad n = 1.$$

En réunissant toutes les valeurs particulières de $\varpi(x)$, on aura la valeur générale, savoir :

$$(121)\quad \left\{\begin{aligned} \varpi(x) = {} & \frac{f(x)}{A-\alpha}\left\{\sum_0^\infty\left[\eta\frac{(A+\alpha)(B-\alpha)}{(A-\alpha)(B+\alpha)}e^{-2a\alpha}\right]^n + \sum_1^\infty\left[\eta\frac{(A-\alpha)(B+\alpha)}{(A+\alpha)(B-\alpha)}e^{2a\alpha}\right]^n\right\} \\ & -\frac{f(-x)}{A+\alpha}\left\{\sum_0^\infty\left[\eta\frac{(A-\alpha)(B+\alpha)}{(A+\alpha)(B-\alpha)}e^{2a\alpha}\right]^n + \sum_1^\infty\left[\eta\frac{(A+\alpha)(B-\alpha)}{(A-\alpha)(B+\alpha)}e^{-2a\alpha}\right]^n\right\}. \end{aligned}\right.$$

Ici l'on reconnaît immédiatement que $\varpi(x)$ est de la forme exigée par l'équation (114). Si, dans chacune des sommes prises depuis $n = 1$ jusqu'à $n = \infty$, on supprime le premier des facteurs égaux à θ, et, si l'on pose, en outre,

$$(122)\quad \left\{\begin{aligned} \varphi(\alpha) = {} & \frac{e^{-a\alpha}}{(A-\alpha)(B+\alpha)}\sum_0^\infty\left[\eta\frac{(A+\alpha)(B-\alpha)}{(A-\alpha)(B+\alpha)}e^{-2a\alpha}\right]^n \\ & + \frac{e^{a\alpha}}{(A+\alpha)(B-\alpha)}\sum_0^\infty\left[\eta\frac{(A-\alpha)(B+\alpha)}{(A+\alpha)(B-\alpha)}e^{2a\alpha}\right]^n, \end{aligned}\right.$$

on trouvera

$$(123)\qquad \varpi(x) = \varphi(\alpha)[(B+\alpha)e^{a\alpha}f(x) - (B-\alpha)e^{-a\alpha}f(-x)].$$

De plus, il est clair que la valeur de $\varphi(\alpha)$ donnée par l'équation (122) deviendra

$$(124)\quad \left\{\begin{aligned} \varphi(\alpha) = {} & \frac{1}{(A-\alpha)(B+\alpha)e^{a\alpha} - \eta(A+\alpha)(B-\alpha)e^{-a\alpha}} \\ & + \frac{1}{(A+\alpha)(B-\alpha)e^{-a\alpha} - \eta(A-\alpha)(B+\alpha)e^{a\alpha}}. \end{aligned}\right.$$

Les formules (123) et (124) coïncident exactement avec les formules (102) et (111). Pour achever la solution du problème et retrouver la formule (79), il suffira de recourir à l'équation

$$(103) \qquad \mathfrak{f}(x) = \frac{1}{2\pi}\int_0^a \int_{-\infty}^{\infty} e^{\lambda(x-\mu)\mathrm{i}}\, \mathfrak{f}(\mu)\, d\mu\, d\lambda,$$

et d'observer qu'on aura généralement

$$(125) \qquad \begin{cases} \chi(\alpha)\, \mathfrak{f}(x) = \dfrac{1}{2\pi}\displaystyle\int_0^a \int_{-\infty}^{\infty} \chi(\lambda\mathrm{i})\, e^{\lambda(x-\mu)\mathrm{i}}\, \mathfrak{f}(\mu)\, d\mu\, d\lambda, \\ \chi(-\alpha)\, \mathfrak{f}(-x) = \dfrac{1}{2\pi}\displaystyle\int_0^a \int_{-\infty}^{\infty} \chi(-\lambda\mathrm{i})\, e^{\lambda(x+\mu)\mathrm{i}}\, \mathfrak{f}(\mu)\, d\mu\, d\lambda. \end{cases}$$

Revenons maintenant à l'équation des cordes vibrantes. On a, dans ce cas, pour déterminer $f(x)$, les deux équations

$$(126) \qquad \begin{cases} (e^{a\alpha} - e^{-a\alpha}) f(x) = 0, \\ f(x) = -f(-x). \end{cases}$$

De plus, nous appellerons encore $\mathfrak{f}(x)$ une fonction qui sera égale à la valeur connue de $f(x)$ entre les limites $x = 0$, $x = a$, et qui deviendra constamment nulle hors de ces limites. Cela posé, on tirera des équations (126)

$$f(x) = e^{-2a\alpha} f(x) = e^{2a\alpha} f(x),$$

et, par suite, en nommant ι, η, deux nombres inférieurs à la limite 1, mais dont le dernier η diffère infiniment peu de l'unité,

$$\begin{array}{llll} f(x) = \eta^n e^{-2an\alpha} f(x) & \text{pour} & x = (2n + \iota)a & (n \geqq 0), \\ f(x) = \eta^n e^{2an\alpha} f(x) & \text{»} & -x = (2n - \iota)a & (n \geqq 1), \\ -f(x) = f(-x) = \eta^n e^{2an\alpha} f(-x) & \text{»} & -x = (2n + \iota)a & (n \geqq 0), \\ -f(x) = f(-x) = \eta^n e^{-2an\alpha} f(-x) & \text{»} & x = (2n - \iota)a & (n \geqq 1). \end{array}$$

En remplaçant dans les seconds membres des équations précédentes $f(x)$ par $\mathfrak{f}(x)$, $f(-x)$ par $\mathfrak{f}(-x)$, puis réunissant toutes les valeurs particulières de $f(x)$ qui en résulteront, on obtiendra la valeur générale de $f(x)$, savoir :

$$f(x) = \sum_0^\infty \eta^n e^{-2an\alpha} f(x) - \sum_1^\infty \eta^n e^{-2an\alpha} f(-x) + \sum_1^\infty \eta^n e^{2an\alpha} f(x) - \sum_0^\infty \eta^n e^{2an\alpha} f(-x),$$

ou, ce qui revient au même,

$$f(x) = \left(\sum_0^\infty \eta^n e^{-2an\alpha} + \sum_0^\infty \eta^n e^{2an\alpha} - 1\right)[f(x) - f(-x)] = \frac{1-\eta^2}{1-\eta(e^{2a\alpha}+e^{-2a\alpha})+\eta^2}[f(x) - f(-x)],$$

ou à très peu près

(127) $$f(x) = \frac{2(1-\eta)}{1-\eta(e^{2a\alpha}+e^{-2a\alpha})+\eta^2}[f(x) - f(-x)].$$

On a d'ailleurs

(128) $$f(x) - f(-x) = \frac{1}{2\pi}\int_0^a \int_{-\infty}^\infty (e^{\lambda(x-\mu)i} - e^{\lambda(x+\mu)i}) f(\mu)\, d\mu\, d\lambda;$$

puis, en désignant par ρ une racine de l'équation

(129) $$e^{a\lambda i} - e^{-a\lambda i} = 0 \quad \text{ou} \quad \sin a\lambda = 0,$$

on trouve

(130) $$\int_{\rho-\varepsilon}^{\rho+\varepsilon} \frac{(1-\eta)\,d\lambda}{1-2\eta\cos(2a\lambda)+\eta^2} = \int_{\rho-\varepsilon}^{\rho+\varepsilon} \frac{(1-\eta)\,d\lambda}{(1-\eta\cos 2a\lambda)^2+(\eta\sin 2a\lambda)^2} = \frac{\pi}{2a}.$$

Donc, par suite, on aura

(131) $$\left\{\begin{aligned} f(x) &= \frac{1}{2a}\sum_{-\infty}^\infty \int_0^a (e^{\rho(x-\mu)i} - e^{\rho(x+\mu)i}) f(\mu)\, d\mu \\ &= \frac{1}{2a}\sum_{-\infty}^\infty \int_0^a [\cos\rho(x-\mu) - \cos\rho(x+\mu)] f(\mu)\, d\mu \\ &= \frac{1}{a}\sum_{-\infty}^\infty \int_0^a \sin\rho x \sin\rho\mu\, f(\mu)\, d\mu \\ &= \frac{2}{a}\sum_0^\infty \sin\rho x \int_0^a \sin\rho\mu\, f(\mu)\, d\mu, \end{aligned}\right.$$

ce qui est exact.

Il est aisé de voir que les méthodes ci-dessus exposées sont applicables à tous les problèmes du même genre.

§ VII. — *Développement des principes établis dans le paragraphe précédent.*

Adoptons les notations du paragraphe III, en sorte qu'on ait

$$(1)\qquad F(\alpha)f(x) = \frac{1}{2\pi}\int_{-\infty}^{\infty}\int_{-\infty}^{\infty} e^{\lambda(x-\mu)i}\,F(\lambda i)\,f(\mu)\,d\mu\,d\lambda,$$

quelles que soient les fonctions $F(\alpha)$ et $f(\mu)$. On en conclura, si $F(\alpha)$ désigne une fonction entière de α et de e^{α}, en sorte qu'on ait

$$(2)\qquad F(\alpha) = \varphi(\alpha, e^{\alpha}),$$

on en conclura, dis-je,

$$(3)\qquad \varphi(\alpha, e^{\alpha})f(x) = \varphi(D_x, 1+\Delta_x)f(x).$$

De plus, si, la valeur de $F(\alpha)$ restant quelconque, on a

$$(4)\qquad F(\alpha) = \varphi(\alpha)\chi(\alpha),$$

alors, en posant

$$(5)\qquad \chi(\alpha)f(x) = \varpi(x),$$

on trouvera

$$(6)\qquad F(\alpha)f(x) = \varphi(\alpha)\varpi(x),$$

ou

$$(7)\qquad [\varphi(\alpha)\chi(\alpha)]f(x) = \varphi(\alpha)[\chi(\alpha)f(x)] = \chi(\alpha)[\varphi(\alpha)f(x)].$$

Enfin, si l'on a

$$(8)\qquad f(x) = \mathbf{S}\,\varphi(k)e^{kx},$$

$\mathbf{S}$ indiquant une somme quelconque de termes finis ou infiniment petits, on trouvera

(9) $$F(\alpha)f(x) = \frac{1}{2\pi}\int_{-\infty}^{\infty}\int_{-\infty}^{\infty} F(\lambda i)\left[\mathbf{S}\varphi(k)e^{k\mu}\right]e^{\lambda(x-\mu)i}\,d\mu\,d\lambda;$$

et, parce que

(10) $$\frac{1}{2\pi}\int_{-\infty}^{\infty}\int_{-\infty}^{\infty} e^{\mu(k-\lambda)i}\,F(\lambda i)\,d\lambda\,d\mu = F(k),$$

on aura

(11) $$F(\alpha)f(x) = \mathbf{S}F(k)\varphi(k)e^{kx}.$$

Ainsi, par exemple, l'équation

(12 $$f(x) = \int_{u'}^{u''} e^{uxi}\,\varphi(u)\,du$$

entraînera la suivante :

(13) $$F(\alpha)f(x) = \int_{u'}^{u''} F(ui)\,\varphi(u)e^{uxi}\,du.$$

Si l'on désigne par $\mathfrak{f}(x)$ une fonction de x qui soit toujours connue entre les limites $x = 0$, $x = a$, et toujours nulle hors de ces limites, on aura

(14) $$\begin{cases} \mathfrak{f}(x) = \dfrac{1}{2\pi}\displaystyle\int_0^a e^{\lambda(x-\mu)i}\,\mathfrak{f}(\mu)\,d\mu, \\ \mathfrak{f}(-x) = \dfrac{1}{2\pi}\displaystyle\int_0^a e^{\lambda(x+\mu)i}\,\mathfrak{f}(\mu)\,d\mu, \end{cases}$$

et l'on en conclura

(15) $$\begin{cases} F(\alpha)\;\;\mathfrak{f}(x) = \dfrac{1}{2\pi}\displaystyle\int_0^a F(\lambda i)e^{\lambda(x-\mu)i}\,\mathfrak{f}(\mu)\,d\mu, \\ F(\alpha)\,\mathfrak{f}(-x) = \dfrac{1}{2\pi}\displaystyle\int_0^a F(\lambda i)e^{\lambda(x+\mu)i}\,\mathfrak{f}(\mu)\,d\mu. \end{cases}$$

Observons enfin que, si la fonction $\varpi(x)$, étant propre à vérifier l'équation

(16) $$[\varphi(\alpha) - 1]\,\varpi(x) = 0,$$

est donnée par la formule

$$(17)\qquad \varpi(x)=\left\{\sum_0^\infty \eta^n[\varphi(\alpha)]^n+\sum_0^\infty \eta^n\left[\frac{1}{\varphi(\alpha)}\right]^n-1\right\}f(x),$$

ou

$$(18)\qquad \left\{\begin{aligned} \varpi(x)&=\left[\frac{1}{1-\eta\,\varphi(\alpha)}+\frac{1}{1-\dfrac{\eta}{\varphi(\alpha)}}-1\right]f(x),\\ \varpi(x)&=\frac{1-\eta^2}{1-\eta\left[\varphi(\alpha)+\dfrac{1}{\varphi(\alpha)}\right]+\eta^2}f(x),\end{aligned}\right.$$

η représentant un nombre très rapproché de l'unité; on trouvera, en désignant par ρ une racine réelle de l'équation

$$(19)\qquad \varphi(\rho i)=1,$$

et posant

$$(20)\qquad Q=\pm\,\varphi'(\rho i),$$

ou, ce qui revient au même, en représentant par Q la valeur numérique de la fonction $\varphi'(\alpha)$ correspondant à $\alpha=\rho i$,

$$\int_{\rho-\varepsilon}^{\rho+\varepsilon}\frac{(1-\eta^2)\,d\lambda}{1-\eta\left[\varphi(\lambda i)+\dfrac{1}{\varphi(\lambda i)}\right]+\eta^2}=\frac{2\pi}{Q},$$

ε étant un nombre très petit; et, par suite,

$$(21)\qquad \varpi(x)=\sum_{-\infty}^{\infty}\int_{-\infty}^{\infty}\frac{1}{Q}e^{\rho(x-\mu)i}f(\mu)\,d\mu.$$

C'est là, en effet, ce que l'on conclura de l'équation (18) combinée avec la formule

$$(22)\qquad f(x)=\frac{1}{2\pi}\int_{-\infty}^{\infty}\int_{-\infty}^{\infty}f(\mu)e^{\lambda(x-\mu)i}\,d\mu\,d\lambda.$$

Si la fonction $f(x)$ était assujettie à s'évanouir hors des limites $x=0$, $x=a$, on aurait

$$(23)\qquad f(x)=\frac{1}{2\pi}\int_0^a\int_{-\infty}^{\infty}f(\mu)e^{\lambda(x-\mu)i}\,d\mu\,d\lambda,$$

et l'équation (21) serait remplacée par la suivante :

$$(24)\qquad \varpi(x)=\sum_{-\infty}^{\infty}\int_0^a \frac{1}{Q}e^{\rho(x-\mu)i}\,\mathrm{f}(\mu)\,d\mu.$$

Enfin, si l'on supposait

$$(25)\qquad \mathrm{f}(x)=\int_{\lambda'}^{\lambda''}\chi(\lambda)e^{\lambda x i}\,d\lambda,$$

on trouverait

$$(26)\qquad \varpi(x)=2\pi\sum_{\lambda'}^{\lambda''}\left[\frac{\chi(\rho)}{Q}e^{\rho x i}\right],$$

le signe $\sum$ devant s'étendre à toutes les racines réelles de l'équation (19) comprises entre les limites λ' et λ''.

Si l'on supposait

$$(27)\qquad \varphi(\alpha)=\frac{\psi(\alpha)}{\psi(-\alpha)},$$

l'équation (19), qui fournit les valeurs de ρ, deviendrait

$$(28)\qquad \psi(\rho i)-\psi(-\rho i)=0,$$

et la valeur de Q serait donnée par la formule

$$(29)\qquad Q=\pm\frac{\psi'(\rho i)+\psi'(-\rho i)}{\psi(\rho i)}.$$

Appliquons maintenant les formules qui précèdent à des exemples particuliers.

Problème I. — *La fonction*

$$f(x)$$

étant assujettie à vérifier l'équation

$$(30)\qquad f(x+a)=f(x) \quad \text{ou} \quad e^{a\alpha}f(x)=f(x),$$

et la valeur de cette fonction étant connue entre les limites

$$x=0,\qquad x=a,$$

on demande sa valeur générale.

Solution. — Désignons par $\mathfrak{f}(x)$ une fonction qui obtienne la même valeur que $f(x)$ entre les limites $x = 0$, $x = a$, et qui soit constamment nulle hors de ces limites. L'expression

$$e^{na\alpha}\,\mathfrak{f}(x) = \mathfrak{f}(x + na)$$

(n étant un nombre entier quelconque) sera toujours nulle, excepté entre les limites $x = -na$, $x = -na + a$, et l'expression

$$e^{-na\alpha}\,\mathfrak{f}(x) = \mathfrak{f}(x - na)$$

sera pareillement nulle, excepté entre les limites $x = na$, $x = na + a$. De plus, on aura généralement, en désignant par

$$\varepsilon \quad \text{et} \quad \eta = 1 - \varepsilon$$

deux nombres, l'un infiniment petit, l'autre infiniment rapproché de l'unité,

$$(31) \qquad \begin{cases} f(x) = \eta^n e^{an\alpha}\,f(x), \\ f(x) = \eta^n e^{-an\alpha} f(x), \end{cases}$$

et l'on en conclura évidemment

$$(32) \qquad f(x) = \left(\sum_0^\infty \eta^n e^{an\alpha} + \sum_0^\infty \eta^n e^{-an\alpha} - 1\right)\mathfrak{f}(x).$$

On a retranché l'unité des deux sommes $\sum_0^\infty \eta^n e^{an\alpha}$, $\sum_0^\infty \eta^n e^{-an\alpha}$, afin de ne pas trouver $2\mathfrak{f}(x)$ au lieu de $\mathfrak{f}(x)$ entre les limites $x = 0$, $x = a$, correspondantes à $n = 0$. Pour déduire l'équation (32) de la formule (17) il suffit de remplacer $\varpi(x)$ par $f(x)$, $\mathrm{f}(x)$ par $\mathfrak{f}(x)$ et $\varphi(\alpha)$ par $e^{a\alpha}$. Cela posé, on aura

$$\varphi'(\alpha) = ae^{a\alpha}.$$

L'équation (19) deviendra

$$(33) \qquad e^{a\rho i} = 1 \quad \text{ou} \quad \cos a\rho = 1,$$

et la valeur de Q sera

$$(34) \qquad Q = a e^{a\rho i} = a.$$

Par suite la formule (24) donnera

$$(35)\quad \begin{cases} f(x) = \dfrac{1}{a}\sum_{-\infty}^{\infty}\displaystyle\int_0^a e^{\rho(x-\mu)i}\,f(\mu)\,d\mu \\ \quad = \dfrac{1}{a}\sum_{-\infty}^{\infty}\displaystyle\int_0^a \cos\rho(x-\mu)\,f(\mu)\,d\mu \\ \quad = \dfrac{2}{a}\displaystyle\int_0^a \left[\dfrac{1}{2} + \sum_0^{\infty}\cos\dfrac{2n\pi}{a}(x-\mu)\right] f(\mu)\,d\mu. \end{cases}$$

Problème II. — *Supposons qu'il s'agisse de résoudre l'équation*

$$(36)\qquad \frac{\partial^2 z}{\partial x^2} - m^2\frac{\partial^2 z}{\partial t^2} = 0 \qquad \text{ou} \qquad (\alpha^2 - m^2\theta^2)z = 0,$$

de manière que l'on ait :

Pour $x = 0$ *et pour* $x = a$,

$$z = 0,$$

quel que soit t, et, de plus, pour $t = 0$,

$$z = f(x) \qquad \text{et} \qquad \frac{\partial z}{\partial t} = 0,$$

entre les limites $x = 0$, $x = a$ [$f(x)$ *désignant une fonction qui s'évanouisse hors de ces limites*].

Solution. — Dans ce cas, comme on l'a déjà prouvé, on est conduit aux équations

$$(37)\qquad z = \frac{1}{2}\left(e^{\frac{\alpha t}{m}} + e^{-\frac{\alpha t}{m}}\right) f(x),$$

la valeur de $f(x)$ étant déterminée par les formules

$$(38)\qquad (e^{a\alpha} - e^{-a\alpha})f(x) = 0, \qquad f(x) = -f(-x).$$

La première de ces formules pouvant s'écrire comme il suit

$$e^{2a\alpha}f(x) = f(x),$$

on aura $\varphi(\alpha) = e^{2a\alpha}$, et de plus

$$f(x) = e^{2an\alpha}\,f(x), \qquad f(x) = -\,e^{-2an\alpha}f(-x),$$
$$f(x) = e^{-2an\alpha}f(x), \qquad f(x) = -\,e^{2an\alpha}\,f(-x),$$

$$(39)\qquad f(x) = \left(\sum_0^{\infty}\eta^n e^{2an\alpha} + \sum_0^{\infty}\eta^n e^{-2an\alpha} - 1\right)[f(x) - f(-x)].$$

Cela posé, on trouvera, pour déterminer ρ, l'équation

$$e^{2a\rho i} = 1 \quad \text{ou} \quad \cos 2a\rho = 1, \tag{40}$$

et la valeur de Q deviendra

$$Q = 2a. \tag{41}$$

Comme on aura d'ailleurs

$$f(x) - f(-x) = \frac{1}{2\pi}\int_0^a \int_{-\infty}^{\infty} (e^{\lambda(x-\mu)i} - e^{\lambda(x+\mu)i})\, f(\mu)\, d\mu\, d\lambda, \tag{42}$$

on tirera de la formule (26)

$$\left\{\begin{aligned} f(x) &= \frac{1}{2a}\sum_{-\infty}^{\infty} e^{\rho x i}\int_0^a (e^{-\rho\mu i} - e^{\rho\mu i})\, f(\mu)\, d\mu \\ &= \frac{1}{a i}\sum_{-\infty}^{\infty} e^{\rho x i}\int_0^a \sin(\rho\mu)\, f(\mu)\, d\mu \\ &= \frac{2}{a}\sum_0^{\infty} \sin \rho x \int_0^a \sin(\rho\mu)\, f(\mu)\, d\mu \\ &= \frac{2}{a}\sum_0^{\infty} \sin\frac{n\pi x}{a}\int_0^a \sin\frac{n\pi\mu}{a}\, f(\mu)\, d\mu, \end{aligned}\right. \tag{43}$$

ce qui est exact.

Problème III. — *Intégrer l'équation*

$$\frac{\partial u}{\partial t} - m^2\frac{\partial^2 u}{\partial x^2} + ru = 0 \quad \text{ou} \quad (\theta - m^2\alpha^2 + r)\, u = 0, \tag{44}$$

de manière que l'on ait :

Pour $t = 0$,

$$u = f(x) \quad \text{entre les limites} \quad \left\{\begin{matrix} x = 0 \\ x = a \end{matrix}\right\};$$

pour $x = 0$,

$$\frac{\partial u}{\partial x} + Au = 0;$$

pour $x = a$,

$$\frac{\partial u}{\partial x} + Bu = 0,$$

quel que soit t.

Solution. — On aura, comme nous l'avons prouvé,

(45) $$u = e^{(m^2\alpha^2 - r)t} f(x),$$

(46) $$f(x) = (A - \alpha)\varpi(x);$$

la valeur de $\varpi(x)$ étant assujettie aux équations

(47) $$\left\{\begin{array}{c}[(A-\alpha)(B+\alpha)e^{a\alpha} - (A+\alpha)(B-\alpha)e^{-a\alpha}]\,\varpi(x) = 0,\\ \varpi(x) = -\varpi(-x),\end{array}\right.$$

et devant être égale à

$$\frac{f(x)}{A-\alpha},$$

entre les limites $x = 0$, $x = a$. Cela posé, on trouvera

$$\psi(\alpha) = (A-\alpha)(B+\alpha)e^{a\alpha},$$

$$\begin{aligned}\varpi(x) &= \eta^n\left[\frac{\psi(\alpha)}{\psi(-\alpha)}\right]^n\varpi(x) = \eta^n\left[\frac{\psi(-\alpha)}{\psi(\alpha)}\right]\varpi(x)\\ &= -\eta^n\left[\frac{\psi(-\alpha)}{\psi(\alpha)}\right]^n\varpi(-x) = -\eta^n\left[\frac{\psi(\alpha)}{\psi(-\alpha)}\right]^n\varpi(-x),\end{aligned}$$

et, par suite,

(48) $$\varpi(x) = \left\{\sum_0^\infty \eta^n\left[\frac{\psi(\alpha)}{\psi(-\alpha)}\right]^n + \sum_0^\infty \eta^n\left[\frac{\psi(-\alpha)}{\psi(\alpha)}\right]^n - 1\right\}\left[\frac{f(x)}{(A-\alpha)} - \frac{f(-x)}{A+\alpha}\right].$$

De plus, l'équation (28) donnera

$$(A-\rho i)(B+\rho i)e^{a\rho i} - (A+\rho i)(B-\rho i)^{-a\rho i} = 0,$$

ou

(49) $$(AB+\rho^2)\sin a\rho - (B-A)\rho\cos a\rho = 0;$$

et comme on aura identiquement

$$(AB+\rho^2)\sin a\rho - (B-A)\rho\cos a\rho = \frac{\psi(\rho i) - \psi(-\rho i)}{2i},$$

il est clair qu'en posant

$$R = \pm\frac{d[(AB+\rho^2)\sin a\rho - (B-A)\rho\cos a\rho]}{d\rho} = \pm\frac{\psi'(\rho i) + \psi'(-\rho i)}{2},$$

on tirera de la formule (29)

$$Q = \pm \frac{2R}{\psi(\rho i)} = \pm \frac{2R}{\psi(-\rho i)},$$

eu égard à l'équation

$$\psi(\rho i) = \psi(-\rho i).$$

Par suite, comme on aura aussi

$$(50) \quad \frac{f(x)}{A-\alpha} - \frac{f(-x)}{A+\alpha} = \frac{1}{2\pi} \int_0^a \int_{-\infty}^{\infty} \left(\frac{e^{\lambda(x-\mu)i}}{A-\lambda i} - \frac{e^{\lambda(x+\mu)i}}{A+\lambda i} \right) f(\mu)\, d\mu\, d\lambda,$$

on tirera des formules (26) et (48)

$$(51) \quad \left\{ \begin{aligned} \varpi(x) &= \frac{1}{2} \sum_{-\infty}^{\infty} \frac{1}{R} \int_0^a \left[\frac{\psi(\rho i) e^{\rho(x-\mu)i}}{A-\rho i} - \frac{\psi(-\rho i) e^{\rho(x+\mu)i}}{A+\rho i} \right] f(\mu)\, d\mu \\ &= \frac{1}{2} \sum_{-\infty}^{\infty} \frac{e^{\rho x i}}{R} \int_0^a \left[(B+\rho i) e^{(a-\mu)\rho i} - (B-\rho i) e^{(\mu-a)\rho i} \right] f(\mu)\, d\mu, \end{aligned} \right.$$

ou, ce qui revient au même,

$$(52) \quad \left\{ \begin{aligned} \varpi(x) &= \sum_{-\infty}^{\infty} \frac{e^{\rho x i} i}{R} \int_0^a \left[B \sin(a-\mu)\rho + \rho \cos(a-\mu)\rho \right] f(\mu)\, d\mu \\ &= \sum_{-\infty}^{\infty} \frac{-\sin\rho x}{R} \int_0^a \left[B \sin(a-\mu)\rho + \rho \cos(a-\mu)\rho \right] f(\mu)\, d\mu; \end{aligned} \right.$$

après quoi la formule

$$(53) \quad f(x) = (A-\alpha)\varpi(x) = (A-D_x)\varpi(x)$$

donnera

$$(54) \quad \left\{ \begin{aligned} f(x) &= \sum_{-\infty}^{\infty} \frac{\rho \cos\rho x - A \sin\rho x}{R} \\ &\times \int_0^a \left[B \sin(a-\mu)\rho + \rho \cos(a-\mu)\rho \right] f(\mu)\, d\mu. \end{aligned} \right.$$

PROBLÈME IV. — *Intégrer l'équation*

$$(55) \quad \frac{\partial^2 z}{\partial t^2} - r^2 \frac{\partial^2 z}{\partial x^2} - s^2 \frac{\partial^2 z}{\partial y^2} = 0 \qquad \text{ou} \qquad (\theta^2 - r^2\alpha^2 - s^2\beta^2) z = 0,$$

de manière que l'on ait :

Pour $x = 0$ *et pour* $x = a$,

$$z = 0,$$

quels que soient y *et* t;

Pour $y = 0$ *et pour* $y = b$,

$$z = 0,$$

quels que soient x *et* t;

Pour $t = 0$,

$$z = \mathfrak{f}(x, y), \qquad \frac{\partial z}{\partial t} = 0$$

entre les limites $x = 0$, $x = a$; $y = 0$, $y = b$ *et* $\mathfrak{f}(x, y)$ *étant une fonction toujours nulle hors de ces limites.*

Solution. — On trouvera, en raisonnant comme dans le second problème,

$$(56) \qquad \left\{ \begin{aligned} z &= \frac{1}{2}\left(e^{t\sqrt{r^2\alpha^2+s^2\beta^2}} + e^{-t\sqrt{r^2\alpha^2+s^2\beta^2}}\right) f(x, y) \\ &= \left(e^{\frac{x}{r}\sqrt{\theta^2-s^2\beta^2}} - e^{-\frac{x}{r}\sqrt{\theta^2-s^2\beta^2}}\right)\chi(y, t) \\ &= \left(e^{\frac{y}{s}\sqrt{\theta^2-r^2\alpha^2}} - e^{-\frac{y}{s}\sqrt{\theta^2-r^2\alpha^2}}\right)\psi(x, t), \end{aligned} \right.$$

et de plus

$$(57) \qquad \left(e^{\frac{a}{r}\sqrt{\theta^2-s^2\beta^2}} - e^{-\frac{a}{r}\sqrt{\theta^2-s^2\beta^2}}\right)\chi(y, t) = 0,$$

$$(58) \qquad \left(e^{\frac{b}{s}\sqrt{\theta^2-r^2\alpha^2}} - e^{-\frac{b}{s}\sqrt{\theta^2-r^2\alpha^2}}\right)\psi(x, t) = 0.$$

Soit maintenant

$$\mathrm{F}(\alpha) = e^{a\alpha} - e^{-a\alpha} = -\mathrm{F}(-\alpha).$$

On aura, en vertu des équations (3) et (57),

$$\begin{aligned} &\mathrm{F}(\alpha)\left(e^{\frac{x}{r}\sqrt{\theta^2-s^2\beta^2}} - e^{-\frac{x}{r}\sqrt{\theta^2-s^2\beta^2}}\right)\chi(y, t) \\ &= \left[\mathrm{F}\left(\frac{\sqrt{\theta^2 - s^2\beta^2}}{r}\right)e^{\frac{x}{r}\sqrt{\theta^2-s^2\beta^2}} - \mathrm{F}\left(-\frac{\sqrt{\theta^2 - s^2\beta^2}}{r}\right)e^{-\frac{x}{r}\sqrt{\theta^2-s^2\beta^2}}\right]\chi(y, t) \\ &= \left(e^{\frac{x}{r}\sqrt{\theta^2-s^2\beta^2}} + e^{-\frac{x}{r}\sqrt{\theta^2-s^2\beta^2}}\right)\mathrm{F}\left(\frac{\sqrt{\theta^2 - s^2\beta^2}}{r}\right)\chi(y, t) = 0. \end{aligned}$$

On aura donc, par suite,

$$F(\alpha)z = \frac{1}{2}\left(e^{t\sqrt{r^2\alpha^2+s^2\beta^2}} + e^{-t\sqrt{r^2\alpha^2+s^2\beta^2}}\right) F(\alpha) f(x, y) = 0,$$

et, en posant $t = 0$, on en conclura

$$F(\alpha) f(x, y) = 0,$$

ou

$$(59) \qquad (e^{a\alpha} - e^{-a\alpha}) f(x, y) = 0.$$

On établira de la même manière l'équation

$$(60) \qquad (e^{b\beta} - e^{-b\beta}) f(x, y) = 0.$$

Enfin, comme on tire de l'équation (56)

$$\frac{1}{2}\left(e^{t\sqrt{r^2\alpha^2+s^2\beta^2}} - e^{-t\sqrt{r^2\alpha^2+s^2\beta^2}}\right) f(x, y) = \varpi(x, y, t) - \varpi(-x, y, t),$$

on en conclura, en posant $t = 0$,

$$f(x, y) = \varpi(x, y, 0) - \varpi(-x, y, 0),$$

et, par suite,

$$(61) \qquad f(-x, y) = -f(x, y).$$

On trouvera de même

$$(62) \qquad f(x, -y) = -f(x, -y).$$

Les équations (59), (60), (61) et (62) suffisent pour prolonger indéfiniment la fonction $f(x, y)$ hors des limites $x = 0$, $x = a$, $y = 0$, $y = b$. On y parviendra, en suivant la méthode employée dans le second problème. En effet, si l'on désigne par m, n deux nombres entiers quelconques, on tirera des formules (59), (60), (61) et (62)

$$(63) \qquad \left\{\begin{aligned} f(x, y) &= \eta^m \eta'^n e^{\pm 2ma\alpha} e^{\pm 2nb\beta} f(x, y), \\ f(-x, y) &= -\eta^m \eta'^n e^{\mp 2ma\alpha} e^{\pm 2nb\beta} f(-x, y), \\ f(x, -y) &= -\eta^m \eta'^n e^{\pm 2ma\alpha} e^{\mp 2nb\beta} f(x, -y), \\ f(-x, -y) &= \eta^m \eta'^n e^{\mp 2ma\alpha} e^{\mp 2nb\beta} f(-x, -y), \end{aligned}\right.$$

$\eta = 1 - \varepsilon$ et $\eta' = 1 - \varepsilon'$ désignant deux nombres très rapprochés de l'unité. On aura, par suite,

$$(64)\quad \left\{\begin{aligned} f(x,y) = &\left(\sum_0^\infty \eta^m e^{2ma\alpha} + \sum_0^\infty \eta^m e^{-2ma\alpha} - 1\right)\left(\sum_0^\infty \eta'^n e^{2nb6} + \sum_0^\infty \eta'^n e^{-2nb6} - 1\right) \\ &\times [\mathrm{f}(x,y) - \mathrm{f}(-x,y) - \mathrm{f}(x,-y) + \mathrm{f}(-x,-y)]. \end{aligned}\right.$$

De plus, si, dans la formule qu'on obtient en égalant l'un à l'autre les derniers membres des équations (39) et (43), on remplace n par m, et $\mathrm{f}(x)$ par $\mathrm{f}(x,y) - \mathrm{f}(x,-y)$, on trouvera

$$\begin{aligned} &\left(\sum_0^\infty \eta^m e^{2ma\alpha} + \sum_0^\infty \eta^m e^{-2ma\alpha} - 1\right)[\mathrm{f}(x,y) - \mathrm{f}(x,-y) - \mathrm{f}(-x,y) + \mathrm{f}(-x,-y)] \\ &= \frac{2}{a}\sum_0^\infty \sin\frac{m\pi x}{a}\int_0^a \sin\frac{m\pi\mu}{a}[\mathrm{f}(\mu,y) - \mathrm{f}(\mu,-y)]\,d\mu. \end{aligned}$$

On trouvera de même

$$\begin{aligned} &\left(\sum_0^\infty \eta'^n e^{2nb6} + \sum_0^\infty \eta'^n e^{-2nb6} - 1\right)[\mathrm{f}(\mu,y) - \mathrm{f}(\mu,-y)] \\ &= \frac{2}{b}\sum_0^\infty \sin\frac{n\pi y}{b}\int_0^a \sin\frac{n\pi\nu}{b}\mathrm{f}(\mu,\nu)\,d\nu. \end{aligned}$$

Cela posé, la formule (64) donnera

$$(65)\quad \left\{\begin{aligned} f(x,y) = &\frac{4}{ab}\sum_0^\infty\sum_0^\infty \sin\frac{m\pi x}{a}\sin\frac{n\pi y}{b} \\ &\times \int_0^a\int_0^b \sin\frac{m\pi\mu}{a}\sin\frac{n\pi\nu}{b}\mathrm{f}(\mu,\nu)\,d\mu\,d\nu \quad (^1). \end{aligned}\right.$$

(1) Il m'a semblé inutile de reproduire ici des formules qui, dans le manuscrit, suivaient celles qu'on vient de lire, et qui se rapportaient uniquement à la question traitée aux pages 33 et 34 du Mémoire sur l'Application du calcul des résidus à la solution des problèmes de Physique mathématique (*Œuvres de Cauchy*, S. II, t, XV).

POST-SCRIPTUM.

Plusieurs des formules établies dans le Mémoire précédent ont, avec celles que j'ai données plus tard dans d'autres Mémoires, des rapports faciles à saisir. L'objet des Notes qu'on va lire est non seulement d'indiquer ces rapports, mais encore de joindre à ces formules quelques éclaircissements, ou quelques développements, qui m'ont paru propres à intéresser les amis des Sciences et à contribuer aux progrès de l'Analyse mathématique.

NOTE I.

SUR LES QUANTITÉS GÉOMÉTRIQUES.

Dans le présent Mémoire, un grand nombre de formules renferment quelques-unes des expressions que l'on a nommées *imaginaires*. J'avais même, dans le manuscrit, conservé la notation généralement admise à l'époque où j'écrivais, et le signe $\sqrt{-1}$, auquel j'ai substitué dans l'impression la lettre i, ainsi qu'il est dit à la page 197, afin de me conformer à l'usage maintenant adopté par les géomètres. J'ajouterai que la théorie des expressions imaginaires a été, à diverses époques, envisagée sous divers points de vue. Dès l'année 1806, M. l'abbé Buée et M. Argand, en partant de cette idée que $\sqrt{-1}$ est un signe de perpendicularité, avaient donné des expressions imaginaires une interprétation géométrique contre laquelle des objections spécieuses ont été proposées. Plus tard, M. Argand et d'autres auteurs, particulièrement MM. Français, Faure, Mourey, Vallès, etc., ont publié des recherches [1] qui avaient pour but de développer ou de modifier l'in-

[1] Une grande partie des résultats de ces recherches avait été, à ce qu'il paraît, obtenue, même avant le siècle présent et dès l'année 1786, par un savant modeste, M. Henri-Dominique Truel, qui, après les avoir consignés dans divers manuscrits, les a communiqués, vers l'année 1810, à M. Augustin Normand, constructeur de vaisseaux au Havre.

terprétation dont il s'agit. Dans mon *Analyse algébrique*, publiée en 1821, je m'étais contenté de faire voir qu'on peut rendre rigoureuse la théorie des expressions et des équations imaginaires en considérant ces expressions et ces équations comme *symboliques*. Mais, après de nouvelles et mûres réflexions, le meilleur parti à prendre me paraît être d'abandonner entièrement l'usage du signe $\sqrt{-1}$, et de remplacer la théorie des expressions *imaginaires* par la théorie des quantités que j'appellerai *géométriques*, en mettant à profit les idées émises et les notations proposées non seulement par les auteurs déjà cités, mais aussi par M. de Saint-Venant, dans un Mémoire digne de remarque sur les *sommes géométriques*. C'est ce que j'essayerai d'expliquer dans les paragraphes suivants, qui offriront une sorte de résumé des travaux faits sur cette matière, reproduits, dans un ordre méthodique, avec des modifications utiles, sous une forme simple et nouvelle en quelques points.

§ I. — *Définitions, notations.*

Menons, dans un plan fixe et par un point fixe O pris pour *origine* ou *pôle*, un axe *polaire* OX. Soient, d'ailleurs, r la distance de l'origine O à un autre point A du plan fixe et p l'angle polaire, positif ou négatif, décrit par un rayon mobile qui, en tournant autour de l'origine O dans un sens ou dans un autre, passe de la position OX à la position OA.

Nous appellerons *quantité géométrique*, et nous désignerons par la notation r_p le rayon vecteur OA dirigé de O vers A. La longueur de ce rayon, représentée par la lettre r, sera nommée la *valeur numérique* ou le *module* de la quantité géométrique r_p; l'angle p, qui indique la direction du rayon vecteur OA, sera l'*argument* ou l'*azimut* de cette même quantité. Deux quantités géométriques seront *égales* entre elles, lorsqu'elles représenteront le même rayon vecteur. Donc, puisqu'un tel rayon revient toujours à la même position, quand on le fait tourner autour de l'origine dans un sens ou dans un autre, de manière que chacun de ses points décrive une ou plusieurs circonférences du cercle, il est clair que, si l'on désigne par k une quantité entière quelconque, positive, nulle ou négative et par π le rapport de la circonférence au diamètre, une équation de la forme

$$R_p = r_p$$

entraînera toujours les deux suivantes :

$$R = r, \qquad P = p + 2k\pi,$$

et, par suite, les formules

$$\cos P = \cos p, \qquad \sin P = \sin p.$$

Enfin, nous conviendrons de mesurer les longueurs absolues sur l'axe polaire OX, en sorte qu'on aura identiquement

$$r_0 = r.$$

Quant à la quantité géométrique r_π (1), elle se mesurera aussi bien que r_0, sur l'axe polaire OX, mais en sens inverse et, par suite, la notation r_π pourra être censée représenter ce qu'on nomme en Algèbre une *quantité négative*.

Cela posé, la notion de *quantité géométrique* comprendra, comme cas particulier, la notion de *quantité algébrique*, positive ou négative et à plus forte raison la notion de *quantité arithmétique* ou de *nombre*, renfermée elle-même, comme cas particulier, dans la notion de quantité algébrique.

Ajoutons que, pour plus de généralité, on pourra désigner encore, sous le nom de *quantité géométrique* et à l'aide de la notation r_p, une longueur r mesurée dans le plan fixe donné, à partir d'un point quelconque, mais dans une direction qui forme avec l'axe fixe OX, ou avec un axe parallèle, l'angle polaire p. Alors le point à partir duquel se

(1) En général, les notations

$$r_p, \quad r_{p+\pi}$$

représenteront deux longueurs mesurées sur la même droite, mais dans des *directions opposées*.

mesurera la longueur r et le point auquel elle aboutira seront l'*origine* et l'*extrémité* de cette longueur.

§ II. — *Sommes, produits et puissances entières des quantités géométriques.*

Après avoir défini les quantités géométriques, il est encore nécessaire de définir les diverses fonctions de ces quantités, spécialement leurs sommes, leurs produits et leurs puissances entières, en choisissant des définitions qui s'accordent avec celles que l'on admet dans le cas où il s'agit simplement de quantités algébriques. Or, cette condition sera remplie, si l'on adopte les conventions que nous allons indiquer.

Étant données plusieurs quantités géométriques

$$r_p, \quad r'_{p'}, \quad r''_{p''}, \quad \ldots$$

représentées en grandeur et en direction par les rayons vecteurs

$$\text{OA}, \quad \text{OA}', \quad \text{OA}'', \quad \ldots$$

qui joignent le pôle O aux points A, A′, A″, ..., concevons que l'on mène par l'extrémité A du rayon vecteur OA une droite AB égale et parallèle au rayon vecteur OA′, puis, par le point B une droite BC égale et parallèle au rayon vecteur OA″, ...; et joignons le pôle O au dernier sommet K de la portion de polygone OABC...HK construite comme on vient de le dire. On obtiendra le dernier côté OK d'un polygone fermé dont les premiers côtés seront OA, AB, BC, ..., HK. Or, ce dernier côté OK sera ce que nous appellerons la *somme* des quantités géométriques données et ce que nous indiquerons par la juxtaposition de ces quantités, liées l'une à l'autre par le signe $+$, comme on a coutume de le faire pour une somme de quantités algébriques. En conséquence, si l'on nomme R la valeur numérique du rayon vecteur OK et P l'angle polaire formé par ce rayon avec l'axe polaire, on aura

$$(1) \qquad \mathrm{R}_\mathrm{P} = r_p + r'_{p'} + r''_{p''} + \ldots.$$

Observons d'ailleurs que les côtés OA, AB, BC, ..., HK, du polygone OABCD...HK, peuvent être censés représenter eux-mêmes les quantités géométriques désignées par les notations r_p, $r'_{p'}$, $r''_{p''}$, ... Donc, *pour obtenir la somme de plusieurs quantités géométriques, il suffit de porter, l'une après l'autre, les diverses longueurs qu'elles représentent, dans les directions indiquées par les divers arguments, en prenant pour origine de chaque longueur nouvelle l'extrémité de la longueur précédente, puis de joindre l'origine de la première longueur à l'extrémité de la dernière par une droite qui représentera en grandeur et en direction la somme cherchée.*

Si l'on projette orthogonalement les divers côtés du polygone OABC...HK sur l'axe polaire, la projection algébrique du dernier côté OK sera évidemment la somme des projections algébriques de tous les autres, ou, ce qui revient au même, la somme des projections algébriques des rayons vecteurs OA, OA′, OA″, ... Donc, l'équation (1) entraînera la suivante

$$(2)\qquad R\cos P = r\cos p + r'\cos p' + r''\cos p'' + \ldots.$$

On trouvera de même, en projetant les divers côtés du polygone OABC...HK, non plus sur l'axe polaire, mais sur un axe fixe, perpendiculaire à celui-ci,

$$(3)\qquad R\sin P = r\sin p + r'\sin p' + r''\sin p'' + \ldots.$$

Les équations (2) et (3) fournissent le moyen de déterminer aisément le module R et l'argument P de la somme de plusieurs quantités géométriques.

Si l'on considère seulement deux rayons vecteurs OA, OA′, représentés en grandeur et en direction par les quantités géométriques r_p, $r'_{p'}$, la somme de ces dernières sera, en vertu de la définition admise, une troisième quantité géométrique propre à représenter en grandeur et en direction la diagonale OK du parallélogramme construit sur les rayons vecteurs donnés. En d'autres termes, elle sera le troisième côté d'un triangle qui aura pour premier côté le rayon vecteur OA, le deuxième côté AK étant égal et parallèle au rayon vecteur OA′. D'ailleurs dans ce triangle, le côté OK, représenté en grandeur par le module de la somme $r_p + r'_{p'}$, sera compris entre la somme et la différence des deux autres côtés, représentés en grandeur par les modules r et r'. On peut donc énoncer la proposition suivante :

Théorème I. — *Le module de la somme de deux quantités géométriques est toujours compris entre la somme et la différence de leurs modules.*

Il est bon d'observer que le module de la somme de deux quantités géométriques r_p, $r'_{p'}$ pourrait atteindre les limites qui lui sont assignées par le théorème précédent et se réduirait effectivement à la somme ou à la différence des modules r, r', si les rayons vecteurs OA, OA′ étaient dirigés suivant une même droite, dans le même sens ou en sens opposés.

Le théorème I entraîne évidemment le suivant :

Théorème II. — *Le module de la somme de plusieurs quantités géométriques ne peut surpasser la somme de leurs modules.*

On peut, au reste, déduire directement ce second théorème de cette seule considération que, dans un polygone fermé OABC...HK, le dernier côté OK ne peut surpasser la somme de tous les autres.

Ce que nous nommerons le *produit* de plusieurs quantités géométriques, ce sera une nouvelle quantité géométrique qui aura pour module le produit de leurs modules et pour argument la somme de leurs arguments. Nous indiquerons le produit de plusieurs quantités géométriques,

$$r_p, \quad r'_{p'}, \quad r''_{p''}, \quad \ldots,$$

à l'aide des notations que l'on emploie dans le cas où il s'agit de quantités algébriques, par exemple, en plaçant ces quantités à la suite les unes des autres, sans les faire précéder d'aucun signe. Cela posé, on aura, d'après la définition énoncée,

$$(4) \qquad r_p r'_{p'} r''_{p''} \ldots = (r r' r'' \ldots)_{p+p'+p''+\ldots}.$$

On sait que, pour multiplier par un facteur donné la somme de plusieurs nombres ou de plusieurs quantités algébriques, il suffit de multiplier chaque terme de la somme par le facteur dont il s'agit. La somme R_P de plusieurs quantités géométriques r_p, $r'_{p'}$, ... jouit de la même propriété. Pour le prouver, il suffit de faire voir que l'équation (1) continuera de subsister, si l'on multiplie les divers termes

$$R_P,\quad r_p,\quad r'_{p'},\quad r''_{p''},\quad \ldots$$

par un facteur géométrique ρ_ϖ. Or, en premier lieu, si le module ρ se réduit à l'unité, il suffira, pour effectuer la multiplication dont il s'agit, d'ajouter l'argument ϖ à chacun des arguments P, p, p', p'', ... Mais cette opération revient à faire tourner autour de l'origine chacun des rayons vecteurs

$$R_P,\quad r_p,\quad r'_{p'},\quad \ldots$$

et, par suite, le polygone OABC...HK dont la construction fournit la valeur de R_P, en faisant décrire à chaque rayon vecteur l'angle ϖ; elle laissera donc subsister l'équation (1), qui deviendra

$$R_{P+\varpi} = r_{p+\varpi} + r'_{p'+\varpi} + r''_{p''+\varpi} + \ldots. \tag{5}$$

En second lieu, on pourra, sans altérer les directions des côtés du polygone OABC...HK, le transformer en un polygone semblable, en faisant varier ses côtés dans le rapport de 1 à ρ et l'on pourra ainsi de la formule (5) déduire l'équation

$$(R\rho)_{P+\varpi} = (r\rho)_{p+\varpi} + (r'\rho)_{p'+\varpi} + \ldots$$

qui peut être présentée sous la forme

$$\rho_\varpi R_P = \rho_\varpi r_p + \rho_\varpi r'_{p'} + \ldots. \tag{6}$$

On peut donc énoncer la proposition suivante :

Théorème III. — *Pour multiplier la somme*

$$r_p + r'_{p'} + \ldots$$

de plusieurs quantités géométriques r_p, $r'_{p'}$, ... *par le facteur géomé-*

trique ρ_ϖ, il suffit de multiplier chacun des termes qui la composent par ce même facteur.

Ce théorème une fois établi, on en déduit immédiatement la proposition plus générale dont voici l'énoncé :

Théorème IV. — *Le produit de plusieurs sommes de quantités géométriques est la somme des produits partiels que l'on peut former avec les divers termes de ces mêmes sommes, en prenant un facteur dans chacune d'elles.*

Soit maintenant m un nombre entier quelconque. Le produit de m facteurs égaux à la quantité géométrique r_p est ce que nous appellerons la $m^{ième}$ *puissance* de cette quantité et ce que nous indiquerons, suivant l'usage adopté pour les quantités algébriques, par la notation

$$r_p^m.$$

Cela posé, l'équation (4) entraînera évidemment la formule

$$(7)\qquad r_p^m = (r^m)_{mp};$$

et l'on étendra sans peine aux puissances entières de quantités géométriques les propositions connues et relatives aux puissances entières de quantités algébriques. Ainsi, par exemple, en désignant par m, n deux nombres entiers, on aura

$$(8)\qquad r_p^m r_p^n = r_p^{m+n},$$

$$(9)\qquad (r_p^m)^n = r_p^{mn}.$$

Ainsi encore, on conclura du quatrième théorème que la formule de Newton, relative au développement de la puissance entière d'un binome, subsiste dans le cas même où ce binome est la somme de deux quantités géométriques.

Deux quantités géométriques seront dites *opposées* l'une à l'autre, lorsque leur somme sera nulle, et *inverses* l'une de l'autre, lorsque leur produit sera l'unité. D'après ces définitions, la quantité géométrique $r_{p+\pi}$ sera l'opposée de r_p. De plus, si l'on étend les formules (7), (8), au cas même où l'exposant m devient nul ou négatif, on aura identiquement

$$r_p^0 = 1$$

et la quantité géométrique r_p^{-1} ne sera autre chose que l'inverse de r_p. Pareillement, r_p^{-m} sera l'inverse de r_p^m et l'on aura

$$r_p^{-m} = (r^{-m})_{-mp}. \qquad (10)$$

Suivant l'usage adopté pour les quantités algébriques, une quantité géométrique pourra quelquefois être représentée par une seule lettre.

§ III. — *Différences, quotients et racines de quantités géométriques.*

Pour les quantités géométriques, comme pour les quantités algébriques, la soustraction, la division, l'extraction des racines ne seront autre chose que les opérations inverses de l'addition, de la multiplication, de l'élévation aux puissances. Par suite, les résultats de ces opérations inverses, désignés sous les noms de *différences,* de *quotients,* de *racines,* se trouveront complètement définis. Ainsi, en particulier :

La *différence* entre deux quantités géométriques sera ce qu'il faut ajouter à la seconde pour obtenir la première;

Le *quotient* d'une quantité géométrique par une autre sera le facteur qui, multiplié par la seconde, reproduit la première;

La *racine* $n^{\text{ième}}$ d'une quantité géométrique, n étant un nombre entier quelconque, sera un facteur dont la $n^{\text{ième}}$ puissance reproduira la quantité dont il s'agit.

De ces définitions on déduira immédiatement les propositions suivantes :

Théorème I. — *Pour soustraire une quantité géométrique, il suffit d'ajouter la quantité opposée.*

Théorème II. — *Pour diviser par une quantité géométrique, il suffit de multiplier par la quantité inverse.*

Les différences et quotients de quantités géométriques s'indiqueront à l'aide des notations usitées pour les quantités algébriques. Ainsi la différence des deux quantités géométriques R_P, r_p sera désignée par la notation

$$R_P - r_p,$$

et le rapport ou quotient qu'on obtient en divisant la première par la seconde sera exprimé par la notation

$$\frac{R_P}{r_p}.$$

Lorsque, dans une somme ou différence de quantités géométriques, quelques-unes s'évanouiront, on pourra se dispenser de les écrire. Donc, la somme et la différence des quantités géométriques o et r_p pourront être représentées simplement par $+ r_p$ et $- r_p$; et l'on aura, eu égard au premier théorème,

$$+ r_p = r_p, \qquad - r_p = r_{p+\pi}.$$

Si dans la dernière des deux formules précédentes on pose $p = 0$, elle donnera

$$r_\pi = - r_0 = - r.$$

Soit maintenant ρ_ϖ la racine $n^{\text{ième}}$ de r_p : l'équation

(1) $$\rho_\varpi^n = r_p$$

donnera

$$(\rho^n)_{n\varpi} = r_p$$

et, par suite (*voir* le § Ier),

(2) $$\rho^n = r, \qquad n\varpi = p + 2k\pi,$$

k désignant une quantité entière, positive, nulle ou négative; puis on en conclura

(3) $$\rho = r^{\frac{1}{n}}, \qquad \varpi = \frac{p}{n} + \frac{2k\pi}{n},$$

(4) $$\rho_\varpi = \left(r^{\frac{1}{n}}\right)_{\frac{p}{n} + \frac{2k\pi}{n}}.$$

En vertu de la seconde des formules (3), l'angle polaire

$$\varpi = \frac{p}{n} + \frac{2k\pi}{n}$$

pourra être un terme quelconque de la progression arithmétique dont la raison serait $\frac{2\pi}{n}$, l'un des termes étant $\frac{p}{n}$. Il en résulte qu'une même quantité géométrique r_p offrira n racines du degré n, toutes comprises dans la formule

$$(5)\qquad \left(r^{\frac{1}{n}}\right)_{\frac{p}{n}+\frac{2k\pi}{n}},$$

et représentées par des rayons vecteurs égaux, menés du pôle à n points qui diviseront une même circonférence en parties égales. Ajoutons que, l'expression (5) reprenant exactement la même valeur, lorsqu'on fait croître ou décroître le rapport $\frac{k}{n}$ d'une ou de plusieurs unités, par conséquent, lorsqu'on fait croître ou décroître k de n ou d'un multiple de n, il suffira, pour obtenir les diverses valeurs de cette expression, de prendre successivement pour k les divers termes de la suite

$$(6)\qquad 0,\ 1,\ 2,\ \ldots,\ n-1.$$

Si p se réduit à zéro et r à l'unité, on aura simplement

$$r_p = 1_0 = 1.$$

Alors les diverses valeurs de l'expression (5), réduites à la forme

$$(7)\qquad 1_{\frac{2k\pi}{n}},$$

ne seront autre chose que les racines $n^{\text{ièmes}}$ de l'unité, représentées par les divers termes de la suite

$$(8)\qquad 1_0 = 1,\quad 1_{\frac{2\pi}{n}},\quad 1_{\frac{4\pi}{n}},\quad \ldots,\quad 1_{\frac{2(n-1)\pi}{n}}.$$

Il est bon d'observer que, parmi ces termes, deux au plus se réduiront à des quantités algébriques, savoir : le premier terme $1_0 = 1$ et, quand n sera pair, le terme $1_\pi = -1$, que l'on obtiendra en posant

$k = \frac{n}{2}$. De plus, comme on aura

$$\frac{2(n-1)\pi}{n} = 2\pi - \frac{2\pi}{n}, \qquad \frac{2(n-2)\pi}{n} = 2\pi - \frac{4\pi}{n}, \qquad \ldots$$

et, par conséquent,

$$1_{\frac{2(n-1)\pi}{n}} = 1_{-\frac{2\pi}{n}}, \qquad 1_{\frac{2(n-2)\pi}{n}} = 1_{-\frac{4\pi}{n}}, \qquad \ldots,$$

il est clair que les diverses racines de l'unité pourront être représentées non seulement par les divers termes de la suite (8), mais encore, si n est impair, par les termes de la suite

$$(9) \qquad 1_{-\frac{(n-1)\pi}{n}}, \quad \ldots, \quad 1_{-\frac{4\pi}{n}}, \quad 1_{-\frac{2\pi}{n}}, \quad 1, \quad 1_{\frac{2\pi}{n}}, \quad 1_{\frac{4\pi}{n}}, \quad \ldots, \quad 1_{\frac{(n-1)\pi}{n}},$$

et, si n est pair, par les termes de la suite

$$(10) \qquad 1_{-\frac{(n-2)\pi}{2}}, \quad \ldots, \quad 1_{-\frac{4\pi}{n}}, \quad 1_{-\frac{2\pi}{n}}, \quad 1, \quad 1_{\frac{2\pi}{n}}, \quad 1_{\frac{4\pi}{n}}, \quad \ldots, \quad 1_{\frac{(n-2)\pi}{u}}, \quad -1.$$

Si, par exemple, on attribue successivement à n les valeurs

$$2, \quad 3, \quad 4, \quad 5, \quad \ldots,$$

on trouvera pour *racines carrées* de l'unité les deux quantités algébriques

$$-1, \quad +1;$$

pour *racines cubiques* de l'unité, la seule quantité algébrique 1 et les deux quantités géométriques

$$1_{-\frac{2\pi}{3}}, \quad 1_{\frac{2\pi}{3}};$$

pour *racines quatrièmes* de l'unité, les deux quantités algébriques 1, — 1 et les deux quantités géométriques

$$1_{-\frac{\pi}{2}}, \quad 1_{\frac{\pi}{2}},$$

liées entre elles par la formule

$$1_{-\frac{\pi}{2}} = -1_{\frac{\pi}{2}},$$

etc.

Si, dans l'expression (5), on posait $k=0$, cette expression, réduite à

$$\left(r^{\frac{1}{n}}\right)_{\frac{p}{n}},$$

représenterait une seule des racines $n^{\text{ièmes}}$ de r_p. Or, il suffira de multiplier celle-ci par l'une des valeurs de $1_{\frac{2k\pi}{n}}$, c'est-à-dire par l'une quelconque des racines $n^{\text{ièmes}}$ de l'unité, pour reproduire l'expression (5), propre à représenter l'une quelconque des racines $n^{\text{ièmes}}$ de r_p, attendu que l'on aura généralement

$$\left(r^{\frac{1}{n}}\right)_{\frac{p}{n}+\frac{2k\pi}{n}} = \left(r^{\frac{1}{n}}\right)_{\frac{p}{n}} 1_{\frac{2k\pi}{n}}.$$

On peut donc énoncer la proposition suivante :

Théorème III. — *Pour obtenir les diverses racines $n^{\text{ièmes}}$ d'une quantité géométrique, il suffit de multiplier successivement l'une quelconque d'entre elles par les diverses racines $n^{\text{ièmes}}$ de l'unité.*

§ IV. — *Fonctions entières. Équations algébriques.*

Nous appellerons *fonction entière* d'une quantité géométrique une somme de termes proportionnels à des puissances entières et positives de cette quantité. Le degré de la puissance la plus élevée sera le *degré* de la fonction. Cela posé, si l'on désigne par z une quantité géométrique variable et par Z une fonction de z entière et du degré n, la forme générale de la fonction Z sera

(1) $$Z = a + bz + cz^2 + \ldots + gz^{n-1} + hz^n,$$

$a, b, c, \ldots, g, h$ désignant des coefficients constants, dont chacun pourra être une quantité géométrique. Ajoutons que l'on pourra encore écrire l'équation (1) comme il suit

(2) $$Z = z^n(h + gz^{-1} + \ldots + cz^{-n+2} + bz^{-n+1} + az^{-n}).$$

Si n se réduisait à zéro, la fonction entière Z se réduirait à la constante a. Dans toute autre hypothèse, la fonction Z sera variable avec z et son module deviendra infini avec le module de z. En effet, posons

$$z = r_p, \qquad Z = R_P;$$

soit de plus h le module de la constante h et concevons que le module r de z vienne à croître indéfiniment; on verra décroître indéfiniment les modules de z^{-1}, z^{-2}, ..., z^{-n} et, par suite, le polynome

$$h + gz^{-1} + \ldots + az^{-n}$$

s'approchera indéfiniment de la limite h. Donc, pour de très grandes valeurs de r, le module de ce polynome différera très peu du module h de la constante h et le module R de Z, eu égard à la formule (2), différera très peu du module de hz^n, c'est-à-dire du produit

$$\mathrm{h}r^n.$$

Donc le module R de Z deviendra infiniment grand avec le module r de z et *à une valeur finie du module* R *de la fonction* Z *ne pourra jamais correspondre qu'une valeur finie du module r de la variable* Z.

Concevons, maintenant, que l'on attribue à la variable z une valeur finie, puis à cette valeur finie un accroissement

$$\zeta = \rho_\varpi,$$

dont le module ρ soit très petit; et en désignant cet accroissement par Δz, nommons ΔZ l'accroissement correspondant de la fonction Z. Pour obtenir $Z + \Delta Z$, il suffira de remplacer z par $z + \zeta$ dans le second membre de l'équation (1), où chaque terme pourra être développé, à l'aide de la formule du binome, en une suite ordonnée selon les puissances entières et ascendantes de ζ. En opérant ainsi et réunissant les termes semblables, on obtiendra le développement de $Z + \Delta Z$ en une suite de termes proportionnels aux puissances entières de ζ, d'un degré inférieur ou égal à n. Si de cette suite on retranche la fonction Z représentée par le terme indépendant de ζ, on obtiendra un reste qui sera divisible algébriquement par ζ et qui représentera le développement de ΔZ. Nommons ζ^m la plus petite des puissances de ζ, comprises dans ce développement. Le quotient, que produira la division de ΔZ par ζ^m, sera une fonction entière de ζ qui se réduira, pour une valeur nulle de ζ, à une limite finie et différente de zéro. Soient $\mathfrak{R}_{\mathfrak{p}}$ ce quotient et $\mathcal{R}_{\mathcal{P}}$ la limite dont il s'agit. On aura, non seulement

$$\zeta^m = (\rho^m)_{m\varpi},$$

mais encore

$$\Delta Z = \mathfrak{R}_{\mathfrak{p}} \zeta^m = (\mathfrak{R} \rho^m)_{\mathfrak{p}+m\varpi},$$

et pour des valeurs décroissantes de ρ l'argument $\mathfrak{P} + m\varpi$ de ΔZ convergera vers la limite $\mathcal{P} + m\varpi$. Cela posé, nommons A et B les extrémités de deux rayons vecteurs qui, partant du pôle O, soient représentés en grandeur et en direction par les deux quantités géométriques

$$Z, \quad Z + \Delta Z.$$

La longueur AB, représentée géométriquement par ΔZ et numériquement par le module $\mathfrak{R}\rho^m$, se mesurera dans une direction qui formera l'angle $\mathfrak{P} + m\varpi$ avec l'axe polaire. Si, d'ailleurs, on fait croître le module ρ à partir de zéro, le point B, d'abord appliqué sur le point A, décrira un arc dont la droite AB sera la corde et la tangente menée à cet arc, par le point A, formera, avec l'axe polaire, un angle égal, non plus à la somme $\mathfrak{P} + m\varpi$, mais à sa limite $\mathcal{P} + m\varpi$. Or, évidemment la distance OB sera plus petite que la distance OA, si le point B est intérieur à la circonférence de cercle décrite du pôle O comme centre avec le rayon OA et l'on peut ajouter que cette dernière condition sera certainement remplie, pour de très petites valeurs du module ρ, si la tangente menée par le point A à l'arc AB forme un angle obtus avec le prolongement du rayon OA, ou, en d'autres termes, si l'angle polaire Π, déterminé par la formule

$$\Pi = \mathcal{P} + m\varpi - P, \tag{3}$$

offre un cosinus négatif; ce qui aura lieu, par exemple, si l'on a $\Pi = \pi$. Mais, après avoir choisi arbitrairement pour Π un angle dont le cosinus soit négatif, on pourra toujours satisfaire à l'équation (3), en attribuant à ϖ une valeur convenable, puisque, pour y parvenir, il suffira de prendre

$$\varpi = \frac{\Pi + P - \mathfrak{P}}{m}. \tag{4}$$

Donc, en définitive, si le module R de Z, correspondant à une valeur finie de la variable z, n'est pas nul, on pourra modifier cette valeur de manière à faire décroître le module R. En conséquence, la plus petite valeur que pourra prendre le module R ne pourra différer de zéro. Mais, quand R s'évanouira, la valeur de z, d'après ce qui a été dit plus haut, devra rester finie, et, puisqu'une telle valeur vérifiera l'équation

$$Z = 0,$$

on pourra énoncer la proposition suivante :

THÉORÈME I. — *Soient z une quantité géométrique variable et Z une fonction entière de z. On pourra toujours satisfaire, par une ou plusieurs valeurs finies de z, à l'équation*

$$Z = 0. \tag{5}$$

Une valeur finie de z, qui vérifie l'équation (5), est ce qu'on nomme une *racine* de cette équation. Soit z' une telle racine, la fonction Z s'évanouira avec la différence $z - z'$, et, si le degré n de cette fonction surpasse l'unité, elle sera le produit de $z - z'$ par une autre fonction entière qui devra s'évanouir à son tour pour une nouvelle valeur z'' de z, et sera, en conséquence, divisible par $z - z''$. En continuant ainsi, on finira par établir la proposition suivante :

THÉORÈME II. — *Soit z une quantité géométrique variable et*

$$Z = a + bz + cz^2 + \ldots + gz^{n-1} + hz^n$$

une fonction entière de z du degré n. L'équation

$$Z = 0$$

admettra n racines, et, si l'on nomme

$$z', \quad z'', \quad \ldots, \quad z^{(n)}$$

ces mêmes racines, on aura identiquement, quel que soit z,

$$(6)\qquad Z = h(z - z')(z - z'')\ldots(z - z^{(n)}),$$

en sorte que la fonction z sera le produit de la constante h par les facteurs linéaires

$$z - z',\quad z - z'',\quad \ldots,\quad z - z^{(n)}.$$

Il est bon d'observer que, dans le cas où l'équation (5) se vérifie, le terme hz^n de la fonction z équivaut à la somme de tous les autres, prise en signe contraire. Donc alors le module $\mathrm{h}r^n$ de ce terme doit être égal ou inférieur à la somme des modules de tous les autres et, si l'on nomme $\mathrm{b}, \mathrm{c}, \ldots, \mathrm{g}, \mathrm{h}$ les modules des coefficients $b, c, \ldots, g, h$, on doit avoir

$$(7)\qquad \mathrm{a} + \mathrm{b}r + \mathrm{c}r^2 + \ldots + \mathrm{g}r^{n-1} - \mathrm{h}r^n \overline{\gtrless} 0.$$

Or, cette dernière condition peut s'écrire comme il suit :

$$(8)\qquad \frac{\mathrm{a}}{r^n} + \frac{\mathrm{b}}{r^{n-1}} + \frac{\mathrm{c}}{r^{n-2}} + \ldots + \frac{\mathrm{g}}{r} - \mathrm{h} \overline{\gtrless} 0.$$

D'ailleurs, le premier membre de la formule (8) varie, en décroissant, par degrés insensibles et passe de la limite ∞ à la limite $-\mathrm{h}$, tandis que r croît et varie par degrés insensibles en passant de zéro à l'infini. Donc ce premier membre s'évanouira pour une certaine valeur de r qui vérifiera l'équation

$$(9)\qquad \mathrm{a} + \mathrm{b}r + \mathrm{c}r^2 + \ldots + \mathrm{g}r^{n-1} - \mathrm{h}r^n = 0;$$

et, si l'on nomme l la racine positive unique de l'équation (9), la condition (7) ou (8) donnera $r < \mathrm{l}$. On peut donc énoncer la proposition suivante :

Théorème III. — *Les mêmes choses étant admises que dans le théorème II, chacune des racines de l'équation proposée offrira un module inférieur à la racine positive unique de l'équation auxiliaire qu'on obtient lorsqu'on remplace dans la proposée chaque terme par son module, en affectant du signe — le terme qui renferme la plus haute puissance de l'inconnue et tous les autres du signe +.*

Lorsque dans la fonction entière z tous les termes s'évanouissent, à l'exception des termes extrêmes a et hz^n, la formule (5), réduite à l'*équation binome*

$$(10) \qquad a + hz^n = 0,$$

donne

$$(11) \qquad z^n = -\frac{a}{h},$$

et ses diverses racines ne sont autres que les racines $n^{\text{ièmes}}$ du rapport $-\frac{a}{h}$.

§ V. — *Sur la résolution des équations algébriques.*

Considérons toujours une équation algébrique,

$$(1) \qquad Z = 0,$$

dont le premier membre

$$(2) \qquad Z = a + bz + cz^2 + \ldots + gz^{n-1} + hz^n$$

soit une fonction entière de la variable

$$z = r_p,$$

les coefficients $a, b, c, \ldots, g, h$ pouvant être eux-mêmes des quantités géométriques. Comme on l'a prouvé dans le précédent paragraphe, cette équation admettra généralement n racines, c'est-à-dire que l'on pourra généralement assigner à z, n valeurs pour lesquelles la fonction Z s'évanouira. *Résoudre* l'équation, c'est déterminer ces racines, en commençant par l'une quelconque d'entre elles, et la condition à laquelle une méthode de résolution devra satisfaire sera de fournir chaque racine avec telle approximation que l'on voudra. Or, le caractère d'une racine est de réduire à zéro la fonction Z avec son module R, et, si des valeurs successives de z correspondent à des valeurs de R qui décroissent sans cesse, en s'approchant indéfiniment de la limite zéro, ces valeurs de z formeront une série dont le terme général convergera vers une racine de l'équation (1). Donc, pour résoudre cette équation, il suffira de faire décroître indéfiniment le module R et l'on pourra considérer comme appropriée à ce but toute méthode qui permettra de substituer à une valeur finie quelconque de z une autre valeur qui fournisse un module sensiblement plus petit de la fonction Z. D'ailleurs, si de ces deux valeurs de z la première n'est pas nulle, on pourra considérer la seconde comme composée de deux parties dont l'une serait précisément la première valeur de z, à laquelle s'ajouterait une valeur particulière d'une variable nouvelle qui aurait commencé par être nulle. Donc on peut admettre comme méthode de résolution tout procédé qui permet d'assigner à une variable z comprise dans une fonction entière Z, une valeur à laquelle corresponde un module R de Z sensiblement inférieur au module du terme constant a, qu'on obtient en posant dans cette fonction $z = 0$.

Cela posé, concevons que la valeur générale de Z étant donnée par l'équation (2), on considère d'abord le cas où le coefficient b de z diffère de zéro. Si la variable r passe d'une valeur nulle à une valeur très peu différente de zéro, la fonction Z passera de la valeur a à une valeur peu différente de a et représentée approximativement par le binome

$$a + bz.$$

Si d'ailleurs le module de a est très petit relativement au module de b, l'équation (1) offrira pour l'ordinaire une racine très rapprochée de zéro et cette racine se confondra sensiblement avec celle de l'équation binome

$$a + bz = 0, \tag{3}$$

ou, ce qui revient au même, avec la quantité géométrique ρ_ϖ déterminée par la formule

$$\rho_\varpi = -\frac{a}{h}. \tag{4}$$

On pourra donc alors prendre ordinairement la quantité ρ_ϖ pour *valeur approchée* de l'une des racines de l'équation (1) et c'est en cela que consiste la *méthode d'approximation linéaire* ou *newtonienne*. Toutefois, la valeur ρ_ϖ attribuée à la variable z ne pourra être admise comme valeur approchée d'une racine qu'autant qu'elle fournira un module R de Z inférieur au module de a.

Si, en posant

$$z = \rho_\varpi, \tag{5}$$

on obtient un module de Z supérieur au module de a, on pourra substituer à la valeur précédente de z une autre valeur de la forme

$$z = r_\varpi, \tag{6}$$

r étant inférieur à ρ et convenablement choisi. Effectivement, soient

$$\mathrm{a},\ \mathrm{b},\ \mathrm{c},\ \ldots,\ \mathrm{g},\ \mathrm{h}$$

les modules des coefficients

$$a,\ b,\ c,\ \ldots,\ g,\ h.$$

Le module de

$$a + bz,$$

qui se réduisait à

$$\mathrm{a} - \mathrm{b}\rho = 0$$

lorsqu'on prenait $z = \rho_\varpi$, deviendra

$$\mathrm{a} - \mathrm{b}r > 0, \tag{7}$$

lorsqu'on posera $z = r_\varpi$; alors aussi le module de la somme

$$cz^2 + \ldots + gz^{n-1} + hz^n$$

sera, en vertu du deuxième théorème du paragraphe II, égal ou inférieur à la quantité positive

$$\mathrm{c}r^2 + \ldots + \mathrm{g}r^{n-1} + \mathrm{h}r^n,$$

et, par suite, le module du polynome

$$Z = a + bz + cz^2 + \ldots + gz^{n-1} + hz^n$$

sera égal ou inférieur à la quantité positive

$$\mathrm{a} - \mathrm{b}r + \mathrm{c}r^2 + \ldots + \mathrm{g}r^{n-1} + \mathrm{h}r^n,$$

ou, ce qui revient au même, à la différence

$$(8) \qquad \mathrm{a} - r(\mathrm{b} - \mathrm{c}r - \ldots - \mathrm{g}r^{n-2} - \mathrm{h}r^{n-1}).$$

Donc, le module R de Z sera inférieur au module a de la constante a, si l'on détermine z à l'aide de l'équation (6), en assujettissant le module r à vérifier, non seulement la condition (7), mais encore la suivante

$$(9) \qquad \mathrm{b} - \mathrm{c}r - \ldots - \mathrm{g}r^{n-2} - \mathrm{h}r^{n-1} > 0.$$

D'ailleurs, si l'on nomme $\mathfrak{r}$ la racine positive unique de l'équation

$$(10) \qquad \mathrm{b} - \mathrm{c}r - \ldots - \mathrm{g}r^{n-2} - \mathrm{h}r^{n-1} - 0,$$

il suffira, pour satisfaire simultanément aux conditions (7) et (9), que le module r devienne inférieur au plus petit des deux nombres ρ et $\mathfrak{r}$. En conséquence, on peut énoncer la proposition suivante :

Théorème I. — *Soient*

$$\mathrm{Z} = a + bz + cz^2 + gz^{n-1} + hz^n$$

une fonction entière de la variable $z = r_p$ et

$$\mathrm{a}, \quad \mathrm{b}, \quad \mathrm{c}, \quad \ldots, \quad \mathrm{g}, \quad \mathrm{h}$$

les modules des coefficients

$$a, \quad b, \quad c, \quad \ldots, \quad g, \quad h.$$

Supposons, d'ailleurs, que, les coefficients a, b *n'étant pas nuls, on nomme* ρ_ϖ *la racine de l'équation binome*

$$a + bz = 0,$$

et $\mathfrak{r}$ *la racine positive unique de l'équation*

$$\mathrm{b} - \mathrm{c}r - \ldots - \mathrm{g}r^{n-2} - \mathrm{h}r^{n-1} = 0.$$

Pour rendre le module de la fonction Z inférieur au module de son premier terme a, il suffira de poser $p = \varpi$ *et d'attribuer au module* r *de* z *une valeur inférieure au plus petit des deux nombres* ρ, r.

Nous avons ici supposé que, dans la fonction Z, le coefficient de z ne se réduisait pas à zéro. Mais ce coefficient et d'autres encore pourraient s'évanouir. Admettons cette hypothèse, ou, ce qui revient au même, supposons la fonction Z déterminée, non plus par l'équation (2), mais par une équation de la forme

$$Z = a + bz^l + cz^m + \ldots + hz^n, \tag{11}$$

les nombres $l, m, \ldots, n$ formant une suite croissante. Alors, si le module de a était très petit relativement au module de b, on pourrait, dans une première approximation, réduire pour l'ordinaire l'équation algébrique

$$Z = 0$$

à l'équation binome

$$a + bz^l = 0. \tag{12}$$

De plus, en raisonnant comme ci-dessus, on établirait, à la place du théorème I, la proposition suivante :

Théorème II. — *Soit*

$$Z = a + bz^l + cz^m + \ldots + hz^n,$$

une fonction entière de la variable $z = r_p$, *et*

$$\mathrm{a},\quad \mathrm{b},\quad \mathrm{c},\quad \ldots,\quad \mathrm{h}$$

les modules des coefficients

$$a,\quad b,\quad c,\quad \ldots,\quad h.$$

Supposons d'ailleurs que les nombres $l, m, \ldots, n$ *forment une suite croissante, et que, les coefficients* a, b *n'étant pas nuls, on nomme* ρ_ϖ *l'une quelconque des racines de l'équation binome*

$$a + bz^l = 0, \tag{12}$$

et r *la racine positive unique de l'équation*

$$\mathrm{b} - \mathrm{c}\,r^{m-l} - \ldots - \mathrm{h}\,r^{n-l} = 0. \tag{13}$$

Pour rendre le module de la fonction Z *inférieur au module de son premier terme* a, *il suffira de poser* $p = \varpi$, *et d'attribuer au module* r *de* z *une valeur inférieure au plus petit des deux nombres* ρ, r.

En s'appuyant sur les théorèmes I et II, on pourra, d'une valeur nulle de z, déduire une série d'autres valeurs auxquelles correspondront des valeurs sans cesse décroissantes du module R de la fonction Z. Si ces valeurs décroissantes de R s'approchent indéfiniment de zéro, les valeurs correspondantes de z convergeront vers une limite qui sera certainement une racine de l'équation (1). Mais il peut arriver aussi que les valeurs de R successivement obtenues décroissent sans s'approcher indéfiniment de zéro. C'est ce que l'on reconnaîtra sans peine en essayant d'appliquer les théorèmes énoncés à la résolution d'équations très simples, par exemple, d'équations du second degré.

En effet, considérons le cas où Z, étant du second degré, l'on aurait

$$Z = a + bz + cz^2. \tag{14}$$

Supposons d'ailleurs que, a, b, c étant les modules de a, b, c, on ait

$$a = \mathrm{a}, \qquad b = -\mathrm{b}, \qquad c = \mathrm{c}.$$

La valeur de Z deviendra

$$Z = \mathrm{a} - \mathrm{b}z + \mathrm{c}z^2; \tag{15}$$

et les racines ρ_ϖ, r des équations

$$\mathrm{a} - \mathrm{b}z = 0, \qquad \mathrm{b} - \mathrm{c}r = 0$$

seront

$$\rho_\varpi = \frac{\mathrm{a}}{\mathrm{b}}, \qquad \mathrm{r} = \frac{\mathrm{b}}{\mathrm{c}},$$

de sorte qu'on aura encore

$$0 = \frac{\mathrm{a}}{\mathrm{b}}, \qquad 1_\varpi = 1.$$

Si d'ailleurs ρ est supérieur à r, ou, ce qui revient au même, si l'on a

$$\mathrm{ac}-\mathrm{b}^2>0, \tag{16}$$

alors, pour obtenir un module de Z inférieur au module a, il suffira, en vertu du théorème I, de poser

$$z=\theta\mathrm{r}, \tag{17}$$

θ désignant un nombre inférieur à l'unité, mais qui pourra varier arbitrairement entre les limites 0, 1; et comme en posant

$$z=\theta\mathrm{r}+\zeta, \tag{18}$$

on trouvera

$$\mathrm{Z}=\mathrm{a}'-\mathrm{b}'\zeta+\mathrm{c}\zeta^2, \tag{19}$$

les valeurs de a′, b′ étant

$$\mathrm{a}'=\mathrm{a}-\theta(1-\theta)\mathrm{br}, \qquad \mathrm{b}'=(1-2\theta)\mathrm{b}; \tag{20}$$

il est clair qu'à la valeur zéro de ζ, ou, ce qui revient au même, à la valeur $\theta\mathrm{r}$ de z correspondra un module de Z, inférieur au module de a, et représenté par a′. Il y a plus : comme des formules (20), jointes à la condition (16), on tirera

$$\mathrm{a}'\mathrm{c}-\mathrm{b}'^2>0, \tag{21}$$

il suffira d'appliquer le théorème I à la valeur générale de Z, que détermine, non plus l'équation (15), mais l'équation transformée (19), pour démontrer que le module de Z décroîtra encore si la nouvelle variable ζ passe de la valeur zéro à la valeur

$$\theta\frac{\mathrm{b}'}{\mathrm{c}}=\theta\Theta\mathrm{r},$$

Θ étant déterminé par la formule

$$\Theta=1-2\theta,$$

ou, ce qui revient au même, si la variable z passe de la valeur $\theta\mathrm{r}$ à la valeur $\theta\,\mathrm{r}(1+\Theta)$. En continuant ainsi, on reconnaîtra que, pour obtenir des valeurs décroissantes du module de Z, il suffit de prendre pour valeurs successives de z les divers termes de la suite

$$(22)\qquad 0,\quad \theta\mathrm{r},\quad \theta\mathrm{r}(1+\Theta),\quad \theta\mathrm{r}(1+\Theta+\Theta^2),\quad \ldots.$$

Or, le terme général de cette suite converge vers la limite

$$\theta\mathrm{r}(1+\Theta+\Theta^2+\ldots)=\frac{\theta}{1-\Theta}\mathrm{r}=\frac{1}{2}\mathrm{r},$$

et comme en supposant remplie la condition (16) on trouve, pour $z=\frac{1}{2}\mathrm{r}=\frac{1}{2}\frac{\mathrm{b}}{\mathrm{c}}$,

$$\mathrm{Z}=\mathrm{a}-\frac{1}{4}\frac{\mathrm{b}^2}{\mathrm{c}}>\frac{3}{4}\mathrm{a},$$

il est clair que dans cette hypothèse la limite vers laquelle converge le terme général de la série (22) ne peut être une racine de l'équation du second degré

$$(23)\qquad \mathrm{a}-\mathrm{b}z+\mathrm{c}z^2=0.$$

On arriverait aux mêmes conclusions en formant la série des valeurs décroissantes du module R de Z, qui correspondraient aux valeurs successives de la variable z, et l'on reconnaîtrait ainsi que le terme général de cette nouvelle série, au lieu de s'approcher indéfiniment de zéro, converge vers la limite

$$\mathrm{a}-(1-\theta)\mathrm{r}\mathrm{b}(1+\Theta^2+\Theta^4+\ldots)=\mathrm{a}-\frac{\theta(1-\theta)}{1-\Theta^2}\mathrm{b}\mathrm{r}=\mathrm{a}-\frac{1}{4}\mathrm{b}\mathrm{r},$$

par conséquent vers la limite

$$\mathrm{a}-\frac{1}{4}\frac{b^2}{c},$$

supérieure à $\frac{3}{4}\mathrm{a}$.

La limite vers laquelle converge le terme général de la série (22) n'étant pas une racine de l'équation (21), on pourrait être tenté de regarder le calcul de cette limite comme inutile à la résolution de cette équation. Mais cette opinion serait une erreur; car si l'on décompose la variable z en deux parties, dont la première soit la limite trouvée, ou, en d'autres termes, si l'on pose

$$z = \frac{1}{2}r + \zeta,$$

il suffira de substituer à la variable z la nouvelle variable ζ, pour réduire l'équation (23) à l'équation binome

$$a' + c\zeta^2 = 0, \tag{24}$$

la valeur de a' étant

$$a' = a - \frac{1}{4}\frac{b^2}{c}.$$

D'ailleurs, les deux racines de l'équation (24) ne sont autres que les deux racines carrées du rapport $-\frac{a'}{c}$.

Généralement, si au lieu d'une équation du second degré, on considère une équation de degré quelconque, la série des valeurs de z, successivement déduites des règles que nous avons énoncées, et correspondant à des valeurs décroissantes du module R de Z, pourra converger vers une limite qui, n'étant pas une racine de l'équation donnée, ne fasse pas évanouir le module R. Mais alors il suffira d'attribuer à cette limite un accroissement représenté par une nouvelle variable ζ; puis de substituer ζ à z, pour obtenir, à la place de l'équation donnée, une équation transformée, de laquelle on pourra déduire, par l'application des mêmes règles, une nouvelle série de valeurs de ζ et, par conséquent, une nouvelle série de valeurs de z, correspondant à de nouvelles valeurs décroissantes du module R.

En continuant de la sorte, c'est-à-dire en déduisant, s'il est nécessaire, des règles énoncées plusieurs séries de valeurs de z, en déterminant d'ailleurs avec une approximation suffisante les limites vers lesquelles convergent les termes généraux de ces séries et en transformant l'équation donnée par l'introduction de variables nouvelles qui, ajoutées à ces limites, reproduisent la variable z, on pourra, non seulement diminuer sans cesse, mais encore rapprocher indéfiniment de zéro le module R; par conséquent, on finira par résoudre l'équation donnée avec une approximation aussi grande que l'on voudra. Il y a plus : cette méthode de résolution peut encore servir à démontrer l'existence des racines. Lorsqu'on veut l'employer à cet usage, il n'est pas absolument nécessaire de considérer les équations auxiliaires (9) et (10) ou (12) et (13); il suffit d'observer que l'on satisfait aux conditions requises, par exemple aux conditions (7) et (9), en attribuant au module r de z une valeur infiniment petite; et l'on se trouve ainsi ramené au théorème I du paragraphe IV, par une démonstration qui est précisément celle qu'en a donnée M. Argand dans un Article que renferme le quatrième Volume des *Annales* de M. Gergonne, page 133 et suivantes ([1]). C'est encore à cette démonstration que se réduit celle que M. Legendre a proposée pour le même théorème dans la seconde édition de la *Théorie des nombres*. D'ailleurs, M. Legendre observe qu'en diminuant continuellement le module d'une fonction entière par des opérations semblables, répétées convenablement, on parviendra en définitive à une valeur de ce module aussi petite que l'on voudra; il présente, en conséquence, ce décroissement graduel comme méthode de résolution pour les équations algébriques, et surtout comme propre à fournir une première valeur approchée d'une racine d'une telle équation. Mais le moyen qu'il propose pour conduire le calculateur à ce but laisse beaucoup à désirer et consiste à faire décroître le module de la fonction entière Z, en attribuant à la variable z une valeur égale au produit d'un coefficient très petit par la racine de l'équation (3), ou par une racine de l'équation (12). Du reste, il n'explique pas comment on doit s'y prendre pour obtenir un coefficient d'une petitesse telle que le module de Z décroisse effectivement, et ne parle pas de l'équation (10) ou (13) qui permet de répondre à cette question. Ajoutons que, même en ayant égard à l'équation (10) ou (13), et en

([1]) J'ai en ce moment sous les yeux un exemplaire de l'Ouvrage dont cet article offre le résumé. Cet Ouvrage, qui a pour titre : *Essai sur une manière de représenter les quantités imaginaires dans les constructions géométriques*, porte la date de 1806. Le nom de l'auteur, *Robert Argand, de Genève*, est écrit à la main.

suivant la méthode ci-dessus tracée, on peut être exposé à un travail long et pénible, si l'on n'a pas soin de choisir convenablement les quantités que la méthode laisse indéterminées; par exemple, le nombre désigné par θ dans la formule (18). Supposons, pour fixer les idées, que l'équation (23) se réduise à la suivante

$$2 - z + z^2 = 0.$$

Alors, le rapport $\frac{b}{c}$ ou r étant réduit à l'unité, le $n^{\text{ième}}$ terme de la série (22) sera

$$\theta(1 + \Theta + \Theta^2 + \ldots + \Theta^{n-2}) = \theta \frac{1 - \Theta^{n-1}}{1 - \Theta} = \frac{1}{2} - \frac{1}{2}\Theta^{n-1}$$

et convergera, pour des valeurs croissantes de n, vers la limite $\frac{1}{2}$. Mais il s'approchera très lentement de cette limite, si l'on attribue au nombre θ une valeur peu différente de zéro, à laquelle correspondra une valeur de Θ peu différente de l'unité. Donc alors on devra prolonger fort loin la série (22), avant d'obtenir un terme sensiblement égal à cette limite; et l'on peut ajouter que les valeurs de R correspondant aux valeurs successives de z décroîtront très lentement. A la vérité, dans le cas présent, on peut déterminer directement la limite cherchée. Mais il n'en sera plus de même quand l'équation donnée sera d'un degré supérieur au second; et généralement le calcul des valeurs successives de z deviendra pénible, si le module R décroît très lentement tandis que l'on passe d'une valeur de z à la suivante : ce qui obligera le calculateur d'effectuer une longue suite d'opérations avant que ce module devienne sensiblement nul.

On évitera ces inconvénients, ou du moins on les atténuera notablement, si, en appliquant à une fonction entière Z le théorème I ou II, on attribue à la variable z un module r qui, sans dépasser la plus petite des limites indiquées ρ et r, fasse décroître autant qu'il sera possible le module de Z. D'ailleurs, lorsque le coefficient de z dans Z étant différent de zéro, on attribue à la variable z, avec l'argument ϖ, un module égal et inférieur au plus petit des nombres ρ, r, le module de Z ne dépasse pas la somme (8), savoir

$$(8) \qquad \mathrm{a} - r(\mathrm{b} - \mathrm{c}r - \ldots - \mathrm{g}r^{n-2} - \mathrm{h}r^{n-1}),$$

dont la valeur minimum, inférieure à a, correspond à la valeur maximum du produit

$$(25) \qquad r(\mathrm{b} - \mathrm{c}r - \ldots - \mathrm{g}r^{n-2} - \mathrm{h}r^{n-1}).$$

Enfin, le produit (25), dont les deux facteurs s'évanouissent, le premier quand on pose $r = 0$, le second quand on pose $r = \mathrm{r}$, aura évidemment pour maximum une valeur positive correspondant à une valeur $\mathrm{\imath}$ de r, qui vérifiera la condition

$$\mathrm{\imath} < \mathrm{r}.$$

Donc, la quantité $\mathrm{\imath}$, inférieure à r, sera la valeur de r à laquelle correspondra la valeur minimum de la somme (8), que le module de Z ne dépassera point si l'on a $r < \rho$. On se trouvera donc naturellement conduit à substituer, dans le théorème I, $\mathrm{\imath}$ à r; on pourra même réduire le module r de z à celle des deux quantités ρ, r qui fournira le plus petit module de Z; et l'on obtiendra ainsi, pour la résolution des équations algébriques, la méthode nouvelle et très simple qui fera l'objet du paragraphe suivant.

§ VI. — *Méthode nouvelle pour la résolution des équations algébriques.*

Soit toujours

$$Z = a + bz + cz^2 + \ldots + gz^{n-1} + hz^n$$

une fonction entière de la variable

$$z = r_p.$$

Comme on l'a expliqué dans le paragraphe V, on pourra résoudre une équation algébrique quelconque à l'aide de tout procédé qui fournira pour la variable z une valeur à laquelle corresponde un module R de la fonction Z, sensiblement inférieur au module a du premier terme a.

Cela posé, considérons d'abord le cas où, la valeur de Z étant donnée par l'équation (1), le coefficient b de z diffère de zéro. Alors une méthode de résolution très simple pourra évidemment se déduire du théorème que nous allons énoncer.

Théorème I. — *Soient*

$$Z = a + bz + cz^2 + \ldots + gz^{n-1} + hz^n \tag{1}$$

une fonction entière de la variable $z = r_p$, *et*

$$\mathrm{a},\ \mathrm{b},\ \mathrm{c},\ \ldots,\ \mathrm{g},\ \mathrm{h}$$

les modules des coefficients

$$a,\ b,\ c,\ \ldots,\ g,\ h.$$

Supposons d'ailleurs que, les coefficients a, b *n'étant pas nuls, on nomme* ρ_ϖ *la racine de l'équation binome*

$$a + bz = 0 \tag{2}$$

et ι *la valeur de* r *pour laquelle le produit*

$$r(\mathrm{b} - \mathrm{c}r - \ldots - \mathrm{g}r^{n-2} - \mathrm{h}r^{n-1}) \tag{3}$$

devient un maximum, ou, ce qui revient au même, la racine positive unique de l'équation

$$\mathrm{b} - 2\mathrm{c}r - \ldots - (n-1)\mathrm{g}r^{n-2} - n\mathrm{h}r^{n-1} = 0. \tag{4}$$

Pour rendre le module de la fonction Z *inférieur au module de son premier terme* a, *il suffira de réduire ce module* R *à la plus petite des deux valeurs qu'il obtient quand on pose successivement*

$$z = \rho_\varpi, \qquad z = \iota_\varpi.$$

Démonstration. — Lorsque, l'argument de z étant égal à ϖ, le module de z est égal ou inférieur à ρ, le module du binome $a+bz$ se réduit à la différence

$$\mathrm{a}-\mathrm{b}r;$$

par conséquent, le module de Z ne surpasse pas la somme

$$(5)\qquad \mathrm{a}-\mathrm{b}r+\mathrm{c}r^2+\ldots+\mathrm{g}r^{n-1}+\mathrm{h}r^n.$$

D'autre part, le produit (3), qui croîtra en passant d'une valeur nulle à sa valeur maximum, tandis que r croîtra depuis zéro jusqu'à τ, sera toujours positif dans cet intervalle. Donc pour $r \overline{\overline{<}} \tau$, on aura

$$(6)\qquad \mathrm{c}r^2+\ldots+\mathrm{g}r^{n-1}+\mathrm{h}r^n>\mathrm{b}r.$$

Or, il résulte immédiatement de cette dernière formule que, si l'on réduit le module r au plus petit des deux nombres ρ, τ, la somme (5), et à plus forte raison le module R de Z, offriront des valeurs inférieures au module a. Donc le plus petit des modules de Z, correspondant aux valeurs ρ_ϖ, τ_ϖ de z, sera certainement inférieur au module a.

Corollaire. — Il est bon d'observer que, si l'on considère le produit (3) comme fonction de r, ce produit, qui croît toujours avec r quand on fait varier r entre les limites o, τ, offrira dans cet intervalle une dérivée toujours positive. Donc, pour $r<\tau$, on aura toujours

$$\mathrm{b}-2\mathrm{c}r-\ldots-(n-1)\mathrm{g}r^{n-2}-n\mathrm{h}r^{n-1}>0,$$

ou, ce qui revient au même,

$$\mathrm{b}r-2\mathrm{c}r^2-\ldots-(n-1)\mathrm{g}r^{n-1}-n\mathrm{h}r^n>0,$$

puis on en conclura

$$(7)\quad \mathrm{b}r-\mathrm{c}r^2-\ldots-\mathrm{g}r^{n-1}-\mathrm{h}r^n>\mathrm{c}r^2+\ldots+(n-2)\mathrm{g}r^{n-1}+(n-1)\mathrm{h}r^n.$$

Or, en vertu de cette dernière formule, qui entraîne évidemment avec elle la condition (6), le module a surpassera la somme (5) d'une quantité supérieure au nombre α déterminé par la formule

$$(8)\qquad \alpha=\mathrm{c}r^2+\ldots+(n-2)\mathrm{g}r^{n-1}+(n-1)\mathrm{h}r^n.$$

Donc, par suite, le module R de Z deviendra inférieur à la différence $a - \alpha$, si l'on pose $z = r_\varpi$ en prenant pour r le plus petit des deux nombres, ρ, v; et à plus forte raison si l'on réduit le module R à la plus petite des deux valeurs qu'il acquiert quand on pose successivement $z = \rho_\varpi$, $z = \text{v}_\varpi$.

Ajoutons que le nombre α ne s'évanouira jamais, si ce n'est dans le cas particulier où, les coefficients c, ..., g, h s'évanouissant tous simultanément, le polynome Z se trouverait réduit au binome $a + bz$. D'ailleurs dans ce cas particulier l'équation algébrique $Z = 0$ se réduirait précisément à l'équation binome $a + bz = 0$, dont la racine est $z = \rho_\varpi = -\frac{a}{b}$.

Considérons maintenant le cas où dans la fonction Z le coefficient de z s'évanouirait, ou, ce qui revient au même, supposons cette fonction déterminée, non plus par la formule (1), mais par une équation de la forme

$$Z = a + bz^l + cz^m + \ldots + hz^n.$$

Alors, au théorème I on pourra substituer la proposition suivante :

Théorème II. — *Soient*

(9) $$Z = a + bz^l + cz^m + \ldots + hz^n$$

une fonction entière de la variable $z = r_p$, *et*

$$\text{a},\ \text{b},\ \text{c},\ \ldots,\ \text{h}$$

les modules des coefficients

$$a,\ b,\ c,\ \ldots,\ h.$$

Supposons, d'ailleurs, que les nombres l, m, ..., n *forment une suite croissante, et que les coefficients* a, b *n'étant pas nuls, on nomme* ρ_ϖ *l'une quelconque des racines de l'équation binome*

(10) $$a + bz^l = 0.$$

Enfin, soit v *la valeur de* r, *pour laquelle le produit*

(11) $$r^l(\text{b} - \text{c}r^{m-l} - \ldots - \text{h}r^{n-l})$$

devient un maximum, ou, ce qui revient au même, la racine positive unique de l'équation

(12) $$l\mathrm{b} - m\mathrm{c}r^{m-l} - \ldots - n\mathrm{h}r^{n-l} = 0.$$

Pour rendre le module de la fonction Z *inférieur au module de son premier terme* a, *il suffira de réduire ce module à la plus petite des deux valeurs qu'il obtient quand on pose successivement*

$$z = \rho_{\varpi}, \qquad z = \iota_{\varpi}.$$

Démonstration. — Lorsque, l'argument de z étant égal à ϖ, le module de z est égal ou inférieur à ρ, le module du binome $a + bz^l$ se réduit à la différence

$$\mathrm{a} - \mathrm{b}r^l;$$

par conséquent le module de Z ne surpasse pas la somme

(13) $$\mathrm{a} - \mathrm{b}r^l + \mathrm{c}r^m + \ldots + \mathrm{h}r^n.$$

D'autre part, le produit (11), qui croîtra en passant d'une valeur nulle à sa valeur maximum, tandis que r croîtra depuis zéro jusqu'à ι, sera toujours positif dans cet intervalle. Donc pour $r \overline{\overline{<}} \iota$, on aura

(14) $$\mathrm{c}r^m + \ldots + \mathrm{h}r^n < \mathrm{b}r^l.$$

Or, il résulte immédiatement de cette dernière formule que, si l'on réduit le module r au plus petit des deux nombres ρ, ι, la somme (13) et, à plus forte raison, le module de Z offriront des valeurs inférieures au module a. Donc, le plus petit des modules de Z correspondant aux valeurs ρ_{ϖ}, ι_{ϖ} de z, sera certainement inférieur au module a.

Corollaire. — Il est bon d'observer que, si l'on considère le produit (11) comme une fonction de r, ce produit, qui croît toujours avec r quand on fait varier r entre les limites 0, ι, offrira dans cet intervalle une dérivée toujours positive. Donc, pour $r < \iota$, on aura toujours

(15) $$l\mathrm{b}r^{l-1} - m\mathrm{c}r^{m-1} - \ldots - n\mathrm{h}r^{n-1} > 0,$$

ou, ce qui revient au même,

$$l\mathrm{b}r^l - m\mathrm{c}r^m - \ldots - n\mathrm{h}r^n > 0;$$

puis on en conclura

$$(16)\qquad \mathrm{b}r^l - \mathrm{c}r^m - \ldots - \mathrm{h}r^n > \left(\frac{m}{l} - 1\right)\mathrm{c}r^m + \ldots + \left(\frac{n}{l} - 1\right)\mathrm{h}r^n.$$

Or, en vertu de cette dernière formule, qui entraîne évidemment avec elle la condition (14), le module a surpassera la somme (13) d'une quantité supérieure au nombre α déterminé par la formule

$$(17)\qquad \alpha = \left(\frac{m}{l} - 1\right)\mathrm{c}r^m + \ldots + \left(\frac{n}{l} - 1\right)\mathrm{h}r^n.$$

Donc, par suite, le module R de Z deviendra inférieur à la quantité $\mathrm{a} - \alpha$, si l'on pose $z = r_\varpi$, en prenant pour r le plus petit des deux nombres ρ, ι, et à plus forte raison si l'on réduit le module R à la plus petite des deux valeurs qu'il acquiert quand on pose successivement $z = \rho_\varpi$, $z = \iota_\varpi$. Ajoutons que le nombre α ne s'évanouira jamais, si ce n'est dans le cas particulier où, les coefficients c, ..., g, h s'évanouissant tous simultanément, le polynome Z se trouverait réduit au binome $a + bz^l$. D'ailleurs, dans ce cas particulier l'équation algébrique $\mathrm{Z} = 0$ se réduirait précisément à l'équation binome $a + bz^l = 0$, dont les racines se confondent avec les racines de degré l du rapport $-\frac{a}{b}$, l'une d'elles étant ρ_ϖ.

L'application du théorème I ou II aux fonctions entières, qui représentent les premiers membres d'une équation algébrique et de ses transformées successives, fournit, pour la résolution de cette équation, une méthode et des formules précises qui ne renferment plus de quantités indéterminées et arbitraires, analogues au nombre θ du paragraphe précédent. A la vérité, pour déduire cette méthode des principes exposés dans le paragraphe précédent, il suffit d'attribuer aux indéterminées dont il s'agit des valeurs spéciales, en prenant, par exemple, $\theta = \frac{1}{2}$. Mais, comme ces valeurs spéciales sont précisément celles qui font décroître plus rapidement le module de la fonction entière donnée, ou du moins certains nombres que ce module ne dépasse point, elles seront aussi généralement celles qui rendront les approximations plus rapides.

Supposons, pour fixer les idées, que l'on applique la nouvelle méthode à la formule (23) du paragraphe V, c'est-à-dire à l'équation du second degré

$$\mathrm{a} - \mathrm{b}z + \mathrm{c}z^2 = 0,$$

en supposant toujours

$$\mathrm{ac} - \mathrm{b}^2 > 0.$$

On trouvera

$$\rho_\varpi = \frac{\mathrm{a}}{\mathrm{b}}, \qquad \mathfrak{r}_\varpi = \mathfrak{r} = \frac{1}{2}\frac{\mathrm{b}}{\mathrm{c}}, \qquad \alpha = \mathrm{c}\mathfrak{r}^2;$$

puis, en prenant

$$z = \mathfrak{r} + \zeta,$$

et faisant pour abréger $\mathrm{a}' = \mathrm{a} - \alpha$, on obtiendra immédiatement la transformée

$$\mathrm{a}' + \mathrm{c}\zeta^2 = 0,$$

dont les deux racines coïncident avec les racines carrées du rapport $-\frac{\mathrm{a}'}{c}$. On retrouvera donc ainsi l'équation (24) du paragraphe V; et ce qu'il importe de remarquer, on aura été conduit à cette équation, non plus par la recherche de la limite vers laquelle converge le terme général d'une série formée avec des valeurs successives de la variable z, mais par la détermination d'une seule valeur de cette même variable.

S'il arrivait que la fonction Z offrît, à la suite de son premier terme a, un ou plusieurs autres termes dont les coefficients fussent sensiblement nuls, on pourrait, en se servant du théorème I ou II pour déterminer un module de Z inférieur à celui de a, faire abstraction de ces mêmes termes, sauf à constater ensuite que le module trouvé de Z, quand on a égard aux termes omis, reste inférieur au module de a. Cette remarque permet d'employer la nouvelle méthode à la résolution d'une équation numérique donnée, dans le cas même où l'application rigoureuse des théorèmes I et II aux premiers membres des transformées de cette équation ferait décroître très lentement, après un certain nombre d'opérations, les modules de ces premiers membres.

On sait que l'on peut toujours ramener la résolution d'une équation algébrique au cas où cette équation n'offre pas de racines égales. D'ailleurs, lorsque à l'aide de la nouvelle méthode on sera parvenu à une valeur très approchée ω d'une racine simple d'une équation algébrique,

$$Z = 0, \tag{18}$$

alors, en posant

$$z = \omega + \zeta, \tag{19}$$

on transformera Z en une fonction de ζ dans laquelle le terme constant sera sensiblement nul, tandis que le coefficient de ζ différera sensiblement de zéro. Quant au coefficient de ζ^n, il se réduira précisément au coefficient de z^n dans la fonction Z. Donc, dans l'hypothèse admise on trouvera

$$Z = \mathfrak{a} + \mathfrak{b}\zeta + \mathfrak{c}\zeta^2 + \ldots + \mathfrak{g}\zeta^{n-1} + \mathfrak{h}\zeta^n; \tag{20}$$

$\mathfrak{a}, \mathfrak{b}, \mathfrak{c}, \ldots, \mathfrak{g}$ désignent de nouveaux coefficients dont le premier $\mathfrak{a}$ offrira un module très petit, tandis que le module de $\mathfrak{b}$ différera sensiblement de zéro. Donc alors, en vertu du théorème I, il faudra, pour rendre le module de Z inférieur au module de $\mathfrak{a}$, poser

$$\mathfrak{a} + \mathfrak{b}\zeta = 0, \tag{21}$$

ou, ce qui revient au même,

$$\zeta = -\frac{\mathfrak{a}}{\mathfrak{b}}; \tag{22}$$

et, par suite, la nouvelle valeur approchée de la racine simple, qui différait peu de ω, sera celle que détermine la formule

$$z = \omega - \frac{\mathfrak{a}}{\mathfrak{b}}. \tag{23}$$

Ainsi, *la nouvelle méthode, appliquée à la résolution d'une équation algébrique, finira par coïncider, après un certain nombre d'opérations, avec la méthode linéaire ou newtonienne.*

NOTE II.

RÉDUCTION DES QUANTITÉS GÉOMÉTRIQUES A LA FORME $x+iy$.

D'après ce qui a été dit dans la Note précédente, l'unité a pour *racines quatrièmes* les deux quantités algébriques

$$-1, \quad +1,$$

qui sont en même temps ses deux racines carrées, ou, ce qui revient au même, les racines de l'équation binome $x^2=1$, et les deux quantités géométriques

$$-1_{\frac{\pi}{2}}, \quad 1_{\frac{\pi}{2}},$$

qui sont en même temps les racines carrées de -1, ou, ce qui revient au même, les racines de l'équation binome $x^2=-1$.

La dernière de ces racines, ou $1_{\frac{\pi}{2}}$, est précisément la quantité géométrique que l'on désigne par la lettre i. Cela posé, comme on aura

$$ir=1_{\frac{\pi}{2}}r_0=r_{\frac{\pi}{2}}, \qquad -ir=1_{-\frac{\pi}{2}}r_0=r_{-\frac{\pi}{2}},$$

il est clair que les deux quantités géométriques ir, $-ir$ se mesureront sur une même droite perpendiculaire à l'axe polaire, mais en sens inverse.

Lorsque la quantité géométrique r_p a le pôle pour origine, son extrémité peut être censée avoir pour coordonnées polaires les quantités algébriques r, p, et pour coordonnées rectangulaires les quantités algébriques x, y, liées à r, p par les formules

$$(1) \qquad x=r\cos p, \qquad y=r\sin p.$$

Alors aussi, pour arriver à l'extrémité de la longueur r_p, il suffit de porter, à partir de l'extrémité de l'abscisse x, et sur une perpendiculaire à l'axe polaire pris pour axe des x, l'ordonnée y, représentée en grandeur et en direction par la quantité géométrique iy. En d'autres termes, la quantité géométrique r_p est la somme des quantités géométriques x, iy. On a donc

$$(2)\qquad r_p = x + iy = r(\cos p + i \sin p);$$

puis, en posant $r = 1$,

$$(3)\qquad 1_p = \cos p + i \sin p.$$

On aura, de même,

$$(4)\qquad 1_{-p} = \cos p - i \sin p$$

et, par suite,

$$(5)\qquad \cos p = \frac{1_p + 1_{-p}}{2}, \qquad \sin p = \frac{1_p - 1_{-p}}{2i}.$$

Si l'on désigne à l'aide de la seule lettre z la quantité géométrique r_p, l'équation (2) donnera

$$(6\qquad z = x + iy.$$

Ainsi *toute quantité géométrique z pourra être réduite à la forme* $x + iy$, x, y étant deux quantités algébriques dont la première sera ce que nous appellerons la *partie algébrique* de z.

NOTE III.

SÉRIES DONT LES TERMES GÉNÉRAUX SONT DES QUANTITÉS GÉOMÉTRIQUES, FONCTIONS DIVERSES DE CES QUANTITÉS.

Les règles établies pour la convergence des séries, dans mon *Analyse algébrique,* peuvent être facilement étendues au cas où les termes généraux de ces séries sont des quantités géométriques.

Considérons, pour fixer les idées, une série de quantités géométriques

$$z^{(0)}, \quad z^{(1)}, \quad z^{(2)}, \quad \ldots, \quad z^{(n)}, \quad \ldots,$$

prolongée indéfiniment dans un seul sens. Le terme $z^{(n)}$ correspondant à l'indice n sera le *terme général* de cette série. Soit d'ailleurs

$$s^{(n)} = z^{(0)} + z^{(1)} + \ldots + z^{(n)}$$

la somme de n premiers termes. La série sera dite *convergente*, lorsque, pour des valeurs croissantes de n, la somme $s^{(n)}$ convergera vers une limite fixe s; et alors cette limite s sera ce que nous appellerons la *somme* de la série. Dans le cas contraire, la série sera *divergente* et n'aura plus de somme.

Soit maintenant $r^{(n)}$ le module du terme général $z^{(n)}$, et nommons τ la limite unique ou la plus grande des limites vers lesquelles converge, pour des valeurs croissantes de n, l'expression

$$(r^{(n)})^{\frac{1}{n}},$$

c'est-à-dire la racine $n^{\text{ième}}$ du module de $z^{(n)}$. Le nombre τ sera ce que nous appellerons le *module* de la série proposée, et, par des raisonnements semblables à ceux dont j'ai fait usage dans mon *Analyse algébrique*, on établira sans peine la proposition suivante :

THÉORÈME I. — *Une série de quantités géométriques*

$$z^{(0)},\quad z^{(1)},\quad z^{(2)},\quad \ldots,\quad z^{(n)},\quad \ldots,$$

prolongée indéfiniment dans un seul sens, est toujours convergente lorsque son module τ est inférieur à l'unité, toujours divergente lorsque le module τ surpasse l'unité.

Si le terme général $z^{(n)}$ est proportionnel à la $n^{\text{ième}}$ puissance d'une certaine variable $z = r_p$, en sorte qu'on ait

$$z^{(n)} = a^{(n)} z^n,$$

le coefficient $a^{(n)}$ pouvant être une quantité géométrique, alors en nommant ρ le module de la série qui a pour terme général $a^{(n)}$, on trouvera

$$\tau = \rho r,$$

et l'on déduira immédiatement du théorème I la proposition suivante :

THÉORÈME II. — *La série*

$$a^{(0)}, \quad a^{(1)}z, \quad a^{(2)}z^2, \quad \ldots, \quad a^{(n)}z^n, \quad \ldots,$$

ordonnée suivant les puissances ascendantes de la variable z, est convergente ou divergente suivant que le module r de z est inférieur ou supérieur à $\frac{1}{\iota}$, ι désignant le module de la série

$$a^{(0)}, \quad a^{(1)}, \quad a^{(2)}, \quad \ldots, \quad a^{(n)}, \quad \ldots$$

formée avec les coefficients des puissances successives de z.

Une quantité géométrique est dite *fonction* de plusieurs autres lorsqu'elle varie avec elles.

Dans la première Note, nous avons déjà considéré diverses fonctions de quantités géométriques, spécialement celles que fournissent l'addition ou la soustraction de ces quantités, leur multiplication ou leur division, et leur élévation à des puissances entières. La formation des séries convergentes dont les termes généraux renfermeraient une ou plusieurs quantités géométriques variables, fournira de nouvelles fonctions de ces quantités, et parmi ces fonctions on devra distinguer les sommes de séries convergentes ordonnées suivant les puissances ascendantes d'une seule variable z.

Considérons, en particulier, la série

$$1, \quad \frac{z}{1}, \quad \frac{z^2}{1.2}, \quad \ldots$$

qui a pour terme général $\frac{z^n}{1.2\ldots\ldots n}$, et qui ne cesse jamais d'être convergente. La somme de cette série sera représentée, si z est algébrique, par l'exponentielle de e^z, en sorte qu'on aura dans ce cas

$$e^z = 1 + \frac{z}{1} + \frac{z^2}{1.2} + \ldots, \tag{1}$$

e étant la base des logarithmes hyperboliques ou népériens. D'ailleurs, pour que la formule (1) s'étende à tous les cas possibles, il suffira de concevoir que l'on se serve de cette formule, lors même que la variable z est une quantité géométrique, pour définir l'*exponentielle* e^z.

Ajoutons que, si l'on pose

$$a = e^{\alpha}, \tag{2}$$

α désignant une quantité algébrique quelconque, on pourra supposer l'*exponentielle* a^z généralement définie par la formule

$$a^z = e^{\alpha z}. \tag{3}$$

Ces conventions étant admises, on prouvera aisément que les propriétés connues des exponentielles subsistent pour des exposants quelconques, même quand ces exposants sont des quantités géométriques. D'ailleurs, les exponentielles e^z, a^z étant définies par les formules (1) et (2), leur définition entraînera celle des *logarithmes* pris dans le système qui a pour base le nombre e ou a, c'est-à-dire des exposants qu'il faut attribuer à cette base, pour obtenir des quantités géométriques données.

Si, dans la formule (1), on réduit à zéro la partie algébrique de z; si l'on pose, par exemple, $z = \mathrm{i}p$, p étant un angle quelconque, alors, en ayant égard aux formules

$$\cos p = 1 - \frac{p^2}{1.2} + \frac{p^4}{1.2.3.4} - \ldots, \qquad \sin p = p - \frac{p^3}{1\ 2.3} + \ldots,$$

on trouvera

$$e^{\mathrm{i}p} = \cos p + \mathrm{i} \sin p = 1_p.$$

On aura donc, par suite,

$$e^{\mathrm{i}p} = 1_p, \qquad e^{-\mathrm{i}p} = 1_{-p}, \tag{4}$$

et les formules (5) de la Note II donneront

$$\cos p = \frac{e^{\mathrm{i}p} + e^{-\mathrm{i}p}}{2}, \qquad \sin p = \frac{e^{\mathrm{i}p} - e^{-\mathrm{i}p}}{2i}. \tag{5}$$

Si dans ces dernières formules on écrit z au lieu de p, on obtiendra les suivantes

$$(6) \qquad \cos z = \frac{e^{iz} + e^{-iz}}{2}, \qquad \sin z = \frac{e^{iz} - e^{-iz}}{2i};$$

et pour que $\cos z$, $\sin z$, se trouvent définis dans tous les cas possibles, il suffira d'étendre les équations (6) au cas même où la lettre z désigne une quantité géométrique.

NOTE IV.

FONCTIONS CONTINUES DE QUANTITÉS GÉOMÉTRIQUES. DIFFÉRENTIELLES DE CES QUANTITÉS ET DE CES FONCTIONS.

Soient

$$z = r_p \quad \text{et} \quad Z = R_P$$

deux quantités algébriques, mesurées dans un plan donné, à partir du pôle O, ou plus généralement à partir de deux points fixes pris pour origines, jusqu'à deux points mobiles A, B. Z sera une *fonction* de z, si le mouvement du point A détermine le mouvement du point B; et cette fonction sera *continue,* si à un mouvement infiniment petit du point A correspond toujours un mouvement infiniment petit du point B. Alors à un accroissement infiniment petit Δz de la variable z correspondra toujours un accroissement infiniment petit ΔZ de la fonction elle-même. Si cette condition était remplie seulement entre certaines limites de la variable z, et pour certaines positions du point mobile A, par exemple, quand ce point serait compris entre deux lignes données, la fonction Z ne serait continue qu'entre ces limites.

Désignons maintenant par $f(z)$ la valeur de Z exprimée en fonction de z. Si l'on attribue à z un accroissement infiniment petit Δz, l'accroissement correspondant

$$\Delta Z = f(z + \Delta z) - f(z)$$

de la fonction $f(z)$ supposée continue sera lui-même infiniment petit. Mais le rapport

$$(1) \qquad \frac{\Delta Z}{\Delta z} = \frac{f(z + \Delta z) - f(z)}{\Delta z}$$

conservera généralement une valeur finie. Si, d'ailleurs, on fait converger Δz vers la limite zéro, il arrivera souvent que le rapport (1) convergera vers une limite unique et finie. Cette limite, que l'on nomme *la dérivée* de la fonction Z, s'indique à l'aide de la notation Z' ou $f'(z)$, ou bien encore à l'aide de la notation $D_z Z$ ou $D_z f(z)$. Si, tandis que Δz s'approche de zéro, le rapport $\frac{\Delta Z}{\Delta z}$ ne s'approchait pas indéfiniment d'une limite unique et finie, la dérivée Z' ou $f'(z)$ devrait être censée acquérir une valeur infinie ou multiple ou indéterminée, savoir : une valeur infinie, si le module du rapport $\frac{\Delta Z}{\Delta z}$ croissait indéfiniment; une valeur multiple ou indéterminée, dans le cas contraire.

Les *différentielles* dz, dZ de la variable z et de la fonction Z ne sont autre chose que des quantités géométriques dont le rapport est précisément la limite du rapport entre les accroissements infiniment petits Δz, ΔZ. En conséquence, dZ est liée à dz par la formule

$$\frac{dZ}{dz} = D_z Z \qquad \text{ou} \qquad dZ = D_z Z\, dz, \tag{2}$$

dans laquelle la différentielle dz de la *variable indépendante* z reste arbitraire.

En général, les *différentielles* de plusieurs quantités géométriques ne sont autre chose que de nouvelles quantités géométriques, dont les rapports se réduisent aux limites des rapports entre les accroissements infiniment petits des premières.

NOTE V.

SUR LES RELATIONS QUI EXISTENT ENTRE LES RÉSIDUS DES FONCTIONS ET LES INTÉGRALES DÉFINIES.

Les équations (21), (23), (24) et (25) du paragraphe II sont du nombre de celles qu'on obtient en cherchant les relations qui existent entre les résidus des fonctions et les intégrales définies. Ces équations, qui prennent une forme très simple quand on fait usage du signe $\mathcal{E}$, coïncident avec quelques-unes de celles que contient le premier Volume des *Exercices de Mathématiques* (1), et sont toutes comprises dans une formule générale que renferme le Mémoire lithographié à Turin en 1831 (2). Dans cette formule, qui se réduit à

$$\int_{(c)} f(z)\, \mathrm{D}_s z\, ds = 2\pi i\, \mathcal{E}(f(z)), \tag{1}$$

z peut être censé représenter une quantité géométrique variable r_p, mesurée à partir du pôle O jusqu'à un point mobile A, s l'arc mesuré sur une courbe fermée LMN, entre une origine fixe C et le point mobile A, et c le périmètre entier de la courbe. On suppose d'ailleurs l'arc s mesuré dans un sens tel que, cet arc venant à croître, son extrémité A ait, autour d'un point fixe très voisin et situé à l'intérieur du contour LMN, un mouvement de rotation *direct*, c'est-à-dire pareil au mouvement de rotation qu'indiquerait, pour le rayon mobile OA, une valeur croissante de l'angle polaire p. Enfin, on suppose que, pour toutes les valeurs de z auxquelles correspondent des points situés à l'intérieur de la courbe LMN, la fonction $f(z)$ et sa dérivée restent continues, quand elles ne deviennent pas infinies, et que, dans ce dernier cas, on peut trouver une puissance entière de Δz, qui, multipliée par $f(z+\Delta z)$, fournisse pour produit une fonction de Δz qui reste continue avec sa dérivée. Ajoutons que, dans le second membre de la formule (1), le résidu intégral indiqué par le signe $\mathcal{E}$ s'étend seulement à celles des racines de l'équation

$$\frac{1}{f(z)} = 0, \tag{2}$$

auxquelles correspondent des points situés à l'intérieur du contour LMN.

Il est bon d'observer que la formule (1) s'étend au cas même où à la courbe LMN on substituerait un contour fermé quelconque, par exemple, le contour d'un polygone dont les côtés seraient rectilignes ou curvilignes. Alors l'intégrale que renferme le premier membre de

(1) *OEuvres de Cauchy*, S. II, T. VI.
(2) *Ibid.*, S. II, T. XV.

l'équation (1) se trouverait remplacée par la somme de plusieurs intégrales correspondant aux divers côtés du polygone.

NOTE VI.

SUR L'ANALOGIE DES PUISSANCES ET DES DIFFÉRENCES.

Les formules du paragraphe III fournissent un moyen facile d'établir rigoureusement l'analogie des puissances et des différences, déjà signalée par divers auteurs, et spécialement par M. Brisson. D'ailleurs ces formules et les applications qu'on peut en faire à l'intégration des équations différentielles ou aux dérivées partielles, ont été reproduites avec de nouveaux développements dans le second Volume des *Exercices de Mathématiques* (1).

NOTE VII.

SUR L'INTÉGRATION DES ÉQUATIONS DIFFÉRENTIELLES LINÉAIRES A COEFFICIENTS CONSTANTS.

Les formules données dans le paragraphe IV, pour l'intégration des équations différentielles linéaires à coefficients constants, peuvent être aisément réduites à celles que j'ai plus tard établies et démontrées fort simplement dans les *Exercices de Mathématiques*. Ainsi, par exemple, si l'on fait usage du signe $\mathcal{E}$, et si l'on a égard à l'équation (24) du paragraphe II, la formule (48) du paragraphe IV, qui représente l'intégrale générale de l'équation linéaire

$$F(D_t)u = f(t), \tag{1}$$

pourra s'écrire comme il suit

$$u = \mathcal{E}\left(\frac{F(\theta)-F(U)}{\theta - U} - \int_0^t e^{\theta(t-\tau)} f(\tau)\,d\tau\right)\frac{1}{(F(\theta))}, \tag{2}$$

les diverses puissances de U devant être remplacées, dans le développement de la fonction $\frac{F(\theta)-F(U)}{\theta-U}$, par les quantités

$$u_0, \quad u_1, \quad \ldots, \quad u_{n-1},$$

(1) *Œuvres de Cauchy*, S. II, T. II.

qui expriment les valeurs particulières de

$$u, \quad D_t u, \quad \ldots, \quad D_t^{n-1} u$$

correspondant à une valeur nulle de U.

NOTE VIII.

SUR L'INTÉGRATION DES ÉQUATIONS LINÉAIRES AUX DÉRIVÉES PARTIELLES.

Les formules qui sont renfermées dans les paragraphes V, VI, VII et qui se rapportent à l'intégration des équations linéaires sous des conditions données, ont été plus tard reproduites en partie, souvent démontrées d'une autre manière, dans divers Mémoires, et spécialement dans celui qui a pour objet l'*Application du calcul des résidus aux questions de Physique mathématique*. Parmi ces formules, il en est quelques-unes qui, au premier abord, peuvent laisser au lecteur des doutes sur la question de savoir si elles s'accordent entre elles. Il est bon d'éclaircir cette difficulté et de prouver, en particulier, que les résultats obtenus dans le paragraphe VI s'accordent avec ceux que l'on a déduits de la formule (20) du paragraphe VII. On y parviendra de la manière suivante :

Je commencerai par observer que, dans la formule (20) du paragraphe VII, le signe du second membre doit être choisi, non pas arbitrairement, mais de manière que la valeur de Q soit positive et que, en conséquence, Q représente, comme il est dit à la page 272, la valeur numérique de $\varphi'(\rho i)$ correspondant à une racine réelle de l'équation

$$\varphi(\rho i) = 1.$$

Il en résulte que, si l'on pose

$$\varphi(\alpha) = e^{2a\alpha},$$

a étant positif, on aura $Q = 2a$, et que, par suite, l'équation (39) du paragraphe VII entraînera la formule (43), entièrement semblable à la formule (131) du paragraphe VI.

Il reste à faire voir que l'équation (54) du paragraphe VII s'accorde pareillement avec la formule (87) du paragraphe VI. Pour y parvenir, il suffit de prouver que, dans la formule (54) du paragraphe VII, la valeur de R peut être réduite à

$$R = D_\rho[(AB + \rho^2)\sin a\rho - (B - A)\rho\cos a\rho], \tag{1}$$

ρ étant une quantité algébrique et en même temps une racine de l'équation

$$(AB + \rho^2)\sin a\rho - (B - A)\rho\cos a\rho = 0, \tag{2}$$

ou, ce qui revient au même, de l'équation

$$(A - \rho i)(B + \rho i)e^{a\rho i} = (A + \rho i)(B - \rho i)e^{-a\rho i}. \tag{3}$$

Or, effectivement, la valeur de R que détermine l'équation (1) peut être présentée sous la forme

$$R = -\frac{1}{2}\int_0^a [(A - \rho i)e^{\rho\mu i} - (A + \rho i)e^{-\rho\mu i}][(B - \rho i)e^{\rho(\mu - a)i} - (B + \rho i)e^{\rho(a-\mu)i}]\,d\mu,$$

et, en vertu de la formule (3), elle peut être réduite à

$$R = \frac{\psi(\rho i)}{A^2 + \rho^2}\,\frac{1}{2}\int_0^a \left[\frac{(A - \rho i)e^{\rho\mu i} - (A + \rho i)e^{-\rho\mu i}}{i}\right]^2 d\mu, \tag{4}$$

la valeur de $\psi(\alpha)$ étant

$$\psi(\alpha) = (A - \alpha)(B + \alpha)e^{a\alpha}. \tag{5}$$

D'ailleurs, en vertu de la formule (4), le rapport $\frac{2R}{\psi(\rho i)}$ sera évidemment positif et, par suite, la formule (49) du paragraphe VII, dans laquelle Q désigne une quantité positive, devra être réduite à

$$Q = \frac{2R}{\psi(\rho i)}; \tag{6}$$

d'où l'on conclura que la valeur de $f(x)$ peut être censée déterminée par l'équation (54) du paragraphe VII, jointe à la formule (1).

MÉMOIRE

SUR LES

SYSTÈMES D'ÉQUATIONS LINÉAIRES DIFFÉRENTIELLES

OU AUX

DÉRIVÉES PARTIELLES, A COEFFICIENTS PÉRIODIQUES

ET SUR LES

INTÉGRALES ÉLÉMENTAIRES DE CES MÊMES ÉQUATIONS (¹).

Mémoires de l'Académie des Sciences, t. XXII, p. 587; 1850.

Je viens aujourd'hui appeler l'attention des géomètres sur une nouvelle branche de Calcul intégral qui me paraît devoir contribuer aux progrès de la Mécanique moléculaire, et qui a pour objet l'intégration des équations linéaires à coefficients périodiques.

J'appellerai *fonction périodique* d'une ou plusieurs variables indépendantes x, y, z, ... celle qui ne sera point altérée quand on fera croître ou décroître ces variables de quantités représentées par des multiples de certains *paramètres* a, b, c, ... en faisant varier x d'un multiple de a, y d'un multiple de b, z d'un multiple de c, ... Des *équations linéaires à coefficients périodiques* ne seront autre chose que des équations linéaires différentielles ou aux dérivées partielles, dans lesquelles les diverses dérivées des inconnues auront pour coefficients des fonctions périodiques des variables x, y, z, ... ou de variables représentées par des fonctions linéaires de x, y, z, ... Enfin, j'appellerai *paramètres trigonométriques* les quotients α, β, γ, qu'on obtiendra en divisant la circonférence 2π par les paramètres donnés a, b, c, ...

Dans les équations linéaires et à coefficients périodiques auxquelles

(¹) Présenté dans la séance du 10 décembre 1849.

on se trouve conduit par la Mécanique moléculaire, les coefficients sont, en général, fonctions des coordonnées, mais indépendants du temps t; et alors on peut obtenir des intégrales particulières qui fournissent pour les inconnues des valeurs représentées par des produits dont un seul facteur renferme le temps, ce facteur étant une exponentielle dont l'exposant est proportionnel à t. Lorsque l'exponentielle dont il s'agit sera une exponentielle trigonométrique, les intégrales trouvées deviendront *isochrones*, c'est-à-dire qu'elles fourniront, pour valeurs des inconnues, des fonctions périodiques du temps.

Les intégrales particulières dont nous venons de parler seront généralement imaginaires ou symboliques, mais elles ne cesseront pas pour cela d'être applicables à la solution des problèmes de Mécanique ou de Physique; car, si l'on réduit les valeurs symboliques des inconnues à leurs parties réelles, ces parties réelles satisferont encore aux équations données.

Une propriété remarquable d'une fonction périodique de $x, y, z, \ldots$ c'est qu'elle peut être développée en une série ordonnée suivant les puissances ascendantes et descendantes des exponentielles trigonométriques dont chacune a pour argument le produit d'une variable par le paramètre trigonométrique correspondant. Dans chaque terme de la série, le facteur constant est représenté par une intégrale définie multiple, les intégrations étant effectuées entre les limites $x = 0$, $x = a$; $y = 0$, $y = b$; $z = 0$, $z = c$; .... Le terme constant de la série est la *valeur moyenne* de la fonction entre ces limites. D'ailleurs, il est important d'observer que si une fonction périodique u renferme avec les variables indépendantes $x, y, z, \ldots$ d'autres quantités $h, k, \ldots$ la valeur moyenne de u, considérée comme fonction de $h, k, \ldots$ pourra changer de forme quand on changera les valeurs de h, k [1].

[1] Ainsi, par exemple, la fonction périodique

$$\frac{he^{\alpha x i}}{k + he^{\alpha x i}}$$

a pour valeur moyenne zéro, ou l'unité, suivant que le module de k est supérieur ou inférieur au module de h.

Ces principes étant admis, concevons d'abord que, dans les équations linéaires données, les coefficients cessent d'être périodiques et deviennent constants. Alors, on pourra satisfaire aux équations données en supposant les valeurs des diverses inconnues proportionnelles à une seule exponentielle dont l'exposant sera représente par une fonction linéaire des variables indépendantes. Cette exponentielle, que j'appellerai l'*exponentielle caractéristique,* se trouvera d'ailleurs multipliée dans les diverses inconnues par des coefficients divers dont les équations linéaires données feront généralement connaître les rapports.

En opérant comme je viens de le dire, on obtient seulement des intégrales particulières d'un système donné d'équations linéaires et à coefficients constants. Ces intégrales, qu'on peut appeler *élémentaires,* représentent, en effet, dans les questions de Mécanique moléculaire, les mouvements *élémentaires,* ou, en d'autres termes, les mouvements *simples* et par *ondes planes*. Ajoutons que l'exponentielle caractéristique correspondant à un système quelconque d'intégrales élémentaires peut se déduire directement de l'*équation caractéristique* à laquelle on parvient en éliminant entre les équations données toutes les inconnues, à l'exception d'une seule.

Concevons maintenant que, dans un système d'équations linéaires, les coefficients redeviennent périodiques, mais diffèrent peu de leurs valeurs moyennes. Après avoir développé ces coefficients en séries ordonnées suivant les puissances ascendantes et descendantes des exponentielles trigonométriques ci-dessus mentionnées, on pourra substituer aux inconnues des développements de même forme, puis égaler entre eux, dans les deux membres de chaque équation, les coefficients des puissances semblables de ces exponentielles. On obtiendra ainsi des équations *auxiliaires* qui seront encore linéaires, mais à coefficients constants, et qui serviront à déterminer les divers termes des développements des inconnues, ou plutôt les coefficients des exponentielles trigonométriques dans ces divers termes. Dans l'hypothèse admise, c'est-à-dire lorsque les coefficients périodiques renfermés dans les équations données différeront peu de leurs valeurs moyennes, les séries qui représenteront les développements des inconnues seront ordinairement convergentes, et l'on pourra exprimer les valeurs des diverses inconnues par des produits de deux facteurs, dont l'un sera une exponentielle caractéristique propre à vérifier le système des équations auxiliaires, l'autre facteur de chaque produit étant un coefficient périodique.

Étant donné un système quelconque d'équations linéaires à coefficients périodiques, les intégrales particulières qui fourniront pour les inconnues des valeurs représentées par des produits de cette sorte, seront celles que je désignerai spécialement sous le nom d'*intégrales élémentaires*.

Il est important d'observer que, dans un système d'intégrales élémentaires d'équations à coefficients périodiques, l'exponentielle caractéristique offre ordinairement une valeur différente de celle qu'on obtiendrait si l'on réduisait chaque coefficient périodique à sa valeur moyenne. Cette observation est surtout utile lorsque les équations données se rapportent à une question de Mécanique ou de Physique, spécialement à la théorie du son ou à celle de la lumière.

ANALYSE.

Pour montrer une application très simple des principes exposés dans ce Mémoire, concevons que l'inconnue 8 doive vérifier l'équation linéaire aux dérivées partielles

$$(1) \qquad D_t 8 = K D_x 8,$$

K étant une *fonction périodique* de x, qui ne soit pas altérée quand on fait croître ou décroître la variable x, supposée réelle, d'un multiple du *paramètre* a. Posons d'ailleurs

$$\alpha = \frac{2\pi}{a}.$$

Enfin, nommons k_0 la *valeur moyenne* de la fonction K, en sorte qu'on ait

$$k_0 = \frac{1}{a}\int_0^a \mathrm{K}\,dx,$$

et soit pareillement k_n la valeur moyenne du produit $\mathrm{K}e^{-n\alpha x i}$, n étant une quantité entière quelconque, positive ou négative. La formule

$$(2) \qquad \mathrm{K} = k_0 + k_1 e^{\alpha x i} + k_2 e^{2\alpha x i} + \ldots + k_{-1} e^{-\alpha x i} + k_{-2} e^{-2\alpha x i} + \ldots,$$

fournira le développement de la fonction K en une série ordonnée suivant les puissances entières ascendantes et descendantes de l'exponentielle $e^{\alpha x i}$. Si, d'ailleurs, la fonction K diffère peu de sa valeur moyenne k_0, on pourra, dans une première approximation, réduire K à k_0, et la formule (1) à l'équation

$$(3) \qquad \mathrm{D}_t 8 = k_0 \mathrm{D}_x 8.$$

Or, cette dernière équation, linéaire et à coefficients constants, sera vérifiée, si l'on pose

$$(4) \qquad 8 = \mathrm{A}\, e^{ux+st},$$

u, s, A désignant trois constantes dont les deux premières soient liées entre elles par la formule

$$(5) \qquad s = k_0 u;$$

et la valeur que l'équation (4) fournira pour l'inconnue 8 représentera non seulement ce que nous appelons une *intégrale élémentaire* de l'équation (3), mais encore une intégrale approchée de l'équation (1).

Si, maintenant, on veut obtenir, non plus une intégrale approchée, mais une intégrale exacte de l'équation (1), on pourra supposer la fonction 8 développée aussi bien que la fonction K en une série ordonnée suivant les puissances ascendantes et descendantes de l'exponentielle $e^{\alpha x i}$. Faisons, en conséquence,

$$(6) \qquad 8 = 8_0 + 8_1 e^{\alpha x i} + 8_2 e^{2\alpha x i} + \ldots + 8_{-1} e^{-\alpha x i} + 8_{-2} e^{-2\alpha x i} + \ldots.$$

L'équation (1) sera vérifiée si, après y avoir substitué les valeurs de K et $\mathfrak{s}$, tirées des formules (2) et (6), on égale entre eux les coefficients des puissances semblables de l'exponentielle $e^{\alpha x i}$, renfermés dans les deux membres. On obtiendra ainsi les équations *auxiliaires*

$$(7)\quad \left\{\begin{array}{l} (\mathrm{D}_t - k_0\mathrm{D}_x)\mathfrak{s}_0 = k_{-1}(\mathrm{D}_x + \alpha i)\mathfrak{s}_1 + \ldots + k_1(\mathrm{D}_x - \alpha i)\mathfrak{s}_{-1} + \ldots, \\ [\mathrm{D}_t - k_0(\mathrm{D}_x + \alpha i)]\mathfrak{s}_1 = k_{-1}(\mathrm{D}_x + 2\alpha i)\mathfrak{s}_2 + \ldots + k_1\mathrm{D}_x\mathfrak{s}_0 + \ldots, \\ \ldots\ldots\ldots\ldots\ldots\ldots\ldots\ldots\ldots\ldots\ldots\ldots, \\ [\mathrm{D}_t - k_0(\mathrm{D}_x - \alpha i)]\mathfrak{s}_{-1} = k_{-1}\mathrm{D}_x\mathfrak{s}_0 + \ldots + k_1(\mathrm{D}_x - 2\alpha i)\mathfrak{s}_{-2} + \ldots, \\ \ldots\ldots\ldots\ldots\ldots\ldots\ldots\ldots\ldots\ldots\ldots\ldots \end{array}\right.$$

Or, ces équations, toutes linéaires et à coefficients constants, seront vérifiées, si l'on suppose les inconnues

$$\mathfrak{s}_0,\quad \mathfrak{s}_1,\quad \mathfrak{s}_2,\quad \ldots,\quad \mathfrak{s}_{-1},\quad \mathfrak{s}_{-2},\quad \ldots$$

toutes proportionnelles à une seule *exponentielle caractéristique* de la forme

$$e^{ux+st},$$

en sorte qu'on ait

$$(8)\quad \mathfrak{s}_0 = \mathrm{A}_0 e^{ux+st},\qquad \mathfrak{s}_1 = \mathrm{A}_1 e^{ux+st},\qquad \ldots,\qquad \mathfrak{s}_{-1} = \mathrm{A}_{-1} e^{ux+st},\qquad \ldots,$$

et si, d'ailleurs, on assujettit les constantes

$$u,\quad s,\quad \mathrm{A}_0,\quad \mathrm{A}_1,\quad \ldots,\quad \mathrm{A}_{-1},\quad \ldots$$

à vérifier les équations

$$(9)\qquad s = ku,$$

$$(10)\quad \left\{\begin{array}{l} (k - k_0)\mathrm{A}_0 = k_{-1}\left(1 + \dfrac{\alpha i}{u}\right)\mathrm{A}_1 + \ldots + k_1\left(1 - \dfrac{\alpha i}{u}\right)\mathrm{A}_{-1} + \ldots, \\ \left[k - k_0\left(1 + \dfrac{\alpha i}{u}\right)\right]\mathrm{A}_1 = k_{-1}\left(1 + \dfrac{2\alpha i}{u}\right)\mathrm{A}_2 + \ldots + k_1\mathrm{A}_0 + \ldots, \\ \ldots\ldots\ldots\ldots\ldots\ldots\ldots\ldots\ldots\ldots\ldots\ldots, \\ \left[k - k_0\left(1 - \dfrac{\alpha i}{u}\right)\right]\mathrm{A}_{-1} = k_{-1}\mathrm{A}_0 + \ldots + k_1\left(1 - \dfrac{2\alpha i}{u}\right)\mathrm{A}_{-2} + \ldots, \\ \ldots\ldots\ldots\ldots\ldots\ldots\ldots\ldots\ldots\ldots\ldots\ldots \end{array}\right.$$

Alors aussi, en posant pour abréger

$$(11)\quad \mathrm{A} = \mathrm{A}_0 + \mathrm{A}_1 e^{\alpha x i} + \mathrm{A}_2 e^{2\alpha x i} + \ldots + \mathrm{A}_{-1} e^{-\alpha x i} + \mathrm{A}_{-2} e^{-2\alpha x i} + \ldots,$$

on tirera des formules (6) et (8)

$$8 = \mathrm{A} e^{ux+st}. \tag{12}$$

Cette dernière est semblable à la formule (4), mais avec cette différence que le coefficient A, constant dans la première, devient périodique dans la seconde. Ajoutons que la valeur de la constante s, déterminée dans l'équation (4) par la formule (5), se déduira, dans l'équation (12), de la formule (9), dans laquelle on devra substituer la valeur de k tirée des équations (10). Remarquons enfin que la formule (12) est ici tirée d'une méthode qui suppose la série (11) convergente et, par suite, la valeur de K généralement peu différente de sa valeur moyenne k_0. Cette supposition étant admise, le calcul des valeurs de

$$k, \quad \mathrm{A}_0, \quad \mathrm{A}_1, \quad \mathrm{A}_2, \quad \ldots,$$

déterminées par les formules (10), pourra s'exécuter comme il suit :

Concevons que, n étant un nombre entier quelconque, on néglige dans les seconds membres des formules (10) tous les termes qui renferment les quantités

$$\mathrm{A}_{n+1}, \quad \mathrm{A}_{n+2}, \quad \ldots, \quad \mathrm{A}_{-(n+1)}, \quad \mathrm{A}_{-(n+2)}, \quad \ldots.$$

Alors on obtiendra $2n+1$ équations qui détermineront, avec l'inconnue k, les rapports des inconnues

$$\mathrm{A}_0, \quad \mathrm{A}_1, \quad \mathrm{A}_2, \quad \ldots, \quad \mathrm{A}_n; \quad \mathrm{A}_{-1}, \quad \mathrm{A}_{-2}, \quad \ldots, \quad \mathrm{A}_{-n}.$$

Toutefois les valeurs ainsi trouvées, pour ces rapports et pour la constante k, seront seulement approximatives. Mais, si n vient à croître indéfiniment, ces valeurs approximatives convergeront vers des limites qui seront les valeurs exactes de l'inconnue k et de ces rapports.

Il est important d'observer que, le nombre entier n venant à croître, le degré de l'équation en k, toujours représenté par le nombre $2n+1$, croîtra également. Mais, parmi les $2n+1$ racines de cette équation, on devra choisir évidemment celle qui aura pour valeur approchée k_0. D'ailleurs à cette racine, prise pour valeur de k, correspondra un système unique de valeurs des rapports

$$\frac{A_1}{A_0},\ \frac{A_2}{A_0},\ \ldots,\ \frac{A_n}{A_0};\ \frac{A_{-1}}{A_0},\ \frac{A_{-2}}{A_0},\ \ldots,\ \frac{A_{-n}}{A_0}.$$

La méthode d'intégration que nous venons d'appliquer à l'équation (1) s'appliquerait pareillement à une équation de la forme

$$D_t^2 8 = K D_x^2 8, \tag{13}$$

K étant toujours une fonction périodique de x, et généralement aux systèmes d'équations linéaires à coefficients périodiques auxquels on se trouve conduit par les problèmes de Mécanique ou de Physique. Dans le cas où les coefficients périodiques différeront peu de leurs valeurs moyennes, on obtiendra, en opérant comme on vient de le dire, des intégrales particulières, en vertu desquelles les inconnues se trouveront représentées par des produits de deux facteurs dont l'un sera une *exponentielle caractéristique* déterminée de manière à vérifier un certain système d'équations *auxiliaires* à coefficients constants. Quant à l'autre facteur, il se réduira simplement à un coefficient périodique. Ces intégrales particulières seront celles que nous désignerons sous le nom d'*intégrales élémentaires*. La méthode que nous venons d'indiquer fournira les intégrales élémentaires développées en séries, elle suppose d'ailleurs que les développements trouvés sont convergents. Dans certains cas spéciaux, on pourra obtenir ces intégrales élémentaires en termes finis. C'est ce qui arrive, par exemple, pour l'équation (1), ainsi qu'on va le faire voir.

Les quantités s, u étant deux constantes et A une fonction de x, il est clair qu'on pourra toujours satisfaire à l'équation (1) par une valeur de 8 de la forme

$$8 = A e^{ux+st}, \tag{14}$$

car, si l'on substitue cette valeur de 8 dans l'équation (1) et si l'on pose, pour abréger,

$$H = u - \frac{s}{K}, \tag{15}$$

on obtiendra la formule

$$\frac{D_x A}{A} = -H, \tag{16}$$

que l'on vérifie en posant

$$A = e^{-\int H dx}. \tag{17}$$

Si, maintenant, K est une fonction périodique de x, qui ne varie pas quand on y fait croître x de a, il en sera de même de la fonction H, qui pourra être développée en une série ordonnée suivant les puissances ascendantes et descendantes de l'exponentielle trigonométrique $e^{\alpha x i}$, la valeur de α étant $\frac{2\pi}{a}$; et alors, en posant

$$H = h_0 + h_1 e^{\alpha x i} + \ldots + h_{-1} e^{-\alpha x i} + \ldots,$$

on trouvera

$$\int H\, dx = h_0 x + \frac{1}{\alpha i}(h_1 e^{\alpha x i} + \ldots - h_{-1} e^{-\alpha x i} - \ldots) + \text{const.}$$

Par suite A se réduira simplement à une fonction périodique de x, si l'on choisit s de manière que h_0 s'évanouisse. Or, h_0 étant la valeur moyenne de H, la condition énoncée sera remplie si l'on pose

$$s = ku,$$

k étant choisi de manière que la valeur moyenne de $1 - \frac{k}{K}$ s'évanouisse, ou, ce qui revient au même, si l'on détermine s et k à l'aide des formules

$$s = ku, \qquad \frac{1}{k} = \frac{1}{a}\int_0^a \frac{dx}{K}. \tag{18}$$

D'ailleurs, on reconnaîtra facilement que l'intégrale élémentaire fournie par l'équation (14) jointe aux formules (15), (17) et (18), coïncide avec l'intégrale que donne le développement en série, effectué à l'aide de la méthode ci-dessus indiquée dans le cas où la fonction périodique K diffère peu de sa valeur moyenne k_0.

MÉMOIRE SUR LES VIBRATIONS
D'UN DOUBLE SYSTÈME DE MOLÉCULES
ET DE L'ÉTHER
CONTENU DANS UN CORPS CRISTALLISÉ [1].

Mémoires de l'Académie des Sciences, t. XXII, p. 599; 1850.

Dans ce Mémoire, après avoir reproduit les équations qui représentent les mouvements finis ou infiniment petits d'un double système de molécules, je considère, en particulier, le cas où les équations dont il s'agit sont linéaires et à coefficients périodiques, et je fais voir comment de celles-ci on peut déduire d'autres équations linéaires, mais à coefficients constants. Ces dernières équations, que je nomme *auxiliaires*, peuvent d'ailleurs être censées déterminer les *valeurs moyennes* des inconnues que renferment les équations primitives. Mais, comme j'en fais la remarque, elles sont généralement distinctes de celles auxquelles on parviendrait, si dans les équations primitives on remplaçait chaque coefficient périodique par sa valeur moyenne. Cette observation, très importante dans la Physique mathématique, explique à elle seule un grand nombre de phénomènes relatifs aux théories du son et de la lumière; par exemple, les singulières influences des milieux cristallisés sur les vibrations de l'éther. Elle montre comment il arrive que ces milieux peuvent tantôt éteindre la lumière, tantôt produire les divers phénomènes lumineux et, en particulier, la polarisation chromatique. C'est, au reste, ce que j'expliquerai plus en

[1] Présenté dans la séance du 17 décembre 1849.

détail dans de nouveaux Mémoires qui offriront le développement des principes posés dans celui-ci.

ANALYSE.

§ I. — *Équations de l'équilibre d'un double système de molécules.*

Considérons deux systèmes de molécules qui coexistent dans une portion donnée de l'espace. Rapportons d'ailleurs les positions des atomes dont se composent ces molécules à trois axes coordonnés rectangulaires; et soient, dans un premier instant, x, y, z les coordonnées d'un atome $\mathfrak{m}$ appartenant au premier système, ou d'un atome $\mathfrak{m}_{,}$ appartenant au second système; X, Y, Z les projections algébriques de la force accélératrice qui sollicite l'atome $\mathfrak{m}$ sur les axes coordonnés. Ces projections devront s'évanouir, avec la force dont il s'agit, s'il y a équilibre; en d'autres termes, les conditions d'équilibre de l'atome $\mathfrak{m}$ seront

$$X = 0, \qquad Y = 0, \qquad Z = 0. \tag{1}$$

Pareillement, si l'on nomme $X_{,}$, $Y_{,}$, $Z_{,}$ les projections algébriques de la force accélératrice qui sollicite, au premier instant, non plus l'atome $\mathfrak{m}$, mais l'atome $\mathfrak{m}_{,}$, les équations d'équilibre de ce dernier atome seront

$$X_{,} = 0, \qquad Y_{,} = 0, \qquad Z_{,} = 0. \tag{2}$$

Considérons, en particulier, le cas où la force accélératrice appliquée à l'atome $\mathfrak{m}$ ou $\mathfrak{m}_{,}$, qui est censé coïncider avec le point (x, y, z), résulte uniquement d'actions exercées sur cet atome par tous les autres. Supposons, d'ailleurs, que l'action mutuelle de deux atomes soit proportionnelle à leurs masses et à une certaine fonction de leur distance. Enfin, nommons :

m, $m_{,}$ les masses de deux atomes distincts de $\mathfrak{m}$, et appartenant, l'un au premier système de molécules, l'autre au second;

r, $\mathrm{r}_{,}$ les distances qui séparent, au premier instant, l'atome $\mathfrak{m}$ des atomes m et $m_{,}$;

$\mathfrak{m} m \mathrm{r} f(\mathrm{r})$, $\mathfrak{m} m_{,} \mathrm{r}_{,} \mathrm{f}(\mathrm{r}_{,})$ les actions exercées sur l'atome $\mathfrak{m}$ par les atomes m et $m_{,}$, chacune des fonctions $f(\mathrm{r})$, $\mathrm{f}(\mathrm{r}_{,})$ étant positive ou négative, suivant que l'atome $\mathfrak{m}$ est attiré ou repoussé;

x, y, z les projections algébriques de la distance r sur les axes coordonnés;

$\mathrm{x}_{,}$, $\mathrm{y}_{,}$, $\mathrm{z}_{,}$ les projections algébriques de la distance $\mathrm{r}_{,}$ sur les mêmes axes.

On aura non seulement

(3) $$\mathrm{r}^2 = \mathrm{x}^2 + \mathrm{y}^2 + \mathrm{z}^2,$$

(4) $$\mathrm{r}_{,}^2 = \mathrm{x}_{,}^2 + \mathrm{y}_{,}^2 + \mathrm{z}_{,}^2,$$

mais encore

(5) $$\left\{\begin{array}{l} \mathrm{X} = \mathrm{S} m \mathrm{x} f(\mathrm{r}) + \mathrm{S} m_{,} \mathrm{x}_{,} \mathrm{f}(\mathrm{r}_{,}), \\ \mathrm{Y} = \mathrm{S} m \mathrm{y} f(\mathrm{r}) + \mathrm{S} m_{,} \mathrm{y}_{,} \mathrm{f}(\mathrm{r}_{,}), \\ \mathrm{Z} = \mathrm{S} m \mathrm{z} f(\mathrm{r}) + \mathrm{S} m_{,} \mathrm{z}_{,} \mathrm{f}(\mathrm{r}_{,}), \end{array}\right.$$

la sommation qu'indique chaque signe S s'étendant à tous les atomes m, ... distincts de $\mathfrak{m}$, qui composent les molécules du premier système, ou à tous les atomes $m_{,}$ qui composent les molécules du second système. Ajoutons que les valeurs de $\mathrm{X}_{,}$, $\mathrm{Y}_{,}$, $\mathrm{Z}_{,}$ se trouveront à leur tour déterminées par trois équations semblables aux formules (5).

§ II. — *Équation du mouvement d'un double système de molécules.*

Concevons à présent que le double système de molécules passe de l'état d'équilibre à l'état de mouvement, et soient, au bout du temps t, ξ, η, ζ les déplacements de l'atome $\mathfrak{m}_{,}$ mesurés parallèlement aux axes coordonnés; $\mathfrak{X}$, $\mathfrak{Y}$, $\mathfrak{Z}$ les projections algébriques de la force accélératrice qui sollicite l'atome $\mathfrak{m}$. Les équations du mouvement de cet atome seront de la forme

(1) $$D_t^2\xi = \mathfrak{X}, \qquad D_t^2\eta = \mathfrak{Y}, \qquad D_t^2\zeta = \mathfrak{Z}.$$

Si, d'ailleurs, on nomme $\xi_{,}$, $\eta_{,}$, $\zeta_{,}$, $\mathfrak{X}_{,}$, $\mathfrak{Y}_{,}$, $\mathfrak{Z}_{,}$ ce que deviennent ξ, η, ζ, $\mathfrak{X}$, $\mathfrak{Y}$, $\mathfrak{Z}$, quand on substitue l'atome $\mathfrak{m}_{,}$ à l'atome $\mathfrak{m}$, on aura

(2) $$D_t^2\xi = \mathfrak{X}_{,}, \qquad D_t^2\eta = \mathfrak{Y}_{,}, \qquad D_t^2\zeta = \mathfrak{Z}_{,}.$$

Soient, maintenant, $\mathrm{r}+\rho$, $\mathrm{r}_{,}+\rho_{,}$ ce que deviennent, au bout du temps t et dans l'état de mouvement, les distances r, $\mathrm{r}_{,}$ qui dans l'état d'équilibre séparaient l'atome $\mathfrak{m}$ des atomes m et $m_{,}$. Supposons, de plus, qu'on indique, à l'aide de la lettre caractéristique Δ ou $\Delta_{,}$, les accroissements que reçoivent ξ, η, ζ ou $\xi_{,}$, $\eta_{,}$, $\zeta_{,}$ quand on passe de l'atome $\mathfrak{m}$ ou $\mathfrak{m}_{,}$ à l'atome m ou m. La longueur $\mathrm{r}+\rho$ aura évidemment pour extrémités les deux points dont les coordonnées respectives seront

$$x+\xi,\quad y+\eta,\quad z+\zeta$$

et

$$x+\mathrm{x}+\xi+\Delta\xi,\quad y+\mathrm{y}+\eta+\Delta\eta,\quad z+\mathrm{z}+\zeta+\Delta\zeta;$$

pareillement la longueur $\mathrm{r}_{,}+\rho_{,}$ aura pour extrémités les deux points dont les coordonnées respectives seront

$$x+\xi,\quad y+\eta,\quad z+\zeta,$$
$$x+\mathrm{x}_{,}+\xi_{,}+\Delta_{,}\xi_{,},\quad y+\mathrm{y}_{,}+\eta_{,}+\Delta_{,}\eta_{,},\quad z+\mathrm{z}_{,}+\zeta_{,}+\Delta_{,}\zeta_{,}.$$

Par suite, les projections algébriques de la longueur $\mathrm{r}+\rho$ sur les axes coordonnés seront

$$\mathrm{x}+\Delta\xi,\quad \mathrm{y}+\Delta\eta,\quad \mathrm{z}+\Delta\zeta;$$

et les projections algébriques de la longueur $\mathrm{r}_{,}+\rho_{,}$ sur les mêmes axes seront

$$\mathrm{x}_{,}-\xi+\xi_{,}+\Delta_{,}\xi_{,},\quad \mathrm{y}_{,}-\eta+\eta_{,}+\Delta_{,}\eta_{,},\quad \mathrm{z}_{,}-\zeta+\zeta_{,}+\Delta_{,}\zeta_{,}.$$

Cela posé, lorsqu'on passera de l'état d'équilibre à l'état de mouvement, les formules (3), (4) du paragraphe I se trouveront évidemment remplacées par les suivantes

$$(3)\quad (\mathrm{r}+\rho)^2=(\mathrm{x}+\Delta\xi)^2+(\mathrm{y}+\Delta\eta)^2+(\mathrm{z}+\Delta\zeta)^2,$$
$$(4)\quad (\mathrm{r}_{,}+\rho_{,})^2=(\mathrm{x}_{,}-\xi+\xi_{,}+\Delta_{,}\xi_{,})^2+(\mathrm{y}_{,}-\eta+\eta_{,}+\Delta_{,}\eta_{,})^2+(\mathrm{z}_{,}-\zeta+\zeta_{,}+\Delta_{,}\zeta_{,})^2,$$

et les formules (5) du paragraphe I par les suivantes

$$(5)\qquad \mathfrak{X}=\mathrm{S}m(\mathrm{x}+\Delta\xi)f(\mathrm{r}+\rho)+\mathrm{S}m_{,}(\mathrm{x}_{,}-\xi+\xi_{,}+\Delta_{,}\xi_{,})\,\mathrm{f}(\mathrm{r}_{,}+\rho_{,}),\qquad \ldots$$

Ajoutons que des équations de même forme fourniront les valeurs de $\mathfrak{X}_{,}$, $\mathfrak{Y}_{,}$, $\mathfrak{Z}_{,}$.

Supposons, maintenant, que les actions mutuelles des atomes du premier système décroissent, quand la distance augmente, assez rapidement pour que l'on puisse développer, à l'aide du théorème de Taylor, les différences finies

$$\Delta\xi, \quad \Delta\eta, \quad \Delta\zeta$$

en séries ordonnées suivant les puissances ascendantes de x, y, z. Ces séries pourront être immédiatement déduites des équations de la forme

$$\xi + \Delta\xi = e^{\mathrm{x}D_x + \mathrm{y}D_y + \mathrm{z}D_z}\xi,$$

par conséquent, de la formule symbolique

(6) $$\text{I} + \Delta = e^{\mathrm{x}D_x + \mathrm{y}D_y + \mathrm{z}D_z}.$$

Si, pour abréger, l'on suppose

$$u = D_x, \qquad v = D_y, \qquad w = D_z,$$
$$\iota = \mathrm{x}D_x + \mathrm{y}D_y + \mathrm{z}D_z,$$

la formule (6) deviendra

(7) $$\text{I} + \Delta = e^{\iota},$$

et l'on en tirera

(8) $$\Delta = e^{\iota} - \text{I}.$$

Pareillement, si l'on suppose

$$\Delta_{,}\xi_{,}, \quad \Delta_{,}\eta_{,}, \quad \Delta_{,}\zeta_{,}$$

développables en séries ordonnées suivant les puissances ascendantes de $\mathrm{x}_{,}$, $\mathrm{y}_{,}$, $\mathrm{z}_{,}$, alors, en posant, pour abréger,

$$\iota_{,} = \mathrm{x}_{,}D_x + \mathrm{y}_{,}D_y + \mathrm{z}_{,}D_z,$$

on pourra déduire ces séries de la formule symbolique

(9) $$\text{I} + \Delta_{,} = e^{\iota_{,}}.$$

§ III. — *Mouvements infiniment petits d'un double système de molécules.*

Considérons, dans le double système de molécules donné, un mouvement vibratoire, en vertu duquel chaque atome s'écarte très peu de la position qu'il occupait dans un état d'équilibre du système. Si l'on cherche les lois du mouvement, celles du moins qui subsistent, quelque petite que soit l'étendue des vibrations moléculaires, alors, en regardant les déplacements

$$\xi, \quad \eta, \quad \zeta; \quad \xi_{\prime}, \quad \eta_{\prime}, \quad \zeta_{\prime},$$

et leurs différences finies comme des quantités infiniment petites du premier ordre, on pourra négliger les produits, les carrés et les puissances supérieures, non seulement de ces déplacements et de leurs différences, mais aussi des quantités ρ, $\rho_{\prime}$. Cela posé, les formules (3) et (4) du paragraphe II donneront

$$\rho = \frac{x\,\Delta\xi + y\,\Delta\eta + z\,\Delta\zeta}{r}, \tag{1}$$

$$\rho_{\prime} = \frac{x_{\prime}(\xi_{\prime} - \xi + \Delta_{\prime}\xi_{\prime}) + y_{\prime}(\eta_{\prime} - \eta + \Delta_{\prime}\eta_{\prime}) + z_{\prime}(\zeta_{\prime} - \zeta + \Delta_{\prime}\zeta_{\prime})}{r_{\prime}}, \tag{2}$$

et les formules (2), (5) du même paragraphe donneront

$$\left\{\begin{aligned} D_t^2\xi &= L\xi + R\eta + Q\zeta + L_{\prime}\xi_{\prime} + R_{\prime}\xi_{\prime} + Q_{\prime}\zeta_{\prime},\\ D_t^2\eta &= R\xi + M\eta + P\zeta + R_{\prime}\xi_{\prime} + M_{\prime}\eta_{\prime} + P_{\prime}\zeta_{\prime},\\ D_t^2\zeta &= Q\xi + P\eta + N\zeta + Q_{\prime}\xi_{\prime} + P_{\prime}\eta_{\prime} + N_{\prime}\zeta_{\prime},\end{aligned}\right. \tag{3}$$

les valeurs de

$$\begin{matrix} L, & M, & N, & P, & Q, & R,\\ L_{\prime}, & M_{\prime}, & N_{\prime}, & P_{\prime}, & Q_{\prime}, & R_{\prime}, \end{matrix}$$

étant déterminées par les formules symboliques

$$L = \mathrm{S}m\left[f(r) + \frac{x^2}{r}D_r f(r)\right]\Delta - \mathrm{S}m_{\prime}\left[f(r_{\prime}) + \frac{x_{\prime}^2}{r_{\prime}}D_r f(r_{\prime})\right], \qquad \ldots,$$

$$P = \mathrm{S}m\frac{yz}{r}D_r f(r)\Delta - \mathrm{S}m_{\prime}\frac{y_{\prime}z_{\prime}}{r_{\prime}}D_{r_{\prime}} f(r_{\prime}), \qquad \ldots,$$

et

$$L_{,} = S m_{,} \left[f(r_{,}) + \frac{x_{,}^{2}}{r_{,}} D_{r_{,}} f(r_{,}) \right] (1 + \Delta_{,}), \quad \ldots,$$

$$P_{,} = S m_{,} \frac{y_{,} z_{,}}{r_{,}} D_{r_{,}} f(r_{,}) (1 + \Delta_{,}), \quad \ldots;$$

maintenant on pose, comme dans le paragraphe précédent,

$$u = D_x, \qquad v = D_y, \qquad w = D_z,$$

$$\iota = x D_x + y D_y + z D_z, \qquad \iota_{,} = x_{,} D_x + y_{,} D_y + z_{,} D_z,$$

alors, en ayant égard aux formules symboliques

$$\Delta = e^{\iota} - 1, \qquad 1 + \Delta_{,} = e^{\iota_{,}},$$

et en posant d'ailleurs

$$(4) \quad \begin{cases} G = S m f(r)(e^{\iota} - 1) - S m_{,} f(r_{,}), \\ H = S \frac{m}{r} D_r f(r) \left(e^{\iota} - \frac{\iota^2}{2} \right) - S \frac{m_{,}}{r_{,}} D_{r_{,}} f(r_{,}) \frac{\iota_{,}^{2}}{2}, \end{cases}$$

$$(5) \quad \begin{cases} G_{,} = S m_{,} f(r_{,}) e^{\iota_{,}}, \\ H_{,} = S \frac{m_{,}}{r_{,}} D_{r_{,}} f(r_{,}) e^{\iota_{,}}, \end{cases}$$

on aura simplement

$$(6) \qquad L = G + D_u^2 H, \quad \ldots, \quad P = D_v D_w H, \quad \ldots,$$

$$(7) \qquad L_{,} = G_{,} + D_u^2 H_{,}, \quad \ldots, \quad P_{,} = D_v D_w H_{,}, \quad \ldots,$$

et, par suite, les formules (3) deviendront

$$(8) \quad \begin{cases} D_t^2 \xi = G\xi + D_u (D_u H \xi + D_v H \eta + D_w H \zeta) \\ \qquad + G_{,} \xi_{,} + D_u (D_u H_{,} \xi_{,} + D_v H_{,} \eta_{,} + D_w H_{,} \zeta_{,}), \\ D_t^2 \eta = G\eta + D_v (D_u H \xi + D_v H \eta + D_w H \zeta) \\ \qquad + G_{,} \eta_{,} + D_v (D_u H_{,} \xi_{,} + D_v H_{,} \eta_{,} + D_w H_{,} \zeta_{,}), \\ D_t^2 \zeta = G\zeta + D_w (D_u H \xi + D_v H \eta + D_w H \zeta) \\ \qquad + G_{,} \zeta_{,} + D_w (D_u H_{,} \xi_{,} + D_v H_{,} \eta_{,} + D_w H_{,} \zeta_{,}). \end{cases}$$

Ajoutons que, si l'on échange entre eux les deux systèmes de molécules donnés, on obtiendra, non plus les équations (6), mais trois équations de même forme, qui, jointes aux équations (6), pourront servir à déterminer les valeurs des six inconnues

$$\xi,\quad \eta,\quad \zeta;\quad \xi_{\prime},\quad \eta_{\prime},\quad \zeta_{\prime},$$

en fonctions des quatre variables indépendantes x, y, z, t.

D'après ce qu'on vient de voir, les équations du mouvement d'un double système de molécules sont des équations linéaires. Les coefficients qu'elles renferment sont généralement variables avec les coordonnées x, y, z. Mais, ces coefficients étant nécessairement réels, il en résulte qu'on peut considérer les déplacements effectifs

$$\xi,\quad \eta,\quad \zeta;\quad \xi_{\prime},\quad \eta_{\prime},\quad \zeta_{\prime}$$

comme représentant les parties réelles d'inconnues imaginaires qui satisferaient à ces mêmes équations. Ces inconnues imaginaires, que je désignerai par les notations

$$\bar{\xi},\quad \bar{\eta},\quad \bar{\zeta};\quad \bar{\xi}_{\prime},\quad \bar{\eta}_{\prime},\quad \bar{\zeta}_{\prime},$$

sont ce que j'appellerai les *déplacements symboliques* d'un atome $\mathfrak{m}$ du premier système et d'un atome $\mathfrak{m}_{\prime}$ du second système.

§ IV. — *Mouvements infiniment petits d'un système de molécules, placé en présence d'un autre système dont chaque molécule reste sensiblement immobile.*

Si les molécules du premier des systèmes donnés, comparées aux molécules du second, sont bien supérieures en nombre, mais douées de masses beaucoup plus petites, alors dans un mouvement vibratoire les déplacements

$$\zeta_{\prime},\quad \eta_{\prime},\quad \zeta_{\prime}$$

d'un atome du second système seront généralement très petits par rapport aux déplacements

$$\xi,\quad \eta,\quad \zeta$$

d'un atome du premier. Alors aussi, en négligeant $\xi_{,}$, $\eta_{,}$, $\zeta_{,}$ vis-à-vis de ξ, η, ζ, on réduira les équations (3) du paragraphe III aux formules

$$(1)\qquad \begin{cases} D_t^2\xi = L\xi + R\eta + Q\zeta, \\ D_t^2\eta = R\xi + M\eta + P\zeta, \\ D_t^2\zeta = Q\xi + P\eta + N\zeta, \end{cases}$$

et les équations (8) du même paragraphe aux formules

$$(2)\qquad \begin{cases} (D_t^2 - G)\xi = D_u(D_u H\xi + D_v H\eta + D_w H\zeta), \\ (D_t^2 - G)\eta = D_v(D_u H\xi + D_v H\eta + D_w H\zeta), \\ (D_t^2 - G)\zeta = D_w(D_u H\xi + D_v H\eta + D_w H\zeta); \end{cases}$$

les valeurs de

$$G,\quad H,\quad L,\quad M,\quad N,\quad P,\quad Q,\quad R$$

étant fournies par les équations (4) et (6) du paragraphe III.

Il est naturel de supposer que les atomes du fluide éthéré, dans lequel se propagent les vibrations lumineuses, sont de beaucoup supérieurs en nombre aux molécules des corps, mais doués de masses beaucoup plus petites. Si l'on admet cette supposition, la théorie de la lumière pourra se déduire complètement du système des équations (1), ou, ce qui revient au même, du système des équations (2).

Ajoutons que, dans le cas où les systèmes de molécules donnés se réduisent à un seul, on se trouve de nouveau conduit aux équations (1) et (2). Seulement alors les formules (4) du paragraphe III se réduisent aux suivantes

$$(3)\qquad G = S m f(r)(e^{\iota} - 1), \qquad H = S\frac{m}{r} D_r f(r)\left(e^{\iota} - \frac{\iota^2}{2}\right).$$

§ V. — *Mouvements vibratoires des corps homogènes.*

Lorsque chacun des systèmes de molécules donnés est homogène, on peut, dans une première approximation, réduire les coefficients variables que renferment les équations différentielles d'un mouvement vibratoire infiniment petit à des quantités constantes. Alors aussi, en éliminant entre ces équations toutes les inconnues à l'exception d'une seule, on obtient une équation définitive que nous avons nommée l'*équation caractéristique*. Soient 8 l'une quelconque des inconnues et

$$\nabla 8 = 0 \tag{1}$$

l'équation caractéristique, ∇ étant de la forme

$$\nabla = F(D_t, D_x, D_y, D_z). \tag{2}$$

Supposons, d'ailleurs, qu'après avoir écrit

$$s, \quad u, \quad v, \quad w$$

au lieu de

$$D_t, \quad D_x, \quad D_y, \quad D_z$$

on prenne

$$S = F(s, u, v, w). \tag{3}$$

S, regardé comme fonction de s, sera d'un degré n équivalent au produit qu'on obtient en multipliant par 6 le nombre des systèmes de molécules donné, ou plutôt le nombre de ceux dont les atomes restent sensiblement immobiles. Par suite, l'équation linéaire (1) sera du sixième ordre, si l'on fait vibrer un système unique de molécules; du douzième ordre si l'on fait vibrer deux systèmes de molécules; etc. D'ailleurs, comme je l'ai montré dans les *Exercices d'Analyse et de Physique mathématique*, on pourra non seulement exprimer par une intégrale définie sextuple la fonction principale 8 assujettie à vérifier, quel que soit t, l'équation (1), et pour $t = 0$, les conditions

$$8 = 0, \qquad D_t 8 = 0, \qquad \ldots, \qquad D_t^{n-1} 8 = 0; \tag{4}$$

mais encore réduire la détermination des diverses inconnues à l'évaluation de la fonction principale, en supposant que l'on connaisse la position initiale de chaque atome, et sa vitesse initiale.

Au reste, la méthode d'intégration que je viens de rappeler suppose que les équations linéaires données sont à coefficients constants; mais cette supposition n'est pas toujours conforme à la réalité. Concevons, pour fixer les idées, que l'on considère un double système de molécules, et que les atomes dont se composent ces molécules appartiennent, les uns à un corps cristallisé, les autres au fluide lumineux ou éthéré que renferme ce corps. Alors, comme je l'ai remarqué dans un Mémoire présenté à l'Académie des Sciences le 1er avril 1839, *les molécules du corps, ou plutôt les atomes dont elles se composent, exerçant une attraction sur les molécules éthérées, ces dernières se rassembleront en plus grand nombre dans le voisinage d'un atome du corps et, par suite, la densité de l'éther pourra varier sensiblement d'un point de l'espace à l'autre dans un très petit intervalle.* Il y a plus : comme l'ont remarqué les minéralogistes, les centres de gravité des molécules d'un corps cristallisé composent un système *réticulaire* divisé en *cellules* ou *alvéoles* par trois systèmes de plans rectangulaires ou obliques, mais parallèles à trois plans fixes. Un tel système jouit de propriétés diverses étudiées avec soin par M. Bravais, et doit être censé renfermer des molécules similaires, dont les atomes correspondants occupent, dans les diverses cellules, des positions semblables. Par suite aussi, les atomes du fluide éthéré doivent être distribués de la même manière dans toutes les cellules. Cela posé, les équations linéaires qui représenteront les mouvements vibratoires, infiniment petits et simultanés, d'un cristal homogène et du fluide éthéré qu'il renferme, seront évidemment analogues à celles que j'ai considérées dans le précédent Mémoire; en d'autres termes, elles seront linéaires, mais à coefficients périodiques. Si, dans ce cristal, les *plans réticulaires* divisent l'espace en rhomboïdes dont chacun ait pour arêtes trois *paramètres* désignés par a, b, c, les divers coefficients seront des fonctions périodiques de coordonnées parallèles à ces arêtes, et ces fonctions ne seront point altérées quand on fera croître ou décroître chaque coordonnée d'un multiple du *paramètre* qui lui correspond. Si, d'ailleurs, ces coordonnées sont obliques, rien n'empêchera de prendre pour variables indépendantes, outre le temps, des coordonnées rectangulaires, dont les coordonnées obliques seront évidemment fonctions linéaires.

Ces principes étant admis, si l'on veut déduire de l'analyse les lois des vibrations de l'éther dans un corps cristallisé, on aura évidemment à intégrer un système d'équations linéaires, non plus à coefficients constants, mais à coefficients périodiques. Il en sera de même, s'il s'agit de déterminer les vibrations propres de ce corps; et généralement les équations de cette espèce pourront être appliquées à l'étude d'un grand nombre de phénomènes en Physique ou en Mécanique.

Cela posé, considérons un mouvement vibratoire représenté par un système d'équations linéaires à coefficients périodiques. Soient $\mathfrak{s}$ l'une quelconque des inconnues et K l'un quelconque des coefficients périodiques, dans les équations dont il s'agit. K sera une fonction périodique ou des trois coordonnées rectangulaires x, y, z, ou du moins de trois coordonnées obliques $\mathfrak{x}$, $\mathfrak{y}$, $\mathfrak{z}$, liées aux coordonnées rectangulaires x, y, z, par trois équations du premier degré, et ne variera pas quand on fera croître ou décroître $\mathfrak{x}$, $\mathfrak{y}$, $\mathfrak{z}$ de quantités représentées par des multiples de trois paramètres donnés a, b, c. Si, maintenant, on pose

$$(5) \qquad \alpha = \frac{2\pi}{a}, \qquad \beta = \frac{2\pi}{b}, \qquad \gamma = \frac{2\pi}{c},$$

la fonction périodique K pourra être développée en une série ordonnée suivant les puissances ascendantes des exponentielles trigonométriques

$$e^{\alpha\mathfrak{x}i}, \quad e^{\beta\mathfrak{y}i}, \quad e^{\gamma\mathfrak{z}i},$$

en sorte qu'on aura

$$(6) \qquad \mathrm{K} = \mathrm{S}\,\mathrm{k}_{l\alpha,\, l'\beta,\, l''\gamma}\, e^{l\alpha\mathfrak{x}i} e^{l'\beta\mathfrak{y}i} e^{l''\gamma\mathfrak{z}i},$$

la sommation qu'indique S s'étendant à toutes les valeurs entières, positives, nulles ou négatives des quantités l, l', l''; et pour satisfaire aux équations données, il suffira de développer non seulement chaque coefficient, mais encore chaque inconnue, en une série de même forme, en posant, par exemple,

$$(7) \qquad \mathfrak{s} = \mathrm{S}\,\mathfrak{s}_{l\alpha,\, l'\beta,\, l''\gamma}\, e^{l\alpha\mathfrak{x}i} e^{l'\beta\mathfrak{y}i} e^{l''\gamma\mathfrak{z}i},$$

puis d'égaler entre eux, dans les deux membres de chacune des équations obtenues, les coefficients des puissances semblables des exponentielles

$$e^{\alpha\mathfrak{x}i}, \quad e^{\beta\mathfrak{y}i}, \quad e^{\gamma\mathfrak{z}i}.$$

En opérant comme on vient de le dire, et supposant que dans les développements des inconnues on néglige les termes où la somme des valeurs numériques des trois quantités

$$l, \quad l', \quad l''$$

surpasse un nombre donné N, on obtiendra un nombre fini d'équations *auxiliaires* qui renfermeront, à la place de l'inconnue ȣ, les inconnues

$$ȣ_0, \quad ȣ_\alpha, \quad ȣ_\beta, \quad ȣ_\gamma, \quad ȣ_{2\alpha}, \quad ȣ_{2\beta}, \quad ȣ_{2\gamma}, \quad \ldots, \quad ȣ_{\alpha,\beta}, \quad \ldots,$$

dont la première, $ȣ_0$, représentera précisément la *valeur moyenne* de ȣ, considéré comme fonction de $\mathfrak{x}$, $\mathfrak{y}$, $\mathfrak{z}$; puis, en éliminant de ces équations toutes les inconnues, à l'exception d'une seule, on formera une *équation caractéristique*

$$\Box ȣ_0 = 0. \tag{8}$$

Ajoutons qu'on pourra, si l'on veut, à l'aide d'éliminations, réduire les *équations auxiliaires* à ne contenir d'autres inconnues que celles qui sont analogues à $ȣ_0$, par conséquent, celles qui représentent les valeurs moyennes des divers déplacements atomiques.

Il importe d'observer que les équations auxiliaires ainsi obtenues différeront, en général, même pour une valeur infinie du nombre N, de celles auxquelles se réduiraient les équations proposées, si l'on y remplaçait chaque coefficient périodique par sa valeur moyenne.

MÉMOIRE

SUR

LES SYSTÈMES ISOTROPES

DE POINTS MATÉRIELS (¹).

Mémoires de l'Académie des Sciences, t. XXII, p. 615; 1850.

Dans le Mémoire lithographié, sous la date d'août 1836, et dans celui que j'ai présenté à l'Académie, le 17 juin 1839 (²), j'ai recherché ce que deviennent les équations des mouvements infiniment petits d'un ou même de deux systèmes homogènes de points matériels, quand elles acquièrent la propriété de ne pouvoir être altérées, tandis que l'on fait tourner les axes coordonnés autour de l'origine, c'est-à-dire, en d'autres termes, quand les systèmes donnés deviennent isotropes. Mais, dans cette recherche, les coefficients que renfermaient les équations linéaires données étaient supposés réduits à des quantités constantes; et, comme j'en ai fait la remarque, cette supposition n'est pas toujours conforme à la réalité. Dans un grand nombre de problèmes de Physique et de Mécanique, les équations linéaires auxquelles on se trouve conduit renferment des coefficients, non plus constants, mais périodiques. Il est vrai qu'alors l'intégration de ces équations linéaires et à coefficients périodiques peut être ramenée à l'intégration d'autres équations linéaires, à coefficients constants, savoir, de celles que j'ai

(¹) Présenté dans la séance du 25 décembre 1849.

(²) *Voir* le Tome VIII des *Comptes rendus des séances de l'Académie des Sciences,* et le Tome I des *Exercices d'Analyse et de Physique mathématique.* (*OEuvres de Cauchy,* S. I, T. IV, et S. II, T. XI.)

désignées sous le nom d'*équations auxiliaires*, et qui déterminent les *valeurs moyennes* des inconnues. Mais, la forme de ces équations auxiliaires étant plus générale que celle des équations primitives, il devient nécessaire de généraliser les formules qui s'en déduisent, et spécialement celles qui représentent les mouvements infiniment petits des systèmes isotropes. Ajoutons qu'on peut obtenir aisément ces dernières formules, sans le secours du Calcul intégral, en s'appuyant sur quelques théorèmes fondamentaux relatifs aux *fonctions isotropes* de coordonnées rectilignes, c'est-à-dire aux fonctions qui ne sont pas altérées quand on fait tourner les axes coordonnés autour de l'origine. Parmi ces théorèmes nous nous bornerons à citer le suivant :

THÉORÈME. — *Une fonction isotrope des coordonnées rectilignes de trois points dépend uniquement des distances de ces points à l'origine, de leurs distances mutuelles et de la* somme alternée *dont la sixième partie représente, au signe près, le volume du tétraèdre dont ces distances sont les arêtes.*

Remarquons, d'ailleurs, que le carré du volume d'un tétraèdre étant une fonction entière des carrés des six arêtes, on pourra réduire toute fonction isotrope des coordonnées rectilignes de trois points à une fonction de six quantités variables. Ajoutons qu'une telle fonction deviendra *hémitrope*, si elle change de signe avec les coordonnées elles-mêmes.

Quand on veut appliquer le théorème que nous venons d'énoncer à la recherche des conditions d'isotropie d'un système de points matériels, il convient de remplacer les trois équations qui déterminent les déplacements d'un point, mesurés parallèlement aux axes coordonnés, par l'équation unique qui détermine, pour le même point, le déplacement mesuré parallèlement à un quatrième axe, arbitrairement choisi. En opérant ainsi, on se trouve immédiatement conduit aux équations que j'ai mentionnées dans la séance du 14 novembre 1842, et qui représentent avec tant de précision les phénomènes de polarisation circulaire produits par l'huile de térébenthine, l'acide tartrique, etc.

ANALYSE.

§ Ier. — *Caractères et propriétés d'une fonction isotrope des coordonnées rectilignes de divers points.*

Soient

$$x,\ y,\ z;\quad x_{\prime},\ y_{\prime},\ z_{\prime};\quad x_{\prime\prime},\ y_{\prime\prime},\ z_{\prime\prime};\quad \ldots$$

les coordonnées de divers points P, $P_{\prime}$, $P_{\prime\prime}$, ... mesurées parallèlement à trois axes rectangulaires ou obliques. Une fonction de ces coordonnées sera dite *isotrope*, si on ne l'altère pas en faisant subir à ces mêmes coordonnées les changements de valeurs qui résultent d'un mouvement de rotation quelconque imprimé aux axes autour de l'origine O. Les fonctions de cette espèce se trouvant naturellement introduites dans le calcul par certaines questions de Physique ou de Mécanique, il importe de rechercher leur forme générale et leurs propriétés principales. Tel est l'objet dont nous allons ici nous occuper.

D'abord, toute quantité variable qui ne dépendra que des positions relatives des points donnés P, $P_{\prime}$, $P_{\prime\prime}$, ... et de l'origine O, sera évidemment une fonction isotrope des coordonnées de ces points. Telles seront, en particulier, les fonctions qui exprimeront les rayons vecteurs

$$r,\ r_{\prime},\ r_{\prime\prime},\ \ldots$$

menés de l'origine aux points P, $P_{\prime}$, $P_{\prime\prime}$, ...; les sinus et cosinus des angles

$$(r, r_{\prime}),\quad (r, r_{\prime\prime}),\quad \ldots,\quad (r_{\prime}, r_{\prime\prime}),\quad \ldots,$$

compris entre ces rayons vecteurs; les distances mutuelles des points donnés; enfin, le volume du tétraèdre qui aura pour sommets trois de ces points et l'origine. Si, pour fixer les idées, on suppose que les points donnés se réduisent à trois P, $P_{\prime}$, $P_{\prime\prime}$, alors, en désignant par

$$r,\ r_{\prime},\ r_{\prime\prime};\quad \mathfrak{r},\ \mathfrak{r}_{\prime},\ \mathfrak{r}_{\prime\prime}$$

es six distances

$$OP,\quad OP_{\prime},\quad OP_{\prime\prime};\quad P_{\prime}P_{\prime\prime},\quad P_{\prime\prime}P,\quad PP_{\prime},$$

c'est-à-dire, en d'autres termes, les six arêtes du tétraèdre qui aura pour sommet le point O, et pour base le triangle $PP_{\prime}P_{\prime\prime}$, on obtiendra pour $r, r_{\prime}, r_{\prime\prime}$; $\iota, \iota_{\prime}, \iota_{\prime\prime}$ des fonctions isotropes des coordonnées x, y, z; $x_{\prime}, y_{\prime}, z_{\prime}$; $x_{\prime\prime}, y_{\prime\prime}, z_{\prime\prime}$; et l'on pourra en dire autant de la somme alternée dont la sixième partie représentera, au signe près, le volume du tétraèdre $OPP_{\prime}P_{\prime\prime}$. Nommons $\frac{\tau}{6}$ ce volume pris avec le signe $+$ ou avec le signe $-$, suivant que le mouvement de rotation d'un rayon vecteur mobile, assujetti à parcourir successivement les trois faces latérales du tétraèdre, de manière à passer de la position OP à la position $OP_{\prime}$, puis de la position $OP_{\prime}$ à la position $OP_{\prime\prime}$, pour revenir ensuite de celle-ci à la position OP, sera ou ne sera pas un mouvement de rotation de même nature que celui qu'on obtiendrait en substituant aux droites OP, $OP_{\prime}$, $OP_{\prime\prime}$ les demi-axes des x, y et z positives. Si, d'ailleurs, pour plus de simplicité, on suppose les axes coordonnés rectangulaires entre eux, on trouvera

$$(1)\quad \begin{cases} r^2 = x^2 + y^2 + z^2, & \iota^2 = (x_{\prime} - x_{\prime\prime})^2 + (y_{\prime} - y_{\prime\prime})^2 + (z_{\prime} - z_{\prime\prime})^2, \\ r_{\prime}^2 = x_{\prime}^2 + y_{\prime}^2 + z_{\prime}^2, & \iota_{\prime}^2 = (x_{\prime\prime} - x)^2 + (y_{\prime\prime} - y)^2 + (z_{\prime\prime} - z)^2, \\ r_{\prime\prime}^2 = x_{\prime\prime}^2 + y_{\prime\prime}^2 + z_{\prime\prime}^2, & \iota_{\prime\prime}^2 = (x - x_{\prime})^2 + (y - y_{\prime})^2 + (z - z_{\prime})^2 \end{cases}$$

et

$$(2)\quad \tau = xy_{\prime}z_{\prime\prime} - xy_{\prime\prime}z_{\prime} + x_{\prime}y_{\prime\prime}z - x_{\prime}yz_{\prime\prime} + x_{\prime\prime}yz_{\prime} - x_{\prime\prime}y_{\prime}z,$$

ou, ce qui revient au même,

$$(3)\quad \tau = S(\pm xy_{\prime}z_{\prime\prime}).$$

Donc, les axes étant supposés rectangulaires, les seconds membres des formules (1) et (2) seront des fonctions isotropes des coordonnées des trois points P, $P_{\prime}$, $P_{\prime\prime}$. C'est, au reste, ce qu'on peut aisément vérifier *a posteriori*, en transformant ces seconds membres, à l'aide des équations linéaires auxquelles on doit recourir pour passer d'un système de coordonnées rectangulaires à un autre système de coordonnées rectangulaires.

Ajoutons que le carré de τ sera lié aux carrés de $r, r_{\prime}, r_{\prime\prime}$; $\iota, \iota_{\prime}, \iota_{\prime\prime}$ par une équation qu'il est facile d'obtenir.

Les quantités variables

$$r, \quad r_{\prime}, \quad r_{\prime\prime}; \quad \iota, \quad \iota_{\prime}, \quad \iota_{\prime\prime}; \quad \tau,$$

étant des fonctions isotropes des coordonnées des trois points P, $P_{\prime}$, $P_{\prime\prime}$, on pourra en dire encore autant d'une fonction quelconque de ces mêmes quantités. Ajoutons que, si l'on pose pour abréger

$$(4)\qquad \begin{cases} \rho = r^2, & \varsigma = \dfrac{r_{\prime}^2 + r_{\prime\prime}^2 - \iota^2}{2} = r_{\prime} r_{\prime\prime} \cos(r_{\prime}, r_{\prime\prime}), \\ \rho_{\prime} = r_{\prime}^2, & \varsigma_{\prime} = \dfrac{r_{\prime\prime}^2 + r^2 - \iota_{\prime}^2}{2} = r_{\prime\prime} r \cos(r_{\prime\prime}, r), \\ \rho_{\prime\prime} = r_{\prime\prime}^2, & \varsigma_{\prime\prime} = \dfrac{r^2 + r_{\prime}^2 - \iota_{\prime\prime}^2}{2} = r r_{\prime} \cos(r, r_{\prime}), \end{cases}$$

toute fonction des six quantités $r, r_{\prime}, r_{\prime\prime}; \iota, \iota_{\prime}, \iota_{\prime\prime}$ pourra être considérée comme une fonction des six quantités ρ, $\rho_{\prime}$, $\rho_{\prime\prime}$; ς, $\varsigma_{\prime}$, $\varsigma_{\prime\prime}$, liées aux coordonnées $x, y, z; x_{\prime}, y_{\prime}, z_{\prime}; x_{\prime\prime}, y_{\prime\prime}, z_{\prime\prime}$, par les formules

$$(5)\qquad \begin{cases} \rho = x^2 + y^2 + z^2, & \varsigma = x_{\prime} x_{\prime\prime} + y_{\prime} y_{\prime\prime} + z_{\prime} z_{\prime\prime}, \\ \rho_{\prime} = x_{\prime}^2 + y_{\prime}^2 + z_{\prime}^2, & \varsigma_{\prime} = x_{\prime\prime} x + y_{\prime\prime} y + z_{\prime\prime} z, \\ \rho_{\prime\prime} = x_{\prime\prime}^2 + y_{\prime\prime}^2 + z_{\prime\prime}^2, & \varsigma_{\prime\prime} = x x_{\prime} + y y_{\prime} + z z_{\prime}; \end{cases}$$

et que la quantité variable τ sera liée aux six quantités ρ, $\rho_{\prime}$, $\rho_{\prime\prime}$; ς, $\varsigma_{\prime}$, $\varsigma_{\prime\prime}$, par la formule

$$(6)\qquad \tau^2 = \rho\rho_{\prime}\rho_{\prime\prime} - \rho\varsigma^2 - \rho_{\prime}\varsigma_{\prime}^2 - \rho_{\prime\prime}\varsigma_{\prime\prime}^2 + 2\varsigma\varsigma_{\prime}\varsigma_{\prime\prime}.$$

En conséquence, on peut énoncer la proposition suivante :

Théorème I. — *Pour obtenir une fonction isotrope des coordonnées rectangulaires*

$$x, \quad y, \quad z; \quad x_{\prime}, \quad y_{\prime}, \quad z_{\prime}; \quad x_{\prime\prime}, \quad y_{\prime\prime}, \quad z_{\prime\prime},$$

de trois points P, P , $P_{\prime\prime}$, *il suffit de prendre une fonction quelconque des sept quantités*

$$\rho, \quad \rho_{\prime}, \quad \rho_{\prime\prime}; \quad \varsigma, \quad \varsigma_{\prime}, \quad \varsigma_{\prime\prime}: \quad \tau,$$

déterminées par les équations (5) *et* (2), *et liées entre elles par la for-*

mule (6) *qui permet d'éliminer de la fonction dont il s'agit l'une des trois quantités* ρ, $\rho_{,}$, $\rho_{,,}$.

Il y a plus; la forme ici indiquée d'une fonction isotrope des coordonnées rectangulaires de trois points est la plus générale possible, et l'on établira aisément la proposition suivante :

Théorème II. — *Toute fonction isotrope des coordonnées rectangulaires*

$$x,\ y,\ z;\quad x_{,},\ y_{,},\ z_{,};\quad x_{,,},\ y_{,,},\ z_{,,},$$

de trois points P, $\mathrm{P}_{,}$, $\mathrm{P}_{,,}$, *peut être réduite à une fonction des sept quantités*

$$\rho,\ \rho_{,},\ \rho_{,,};\quad \varsigma,\ \varsigma_{,},\ \varsigma_{,,};\quad \tau,$$

déterminées par les équations (5) *et* (2), *ou, ce qui revient au même, à une fonction de* ς, $\varsigma_{,}$, $\varsigma_{,,}$, τ, *et de deux des trois quantités* ρ, $\rho_{,}$, $\rho_{,,}$, *liées à* ς, $\varsigma_{,}$, $\varsigma_{,,}$, τ *par la formule* (6).

Démonstration. — En effet, soit

$$\omega = \mathrm{f}(x, y, z;\ x_{,}, y_{,}, z_{,};\ x_{,,}, y_{,,}, z_{,,}) \tag{7}$$

une fonction isotrope des coordonnées rectangulaires

$$x,\ y,\ z;\quad x_{,},\ y_{,},\ z_{,};\quad x_{,,},\ y_{,,},\ z_{,,}.$$

La valeur de ω demeurant invariable, tandis que l'on imprimera aux axes coordonnés un mouvement de rotation quelconque autour de l'origine O, il sera permis de concevoir qu'à l'aide d'un tel mouvement on a fait coïncider le demi-axe des x positives avec la droite OP dirigée de O vers P. Cette coïncidence étant admise, on aura

$$x = r = \rho^{\frac{1}{2}},\qquad y = 0,\qquad z = 0. \tag{8}$$

Si, d'ailleurs, les points $\mathrm{P}_{,}$, $\mathrm{P}_{,,}$ sont situés sur la droite OP, indéfiniment prolongée dans les deux sens, $y_{,}$, $z_{,}$, $y_{,,}$, $z_{,,}$ s'évanouiront ainsi que y, z; et comme alors les formules (5) donneront

$$\varsigma_{,} = x_{,,}x,\qquad \varsigma_{,,} = xx_{,},$$

on aura encore

$$(9)\quad \begin{cases} x_{,}=\dfrac{\varsigma_{,,}}{r}=\rho^{-\frac{1}{2}}\varsigma_{,,}, & y_{,}=0, \quad z_{,}=0, \\ x_{,,}=\dfrac{\varsigma_{,}}{r}=\rho^{-\frac{1}{2}}\varsigma_{,}, & y_{,,}=0, \quad z_{,,}=0. \end{cases}$$

Or, en vertu des formules (8) et (9), les coordonnées

$$x,\ y,\ z;\quad x_{,},\ y_{,},\ z_{,};\quad x_{,,},\ y_{,,}:\ z_{,,}$$

se réduiront à des fonctions des trois quantités

$$\rho,\ \varsigma_{,},\ \varsigma_{,,}.$$

Donc, dans l'hypothèse adoptée, c'est-à-dire lorsque les points $P_{,}$, $P_{,,}$ seront situés sur la droite OP, la fonction isotrope

$$\omega=f(x, y, z;\ x_{,}, y_{,}, z_{,};\ x_{,,}, y_{,,}, z_{,,})$$

pourra être réduite elle-même à une fonction des seules quantités

$$\rho,\ \varsigma_{,},\ \varsigma_{,,}.$$

Supposons maintenant que la condition énoncée ne soit pas remplie, en sorte que l'un des points $P_{,}$, $P_{,,}$, le premier par exemple, se trouve situé hors de la droite OP. On pourra, dans ce cas, en faisant tourner, s'il est nécessaire, les axes coordonnés autour de l'origine O, faire coïncider non seulement le demi-axe des x positives avec la droite OP, mais encore le demi-axe des y positives avec la perpendiculaire élevée par le point O sur la droite OP, dans le plan $OPP_{,}$, et du même côté que le point $P_{,}$. Alors on aura non seulement

$$y_{,}>0,\qquad z_{,}=0,$$

mais encore, en vertu des formules (5) et (2),

$$\varsigma_{,,}=xx_{,},\qquad \rho_{,}=x_{,}^2+y_{,}^2$$

et

$$\varsigma_{,}=x_{,,}x,\qquad \varsigma=x_{,}x_{,,}+y_{,}y_{,,},\qquad \tau=xy_{,}z_{,,};$$

puis on en conclura

$$(10)\quad \left\{ \begin{array}{lll} x_{,} = \rho^{-\frac{1}{2}}\varsigma_{,,}, & y_{,} = (\rho_{,} - \rho^{-1}\varsigma_{,,}^{2})^{\frac{1}{2}}, & z_{,} = 0, \\ x_{,,} = \rho^{-\frac{1}{2}}\varsigma_{,}, & y_{,,} = \dfrac{\varsigma - \rho^{-1}\varsigma_{,}\varsigma_{,,}}{(\rho_{,} - \rho^{-1}\varsigma_{,,}^{2})^{\frac{1}{2}}}, & z_{,,} = \dfrac{\rho^{-\frac{1}{2}}\tau}{(\rho_{,} - \rho^{-1}\varsigma_{,,}^{2})^{\frac{1}{2}}}. \end{array} \right.$$

Or, en vertu des formules (8), (10), les coordonnées

$$x,\ y,\ z;\quad x_{,},\ y_{,},\ z_{,};\quad x_{,,},\ y_{,,},\ z_{,,}$$

se réduiront évidemment à des fonctions des six quantités

$$\rho,\ \rho_{,};\quad \varsigma,\ \varsigma_{,},\ \varsigma_{,,};\quad \tau,$$

et l'on pourra en dire autant de la fonction

$$\omega = f(x, y, z;\ x_{,}, y_{,}, z_{,};\ x_{,,}, y_{,,}, z_{,,}).$$

Donc le théorème II se trouvera encore vérifié, quand l'un des points $P_{,}$, $P_{,,}$ sera situé hors de la droite OP; donc, il se vérifiera dans tous les cas possibles.

Il est bon d'observer qu'en vertu des formules (4) ς, $\varsigma_{,}$, $\varsigma_{,,}$ sont des fonctions entières de

$$r,\ r_{,},\ r_{,,};\quad \iota,\ \iota_{,},\ \iota_{,,}.$$

Donc toute fonction des quantités

$$\rho,\ \rho_{,},\ \rho_{,,};\quad \varsigma,\ \varsigma_{,},\ \varsigma_{,,};\quad \tau$$

pourra être réduite à une fonction des quantités

$$r,\ r_{,},\ r_{,,};\quad \iota,\ \iota_{,},\ \iota_{,,};\quad \tau,$$

et le théorème II entraînera la proposition suivante :

Théorème III. — *Toute fonction isotrope des coordonnées rectangulaires de trois points* P, $P_{,}$, $P_{,,}$ *peut être réduite à une fonction des distances de ces points à l'origine, de leurs distances mutuelles et de la quantité dont la sixième partie représente, au signe près, le volume du tétraèdre dont ces distances sont les arêtes. Ajoutons que le carré de ce volume sera lié aux carrés des six arêtes par une formule qui se déduira immédiatement des équations* (4) *et* (6).

Ce n'est pas tout; si l'on rapporte les positions de trois points P, $P_{,}$, $P_{,,}$, d'abord à trois axes rectangulaires, puis à trois axes obliques partant de la même origine, une fonction des coordonnées rectangulaires des points dont il s'agit pourra être, à l'aide de formules connues, transformée en une fonction des coordonnées obliques. Or, si l'on suppose, comme il est permis de le faire, les deux systèmes d'axes liés invariablement l'un à l'autre, ils ne pourront tourner l'un sans l'autre autour de l'origine et, par suite, une fonction isotrope des coordonnées obliques ne pourra être qu'une fonction isotrope des coordonnées rectangulaires. Donc, le troisième théorème entraînera encore la proposition suivante :

Théorème IV. — *Toute fonction isotrope des coordonnées rectilignes de trois points* P, $P_{,}$, $P_{,,}$ *peut être réduite à une fonction des distances de ces points à l'origine, de leurs distances mutuelles et de la somme alternée dont la sixième partie représente, au signe près, le volume du tétraèdre dont ces distances sont les arêtes.*

Jusqu'ici nous avons supposé que le nombre des points donnés se réduisait à trois. Mais les mêmes raisonnements pourraient être appliqués au cas où l'on considérerait une fonction isotrope des coordonnées rectangulaires ou obliques de divers points matériels, quel que fût le nombre de ces points, et l'on se trouverait alors conduit aux propositions suivantes :

Théorème V. — *Toute fonction isotrope des coordonnées rectilignes de divers points peut être réduite à une fonction de leurs distances à l'origine, de leurs distances mutuelles et des quantités dont l'une quelconque, divisée par* 6, *représente, au signe près, le volume d'un tétraèdre que l'on forme en prenant pour sommets l'origine et trois de ces mêmes points.*

THÉORÈME VI. — *Étant donnés divers points* P_1, P_2, P_3, ... *si, en nommant*

$$x_n, \quad y_n, \quad z_n$$

les coordonnées rectangulaires du point P_n, *on pose généralement*

$$\rho_n = x_n^2 + y_n^2 + z_n^2, \tag{11}$$

$$\varsigma_{m,n} = x_m x_n + y_m y_n + z_m z_n, \tag{12}$$

$$\tau_{l,m,n} = x_l y_m z_n - x_l y_n z_m + x_m y_n z_l - x_m y_l z_n + x_n y_l z_m - x_n y_m z_l, \tag{13}$$

toute fonction isotrope des coordonnées des divers points pourra être réduite à une fonction des quantités de la forme

$$\rho_n, \quad \varsigma_{m,n}, \quad \tau_{l,m,n},$$

qui représentent les carrés des rayons vecteurs menés de l'origine aux points donnés, les produits que l'on forme en multipliant deux quelconques de ces rayons vecteurs par le cosinus de l'angle compris entre eux, ou, ce qui revient au même, en multipliant le premier de ces deux rayons par la projection algébrique du second sur le premier, et enfin, aux signes près, les volumes des parallélépipèdes dont l'un quelconque a pour arêtes non parallèles les rayons vecteurs menés de l'origine à trois de ces mêmes points.

Ajoutons que, dans le cas particulier où tous les points donnés sont situés sur la droite OP_1, indéfiniment prolongée dans les deux sens, la fonction isotrope ω peut être réduite à une fonction de ρ_1 et des quantités de la forme $\varsigma_{1,n}$, ou, ce qui revient au même, à une fonction des distances qui séparent le point P_1 de l'origine O et des autres points P_2, P_3, ...

Dans le cas contraire, si l'on nomme P_2 un des points situés en dehors de la droite OP_1, la fonction isotrope ω pourra être réduite à une fonction de ρ_1, ρ_2 et des quantités de la forme

$$\varsigma_{1,n}, \quad \varsigma_{2,n}, \quad \tau_{1,2,n},$$

ou, ce qui revient au même, à une fonction des distances OP_1, OP_2

qui séparent les points P_1, P_2 de l'origine, des projections algébriques que l'on obtient quand l'on projette sur OP_1 et sur OP_2 les rayons vecteurs de l'origine aux autres points, et des quantités équivalentes (aux signes près) aux volumes des tétraèdres qui ont pour sommets ces autres points et pour base le triangle OP_1P_2.

Pour vérifier, sur un exemple très simple, l'exactitude des principes que nous venons d'établir, considérons un système de points matériels liés invariablement les uns aux autres et à un point fixe O. Nommons m la masse de l'un quelconque des points matériels donnés, x, y, z ses coordonnées relatives à trois axes rectangulaires menés par le point O et K le moment d'inertie du système par rapport à un certain axe OA, qui passe par le même point. On aura, en prenant l'axe OA pour axe des x,

$$K = Sm(y^2 + z^2), \tag{14}$$

la sommation qu'indique le signe S s'étendant à tous les points du système. Supposons maintenant que le moment d'inertie K offre une valeur indépendante de la direction de l'axe OA. Alors, la somme

$$Sm(y^2 + z^2)$$

devra être une fonction isotrope des coordonnées des divers points. En d'autres termes, cette fonction ne devra pas être altérée quand on fera tourner les axes des x, y, z d'une manière quelconque autour de l'origine. Donc, elle ne devra pas être altérée quand on fera coïncider l'axe OA, non plus avec l'axe des x, mais avec l'axe des y, ou avec l'axe des z; et, dans l'hypothèse admise, l'équation (14) entraînera les deux suivantes :

$$K = Sm(z^2 + x^2), \tag{15}$$

$$K = Sm(x^2 + y^2). \tag{16}$$

Par suite aussi, K sera équivalent à la moyenne arithmétique entre les sommes que renferment les équations (14), (15), (16), et l'on aura

$$(17)\qquad K = \frac{2}{3} S m(x^2 + y^2 + z^2),$$

ou, ce qui revient au même,

$$(18)\qquad K = \frac{2}{3} S m r^2,$$

r étant la distance du point (x, y, z) à l'origine des coordonnées. Or, en vertu de la formule (18), K se trouve réduit à une fonction des distances qui séparent les points matériels donnés de l'origine, ce qui s'accorde avec le théorème V.

Remarquons encore que les formules (14), (15), (16) entraînent toujours avec elles la formule (18). Donc, pour que la fonction K soit isotrope, ou, en d'autres termes, pour que le moment d'inertie du système donné devienne indépendant de la direction de l'axe OA, il suffira que les moments d'inertie du système autour de trois axes rectangulaires soient égaux entre eux.

§ II. — *Sur les conditions analytiques auxquelles doit satisfaire une fonction isotrope des coordonnées rectilignes de divers points.*

Soient

$$x,\ y,\ z;\quad x_{\prime},\ y_{\prime},\ z_{\prime};\quad x_{\prime\prime},\ y_{\prime\prime},\ z_{\prime\prime},\quad \ldots$$

les coordonnées de divers points P, $P_{\prime}$, $P_{\prime\prime}$, ... mesurées parallèlement à trois axes rectangulaires ou obliques; et soit encore

$$(1)\qquad \omega = f(x, y, z;\ x_{\prime}, y_{\prime}, z_{\prime};\ x_{\prime\prime}, y_{\prime\prime}, z_{\prime\prime};\ \ldots)$$

une fonction déterminée des coordonnées dont il s'agit. Soient enfin

$$\mathrm{x},\ \mathrm{y},\ \mathrm{z};\quad \mathrm{x}_{\prime},\ \mathrm{y}_{\prime},\ \mathrm{z}_{\prime};\quad \mathrm{x}_{\prime\prime},\ \mathrm{y}_{\prime\prime},\ \mathrm{z}_{\prime\prime};\quad \ldots$$

les valeurs nouvelles qu'acquerront les coordonnées des points P, $P_{\prime}$, $P_{\prime\prime}$, ... lorsqu'on aura déplacé les axes coordonnés en leur imprimant un mouvement de rotation quelconque autour de l'origine O. Les nouvelles coordonnées x, y, z se trouveront liées aux coordonnées primitives x, y, z par trois équations linéaires de la forme

$$(2)\qquad \mathrm{x} = \alpha x + \beta y + \gamma z,\qquad \mathrm{y} = \alpha' x + \beta' y + \gamma' z,\qquad \mathrm{z} = \alpha'' x + \beta'' y + \gamma'' z,$$

$\alpha, \beta, \gamma; \alpha', \beta', \gamma'; \alpha'', \beta'', \gamma''$ étant neuf coefficients qui ne changeront pas de valeurs quand on remplacera les coordonnées du point P par celles du point $P_{,}$ ou $P_{,,}, \ldots$; et ces neuf coefficients pourront être réduits à des fonctions déterminées de trois *angles polaires*, par exemple de l'angle φ que formera le demi-axe des x positives avec le demi-axe des x positives, et des angles χ, ψ que formera le plan mené par ces deux demi-axes avec les plans des x, y et des x, y. Cela posé, si ω est une fonction isotrope des coordonnées rectilignes des points P, $P_{,}$, $P_{,,}, \ldots$ l'équation (1) entraînera la suivante :

$$(3)\qquad \omega = \mathrm{f}(\mathrm{x}, \mathrm{y}, \mathrm{z};\ \mathrm{x}_{,}, \mathrm{y}_{,}, \mathrm{z}_{,};\ \mathrm{x}_{,,}, \mathrm{y}_{,,}, \mathrm{z}_{,,};\ \ldots),$$

et, par suite, en supposant les valeurs de x, y, z; $\mathrm{x}_{,}$, $\mathrm{y}_{,}$, $\mathrm{z}_{,}$; $\mathrm{x}_{,,}$, $\mathrm{y}_{,,}$, $\mathrm{z}_{,,}$; ..., déterminées par les équations (2), on aura identiquement

$$(4)\qquad \mathrm{f}(\mathrm{x}, \mathrm{y}, \mathrm{z};\ \mathrm{x}_{,}, \mathrm{y}_{,}, \mathrm{z}_{,};\ \ldots) = \mathrm{f}(x, y, z;\ x_{,}, y_{,}, z_{,};\ \ldots).$$

En d'autres termes, on aura

$$(5)\qquad \left\{\begin{aligned} &\mathrm{f}(\alpha x + \beta y + \gamma z, \alpha' x + \beta' y + \gamma' z, \alpha'' x + \beta'' y + \gamma'' z, \alpha x_{,} + \beta y_{,} + \gamma z_{,};\ \ldots) \\ &\quad = \mathrm{f}(x, y, z;\ x_{,}, y_{,}, z_{,};\ \ldots), \end{aligned}\right.$$

quelles que soient les valeurs attribuées aux trois angles polaires φ, χ, ψ.

Si les points donnés se réduisent à un seul P, la formule (5) deviendra

$$(6)\qquad \mathrm{f}(\alpha x + \beta y + \gamma z, \alpha' x + \beta' y + \gamma' z, \alpha'' x + \beta'' y + \gamma'' z) = \mathrm{f}(x, y, z).$$

Pour mieux fixer les idées, considérons, en particulier, le cas où les axes coordonnés sont rectangulaires. Dans ce cas, les coefficients α, β, γ; α', β', γ'; α'', β'', γ'' pourront être exprimés en fonction des angles polaires φ, χ, ψ par des équations de la forme

$$(7)\quad \begin{cases} \alpha = \cos\varphi, \\ \alpha' = \sin\varphi\cos\psi, \\ \alpha'' = \sin\varphi\sin\psi, \\ 6 = \sin\varphi\cos\chi, \\ 6' = -\sin\chi\sin\psi - \cos\varphi\cos\chi\cos\psi, \\ 6'' = \sin\chi\cos\psi - \cos\varphi\cos\chi\sin\psi, \\ \gamma = \sin\varphi\sin\chi, \\ \gamma' = \cos\chi\sin\psi - \cos\varphi\sin\chi\cos\psi, \\ \gamma'' = -\cos\chi\cos\psi - \cos\varphi\sin\chi\sin\psi. \end{cases}$$

Donc, la formule (6) ou (5) devra se transformer en une équation identique lorsqu'en prenant pour $f(x, y, z)$, ou pour $f(x, y, z; x_,, y_,, z_,; \ldots)$ une fonction isotrope, on supposera les coefficients α, 6, γ; α', $6'$, γ'; α'', $6''$, γ'' déterminés par les équations (7). Par conséquent, l'équation (6) deviendra identique, lorsqu'on réduira $f(x, y, z)$ à la fonction isotrope $x^2 + y^2 + z^2$. On aura donc identiquement, quels que soient d'ailleurs x, y, z,

$$(8)\quad (\alpha x + 6y + \gamma z)^2 + (\alpha' x + 6' y + \gamma' z)^2 + (\alpha'' x + 6'' y + \gamma'' z)^2 = x^2 + y^2 + z^2,$$

et, par suite,

$$(9)\quad \begin{cases} \alpha^2 + \alpha'^2 + \alpha''^2 = 1, & 6^2 + 6'^2 + 6''^2 = 1, & \gamma^2 + \gamma'^2 + \gamma''^2 = 1, \\ 6\gamma + 6'\gamma' + 6''\gamma'' = 0, & \gamma\alpha + \gamma'\alpha' + \gamma''\alpha'' = 0, & \alpha 6 + \alpha' 6' + \alpha'' 6'' = 0. \end{cases}$$

Pareillement, l'équation (5) deviendra identique, lorsqu'on prendra pour $f(x, y, z; x_,, y_,, z_,; x_{,,}, y_{,,}, z_{,,})$ la fonction isotrope

$$S(\pm x y_, z_{,,}) = x y_, z_{,,} - x y_{,,} z_, + x_, y_{,,} z - x_, y z_{,,} + x_{,,} y z_, - x_{,,} y_, z.$$

On aura donc identiquement, quels que soient d'ailleurs x, y, z; $x_,$, $y_,$, $z_,$; $x_{,,}$, $y_{,,}$, $z_{,,}$,

$$(10)\quad \begin{cases} S[\pm(\alpha x + 6y + \gamma z)(\alpha' x_, + 6' y_, + \gamma' z_,)(\alpha'' x_{,,} + 6'' y_{,,} + \gamma'' z_{,,})] \\ \quad = S(\pm x y_, z_{,,}), \end{cases}$$

et, par suite,

$$(11)\qquad S(\pm\alpha\beta'\gamma'')=1,$$

ou, ce qui revient au même,

$$(12)\qquad \alpha\beta'\gamma''-\alpha\beta''\gamma'+\alpha'\beta''\gamma-\alpha'\beta\gamma''+\alpha''\beta\gamma'-\alpha''\beta'\gamma=1.$$

Il est, au reste, facile de s'assurer que les valeurs de α, β, γ; α', β', γ'; α'', β'', γ'' fournies par les équations (7) satisfont effectivement aux conditions (9) et (12). Ajoutons que les trois dernières des formules (9), jointes à l'équation (12), donneront

$$(13)\qquad \frac{\alpha}{\beta'\gamma''-\beta''\gamma'}=\frac{\alpha'}{\beta''\gamma-\beta\gamma''}=\frac{\alpha''}{\beta\gamma'-\beta'\gamma}=\frac{\alpha^2+\alpha'^2+\alpha''^2}{1}=1,\quad \ldots$$

ou, ce qui revient au même,

$$(14)\qquad \begin{cases} \alpha=\beta'\gamma''-\beta''\gamma', & \beta=\gamma'\alpha''-\gamma''\alpha', & \gamma=\alpha'\beta''-\alpha''\beta',\\ \alpha'=\beta''\gamma-\beta\gamma'', & \beta'=\gamma''\alpha-\gamma\alpha'', & \gamma'=\alpha''\beta-\alpha\beta'',\\ \alpha''=\beta\gamma'-\beta'\gamma, & \beta''=\gamma\alpha'-\gamma'\alpha, & \gamma''=\alpha\beta'-\alpha'\beta. \end{cases}$$

Il est bon d'observer que des formules (14), jointes à l'équation (12), on tirera immédiatement

$$(15)\qquad \begin{cases} \alpha^2+\beta^2+\gamma^2=1, & \alpha'^2+\beta'^2+\gamma'^2=1, & \alpha''^2+\beta''^2+\gamma''^2=1,\\ \alpha'\alpha''+\beta'\beta''+\gamma'\gamma''=0, & \alpha''\alpha+\beta''\beta+\gamma''\gamma=0, & \alpha\alpha'+\beta\beta'+\gamma\gamma'=0. \end{cases}$$

On pourra de ces diverses formules déduire les valeurs de six des coefficients α, β, γ; α', β', γ'; α'', β'', γ'' exprimées en fonction des trois autres. Ainsi, par exemple, après avoir choisi arbitrairement les valeurs de α, β, α', on pourra déduire γ et α'' des deux équations

$$\alpha^2+\beta^2+\gamma^2=1,\qquad \alpha^2+\alpha'^2+\alpha''^2=1,$$

auxquelles on satisfait en prenant

$$(16)\qquad \gamma=\pm\sqrt{1-\alpha^2-\beta^2},\qquad \alpha''=\pm\sqrt{1-\alpha^2-\alpha'^2},$$

puis β' et γ' des deux équations

$$\beta\beta'+\gamma\gamma'=-\alpha\alpha',\qquad \beta\gamma'-\beta'\gamma=\alpha'',$$

auxquelles on satisfait en prenant

$$(17)\qquad \beta' = -\frac{\alpha\alpha'\beta + \alpha''\gamma}{1-\alpha^2}, \qquad \gamma' = -\frac{\alpha\alpha'\gamma - \alpha''\beta}{1-\alpha^2};$$

puis enfin, β'' et γ'' des formules

$$(18)\qquad \beta'' = \gamma\alpha' - \gamma'\alpha, \qquad \gamma'' = \alpha\beta' - \alpha'\beta.$$

Cela posé, en admettant, comme ci-dessus, que la fonction $f(x, y, z; x_{,}, y_{,}, z_{,}, \ldots)$ soit isotrope, l'équation (5) devra évidemment devenir identique, non seulement quand on y substituera les valeurs de $\alpha, \beta, \gamma; \alpha', \beta', \gamma'; \alpha'', \beta'', \gamma''$ exprimées en fonction des angles polaires φ, χ, ψ à l'aide des formules (7), mais encore quand on y substituera les valeurs de

$$\gamma; \quad \beta', \quad \gamma'; \quad \alpha'', \quad \beta'', \quad \gamma'',$$

exprimées en fonction de α, β, α', à l'aide des formules (16), (17) et (18), quels que soient d'ailleurs les signes adoptés dans les seconds membres des équations (16).

Réciproquement, la fonction $f(x, y, z; x_{,}, y_{,}, z_{,}, \ldots)$ sera isotrope, si, pour transformer la formule (5) en une équation identique, il suffit d'y substituer les valeurs de $\alpha, \beta, \gamma; \alpha', \beta', \gamma'; \alpha'', \beta'', \gamma''$ exprimées en fonction des angles polaires φ, χ, ψ à l'aide des formules (7), ou les valeurs de

$$\alpha', \quad \beta', \quad \gamma'; \quad \alpha'', \quad \beta'', \quad \gamma'',$$

exprimées en fonction de α, β, α' à l'aide des formules (16), (17), (18).

§ III. — *Formes spéciales de fonctions isotropes assujetties à certaines conditions.*

Les fonctions isotropes acquièrent des formes spéciales et dignes de remarque, lorsqu'on les assujettit à certaines conditions.

Ainsi, en particulier, il arrive souvent qu'une fonction isotrope des coordonnées rectilignes de divers points change de signe sans changer de valeur numérique, quand on change les signes des coordonnées parallèles à un seul axe. Alors cette fonction isotrope devient ce que nous appellerons une fonction *hémitrope*. Telles sont, par exemple, les fonctions τ et $\tau_{l,m,n}$, déterminées, dans le paragraphe Ier, par les équations (2) et (13), c'est-à-dire les sommes alternées dont chacune, divisée par 6, représente, au signe près, le volume d'un tétraèdre que l'on construit en prenant pour sommets trois points quelconques et l'origine des coordonnées. Il résulte d'ailleurs de la définition précédente qu'une fonction hémitrope n'est point altérée, quand on change à la fois les signes des coordonnées parallèles à deux axes, et qu'elle change de signe sans changer de valeur numérique, quand on change les signes de toutes les coordonnées. Il est encore évident que le rapport de deux fonctions hémitropes sera une fonction isotrope, mais non hémitrope, qui conservera la même valeur et le même signe, quand on changera le signe des coordonnées parallèles à un même axe.

Imaginons maintenant qu'une fonction isotrope ω des coordonnées rectilignes de divers points doive être en même temps une fonction linéaire de quelques-unes d'entre elles. On déduira aisément, des principes établis dans le paragraphe Ier, la forme particulière que devra prendre cette fonction isotrope.

Concevons, pour fixer les idées, que les points donnés se réduisent à trois P, $P_{,}$, $P_{,,}$, et que ω doive être non seulement une fonction isotrope de leurs coordonnées

$$x,\ y,\ z;\quad x_{,},\ y_{,},\ z_{,};\quad x_{,,},\ y_{,,},\ z_{,,}$$

supposées rectangulaires, mais encore une fonction linéaire des coordonnées de chacun des points $P_{,}$, $P_{,,}$. Supposons d'ailleurs que ω soit assujetti à s'évanouir quand on fait coïncider l'un des points $P_{,}$, $P_{,,}$ avec l'origine. En vertu des principes établis dans le paragraphe Ier, ω devra être une fonction des quantités

$$(1)\quad \rho = x^2 + y^2 + z^2,\qquad \rho_{,} = x_{,}^2 + y_{,}^2 + z_{,}^2,\qquad \rho_{,,} = x_{,,}^2 + y_{,,}^2 + z_{,,}^2,$$

$$(2)\quad \varsigma = x_{,}x_{,,} + y_{,}y_{,,} + z_{,}z_{,,},\qquad \varsigma_{,} = x_{,,}x + y_{,,}y + z_{,,}z,\qquad \varsigma_{,,} = xx_{,} + yy_{,} + zz_{,},$$

$$(3)\quad \tau = xy_{,}z_{,,} - xy_{,,}z_{,} + x_{,}y_{,,}z - x_{,}yz_{,,} + x_{,,}yz_{,} - x_{,,}y_{,}z.$$

Parmi ces quantités, trois seulement, savoir

$$\varsigma, \quad \varsigma_{\prime\prime}, \quad \tau,$$

sont fonctions linéaires des coordonnées $x_{\prime}, y_{\prime}, z_{\prime}$, avec lesquelles elles s'évanouissent; trois aussi, savoir

$$\varsigma, \quad \varsigma_{\prime}, \quad \tau,$$

sont fonctions linéaires des coordonnées $x_{\prime\prime}, y_{\prime\prime}, z_{\prime\prime}$ avec lesquelles elles s'évanouissent. Cela posé, pour que ω soit en même temps une fonction linéaire de $x_{\prime}, y_{\prime}, z_{\prime}$ assujettie à s'évanouir quand $x_{\prime}, y_{\prime}, z_{\prime}$ s'évanouissent, et une fonction linéaire de $x_{\prime\prime}, y_{\prime\prime}, z_{\prime\prime}$ assujettie à s'évanouir quand $x_{\prime\prime}, y_{\prime\prime}, z_{\prime\prime}$ s'évanouissent, il sera évidemment nécessaire que ω soit non seulement une fonction linéaire de

$$\varsigma, \quad \varsigma_{\prime\prime}, \quad \tau,$$

dans laquelle les coefficients de ς, $\varsigma_{\prime\prime}$, τ restent indépendants de $x_{\prime}, y_{\prime}, z_{\prime}$, mais encore une fonction linéaire de

$$\varsigma, \quad \varsigma_{\prime}, \quad \tau,$$

dans laquelle les coefficients de ς, $\varsigma_{\prime}$, τ restent indépendants de $x_{\prime\prime}, y_{\prime\prime}, z_{\prime\prime}$. Donc, dans la fonction ω, ς et τ devront se trouver multipliés par des facteurs indépendants des coordonnées $x_{\prime}, y_{\prime}, z_{\prime}; x_{\prime\prime}, y_{\prime\prime}, z_{\prime\prime}$; et, de plus, la partie de ω indépendante de ς et τ devra être proportionnelle à chacune des quantités $\varsigma_{\prime}$, $\varsigma_{\prime\prime}$, par conséquent au produit $\varsigma_{\prime}\varsigma_{\prime\prime}$, et se réduire à ce produit multiplié pur un facteur indépendant de $x_{\prime}, y_{\prime}, z_{\prime}$; $x_{\prime\prime}, y_{\prime\prime}, z_{\prime\prime}$. Donc, en définitive, ω devra être déterminé par une équation de la forme

$$\omega = \mathrm{P}\varsigma + \mathrm{Q}\varsigma_{\prime}\varsigma_{\prime\prime} + \mathrm{R}\tau, \tag{4}$$

P, Q, R étant indépendants de $x_{\prime}, y_{\prime}, z_{\prime}; x_{\prime\prime}, y_{\prime\prime}, z_{\prime\prime}$. Mais parmi les quantités

$$\rho, \quad \rho_{\prime}, \quad \rho_{\prime\prime}; \quad \varsigma, \quad \varsigma_{\prime}, \quad \varsigma_{\prime\prime}; \quad \tau$$

dont ω doit être fonction, une seule, savoir ρ, est indépendante de $x_{\prime}$,

$y_{,}, z_{,}; x_{\prime\prime}, y_{\prime\prime}, z_{\prime\prime}$. Donc, dans la formule (4), les facteurs P, Q, R doivent se réduire à des fonctions de ρ; et l'on doit avoir

$$\omega = \varsigma\,\varphi(\rho) + \varsigma_{,}\varsigma_{\prime\prime}\,\chi(\rho) + \tau\,\psi(\rho), \tag{5}$$

$\varphi(\rho)$, $\chi(\rho)$, $\psi(\rho)$ étant des fonctions de la seule quantité ρ, ou, ce qui revient au même,

$$\omega = \varsigma\,\varphi(r^2) + \varsigma_{,}\varsigma_{\prime\prime}\,\chi(r^2) + \tau\,\psi(r^2). \tag{6}$$

En d'autres termes, dans l'hypothèse admise, la fonction ω sera de la forme

$$(7)\quad \left\{ \begin{aligned} \omega = {} & (x_{,}x_{\prime\prime} + y_{,}y_{\prime\prime} + z_{,}z_{\prime\prime})\,\varphi(r^2) + (xx_{,} + yy_{,} + zz_{,})(xx_{\prime\prime} + yy_{\prime\prime} + zz_{\prime\prime})\,\chi(r^2) \\ & + (xy_{,}z_{\prime\prime} - xy_{\prime\prime}z_{,} + x_{,}y_{\prime\prime}z - x_{,}yz_{\prime\prime} + x_{\prime\prime}yz_{,} - x_{\prime\prime}y_{,}z)\,\psi(r^2). \end{aligned} \right.$$

§ IV. — *Sur les fonctions isotropes et symboliques des coordonnées rectilignes de divers points.*

Nous appellerons *fonction symbolique* de diverses variables une fonction qui renfermera, non seulement ces variables, mais encore des *lettres symboliques* indiquant des dérivées prises par rapport à quelques-unes de ces variables.

Une fonction symbolique qui dépendra uniquement des coordonnées rectilignes de divers points sera *isotrope*, si l'on n'altère pas sa valeur en imprimant aux axes coordonnés un mouvement de rotation quelconque autour de l'origine.

Concevons, pour fixer les idées, que l'on nomme x, y, z les coordonnées rectangulaires d'un point mobile P; ξ, η, ζ les coordonnées rectangulaires d'un autre point mobile Q, dont la position dépende de celle du premier, et a, b, c les coordonnées rectangulaires d'un point R, arbitrairement choisi.

Soit, de plus,

$$\omega = \mathrm{f}(a, b, c;\ \mathrm{D}_x, \mathrm{D}_y, \mathrm{D}_z;\ \xi, \eta, \zeta) \tag{1}$$

une fonction symbolique des coordonnées a, b, c, ξ, η, ζ, et des lettres caractéristiques D_x, D_y, D_z; c'est-à-dire une fonction des coordonnées a, b, c, des coordonnées ξ, η, ζ et des dérivées des divers ordres de ξ, η, ζ différentiés par rapport à x, y, z. Soient enfin

$$\mathrm{a},\ \mathrm{b},\ \mathrm{c};\quad \mathrm{x},\ \mathrm{y},\ \mathrm{z};\quad \bar{\xi},\ \bar{\eta},\ \bar{\zeta},$$

et

$$\bar{\omega} = \mathrm{f}(\mathrm{a}, \mathrm{b}, \mathrm{c};\ \mathrm{D}_x, \mathrm{D}_y, \mathrm{D}_z;\ \bar{\xi}, \bar{\eta}, \bar{\zeta}) \tag{2}$$

ce que deviendront les coordonnées

$$a,\ b,\ c;\quad x,\ y,\ z;\quad \xi,\ \eta,\ \zeta$$

des points R, P, Q, et la fonction ω, si l'on déplace les axes coordonnés en leur imprimant un mouvement de rotation quelconque autour de l'origine. La fonction symbolique ω sera isotrope, si elle n'est pas altérée par le déplacement des axes, c'est-à-dire si l'on a identiquement

$$\bar{\omega} = \omega; \tag{3}$$

et réciproquement si la fonction ω est isotrope, l'équation (3) devra être une équation identique. D'ailleurs les coordonnées nouvelles des points P, Q, R seront liées à leurs coordonnées primitives par des équations semblables aux formules (2) du paragraphe II, en sorte qu'on aura

$$\mathrm{x} = \alpha x + \beta y + \gamma z, \qquad \mathrm{y} = \alpha' x + \beta' y + \gamma' z, \qquad \mathrm{z} = \alpha'' x + \beta'' y + \gamma'' z, \tag{4}$$

$$\bar{\xi} = \alpha \xi + \beta \eta + \gamma \zeta, \qquad \bar{\eta} = \alpha' \xi + \beta' \eta + \gamma' \zeta, \qquad \bar{\zeta} = \alpha'' \xi + \beta'' \eta + \gamma'' \zeta, \tag{5}$$

$$\mathrm{a} = \alpha a + \beta b + \gamma c, \qquad \mathrm{b} = \alpha' a + \beta' b + \gamma' c, \qquad \mathrm{c} = \alpha'' a + \beta'' b + \gamma'' c, \tag{6}$$

les coefficients $\alpha, \beta, \gamma; \alpha', \beta', \gamma'; \alpha'', \beta'', \gamma''$ pouvant être réduits à trois, ou exprimés en fonction de trois angles polaires φ, χ, ψ en vertu des formules (7) du paragraphe II; et c'est eu égard à ces dernières formules et à la réduction dont il s'agit que l'équation (3) devra être identique. En d'autres termes, si la fonction ω est isotrope, l'équation (3) devra subsister, quelles que soient les valeurs attribuées aux trois angles polaires φ, χ, ψ.

Supposons maintenant que les coordonnées ξ, η, ζ du point Q soient liées aux coordonnées x, y, z du point P par des équations de la forme

$$(7)\qquad \xi = A e^{ux+vy+wz}, \qquad \eta = B e^{ux+vy+wz}, \qquad \zeta = C e^{ux+vy+wz},$$

u, v, w et A, B, C étant les coordonnées rectangulaires de deux points fixes S, T. Si l'on pose, pour abréger,

$$(8)\qquad \varkappa = e^{ux+vy+wz},$$

on aura non seulement

$$(9)\qquad D_x\varkappa = u\varkappa, \qquad D_y\varkappa = v\varkappa, \qquad D_z\varkappa = w\varkappa,$$

mais encore

$$(10)\qquad \left\{\begin{array}{lll} D_x\xi = u\xi, & D_y\xi = v\xi, & D_z\xi = w\xi, \\ D_x\eta = u\eta, & D_y\eta = v\eta, & D_z\eta = w\eta, \\ D_x\zeta = u\zeta, & D_y\zeta = v\zeta, & D_z\zeta = w\zeta; \end{array}\right.$$

et, par suite, dans la valeur de ω déterminée dans la formule (1), on pourra substituer aux lettres caractéristiques D_x, D_y, D_z les quantités u, v, w. En conséquence, on aura, dans l'hypothèse admise,

$$(11)\qquad \omega = \mathrm{f}(a, b, c;\ u, v, w;\ \xi, \eta, \zeta),$$

ou, ce qui revient au même,

$$(12)\qquad \omega = \mathrm{f}(a. b, c;\ u, v, w;\ A\varkappa, B\varkappa, C\varkappa).$$

D'autre part, si la fonction ω est isotrope, l'équation (3) sera identique et ne cessera pas de l'être quand on attribuera aux coordonnées ξ, η, ζ du point Q les valeurs particulières que fournissent les équations (7). Mais alors $\overline{\omega}$ sera précisément ce que devient la valeur de ω déterminée par l'équation (12) quand on substitue aux coordonnées primitives

$$a,\ b,\ c;\quad u,\ v,\ w;\quad A,\ B,\ C;\quad x,\ y,\ z$$

des trois points fixes R, S, T, et du point mobile P, les coordonnées

$$\mathrm{a},\ \mathrm{b},\ \mathrm{c};\quad \mathrm{u},\ \mathrm{v},\ \mathrm{w};\quad \mathrm{A},\ \mathrm{B},\ \mathrm{C};\quad \mathrm{x},\ \mathrm{y},\ \mathrm{z}$$

de ces mêmes points, mesurées parallèlement aux directions nouvelles que prennent les axes des x, y, z, en vertu de leurs déplacements. En effet, les nouvelles coordonnées étant liées aux coordonnées primitives par les formules

$$(13)\quad \begin{cases} \mathrm{a} = \alpha a + \beta b + \gamma c, & \mathrm{b} = \alpha' a + \beta' b + \gamma' c, & \mathrm{c} = \alpha'' a + \beta'' b + \gamma'' c, \\ \mathrm{u} = \alpha u + \beta v + \gamma w, & \mathrm{v} = \alpha' u + \beta' v + \gamma' w, & \mathrm{w} = \alpha'' u + \beta'' v + \gamma'' w, \\ \mathrm{A} = \alpha A + \beta B + \gamma C, & \mathrm{B} = \alpha' A + \beta' B + \gamma' C, & \mathrm{C} = \alpha'' A + \beta'' B + \gamma'' C, \end{cases}$$

et la fonction $ux + vy + wz$ étant isotrope, on aura non seulement

$$(14)\qquad ux + vy + wz = \mathrm{ux} + \mathrm{vy} + \mathrm{wz}$$

et, par suite,

$$(15)\qquad \varkappa = e^{\mathrm{ux}+\mathrm{vy}+\mathrm{wz}},$$

mais encore

$$(16)\qquad \bar{\xi} = \mathrm{A}\,e^{\mathrm{ux}+\mathrm{vy}+\mathrm{wz}}, \qquad \bar{\eta} = \mathrm{B}\,e^{\mathrm{ux}+\mathrm{vy}+\mathrm{wz}} \qquad \bar{\zeta} = \mathrm{C}\,e^{\mathrm{ux}+\mathrm{vy}+\mathrm{wz}}.$$

En conséquence, la fonction $\bar{\omega}$, déterminée par l'équation (2), pourra être réduite à la forme

$$(17)\qquad \bar{\omega} = \mathrm{f}(\mathrm{a}, \mathrm{b}, \mathrm{c};\ \mathrm{u}, \mathrm{v}, \mathrm{w};\ \mathrm{A}\varkappa, \mathrm{B}\varkappa, \mathrm{C}\varkappa).$$

Or, pour obtenir le second membre de l'équation (17), il suffira évidemment de remplacer dans le second membre de l'équation (12) les coordonnées primitives des points fixes R, S, T par leurs coordonnées nouvelles, sans altérer la valeur de $\varkappa$, qui reste d'ailleurs invariable, tandis qu'aux coordonnées primitives du point fixe R et du point mobile P on substitue leurs coordonnées nouvelles. Donc, si la quantité ω, déterminée par l'équation (1), est une fonction symbolique et isotrope des coordonnées du point fixe R et des points mobiles P, Q, la valeur particulière de ω, déterminée par la formule (12), sera elle-même une fonction isotrope des coordonnées du point mobile P et des points fixes R, S, T.

mais encore

$$\mathrm{a}\,\mathrm{D}_{\mathrm{x}} + \mathrm{b}\,\mathrm{D}_{\mathrm{y}} + \mathrm{c}\,\mathrm{D}_{\mathrm{z}} = a\,\mathrm{D}_x + b\,\mathrm{D}_y + c\,\mathrm{D}_z,$$

$$\mathrm{D}_{\mathrm{x}}\bar{\xi} + \mathrm{D}_{\mathrm{y}}\bar{\eta} + \mathrm{D}_{\mathrm{z}}\bar{\zeta} = \mathrm{D}_x\xi + \mathrm{D}_y\eta + \mathrm{D}_z\zeta,$$

par conséquent

$$(30)\quad \left\{ \begin{aligned} &(\mathrm{a}\,\mathrm{D}_{\mathrm{x}} + \mathrm{b}\,\mathrm{D}_{\mathrm{y}} + \mathrm{c}\,\mathrm{D}_{\mathrm{z}})(\mathrm{D}_{\mathrm{x}}\bar{\xi} + \mathrm{D}_{\mathrm{y}}\bar{\eta} + \mathrm{D}_{\mathrm{z}}\bar{\zeta}) \\ &= (a\,\mathrm{D}_x + b\,\mathrm{D}_y + c\,\mathrm{D}_z)(\mathrm{D}_x\xi + \mathrm{D}_y\eta + \mathrm{D}_z\zeta) \end{aligned} \right.$$

et

$$(31)\quad \left\{ \begin{aligned} &\mathrm{a}\,\mathrm{D}_{\mathrm{z}}\bar{\eta} - \mathrm{a}\,\mathrm{D}_{\mathrm{y}}\bar{\zeta} + \mathrm{b}\,\mathrm{D}_{\mathrm{x}}\bar{\zeta} - \mathrm{b}\,\mathrm{D}_{\mathrm{z}}\bar{\xi} + \mathrm{c}\,\mathrm{D}_{\mathrm{y}}\bar{\xi} - \mathrm{c}\,\mathrm{D}_{\mathrm{x}}\bar{\eta} \\ &= a\,\mathrm{D}_z\eta - a\,\mathrm{D}_y\zeta + b\,\mathrm{D}_x\zeta - b\,\mathrm{D}_z\xi + c\,\mathrm{D}_y\xi - c\,\mathrm{D}_x\eta. \end{aligned} \right.$$

Donc, les fonctions

$$a\xi + b\eta + c\zeta,$$

$$(a\,\mathrm{D}_x + b\,\mathrm{D}_y + c\,\mathrm{D}_z)(\mathrm{D}_x\xi + \mathrm{D}_y\eta + \mathrm{D}_z\zeta),$$

$$a\,\mathrm{D}_z\eta - a\,\mathrm{D}_y\zeta + b\,\mathrm{D}_x\zeta - b\,\mathrm{D}_z\xi + c\,\mathrm{D}_y\xi - c\,\mathrm{D}_x\eta$$

et la fonction symbolique

$$\mathrm{D}_x^2 + \mathrm{D}_y^2 + \mathrm{D}_z^2$$

sont toutes isotropes, et l'on pourra en dire autant de la valeur de ω fournie par l'équation (25), dans laquelle E, F, K désignent, comme on l'a dit, trois fonctions entières de la somme $\mathrm{D}_x^2 + \mathrm{D}_y^2 + \mathrm{D}_z^2$, ces trois dernières fonctions pouvant d'ailleurs être composées ou d'un nombre fini ou d'un nombre infini de termes.

Nous remarquerons, en finissant, qu'il n'est pas absolument nécessaire de supposer, dans les formules (1), (2) et (25), les coordonnées ξ, η, ζ et $\bar{\xi}$, $\bar{\eta}$, $\bar{\zeta}$ comptées à partir de la même origine que toutes les autres. On pourrait, sans inconvénient, supposer que, dans les formules dont il s'agit, ξ, η, ζ représentent ou des coordonnées mesurées à partir d'une origine distincte de celle à laquelle se rapportent les coordonnées des points R et P, ou même des déplacements quelconques subis par le point mobile P au bout d'un temps plus ou moins considérable.

§ V. — *Sur les mouvements vibratoires et infiniment petits d'un ou de plusieurs systèmes isotropes de points matériels.*

Considérons les mouvements vibratoires et infiniment petits d'un ou de plusieurs systèmes de points matériels. Ces mouvements seront généralement représentés par des équations aux différences mêlées, qui renfermeront avec les dérivées des inconnues différentiées deux fois par rapport au temps, leurs différences finies, prises par rapport aux coordonnées; et il suffira de développer ces différences en séries pour transformer les équations d'abord obtenues en équations aux dérivées partielles. D'ailleurs, les coefficients des dérivées prises par rapport aux coordonnées seront quelquefois constants, plus souvent périodiques et, dans ce dernier cas, l'intégration des équations linéaires trouvées pourra être ramenée à l'intégration d'autres équations qui seront encore linéaires, mais à coefficients constants, savoir, de celles que nous avons nommées équations *auxiliaires*, et qui peuvent être censées déterminer les valeurs moyennes des inconnues.

Dans tous les cas, les équations trouvées, ou les équations auxiliaires, seront dites *isotropes*, si on ne les altère pas en faisant subir aux axes coordonnés un déplacement qui résulte d'un mouvement de rotation imprimé à ces axes autour de l'origine. Les systèmes de points matériels dont les mouvements vibratoires se trouveront représentés par des équations isotropes, seront appelés eux-mêmes *systèmes isotropes*. Il résulte de cette définition que les systèmes isotropes sont ceux où les mouvements vibratoires se propagent en tous sens suivant les mêmes lois. Lorsque les vibrations propagées seront celles de l'éther, ou, en d'autres termes, du fluide lumineux, le mot *isotrope* sera remplacé par le mot *isophane*. En conséquence, un corps isophane sera celui qui aura la propriété de propager de la même manière en tous sens les vibrations lumineuses.

Les principes établis dans les paragraphes précédents s'appliquent naturellement à la recherche des formes que prennent les équations des mouvements infiniment petits d'un ou de plusieurs systèmes de points matériels, quand ces équations deviennent isotropes.

Considérons, pour fixer les idées, un système homogène de points matériels dans lequel se propage un mouvement vibratoire infiniment petit. Supposons d'ailleurs ce système renfermé dans une certaine portion de l'espace, ou à l'état d'isolement, ou avec un second système pareillement homogène, mais dont les molécules subissent des déplacements beaucoup plus petits que l'on puisse négliger sans erreur sensible. Soient :

$\mathfrak{m}$ la masse d'un atome appartenant au premier système;

x, y, z les coordonnées initiales de cet atome, relatives à trois axes rectangulaires;

$x+\xi, y+\eta, z+\zeta$ les coordonnées du même atome, au bout du temps t.

Enfin, supposons que les atomes des deux systèmes soient uniquement sollicités par des forces d'attraction ou de répulsion mutuelle. Les déplacements ξ, η, ζ d'un atome du premier système, mesurés au bout du temps t, parallèlement aux axes coordonnés, seront déterminés par trois équations de la forme

$$(1) \qquad D_t^2\xi = \mathfrak{X}, \qquad D_t^2\eta = \mathfrak{Y}, \qquad D_t^2\zeta = \mathfrak{Z},$$

$\mathfrak{X}$, $\mathfrak{Y}$, $\mathfrak{Z}$ étant des fonctions linéaires homogènes des inconnues ξ, η, ζ, et des dérivées de divers ordres de ξ, η, ζ, différentiés par rapport à x, y, z. Ajoutons que, si le premier système est à l'état d'isolement, les coefficients des inconnues et de leurs dérivées pourront se réduire à des quantités constantes, c'est-à-dire indépendantes de x, y, z; et que, dans le cas contraire, pour obtenir des valeurs très approchées des inconnues, il suffira souvent d'intégrer, à la place des équations (1), d'autres équations linéaires qui seront de même forme et à coefficients constants.

Cela posé, concevons que les quantités $\mathfrak{X}$, $\mathfrak{Y}$, $\mathfrak{Z}$ se réduisent effectivement à des fonctions linéaires de ξ, η, ζ, qui soient en même temps des fonctions symboliques entières de D_x, D_y, D_z, les divers coefficients étant des quantités constantes, c'est-à-dire indépendantes de x, y, z. Pour déterminer les formes particulières que pourront prendre les fonctions $\mathfrak{X}$, $\mathfrak{Y}$, $\mathfrak{Z}$, quand les équations (1) deviendront isotropes, on devra commencer par substituer aux trois formules (1) une équation unique, qui détermine, non plus les dérivées secondes

$$D_t^2\xi,\quad D_t^2\eta,\quad D_t^2\zeta$$

des déplacements ξ, η, ζ, de l'atome $\mathfrak{m}$, mesurés parallèlement aux axes des x, y, z, mais la dérivée seconde

$$D_t^2 8$$

d'un déplacement 8, mesuré parallèlement à une direction quelconque. En supposant que cette direction soit celle d'un rayon vecteur, équivalant à l'unité de longueur, et mené de l'origine à un point fixe R, dont les coordonnées soient a, b, c, on aura

$$8 = a\xi + b\eta + c\zeta; \tag{2}$$

et de cette dernière formule, jointe aux équations (1), on tirera

$$D_t^2 8 = a\mathfrak{X} + b\mathfrak{Y} + c\mathfrak{Z}. \tag{3}$$

D'ailleurs, si les équations (1) sont isotropes, l'équation (3) devra rester inaltérée, quand on déplacera les axes coordonnés, à l'aide d'un mouvement de rotation quelconque imprimé à ces axes autour de l'origine; et cette condition devra être remplie, quelle que soit la position attribuée au point fixe R. Donc alors le second membre de la formule (3) devra être une fonction symbolique isotrope des coordonnées a, b, c, des déplacements ξ, η, ζ et des lettres caractéristiques D_x, D_y, D_z. Mais, d'autre part, le second membre de la formule (3) sera en même temps une fonction linéaire homogène des coordonnées a, b, c, et une fonction linéaire homogène de ξ, η, ζ. Donc, ce second membre devra être de la forme de la fonction représentée par ω dans l'équation (25) du paragraphe IV, en sorte qu'on aura

$$\left\{\begin{aligned} a\mathfrak{X} + b\mathfrak{Y} + c\mathfrak{Z} = {} & E(a\xi + b\eta + c\zeta) \\ & + F(aD_x + bD_y + cD_z)(D_x\xi + D_y\eta + D_z\zeta) \\ & + K[a(D_z\eta - D_y\zeta) + b(D_x\zeta - D_z\xi) + c(D_y\xi - D_x\eta)], \end{aligned}\right. \tag{4}$$

E, F, K désignant trois fonctions entières du trinome

$$D_x^2 + D_y^2 + D_z^2.$$

Enfin, la formule (4) devant subsister quelle que soit la position attribuée au point fixe R situé à l'unité de distance de l'origine, on pourra, dans cette formule, réduire l'une quelconque des trois coordonnées de ce point R à l'unité, les deux autres à zéro. On pourra donc égaler séparément entre eux, dans les deux membres de la formule (4), les coefficients des trois coordonnées a, b, c. En opérant ainsi, et en posant pour abréger

$$(5) \qquad \upsilon = D_x\xi + D_y\eta + D_z\zeta,$$

on obtiendra immédiatement les trois formules

$$(6) \qquad \begin{cases} \mathfrak{X} = E\xi + FD_x\upsilon + K(D_z\eta - D_y\zeta), \\ \mathfrak{Y} = E\eta + FD_y\upsilon + K(D_x\zeta - D_z\xi), \\ \mathfrak{Z} = E\zeta + FD_z\upsilon + K(D_y\xi - D_x\eta), \end{cases}$$

en vertu desquelles les équations (1) seront réduites aux suivantes :

$$(7) \qquad \begin{cases} D_t^2\xi = E\xi + FD_x\upsilon + K(D_z\eta - D_y\zeta), \\ D_t^2\eta = E\eta + FD_y\upsilon + K(D_x\zeta - D_z\xi), \\ D_t^2\zeta = E\zeta + FD_z\upsilon + K(D_y\xi - D_x\eta). \end{cases}$$

Telle est la forme à laquelle se réduiront les équations (1), quand elles seront isotropes, si d'ailleurs les fonctions de

$$\xi, \eta, \zeta \quad \text{et de} \quad D_x, D_y, D_z,$$

représentées par

$$\mathfrak{X}, \mathfrak{Y}, \mathfrak{Z},$$

sont non seulement linéaires par rapport aux déplacements ξ, η, ζ et à leurs dérivées des divers ordres, mais aussi homogènes et à coefficients constants.

On ne doit pas oublier que, dans les formules (7), les coefficients symboliques

$$E, F, K$$

représentent des fonctions entières du trinome

$$D_x^2 + D_y^2 + D_z^2.$$

Ajoutons que la variable υ, déterminée par l'équation (5), est précisément la dilatation de volume du système des points matériels donnés autour du point (x, y, z).

§ VI. — *Sur les coefficients symboliques renfermés dans les équations linéaires et isotropes qui représentent les mouvements infiniment petits d'un système unique et homogène de points matériels.*

Lorsque les systèmes de molécules donnés se réduisent à un système unique de points matériels, uniquement soumis à des forces d'attraction ou de répulsion mutuelle, alors, comme on l'a vu dans le Mémoire précédent, les équations (1) du paragraphe V peuvent être présentées sous une forme digne de remarque; et, en posant pour abréger

$$u = D_x, \qquad v = D_y, \qquad w = D_z,$$

on réduit ces équations aux suivantes :

$$(1) \quad \begin{cases} D_t^2 \xi = G\xi + D_u(D_u H\xi + D_v H\eta + D_w H\zeta), \\ D_t^2 \eta = G\eta + D_v(D_u H\xi + D_v H\eta + D_w H\zeta), \\ D_t^2 \zeta = G\zeta + D_w(D_u H\xi + D_v H\eta + D_w H\zeta), \end{cases}$$

G, H étant des fonctions entières de u, v, w.

Si d'ailleurs on nomme :

$\mathfrak{m}$ la masse du point matériel ou de l'atome qui, dans l'état d'équilibre, avait pour coordonnées rectangulaires x, y, z;

m la masse d'un second atome;

r la distance qui séparait, dans l'état d'équilibre, l'atome m de l'atome $\mathfrak{m}$;

x, y, z les projections algébriques de la distance r sur les axes coordonnés;

$\mathfrak{m} m \mathrm{r} f(\mathrm{r})$ l'action exercée sur l'atome $\mathfrak{m}$ par l'atome m, placé à la distance r, la fonction $f(\mathrm{r})$ étant positive ou négative, suivant que l'atome m est attiré ou repoussé.

Alors, en posant, pour abréger,

$$(2) \qquad \iota = \mathrm{x}\mathrm{D}_x + \mathrm{y}\mathrm{D}_y + \mathrm{z}\mathrm{D}_z, \qquad \iota = \mathrm{x}u + \mathrm{y}v + \mathrm{z}w,$$

on aura

$$(3) \qquad \mathrm{G} = \mathbf{S} m f(\mathrm{r})(e^\iota - 1),$$

$$(4) \qquad \mathrm{H} = \mathbf{S} \frac{m}{\mathrm{r}} \mathrm{D}_\mathrm{r} f(\mathrm{r}) \left(e^\iota - \frac{\iota^2}{2}\right),$$

la sommation qu'indique chaque signe $\mathbf{S}$ s'étendant à tous les atomes m distincts de l'atome m. Ajoutons que l'on pourra, sans inconvénient, dans le second membre de la formule (4), remplacer le rapport $\frac{\iota^2}{2}$ par le trinome

$$1 + \iota + \frac{\iota^2}{2},$$

c'est-à-dire par la somme des trois premiers termes du développement de e^ι, et supposer en conséquence la valeur de H déterminée, non plus par l'équation (4), mais par la formule

$$(5) \qquad \mathrm{H} = \mathbf{S} \frac{m}{\mathrm{r}} \mathrm{D}_\mathrm{r} f(\mathrm{r}) \left(e^\iota - 1 - \iota - \frac{\iota^2}{2}\right).$$

En effet,

$$\iota = \mathrm{x}u + \mathrm{y}v + \mathrm{z}w$$

étant une fonction linéaire de u, v, w, les valeurs de

$$\mathrm{D}_u^2\mathrm{H}, \ \mathrm{D}_v^2\mathrm{H}, \ \mathrm{D}_w^2\mathrm{H}, \ \mathrm{D}_v\mathrm{D}_w\mathrm{H}, \ \mathrm{D}_w\mathrm{D}_u\mathrm{H}, \ \mathrm{D}_u\mathrm{D}_v\mathrm{H},$$

tirées des formules (4) et (5), seront les mêmes et, par conséquent, on n'altère pas les équations (1) en substituant la formule (5) à la formule (4).

Supposons maintenant que le système de molécules donné soit homogène. Alors, dans les seconds membres des formules (4) et (5), développés suivant les puissances ascendantes et entières des lettres caractéristiques u, v, w, les coefficients que renfermeront les divers termes pourront devenir indépendants des coordonnées x, y, z, et se réduire ainsi à des quantités constantes. C'est ce qui arrivera, en particulier, si les divers atomes ou points matériels, étant doués de masses égales, coïncident avec les *nœuds* d'un *système réticulaire,* c'est-à-dire avec les points d'intersection de trois systèmes de plans équidistants et parallèles à trois plans fixes. D'ailleurs lorsque, dans les développements de G et de H, les coefficients des divers termes se réduiront à des constantes, les seconds membres des formules (1), c'est-à-dire les valeurs des quantités représentées par $\mathfrak{X}$, $\mathfrak{Y}$, $\mathfrak{Z}$ dans les équations (1) du paragraphe précédent, se réduiront à des fonctions linéaires de ξ, η, ζ qui seront en même temps fonctions explicites, non pas des coordonnées x, y, z, mais seulement des lettres symboliques D_x, D_y, D_z.

D'autre part, lorsque, dans les équations (1) du paragraphe V, les seconds membres $\mathfrak{X}$, $\mathfrak{Y}$, $\mathfrak{Z}$ se réduisent à des fonctions linéaires de ξ, η, ζ qui sont en même temps fonctions symboliques de D_x, D_y, D_z, ces équations ne peuvent, quand les coefficients demeurent constants, devenir isotropes sans coïncider avec les formules

$$(6)\qquad \left\{\begin{aligned} D_t^2\xi &= E\xi + FD_x\upsilon + K(D_z\eta - D_y\zeta),\\ D_t^2\eta &= E\eta + FD_y\upsilon + K(D_x\zeta - D_z\xi),\\ D_t^2\zeta &= E\zeta + FD_z\upsilon + K(D_y\xi - D_x\eta),\end{aligned}\right.$$

la valeur de υ étant

$$(7)\qquad \upsilon = D_x\xi + D_y\eta + D_z\zeta$$

et les expressions symboliques

$$E,\ F,\ K$$

étant des fonctions entières du trinome

$$D_x^2 + D_y^2 + D_z^2.$$

Enfin, si dans les formules (6), (7) on remplace les lettres symboliques D_x, D_y, D_z par les lettres u, v, w et si, d'ailleurs, on pose pour abréger

$$(8) \qquad h = \frac{u^2 + v^2 + w^2}{2},$$

on trouvera, non seulement

$$(9) \qquad \upsilon = u\xi + v\eta + w\zeta,$$

mais encore

$$(10) \qquad \begin{cases} D_t^2 \xi = E\xi + F\, u(u\xi + v\eta + w\zeta) + K(w\eta - v\zeta), \\ D_t^2 \eta = E\eta + F\, v(u\xi + v\eta + w\zeta) + K(u\zeta - w\xi), \\ D_t^2 \zeta = E\zeta + F\, w(u\xi + v\eta + w\zeta) + K(v\xi - u\eta), \end{cases}$$

E, F, K étant trois fonctions entières de h. Donc, lorsque les équations (1) seront isotropes, mais à coefficients constants, elles se confondront avec les équations (10), en sorte que les seconds membres des unes et des autres devront être identiquement égaux. Donc alors, les fonctions de u, v, w, qui représenteront les coefficients symboliques des déplacements ξ, η, ζ, dans les seconds membres des équations (1), devront se confondre avec les coefficients symboliques de ces mêmes déplacements dans les seconds membres des équations (10); et, puisque le coefficient symbolique de ξ dans la seconde des équations (1) ne diffère pas du coefficient symbolique de η dans la première, les coefficients de ξ dans la seconde des équations (10) et de η dans la première devront encore être égaux entre eux. En d'autres termes, il faudra que l'on ait, dans les équations (10),

$$K = -K,$$

par conséquent

$$(11) \qquad K = 0.$$

De plus, cette condition étant remplie, et les équations (10) étant ainsi réduites aux formules

$$(12) \qquad \begin{cases} D_t^2 \xi = E\xi + F\, u(u\xi + v\eta + w\zeta), \\ D_t^2 \eta = E\eta + F\, v(u\xi + v\eta + w\zeta), \\ D_t^2 \zeta = E\zeta + F\, w(u\xi + v\eta + w\zeta), \end{cases}$$

les seconds membres de ces formules devront coïncider eux-mêmes avec les seconds membres des équations (1). Or, cette coïncidence entraînera les six conditions

$$(13)\quad \begin{cases} G + D_u^2 H = E + F u^2, & G + D_v^2 H = E + F v^2, & G + D_w^2 H = E + F w^2, \\ D_v D_w H = F v w, & D_w D_u H = F w u, & D_u D_v H = F u v. \end{cases}$$

Il reste à examiner quelle est la forme que devront prendre les fonctions G, H pour satisfaire aux conditions (13).

J'observerai d'abord que, E, F étant par hypothèse des fonctions du trinome

$$u^2 + v^2 + w^2,$$

ou, ce qui revient au même, des fonctions de h, il suffira, pour satisfaire aux conditions (13), de supposer les fonctions symboliques G, H, réduites elles-mêmes à des fonctions de h. En effet, dans cette hypothèse, les conditions (13), jointes à la formule (8), donneront

$$(14)\qquad D_h^2 H = F,$$

$$(15)\qquad G + D_h H = E$$

et se trouveront toutes vérifiées si G, H vérifient les formules (14) et (15). D'ailleurs, la valeur de H fournie par l'équation (5) s'évanouit avec ses dérivées de premier ordre $D_u H$, $D_v H$, $D_w H$, lorsque u, v, w et, par suite, ι s'évanouissent; et l'on satisfait à cette équation en même temps qu'à l'équation (14) lorsqu'on prend

$$(16)\qquad H = \int\!\!\int F\, dh^2,$$

chaque intégration étant effectuée à partir de la limite $h = 0$. Enfin, en supposant la valeur de H déterminée par la formule (16), on tirera de l'équation (15)

$$(17)\qquad G = F - D_h H = F - \int F\, dh,$$

l'intégration étant encore effectuée à partir de $h = 0$.

Ce n'est pas tout; H devant, en vertu de la formule (15), s'évanouir avec ses dérivées de premier ordre, pour des valeurs nulles de u, v, w, les valeurs les plus générales de G et H qui satisferont en même temps à cette condition et aux formules (13) ne pourront différer des valeurs fournies par les équations (16) et (17). Car, si l'on nomme $\mathfrak{G}$, $\mathfrak{H}$ les accroissements qu'on devra faire subir à ces dernières valeurs pour passer aux valeurs générales de G et H, il faudra, pour satisfaire aux formules (13), poser

$$(18)\qquad \left\{\begin{array}{lll} \mathfrak{G}+D_u^2\mathfrak{H}=0, & \mathfrak{G}+D_v^2\mathfrak{H}=0, & \mathfrak{G}+D_w^2\mathfrak{H}=0, \\ D_v D_w\mathfrak{H}=0, & D_w D_u\mathfrak{H}=0, & D_u D_v\mathfrak{H}=0, \end{array}\right.$$

et de plus $\mathfrak{H}$ devra s'évanouir avec ses dérivées de premier ordre $D_u\mathfrak{H}$, $D_v\mathfrak{H}$, $D_w\mathfrak{H}$ pour des valeurs nulles de u, v, w. Or, pour vérifier en même temps cette dernière condition et les formules (18), il est nécessaire de supposer

$$(19)\qquad \mathfrak{G}=0, \qquad \mathfrak{H}=0.$$

En résumé, si, dans les équations (1), c'est-à-dire dans les équations linéaires et aux dérivées partielles qui représentent les mouvements infiniment petits d'un système unique de molécules, les coefficients des dérivées des divers ordres se réduisent à des quantités constantes; alors, pour que ces équations deviennent isotropes, il sera nécessaire et il suffira que les fonctions symboliques G, H, déterminées par les formules (3) et (5), se réduisent à des fonctions de la lettre symbolique

$$h=\frac{u^2+v^2+w^2}{2},$$

ou, ce qui revient au même, à des fonctions symboliques du trinome

$$u^2+v^2+w^2=D_x^2+D_y^2+D_z^2.$$

D'ailleurs, cette condition étant supposée remplie, il suffira de poser

$$(20)\qquad E=G+D_h H, \qquad F=D_h^2 H$$

pour réduire les équations (1) aux formules (12).

Appliquées à la théorie de la lumière, les équations (12) représentent les mouvements infiniment petits de l'éther dans ceux des corps isophanes qui ne produisent pas le phénomène de la polarisation chromatique. Dans les corps qui produisent ce remarquable phénomène, les vibrations de l'éther se trouvent représentées non plus par les formules (12), mais par les formules (10). Je montrerai, dans un autre Mémoire, comment ces dernières formules se déduisent des équations à coefficients périodiques qui représentent les mouvements vibratoires de deux systèmes de molécules ou de l'un d'eux seulement.

FIN DU TOME II DE LA PREMIÈRE SÉRIE.

TABLE DES MATIÈRES

DU TOME DEUXIÈME.

PREMIÈRE SÉRIE.

MÉMOIRES EXTRAITS DES RECUEILS DE L'ACADÉMIE DES SCIENCES DE L'INSTITUT DE FRANCE.

Mémoires extraits des « Mémoires de l'Académie des Sciences ».

FIN DE LA TABLE DES MATIÈRES DU TOME II DE LA PREMIÈRE SÉRIE.

37117 Paris. — Imprimerie GAUTHIER-VILLARS, quai des Grands-Augustins, 55.